建设项目竣工环境保护验收工作技术指南

中国环境监测总站　编

中国环境出版集团・北京

图书在版编目（CIP）数据

建设项目竣工环境保护验收工作技术指南/中国环境监测总站编. —北京：中国环境出版集团，2019.10

ISBN 978-7-5111-4087-6

Ⅰ. ①建… Ⅱ. ①中… Ⅲ. ①建筑工程—环境保护—工程验收—技术培训—教材 Ⅳ. ①TU712②X799.1

中国版本图书馆 CIP 数据核字（2019）第 195757 号

出 版 人 武德凯
责任编辑 孔 锦
责任校对 任 丽
封面设计 岳 帅

更多信息，请关注
中国环境出版集团
第一分社

出版发行 中国环境出版集团
（100062 北京市东城区广渠门内大街 16 号）
网　　址：http://www.cesp.com.cn
电子邮箱：bjgl@cesp.com.cn
联系电话：010-67112765（编辑管理部）
010-67112735（第一分社）
发行热线：010-67125803，010-67113405（传真）

印　　刷 北京市联华印刷厂
经　　销 各地新华书店
版　　次 2019 年 10 月第 1 版
印　　次 2019 年 10 月第 1 次印刷
开　　本 787×1092　1/16
印　　张 21
字　　数 420 千字
定　　价 95.00 元

《建设项目竣工环境保护验收工作技术指南》

编 委 会

主　　编　敬　红　邱立莉　冯亚玲　夏　青　杨伟伟　李　曼

编　　委　唐　敏　刘婷婷　赵俊明　郝思秋　柯钊跃　刘　莎

喻义勇　谢　馨　陆芝伟　徐　晗　张迪生　张再峰

武攀峰　吴　为

前 言

2017年国务院令682号公布了《国务院关于修改〈建设项目环境保护管理条例〉的决定》，新修改的《建设项目环境保护管理条例》（以下简称《条例》）同年10月1日实施。为适应我国行政审批制度改革，以及环境保护工作形势发展、环境管理思路转变的需求，《条例》主要围绕“以改善环境质量为核心目标”，创新建设项目环境影响评价制度、简化审批事项和审批环节、取消建设项目竣工环保验收行政许可，推动企业增强环保主体责任意识，强化信息公开和责任追究等重点内容修订。

为贯彻落实新修改的《条例》，规范建设项目竣工后建设单位自主开展环境保护验收，环境保护部于2017年11月发布了《建设项目竣工环境保护验收暂行办法》（以下简称《暂行办法》），明确提出建设项目竣工验收行政许可取消后，建设单位自行验收相较于许可验收，要确保责任主体不缺位、验收内容不缺项、验收标准不降低。

新《条例》和《暂行办法》对建设项目竣工环境保护验收提出以下五个方面的新要求：一是强化了建设单位验收的主体责任；二是明确了验收的对象是环境保护设施；三是将区域总量替代、防护距离内居民搬迁等需政府多部门协作实施的内容单列为建设单位需要说明的事项，不作为验收的必要条件；四是强化了信息公开要求，弱化了公众意见调查；五是取消了验收监测期间工况要大于75%的要求。

本书由原验收行政许可的技术支持单位中国环境监测总站编著。编写组结合长期从事环保验收监测的工作经验，围绕新《条例》、《暂行办法》的要求，按照建设单位自主开展建设项目竣工环境保护验收工作的程序，参照现有行业验收技术规范，详细解读建设项目竣工环境保护验收政策和技术要求，为建设单位依法依规开展建设项目竣工环境保护验收工作提供切实可行的技术指导。

本书按照建设项目竣工环境保护验收工作程序和要求，设置了章节和内容，共分为10章。第1章为建设项目环境保护管理概论，介绍了每位环保验收从业人员都需要了解的基本概念和基本制度；第 2 章为验收管理办法和程序，重点对《暂行办法》逐条进行了释义，对验收程序进行了说明；第 3 章为验收技术规范体系，重点解读了紧密配套《条例》和《暂行办法》的《技术指南》，说明了现行验收技术规范与《技术指南》的关系；第 4 章为验收自查和说明事项，按照《条例》对环境保护设施进行验收的要求，重点说明了属于环境保护设施的自查内容，对验收对象和说明事项进行了分割；第 5 章为验收中的环境标准，结合近年来新标准的特点，重点说明了验收执行标准选用原则和常用标准使用注意事项；第 6 章、第 7 章分别为废气监测、污水监测，系统梳理了废气、污水监测技术要求，总结了废气、污水监测常见问题和实例；第 8 章为噪声和振动监测，详细介绍了噪声监测方法，重点解决了噪声数据处理和评价的难题；第 9 章为固体废物监测，重点说明了固废检查与监测方法，以及检查与监测结论表达，总结了固废监测应注意的问题；第 10 章为验收监测方案、报告和验收意见编制，按照验收新要求提出了方案和报告编制格式和内容，以及验收意见编写要求。

本书可作为从事建设项目竣工环境保护验收工作人员的工作技术指南工具书使用，也是从事建设项目竣工环境保护验收监测、技术评估和管理工作人员的常备用书。

编　者

2019 年 9 月

目 录

1 建设项目环境保护管理概论

1.1 建设项目环境保护管理基本概念

1.1.1 建设项目的内涵及其范围

目前，我国现行的环境保护法律、法规、规章及有关规范性文件中，虽然很多都规定了建设项目的环境管理制度，但是并未对“建设项目”的内涵予以解释，如《中华人民共和国环境保护法》第 19 条、第 41 条分别规定了建设项目环境影响评价制度和环境保护“三同时”制度，但是并未对“建设项目”予以定义；《中华人民共和国水污染防治法》《中华人民共和国环境噪声污染防治法》《中华人民共和国土壤污染防治法》中涉及建设项目环境管理规定的条款，都笼统地采用“新建、改建、扩建的建设项目”的提法。即使在建设项目环境管理的专门规章或规范性文件中，也没有“建设项目”的概念，只对建设项目所包括的范围进行了列举性规定，如 1986 年国务院环委会、国家计委和国家经委发布的《建设项目环境保护管理办法》第 2 条中将“建设项目”概括为“中华人民共和国领域内的工业、交通、水利、农林、商业、卫生、文教、科研、旅游和市政等对环境有影响的一切基本建设项目和技术改造项目以及区域开发建设项目”。1987 年国家计委和国务院环委会发布的《建设项目环境保护设计规定》第 3 条中将“建设项目”概括为“中华人民共和国领域内的工业、交通、水利、农林、商业、卫生、文教、科研、旅游、市政、机场等对环境有影响的新建、扩建、改建和技术改造项目，包括一切基本建设项目和技术改造项目以及区域开发建设项目”。1990 年 6 月国家环境保护局发布的《建设项目环境保护管理程序》第 1 条中将“建设项目”概括为“一切基本建设项目、技术改造项目和区域开发建设项目，包括涉外项目（中外合资、中外合作、外商独资建设项目）”。我国从 20 世纪 70 年代对建设项目进行环境保护管理的初期，就基本上沿用原国家计委和国家经委等有关计划部门的文件中关于建设项目的概念，其在原国家计委等有关计划管理部门的管理实践中，已约定俗成。

国家计委、国家建委和财政部于 1978 年联合颁发的《关于试行加强基本建设管理的几项规定》（计发〔1978〕234 号）附件三“关于基本建设项目和大中型项目划分的规定”

中，将“建设项目”解释为“在一个总体设计或初步设计范围内，由一个或几个单项工程所组成，经济上实行统一核算，行政上实行统一管理的建设项目。一般以一个企业（或联合企业）、事业单位或独立工程作为一个建设项目”；将“新建项目”解释为“在计划期内，从无到有，‘平地起家’开始建设的项目”；将“改扩建项目”解释为“原有企、事业单位，为了扩大主要产品的生产能力或增加新的效益，在计划期内进行改扩建的项目”。

1983年，国家计委、国家经委和国家统计局颁布的《关于更新改造措施与基本建设划分的暂行规定》（计资〔1983〕869号）中，根据工程性质并结合计划管理要求和资金来源，将“建设项目”划分为“更新改造措施”和“基本建设”。“更新改造措施”是指“利用企业基本折旧基金、国家更改措施预算拨款、企业自有资金、国内外技术改造贷款等资金，对现有企、事业单位原有设施进行技术改造（包括固定资产更新）以及相应配套的辅助性生产，生活福利设施等工程和有关工作。其目的是要在技术进步的前提下，通过采用新技术、新工艺、新设备、新材料，努力提高产品质量，增加花色品种，促进产品升级换代，降低能源和原材料消耗，加强综合利用和治理污染等，提高社会综合经济效益和实现以内涵为主的扩大再生产”。“基本建设”是指“利用国家预算内拨款、自筹资金，国内基本建设贷款以及其他专项资金进行的，以扩大生产能力（或新增工程效益）为主要目的的新建、扩建工程及有关工作”，主要属于固定资产的外延扩大再生产。因此，这里“建设项目”的内涵有两点是明确的：一是建设项目是扩大生产或新增工程效益的固定资产投资活动；二是建设项目按投资资金渠道不同和增加工程效益的方式不同，区分为基本建设项目和技术改造（又称更新改造、技改措施）项目两大类。

严格地讲，建设项目称固定资产投资建设项目更准确。实际上，目前主要分为新建、扩建、技改、迁建等建设项目。

1.1.2　环境影响评价

进入20世纪，特别是20世纪中叶，工业和交通等行业都迅猛发展，出现了工业过分集中、城市人口过度密集、环境污染由局部扩大到区域，大气、水体、土壤和食品等受到了不同程度的污染，公害事件屡有发生。森林过度采伐、草原垦荒和湿地破坏等，又带来了一系列生态环境恶化问题。人们逐渐认识到，人类不能不加节制地开发利用环境，在寻求自然资源改善人类物质精神生活的同时，必须尊重自然规律，在环境容量允许的范围内进行开发建设活动，否则，将会给自然环境带来不可逆转的破坏，最终毁了人类的家园。于是人们开始关注建设活动对环境的影响和对人类自身的危害，并借助其他研究成果（如大气扩散实验建立的高斯模式，放射性核素在大气、水、土壤中的迁移扩散规律，环境质量背景值监测等）预测和估计拟议中的开发建设活动可能给环境带来的影响和危害，有针对性地提出相应的防治措施。

1964年，在加拿大召开了国际环境质量评价会议，学者们提出了“环境影响评价”的概念。环境影响评价是建立在环境监测技术、污染物扩散规律、环境质量对人体健康影响、自然界自净能力等学科研究分析基础上发展起来的一门科学技术。环境影响评价本身只是一种科学方法、一种技术手段，并通过理论研究和实践检验，一直不断改进、拓展和完善，属于学术研究和讨论的范畴。

《中国大百科全书·环境科学卷》对环境影响评价的定义是：狭义指对拟议中的建设项目在兴建前即可行性研究阶段对其选址、设计、施工等过程，特别是运营生产阶段可能带来的环境影响进行预测和分析，提出相应的防治措施，为项目选址、设计及建成投产后的环境管理提供科学依据。《环境科学大辞典》对环境影响评价的定义是：环境影响评价，又称环境影响分析，是指对建设项目、区域开发计划及国家政策实施后可能对环境造成的影响进行预测和估计。《环境影响评价技术原则与方法》对环境影响评价的定义是：环境影响评价狭义地说，是在建设项目动工兴建以前对其选址、设计、施工等过程，特别是运营或生产阶段可能带来的环境影响进行预测和分析，同时规定防治措施，确保生态环境维持良性循环。广义地讲，是指人类在进行某项重大活动（包括开发建设、规划、计划、政策、立法）之前，通过环境影响评价预测该项活动对环境可能带来的不利影响。《世界银行工作指南第四号附件A》对环境影响评价的定义是：环境影响评价是对建设项目、区域开发计划及国家政策实施后，可能对环境造成的影响进行预测和估计。环境影响评价的目的是确保拟开发项目在环境方面是合理的、适当的，并且确保任何环境损害在项目建设前期得到重视，同时在项目设计中予以落实。原国家环境保护总局曾在《条例》对环境影响评价作了进一步的说明：环境影响评价是对拟议中可能对环境产生影响的人为活动（包括制定政策和经济社会发展规划，资源开发利用、区域开发和单个建设项目等）进行环境影响的分析和预测，并进行各种替代方案的比较（包括不行动方案），提出各种减缓措施，把对环境的不利影响减少到最低程度的活动。《环境影响评价法》所称的环境影响评价是指对规划和建设项目实施后可能造成的环境影响进行分析、预测和评估，提出预防或者减轻不良环境影响的对策和措施，进行跟踪监测的方法与制度。尽管人们对环境影响评价下的定义各不相同，但基本含义则是相同的，即环境影响评价是对拟议中的活动（主要是建设项目）可能造成的环境影响（包括环境污染和生态破坏，甚至包括对环境的有利影响）进行分析、论证的过程，在此基础上提出拟采取的防治措施和防治对策。如果简单地以一句话来概括，建设项目环境影响评价是对建设项目的环境可行性进行研究。

1.1.3 环境影响评价制度

1969年美国国会通过的《国家环境政策法》中，把环境影响评价作为联邦政府在环境管理中必须遵循的一项制度，美国是世界上第一个通过立法建立环境影响评价制度的国家。同年瑞典在《环境保护法》、澳大利亚在1974年《联邦环境保护法》中，亦分别效仿美国，规定了环境影响评价制度。新西兰、加拿大、德国、菲律宾、印度、泰国、印度尼西亚等国家，相继在20世纪70年代建立了环境影响评价制度。到目前为止，世界上已有100多个国家和地区在开发建设活动中推行环境影响评价制度。

1972年，联合国斯德哥尔摩人类环境会议后，中国首先由高等院校引进了"环境影响评价"这一概念，并陆续进行了环境影响评价工作的研究和探讨。1979年9月13日通过并公布试行的《中华人民共和国环境保护法（试行)》第6条中明确规定"在进行新建、改建和扩建工程时，必须提出对环境影响的报告书，经环境保护部门和其他部门审查批准后才能进行设计"，从而在我国建立了环境影响评价这项法律制度。从此，在相继出台的许多环境保护法律中，都毫无例外地对环境影响评价制度作了规定。

1986年3月26日，国务院环境保护委员会、国家计委和国家经委联合发布了《建设项目环境保护管理办法》，1998年11月29日国务院以253号令颁布了《建设项目环境保护管理条例》，这是建设项目环境管理的第一个行政法规，对环境影响评价作了全面、详细、明确的规定。

2002年10月28日，第九届全国人民代表大会常务委员会第三十次会议通过《中华人民共和国环境影响评价法》并于2003年9月1日起施行，使我国具备了更完善的环境影响评价制度。

2009年8月17日，国务院颁布了《规划环境影响评价条例》，同年10月1日起施行。这是我国环境立法的重大进展，标志着环境保护参与综合决策进入了新阶段。

进入"十三五"以来，环境影响评价进入了改革深化阶段，为在新时期发挥环境影响评价源头预防环境污染和生态破坏的作用，推动实现"十三五"绿色发展和改善生态环境质量总体目标，环境保护部于2016年7月15日印发了《"十三五"环境影响评价改革实施方案》(环环评〔2016〕95号)。2018年12月29日，《全国人民代表大会常务委员会关于修改〈中华人民共和国劳动法〉等七部法律的决定》(中华人民共和国主席令第二十四号）公布施行，对《中华人民共和国环境影响评价法》作出修改。修改后的《中华人民共和国环境影响评价法》首次提出对编制登记表的项目实施备案管理，不再进行行政审批；取消了建设项目环境影响评价资质行政许可事项，不再强制要求由具有资质的环评机构编制建设项目环境影响报告书（表)，规定建设单位可以委托技术单位为其编制环境影响报告书（表)，如果自身具备相应技术能力的也可以自行编制。

经过40多年的发展，环境影响评价的内涵不断扩大和增加，从对自然环境影响评价发展到对社会环境影响评价，从最初单纯的工程项目环境影响评价，发展到区域开发环境影响评价、规划环境影响评价、战略环境影响评价和政策环境影响评价，自然环境的影响不仅考虑环境污染，还注重生态影响，开展风险评价，关注累积性影响并开始对环境影响进行后评估。同时环境影响技术方法和程序也在发展中不断地得以完善。

环境影响评价是分析预测人为活动造成环境质量变化的一种科学方法和技术手段。这种科学方法和技术被法律强制规定为指导人们开发活动的必需行为。环境影响评价制度属于上层建筑的范畴，是一个法律上的概念。一旦国家（政府）把环境影响评价作为一种国家行为，作为开发建设活动和制定方针政策的重要决策依据，并通过法律规定了进行环境影响评价的程序、分类、审批以及违反环境影响评价要求的法律责任时，环境影响评价就成了强制执行的制度。

目前我国的环境影响评价工作程序如图 1-1 所示。

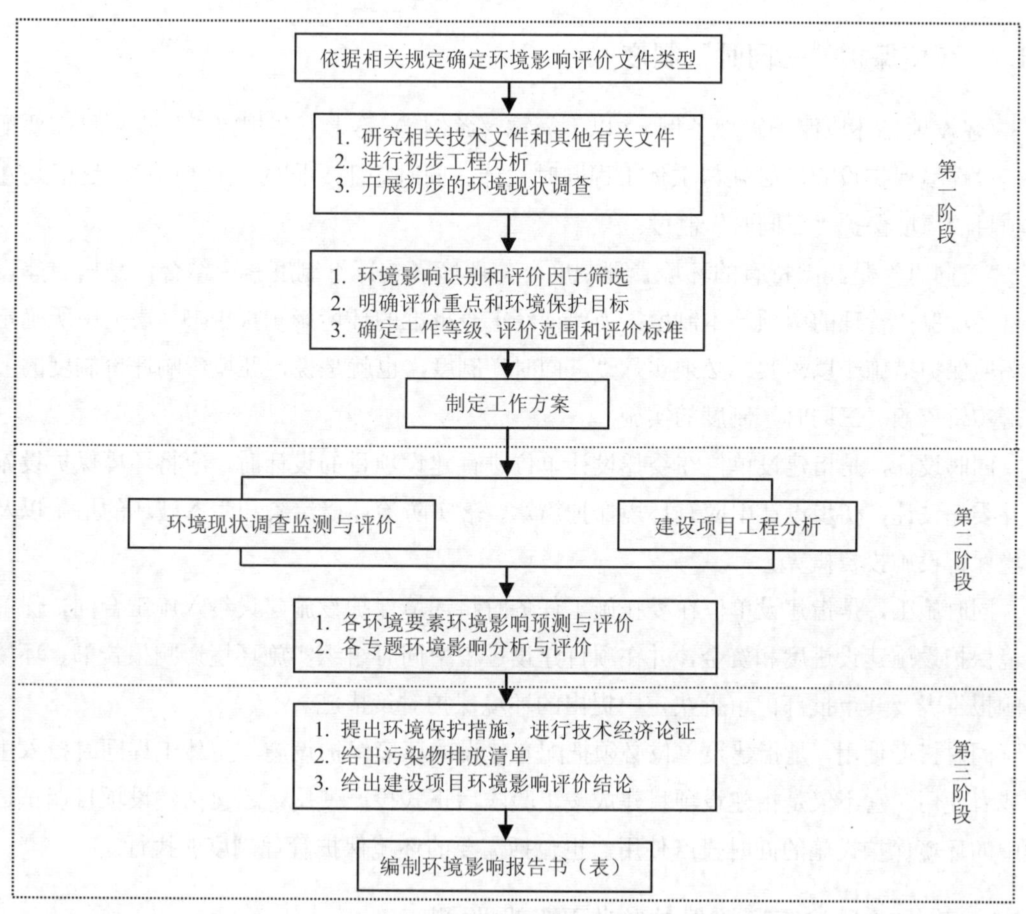

图 1-1　环境影响评价工作程序

1.1.4　环境影响报告书

2017 年 7 月 16 日《国务院关于修改〈建设项目环境保护管理条例〉的决定》公布，根据新修改的《条例》规定，建设项目环境影响报告书必须包括但不限于以下七项内容：

①建设项目概况；②建设项目周围环境现状；③建设项目环境可能造成的影响的分析和预测；④环境保护措施及其技术经济论证；⑤环境影响经济损益分析；⑥对建设项目实施环境监测的建议；⑦环境影响评价结论。

在环境影响报告书审批中，建设项目的各级主管部门和环境保护部门应贯彻以下几项基本原则：①符合“生态保护红线、环境质量底线、资源利用上线和环境准入负面清单”的要求；②符合国家的产业政策和法规；③符合流域、区域功能区划和城市发展总体规划，布局合理；④符合国家有关生物化学、生物多样性等生态保护的法规和政策；⑤符合国家资源综合利用的政策；⑥符合国家土地利用的政策。

1.1.5　环境保护“三同时”制度

《建设项目环境保护管理条例》（以下简称《条例》）第十五条规定“建设项目需要配套建设环境保护设施，必须与主体工程同时设计、同时施工、同时投产使用”，这就是建设项目的环境保护“三同时”制度。

“三同时”是我国特有的环境管理制度，与环境影响评价制度紧密结合，是构成建设项目环境保护管理的两项基本制度。为保证经审查批准的环境影响报告书（表）中所确定的环境保护措施予以落实，必须实行“三同时”制度，也就是说，环境影响评价制度的最终落实要依赖“三同时”制度的实施。

同时设计，是指建设单位在委托设计单位进行建设项目的设计时，应将环境保护设施一并委托设计，初步设计中应有环境保护篇章、落实防治环境污染和生态破坏的措施以及环境保护设施投资概算。

同时施工，是指建设单位在委托施工任务时将环境保护设施建设纳入施工合同，保证环境保护设施建设进度和资金，并在项目建设过程中同时组织实施环境影响报告书、环境影响报告表及其审批部门审批决定中提出的环境保护对策措施。

同时投产使用，是指建设单位必须把配套建设的环境保护设施与主体工程同时投入生产或者使用。它不仅是指建设项目建成竣工验收后正式投产使用，还包括建设项目调试过程中的环境保护设施的同时投产使用，也包括需要的环境保护管理制度的执行。

1.1.6　建设项目竣工环境保护验收及验收监测

建设项目竣工环境保护验收（以下简称“验收”）是指建设项目竣工后，建设单位按照国务院生态环境主管部门规定的标准和程序，如实查验、监测、记载建设项目环境保护设施的建设和调试情况，编制验收监测（调查）报告，并根据验收监测报告提出验收意见而进行的一系列活动。

建设项目竣工环境保护验收监测是建设项目竣工环境保护验收的主要技术依据，是指建设项目竣工后，建设单位或委托有能力的技术机构依据相关管理规定及技术规范对建设项目环境保护设施的建设、调试、运行效果及其对周边环境的影响开展的查验、监测等工作。

1.1.7 建设项目环境保护管理分类

根据建设项目对环境影响的程度，对建设项目的环境保护管理实行分类，是世界各国的通行做法。我国在 1998 年前主要是在实际工作中人为地分为环境影响报告书和报告表两类。国家环保局 1993 年 1 月下发的《关于进一步做好建设项目环境保护管理工作的几点意见》中规定“按污染程度对建设项目实行分类管理”，要求根据建设项目的行业、工艺、规模和污染状况，将其分为污染较重（A 类）、污染较轻（B 类）和基本无污染（C 类）三种类型。1998 年正式颁布的《建设项目环境保护管理条例》中，第一次以法规的形式明确规定根据建设项目对环境的影响程度，实行分类管理，新修改的《条例》再次明确规定根据建设项目对环境的影响程度，实行分类管理：

（1）建设项目对环境可能造成重大影响的，应当编制环境影响报告书，对建设项目产生的污染和对环境的影响进行全面、详细的评价；

（2）建设项目对环境可能造成轻度影响的，应当编制环境影响报告表，对建设项目产生的污染和对环境的影响进行分析和专项评价；

（3）建设项目对环境影响很小，不需要进行环境影响评价的，应填报环境影响登记表。

建设项目环境影响评价分类管理名录，由国务院生态环境主管部门在组织专家进行论证和征求有关部门、行业协会、企事业单位、公众等意见的基础上制定并公布。为此，国家环境保护总局、环境保护部在 1999—2017 年先后数次公布了分类管理名录，2018 年又进行修订，生态环境部以生态环境令第 1 号公布。

新修改的《条例》第十七条规定，编制环境影响报告书、环境影响报告表的建设项目竣工后，建设单位应当按照国务院生态环境主管部门规定的标准和程序，对配套建设的环境保护设施进行验收，编制验收报告。因此，按照建设项目环境保护分类管理，编制环境影响报告书的建设项目应编制建设项目竣工环境保护验收监测（调查）报告；编制环境影响报告表的建设项目可视情况自行决定编制建设项目竣工环境保护验收监测（调查）报告或报告表。

1.1.8 建设项目管理与建设项目环境保护管理程序

1.1.8.1 建设项目管理程序

建设项目管理程序是国家通过行政法规对基本建设项目从决策、设计、施工到竣工验收全过程规定的工作次序。凡是在中华人民共和国领域内的一切基本建设项目、限额以上技术改造项目和单项工程，无论是集体所有制还是个体投资的建设项目，都必须按基本建设项目管理程序办理。根据 2019 年 4 月 14 日公布的《政府投资条例》（国务院令　第 712 号），政府采取直接投资方式、资本金注入方式的投资项目，项目单位应编制项目建议书、可行性研究报告、初步设计，按照政府投资管理权限和规定的程序，报投资主管部门或有关部门审批。社会投资项目的工作程序较政府投资项目有所简化，但总体上分为以下五个阶段。

（1）项目建议书（预可行性研究报告）阶段

此阶段是根据国民经济和社会发展长远规划、行业规划和地区规划，通过市场调查、预测和分析提出具体项目建设的建议，编报项目建议书（或预可行性研究报告）。项目建议书经主管审批机关批准，该项目即宣告立项。此阶段环境保护的主要内容是在项目建议书中有环境影响简要说明。根据《国务院关于投资体制改革的决定》（国发〔2004〕20 号），对于企业不使用政府投资建设的项目，一律不再实行审批制，区别不同情况实行核准制和备案制。目前大部分项目已调整为备案制，企业弱化甚至取消了项目建设书阶段的工作。

（2）可行性研究阶段

进行可行性研究是为避免和减少建设项目决策失误，提高建设投资的综合效益。可行性研究的任务是根据国民经济长期规划、地区规划和行业规划的要求，以及市场的需求，对建设项目在技术、工程、经济、环境、资源利用等方面的合理可行性，进行全面分析和论证，做多方案比较，提出可行性研究报告（包括不可行），为设计提供可靠依据。可行性研究报告按审批权限由主管机关审批。此阶段环境保护的主要内容是编制环境影响报告书（表）。

（3）设计阶段

设计是在项目决策后，设计单位根据可行性研究报告、国家的设计规范及有关部门审批要求等提出具体的实施方案，其分为初步设计和施工图设计两个阶段。此阶段环境保护的主要内容是在初步设计中编写环境保护篇（章）。

（4）施工阶段

施工是施工单位按照设计文件规定的内容，对工程付诸实施的活动。目前还需要同时进行工程监理，即建设单位委托工程监理单位对施工单位进行工程监理。施工前，建设单位需向有关部门提出开工报告，经批准才可开工。此阶段主要的环境保护内容是根据环境影响报告书（表）和设计文件规定的要求，在施工中落实环境保护内容，同时做好环境保护设施的施工，需要环境保护监理的可结合工程监理一并进行。

（5）调试及竣工验收阶段

建设项目竣工后，建设单位应通过调试，对配套建设的环境保护设施进行验收，经验收合格后，其主体工程方可投入生产或者使用。除需要取得排污许可证的水和大气污染防治设施外，其他环境保护设施的验收期限一般不超过 3 个月；需要对该类建设环境保护设施进行调试或者整改的，验收期限可以适当延期，但最长不超过 12 个月。除主体工程的验收手续外，还有相关的单项验收手续，通常有环保、消防、统计、档案、劳动卫生、职业安全和审计等。

1.1.8.2 建设项目环境保护管理程序

我国的建设项目环境保护管理程序是纳入建设项目基本建设程序中的，主要是依靠环境影响评价和建设项目环境保护“三同时”制度来贯彻落实。建设项目正式生产运行前环境管理的重要内容是完成环境保护检查和竣工环境保护验收。环境保护设施的建设和投产前的环境保护验收，是环境影响评价制度的延伸，环境影响评价文件的审批、环境保护设施的设计、建设和施工期的环境保护监督检查以及竣工环境保护验收，构成了建设项目的全过程环境管理（图 1-2）。

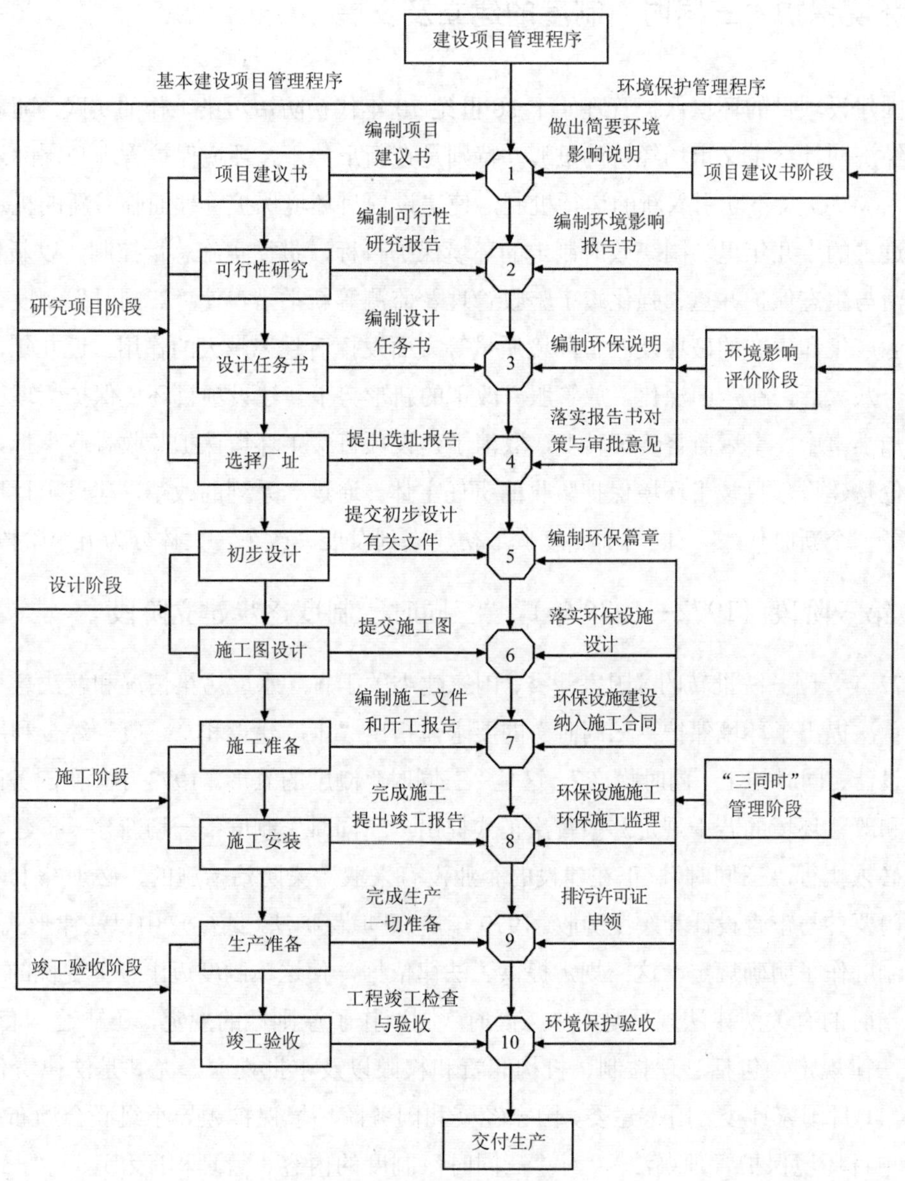

图 1-2 建设项目和环境保护管理程序示意图

我国建设项目环境保护管理程序具有以下特点：

①以基本建设程序为主体，贯穿整个基本建设程序的全过程，并在基本建设程序的各个工作步骤中均有要求。

②建设项目环境保护管理涉及面很广，具有广泛的社会性。

③建设项目环境保护管理的三大阶段（图 1-2）中，生态环境主管部门对环境保护管理工作行使独立的监督权和环评审批权，因而具有司法独立性。

1.2 环境保护“三同时”制度的建立及发展

我国建设项目的环境保护管理始于 20 世纪 70 年代初防治污染工作的实践。随着我国从计划经济向社会主义市场经济的过渡，特别是在新形势下，环境保护管理与国际逐渐接轨，加入 WTO 及不断引入新的运行机制，使建设项目环境保护管理面临着新的机遇与挑战。在过去的十几年里，围绕政府制定的环境保护目标，贯彻实施总量控制、以新代老、污染防治与生态保护并重、强化竣工验收管理及监测等新举措，使“三同时”制度在控制新污染源产生和生态的破坏及改善环境质量等方面发挥着越来越大的作用。近几年，特别是党的十八大后，在全面深化“放管服”改革的新形势下，建设项目环境保护管理由事前审批向加强事中、事后监督管理转变，取消了建设项目竣工环境保护验收行政审批，明确建设单位是建设项目竣工环境保护验收的责任主体。通过一系列的改革，建设项目环境管理进入了一个新时代。“三同时”制度从最初建立到发展、改革，大体分为五个阶段。

1.2.1 第一阶段（1972—1986 年）：“三同时”制度逐步建立阶段

1972 年，国务院批转的《国家计委、国家建委关于官厅水库污染情况和解决意见的报告》中首次提出了环境保护“三同时”的要求，指出“工厂建设和‘三废’综合利用工程要同时设计、同时施工、同时投产”，这是“三同时”制度的雏形。1973 年，在国务院《关于保护和改善环境的若干规定》中首次正式提出“三同时”制度：一切新建、扩建、改建的企业必须执行“三同时”，正在建设的企业没有采取污染防治措施的，必须补上，各级环保部门要参与审查设计和竣工验收。1979 年，《环境保护法（试行）》中以法律形式对“三同时”制度作了明确规定，这一规定提供了法律依据，使这项制度迈出了关键性的一步。但由于当时的有关法律法规只是对“三同时”制度作了原则性的规定，还缺乏一套具体、明确的法律规定，包括管理体制、机构职责和权限以及审批程序，尤其是法律责任等。1981 年 11 月国家计委、国家建委、国家经委和国务院环境保护领导小组联合颁布了《基本建设项目环境保护管理办法》，对“三同时”制度的内容、管理程序和违反“三同时”的处罚作了较全面、较具体的规定。为“三同时”制度的更好贯彻和执行打下了坚实的基础。

1.2.2　第二阶段（1986—1994 年）："三同时"制度不断发展完善阶段

在全面总结实践经验和教训的基础上，1986 年由国务院环境保护委员会、国家计委和国家经委联合颁布了《建设项目环境保护管理办法》，具体规定了"三同时"内容。1993 年国家环境保护局下发了《关于进一步做好建设项目环境保护管理工作的几点意见》，重申了建设项目环境保护管理必须要严格执法，必须要加强环保设施竣工验收，防止污染向我国转移，并提出按污染程度对建设项目实行分类管理和简化审批程序。1991 年以后国家环保局陆续颁发了部门行政规章，地方及行业颁发了条例（规定、办法）等地方法规和行业行政规章等，基本形成了国家、地方和行业相配套的建设项目环境保护行政法规及技术规范的多层次法规体系。此阶段国家对建设项目环境保护设施竣工验收的管理，是以参加项目的主体工程验收为主，在竣工验收会上以国家验收委员的身份签字作为同意验收的一种形式来管理，是一种被动式的管理方式，大部分建设项目尚未正式开展环境保护竣工验收。在建设项目环境保护管理中体现为"重头轻尾"，在法规建设方面还缺少一些可操作的指导性文件。

1.2.3　第三阶段（1994—2009 年）："三同时"制度渐趋成熟阶段

随着我国改革开放的深入及经济体制的改革，环境保护管理面临着一系列新问题。建设项目的多渠道立项、外资企业的增多、乡镇企业的迅猛发展、第三产业崛起以及开发区建设等，都给我国的环境管理带来了新的冲击和挑战。

1994 年，国家环保局颁布了《建设项目环境保护设施竣工验收管理规定》（国家环境保护局令　第 14 号），使建设项目环境保护管理工作重点落在环保设施竣工验收的监督检查上，各省（市、区）也制定了相应的规定，环保设施竣工验收工作逐步规范化。1994 年开始，建设项目环境保护验收由环境保护行政主管部门参加工程整体验收转向由环境保护行政主管部门组织单项验收。为加强"三同时"管理，全国普遍加大执法力度，由环境保护部门组织定期检查和重点执法检查相配合，实施分片、分部门的检查，对严重违反"三同时"制度的企业，如四川聚酯、唐山化纤、北京国华热电厂等项目，给予了限期整改直至停产的严厉处罚，在社会上产生了广泛的影响，推动了"三同时"制度的执行。全国"三同时"执行率从 1994 年的 84.0%逐步上升到 1996 年的 90.0%，并保持稳中有升的趋势，基本扭转了建设项目竣工环境保护验收的被动局面。1996 年，国家环境保护局逐步推行了建设项目环境保护台账管理和统计工作，目前已在全国推行，使建设项目环境保护的管理逐步纳入规范化管理的程序。国务院 1998 年年底颁布了《建设项目环境保护管理条例》，而建设项目环境保护设施竣工验收规定的 14 号令因竣工验收时限不能满足条例要求、验收范围太窄、验收管理未进行分类等原因而进行了修订，于 2001 年由国家环境保护总局颁布了《建设项目竣工环境保护验收管理办法》（国家环境保护总局令　第 13 号），标志着建设项目环境保护管理又上了一个新的台阶，在建设项目竣工环境保护验收管理上提出了更高的要求。

1.2.4　第四阶段（2009—2013 年）："三同时"制度向建设项目管理全过程方向发展

2009 年环境保护部发布和实施《环境保护部建设项目"三同时"监督检查和竣工环保验收管理规程（试行）》（环发〔2009〕150 号），验收管理朝着全过程、开放式、联动管理的模式发展，建设项目从环评审批后到竣工试生产整个过程实施全过程管理，并且多部门参与，各级环保行政主管部门、各督察机构全面介入。环保初步设计备案制、环境监理等各地都有一些试点。新的管理模式经过一段时间的实施，将会逐步改善目前从环评到验收过程监管失控的状态。《环境保护部建设项目"三同时"监督检查和竣工环保验收管理规程（试行）》的实施，标志着环境保护部建设项目"三同时"管理工作，由末端验收管理为重点，向建设全过程管理发展。

经过多年的不断发展与完善，"三同时"制度逐步形成了以浓度控制为基础，重点抓住污染物排放总量控制，污染防治与生态保护并重的良性运转局面，为实现环境质量目标起着重要的作用。

1.2.5　第五阶段（2013—2018 年）："三同时"制度改革深化阶段

党的十八届三中全会后，随着国务院简政放权、转变政府职能深化改革，建设项目竣工环境保护验收改革经历了审批权限下放、政府购买服务、企业自行验收三个阶段。

（1）验收审批权下放、试生产审批取消阶段。2015 年 3 月 13 日，《环境保护部审批环境影响评价文件的建设项目目录（2015 年本）》（公告　2015 年　第 17 号）发布，对环境保护部审批的环境影响评价文件的建设项目目录进行了调整，并要求建设项目竣工环境保护验收依照本公告目录执行，同时要求省级环境保护部门根据本公告，及时调整公告目录以外的建设项目环境影响评价文件审批权限。目录中仅保留了跨区域、流域及新建民用运输机场等项目，如石化：新建炼油及扩建一次炼油项目（不包括列入国务院批准的国家能源发展规划、石化产业规划布局方案的扩建项目）。化工：年产超过 20 亿 m^3 的煤制天然气项目；年产超过 100 万 t 的煤制油甲醇项目；年产超过 50 万 t 的煤制烯烃项目。2015 年 10 月《国务院关于第一批取消 62 项中央指定地方实施行政审批事项的决定》（国发〔2015〕57 号）发布，取消了省、市、县级环境保护行政主管部门实施的建设项目试生产审批事项。

（2）政府购买验收监测服务阶段。为落实《国务院关于第一批清理规范 89 项国务院部门行政审批中介服务事项的决定》（国发〔2015〕58 号）要求，2016 年 2 月 26 日，环境保护部下发了《关于环境保护部委托编制竣工环境保护验收调查报告和验收监测报告有关事项的通知》（环办环评〔2016〕16 号），规定自 2016 年 3 月 1 日起不再要求建设单位提交建设项目竣工环境保护验收调查报告或验收监测报告，改由环境保护部委托相关专业机构进行验收调查或验收监测，所需经费列入财政预算。建设项目竣工后，建设单位向环境保护部提出验收调查或验收监测申请，同时提交建设项目环境保护“三同时”执行情况报告以及相关信息公开证明。环境保护部委托环境保护部环境工程评估中心和中国环境监测总站（以下简称“技术审查单位”）分别负责生态类项目和污染类项目申请材料的初步审核，确定验收调查单位或验收监测单位，测算所需业务经费。验收调查单位根据建设项目行业类别，按照受理顺序从验收调查入库单位中顺次确定；验收监测单位根据建设项目所在行政区域，从验收监测入库单位中相应确定。技术审查单位对验收调查报告或验收监测报告进行技术审查，对报告质量进行评定，提出技术审查意见，在 20 个工作日内报送环境保护部，同时抄送建设单位、验收调查单位或验收监测单位。技术审查意见应当明确该建设项目是否符合验收条件，验收调查报告或验收监测报告质量是否达到技术规范要求。

（3）企业自行验收阶段。2017 年 7 月 16 日，新修改的《条例》公布，修改后的《条例》对建设项目竣工环境保护验收作出了较大调整，明确建设单位的环境保护主体责任。2017 年 11 月与其配套的《建设项目竣工环境保护验收暂行办法》（国环规环评〔2017〕4 号）发布，对验收程序和标准作出详细规定，并明确各级环境保护主管部门通过“双随机一公开”抽查制度，强化建设项目环境保护事中事后监督管理。

1.3　建设项目环境保护“三同时”制度及竣工验收环境保护法规体系

《中华人民共和国环境保护法》明确规定：“建设项目中防治污染的设施，应当与主体工程同时设计、同时施工、同时投产使用（简称‘三同时’）。防治污染的设施应当符合经批准的环境影响评价文件的要求，不得擅自拆除或者闲置。”《中华人民共和国大气污染防治法》《中华人民共和国水污染防治法》《中华人民共和国环境噪声污染防治法》《中华人民共和国海洋环境保护法》《环境影响评价法》也作了相应规定。1998 年颁布的《建设项目环境保护管理条例》（国务院令　第 253 号）对“三同时”的规定更具体。

建设项目环境保护管理是贯彻保护环境“预防为主”方针的关键性工作，对我国实施可持续发展战略发挥着重要作用。而“三同时”制度是我国早期环境管理制度之一，是我国建设项目环境保护管理工作的一项创举，它从程序上保证了把污染破坏的防治工作纳入开发建设活动的计划之中，是一项符合我国国情、具有中国特色的环境保护法律制度，是落实环境保护防治措施、控制项目建成后给环境带来新的污染和生态破坏等的关键，是加强环境保护管理的核心。

建设项目竣工环境保护验收是环境保护设施与主体工程同时投产并有效运行的最后一道关口，是控制污染和生态破坏的根本保证，它从制度上保证了环境影响评价所提出的环境保护对策和措施得到有效的落实。

2017 年新修改的《条例》对建设项目竣工环境保护验收作出了较大调整，取消建设项目竣工环保验收行政许可，明确建设单位是建设项目“三同时”的责任主体。2017 年 11 月，环境保护部发布了《暂行办法》，规定了验收标准和程序。

2 验收管理办法和程序

2.1 《建设项目竣工环境保护验收暂行办法》的编制背景

原《建设项目环境保护设施竣工验收管理规定》（国家环保局令　第 14 号）自 1994 年发布以来，对加强国务院生态环境主管部门负责审批环境影响评价报告书（表）的建设项目在竣工验收阶段的环境保护管理，确保“三同时”制度的顺利实施，起到了重要作用。

2013 年以来党中央、国务院印发了一系列有关“放管服”改革文件，要求转变政府职能，简政放权，强化事中事后监管。2017 年 7 月 16 日，国务院发布《关于修改〈建设项目环境保护管理条例〉的决定》（国务院令　第 682 号），自 2017 年 10 月 1 日施行。

《条例》将建设项目环保设施竣工验收由环保部门验收改为建设单位自主验收，第十七条明确授权国务院环境保护行政主管部门规定相关的验收标准和程序。因此，2017 年 11 月，环境保护部发布了《建设项目竣工环境保护验收暂行办法》（国环规环评〔2017〕4 号），进一步强化建设单位环保“三同时”主体责任，规范企业自主验收的程序、内容、标准及信息公开等要求。

2.2 《建设项目竣工环境保护验收暂行办法》的依据和原则

以《条例》的具体要求为主要修订依据，同时着重考虑三个原则：

（1）与上位法保持一致。《暂行办法》颁布实施时，2014 年新修改的《中华人民共和国环境保护法》和 2015 年新修改的《中华人民共和国大气污染防治法》均删除了建设项目环境保护设施竣工验收的相关规定，《中华人民共和国环境噪声污染防治法》（1997 年实施）规定“建设项目在投入生产或者使用之前，其环境噪声污染防治设施必须经原审批环境影响报告书的环境保护行政主管部门验收；达不到国家规定要求的，该建设项目不得投入生产或者使用”。《中华人民共和国固体废物污染环境防治法》（2017 年）规定“固体废物污染环境防治设施必须经原审批环境影响评价文件的环境保护行政主管部门验收合格后，该建设项目方可投入生产或者使用”。2018 年 12 月 29 日，全国人民代表大会常务委员会对《中华人民共和国环境噪声污染防治法》作出修改，将“经原审批环境影响报告书的环境保护行政主管部门验收”修改为“按照国家规定的标准和程序进行验收”。

（2）以建设单位自主验收为主线。重点强化建设单位环保“三同时”主体责任，明确了验收全过程中建设单位的责任落实要求。

（3）保持了验收工作的延续性。验收主体转变后，依然要确保验收内容不缺项、验收标准不降低。

2.3 《建设项目竣工环境保护验收暂行办法》的释义和编制说明

第一条　为规范建设项目环境保护设施竣工验收的程序和标准，强化建设单位环境保护主体责任，根据《建设项目环境保护管理条例》，制定本办法。

本条主要说明《暂行办法》制定的目的和法律依据。强调了建设单位的主体责任。

第二条　本办法适用于编制环境影响报告书（表）并根据环保法律法规的规定由建设单位实施环境保护设施竣工验收的建设项目以及相关监督管理。

本条主要是说明本办法的适用范围。与《条例》一致，按照分级管理原则，编制环境影响报告书和环境影响报告表的建设项目竣工后，建设单位应当对配套建设的环境保护设施进行验收，编制环境影响登记表的项目竣工后，不需要验收。

第三条　建设项目竣工环境保护验收的主要依据包括：

（一）建设项目环境保护相关法律、法规、规章、标准和规范性文件；

（二）建设项目竣工环境保护验收技术规范；

（三）建设项目环境影响报告书（表）及审批部门审批决定。

本条明确了建设项目竣工环境保护验收的法律法规依据及验收准则与标准，考核建设项目是否达到验收要求的主要依据。

第四条　建设单位是建设项目竣工环境保护验收的责任主体，应当按照本办法规定的程序和标准，组织对配套建设的环境保护设施进行验收，编制验收报告，公开相关信息，接受社会监督，确保建设项目需要配套建设的环境保护设施与主体工程同时投产或者使用，并对验收内容、结论和所公开信息的真实性、准确性和完整性负责，不得在验收过程中弄虚作假。

> 环境保护设施是指防治环境污染和生态破坏以及开展环境监测所需的装置、设备和工程设施等。
>
> 验收报告分为验收监测（调查）报告、验收意见和其他需要说明的事项等三项内容。

本条明确了建设项目竣工环境保护验收的对象是环境保护设施，环境保护设施的定义在一定程度上扩展了环境污染防治和生态保护设施（以下简称“设施”）、弱化了环境污染和生态保护措施（以下简称“措施”），明确了只对设施进行验收。

本条进一步明确了建设单位作为责任主体的具体责任，按程序和标准对设施进行验收，要编制验收报告，要进行信息公开，要做到“三同时”，要对验收内容和公开信息负责，不得弄虚作假。

本条提出了验收报告的概念，包括三项内容：一是验收监测（调查）报告，也就是验收技术报告，支撑验收的技术依据，具体规定见第五条和第六条；二是验收意见，也就是建设单位自主验收是否合格的结论，类似于验收批文，具体规定见第七条、第八条和第九条；三是其他需要说明的事项，把措施（如企业突发环境事件应急预案等）和一部分环评审批附带条件（如防护距离内的居民搬迁等）归入其他需要说明的事项，目的是把原本不属于企业责任的内容剔除出验收范围，让建设单位自主验收真正能够落地，具体规定见第十条。

> 第五条　建设项目竣工后，建设单位应当如实查验、监测、记载建设项目环境保护设施的建设和调试情况，编制验收监测（调查）报告。以排放污染物为主的建设项目，参照《建设项目竣工环境保护验收技术指南　污染影响类》编制验收监测报告；主要对生态造成影响的建设项目，按照《建设项目竣工环境保护验收技术规范　生态影响类》编制验收调查报告；火力发电、石油炼制、水利水电、核与辐射等已发布行业验收技术规范的建设项目，按照该行业验收技术规范编制验收监测报告或者验收调查报告。
>
> 建设单位不具备编制验收监测（调查）报告能力的，可以委托有能力的技术机构编制。建设单位对受委托的技术机构编制的验收监测（调查）报告结论负责。建设单位与受委托的技术机构之间的权利义务关系，以及受委托的技术机构应当承担的责任，可以通过合同形式约定。

本条明确了验收监测（调查）工作的内容和技术依据，主要是如实查验、监测、记载建设项目环境保护设施的建设和调试情况。以排放污染物为主的建设项目，参照《建设项目竣工环境保护验收技术指南　污染影响类》编制验收监测报告；已发布行业验收技术规范的建设项目，按照该行业验收技术规范编制验收监测报告。

本条明确了建设单位对验收监测报告结论负责。建设单位可以自行编制验收监测报告，不具备能力的，可以委托有能力的技术机构编制，对技术机构无资质要求。建设单位委托技术机构编制验收监测报告的，报告结论仍由建设单位负责。合同约定仅为建设单位和技术机构的自愿约定行为，无论合同如何约定，建设单位均是责任主体，对受委托的技术机构编制的验收监测报告结论负责。

第六条　需要对建设项目配套建设的环境保护设施进行调试的，建设单位应当确保调试期间污染物排放符合国家和地方有关污染物排放标准和排污许可等相关管理规定。

环境保护设施未与主体工程同时建成的，或者应当取得排污许可证但未取得的，建设单位不得对该建设项目环境保护设施进行调试。

调试期间，建设单位应当对环境保护设施运行情况和建设项目对环境的影响进行监测。验收监测应当在确保主体工程调试工况稳定、环境保护设施运行正常的情况下进行，并如实记录监测时的实际工况。国家和地方有关污染物排放标准或者行业验收技术规范对工况和生产负荷另有规定的，按其规定执行。建设单位开展验收监测活动，可根据自身条件和能力，利用自有人员、场所和设备自行监测；也可以委托其他有能力的监测机构开展监测。

本条规定了环保设施调试要求和验收监测工况要求，并对开展验收监测活动进行了规定。

本条体现了与排污许可的衔接：调试期间需确保污染物排放达标，已核发排污许可证的行业，需在产生排污行为前取得排污许可证，调试期间污染物排放也要达到排污许可证的相关要求。

本条提出了验收监测的目的和内容：验收监测需在调试期间开展，通过监测手段要说清“环境保护设施运行情况”和“建设项目对环境的影响”，监测内容应包括对环境保护设施的监测和周边环境质量的监测两部分。

本条规定了验收监测期间的工况要求包括两方面：一是主体工程调试工况稳定；二是环境保护设施运行正常。国家和地方有关污染物排放标准或者行业验收技术规范对工况和生产负荷另有规定的，如水泥项目验收监测时，应按照水泥行业验收技术规范，在设备正常生产工况和达到设计规模 80%以上时进行，没有相关标准和规范要求的，监测期间只需如实记录实际工况，未强制规定生产负荷要达到设计规模的 75%或 80%以上。

本条明确了验收监测单位的条件要求，必须具备相应的能力。建设单位自身有条件和能力开展验收监测活动的，可自行监测；也可以委托其他有能力的监测机构开展监测，受委托机构具备能力即可，无限定资质要求。

> 第七条 验收监测（调查）报告编制完成后，建设单位应当根据验收监测（调查）报告结论，逐一检查是否存在本办法第八条所列验收不合格的情形，提出验收意见。存在问题的，建设单位应当进行整改，整改完成后方可提出验收意见。
>
> 验收意见包括工程建设基本情况、工程变动情况、环境保护设施落实情况、环境保护设施调试效果、工程建设对环境的影响、验收结论和后续要求等内容，验收结论应当明确该建设项目环境保护设施是否验收合格。
>
> 建设项目配套建设的环境保护设施经验收合格后，其主体工程方可投入生产或者使用；未经验收或者验收不合格的，不得投入生产或者使用。

本条明确规定了提出验收意见的主体是建设单位，提出验收意见要把验收监测报告作为技术依据，根据验收监测报告结论，并逐一核查是否存在验收不合格的情形，在此基础上提出验收意见。存在问题的，允许整改，对整改次数没有要求，整改后再提出验收意见。第一次提出验收意见结论不合格的，需整改后重新提出验收意见，直至验收结论合格后，其主体工程方可投入生产或使用。

本条规定了验收意见的内容，至少应包括工程建设基本情况、工程变动情况、环境保护设施落实情况、环境保护设施调试效果、工程建设对环境的影响、验收结论和后续要求七项内容，验收结论必须明确是否验收合格，否则验收意见不合规。

> 第八条 建设项目环境保护设施存在下列情形之一的，建设单位不得提出验收合格的意见：
>
> （一）未按环境影响报告书（表）及其审批部门审批决定要求建成环境保护设施，或者环境保护设施不能与主体工程同时投产或者使用的；
>
> （二）污染物排放不符合国家和地方相关标准、环境影响报告书（表）及其审批部门审批决定或者重点污染物排放总量控制指标要求的；
>
> （三）环境影响报告书（表）经批准后，该建设项目的性质、规模、地点、采用的生产工艺或者防治污染、防止生态破坏的措施发生重大变动，建设单位未重新报批环境影响报告书（表）或者环境影响报告书（表）未经批准的；
>
> （四）建设过程中造成重大环境污染未治理完成，或者造成重大生态破坏未恢复的；
>
> （五）纳入排污许可管理的建设项目，无证排污或者不按证排污的；
>
> （六）分期建设、分期投入生产或者使用依法应当分期验收的建设项目，其分期建设、分期投入生产或者使用的环境保护设施防治环境污染和生态破坏的能力不能满足其相应主体工程需要的；
>
> （七）建设单位因该建设项目违反国家和地方环境保护法律法规受到处罚，被责令改正，尚未改正完成的；

（八）验收报告的基础资料数据明显不实，内容存在重大缺项、遗漏，或者验收结论不明确、不合理的；

（九）其他环境保护法律法规规章等规定不得通过环境保护验收的。

本条明确规定了不得验收合格的九种情形，存在其中的任何一种或几种情形的，均不得验收合格。第一种是未做到“三同时”的；第二种是污染物排放超标或总量超指标的；第三种是存在重大变动未履行相关手续的；第四种是重大污染或破坏未完成治理或恢复的；第五种是调试产生排污行为前未取得排污许可证的；第六种是不合规分期验收的，有些项目是分阶段建成或分期投入使用的，如果不分期验收，就可能导致前期项目的污染长期存在而得不到有效监督管理，因此，分期验收是允许的，但分期验收的条件是环境保护设施的能力必须足以满足主体工程的需要；第七种是存在问题尚未整改完成的；第八种是验收报告不规范的；第九种是收尾条款。

第九条　为提高验收的有效性，在提出验收意见的过程中，建设单位可以组织成立验收工作组，采取现场检查、资料查阅、召开验收会议等方式，协助开展验收工作。验收工作组可以由设计单位、施工单位、环境影响报告书（表）编制机构、验收监测（调查）报告编制机构等单位代表以及专业技术专家等组成，代表范围和人数自定。

本条是选择性条款，给出了提出验收意见的程序和方法。建设单位可以成立也可以不成立验收工作组，可以采取现场检查、资料查阅、召开验收会议的方式也可以不采取或采取其中之一，验收工作组的组成单位和专家代表人数均由建设单位自定。无论是否成立验收工作组、是否召开验收会议、是否邀请专家，建设单位均可提出验收意见。无论何种程序和方法提出的验收意见均由建设单位负责。

第十条　建设单位在“其他需要说明的事项”中应当如实记载环境保护设施设计、施工和验收过程简况、环境影响报告书（表）及其审批部门审批决定中提出的除环境保护设施外的其他环境保护对策措施的实施情况，以及整改工作情况等。

相关地方政府或者政府部门承诺负责实施与项目建设配套的防护距离内居民搬迁、功能置换、栖息地保护等环境保护对策措施的，建设单位应当积极配合地方政府或部门在所承诺的时限内完成，并在“其他需要说明的事项”中如实记载前述环境保护对策措施的实施情况。

本条是重点变化内容，提出了一个新名词，即“其他需要说明的事项”，顾名思义就是在此部分把需要说明的事项说明清楚，设置此部分内容的目的：一是真正体现验收的对象是设施而非措施；二是把原本应属于政府等相关部门责任的事项从建设单位身上剥离下来，实现责任清晰划分。

本条明确了需要说明的内容包括三部分：一是大事记，说明环保设施的设计、施工和验收过程简况；二是说明除环保设施（验收对象）外的对策措施的实施情况，特别指出了相关地方政府或者政府部门承诺实施的搬迁等措施，建设单位的责任是积极配合并如实说明即可；三是存在问题进行过整改的项目，需如实说明整改工作情况。

> 第十一条　除按照国家需要保密的情形外，建设单位应当通过其网站或其他便于公众知晓的方式，向社会公开下列信息：
>
> （一）建设项目配套建设的环境保护设施竣工后，公开竣工日期；
>
> （二）对建设项目配套建设的环境保护设施进行调试前，公开调试的起止日期；
>
> （三）验收报告编制完成后 5 个工作日内，公开验收报告，公示的期限不得少于 20 个工作日。
>
> 建设单位公开上述信息的同时，应当向所在地县级以上环境保护主管部门报送相关信息，并接受监督检查。

本条明确了验收过程中进行信息公开的要求，包括公开主体、公开渠道、时间节点、公开内容和公示时限。信息公开的主体是建设单位，渠道必须便于公众知晓，形式不限，公开网站、公共媒体等均可。要求分别在三个时间节点进行信息公开：一是竣工后（调试前），公开竣工日期；二是调试前，公开调试起止日期（需要做好计划）；三是验收报告完成后（5 个工作日内），公开验收报告，包括验收监测报告、验收意见和其他需要说明的事项三部分内容，且不少于 20 个工作日。同时要求信息公开同时报告当地环保主管部门，主动接受监管。

> 第十二条　除需要取得排污许可证的水和大气污染防治设施外，其他环境保护设施的验收期限一般不超过 3 个月；需要对该类环境保护设施进行调试或者整改的，验收期限可以适当延期，但最长不超过 12 个月。
>
> 验收期限是指自建设项目环境保护设施竣工之日起至建设单位向社会公开验收报告之日止的时间。

本条规定了验收期限及其计算方法，验收时限要求一般不超过 3 个月（不含排污许可证取得所需时间，目前只核发水和气的污染防治设施），最长不超过 1 年，按竣工之日至公开验收报告之日的时间考核。

> 第十三条　验收报告公示期满后 5 个工作日内，建设单位应当登录全国建设项目竣工环境保护验收信息平台，填报建设项目基本信息、环境保护设施验收情况等相关信息，环境保护主管部门对上述信息予以公开。建设单位应当将验收报告以及其他档案资料存档备查。

本条规定了登录平台、填报信息和档案留存的要求。全国建设项目竣工环境保护验收信息平台是全国统一的验收信息平台，于 2017 年 12 月 1 日上线试运行，自 2019 年 3 月 14 日，网址更新为 http：//114.251.10.205，由生态环境部开发和管理，仅对建设单位填报的相关信息进行记录，不做任何形式的“审查”“审批”或“备案”等。该系统不提供任何形式的“备案号”，建设单位填报相关信息并提交后，由生态环境部门予以公开。建设单位可自行填报或委托相关技术单位填报相关信息，建设单位对填报信息的真实性、准确性和完整性负责，建设单位自行填报或委托填报，皆应通过建设单位账户完成，每个社会信用代码（或组织代码）只能申请一个账户，填报完成提交后，所有内容将不能修改。建设单位应当建立包括验收报告等在内的完整档案材料备查。

第十四条　纳入排污许可管理的建设项目，排污单位应当在项目产生实际污染物排放之前，按照国家排污许可有关管理规定要求，申请排污许可证，不得无证排污或不按证排污。建设项目验收报告中与污染物排放相关的主要内容应当纳入该项目验收完成当年排污许可证执行年报。

本条明确与排污许可制度的衔接，对于纳入排污许可管理的项目，验收分别在前端和后端与排污许可衔接。验收前端，调试产生排污行为之前应取得排污许可证。验收之后，应将验收报告中的相关内容纳入当年排污许可执行年报。

第十五条　各级环境保护主管部门应当按照《建设项目环境保护事中事后监督管理办法（试行）》等规定，通过“双随机一公开”抽查制度，强化建设项目环境保护事中事后监督管理。要充分依托建设项目竣工环境保护验收信息平台，采取随机抽取检查对象和随机选派执法检查人员的方式，同时结合重点建设项目定点检查，对建设项目环境保护设施“三同时”落实情况、竣工验收等情况进行监督性检查，监督结果向社会公开。

本条是监督检查要求，验收由行政审批改为建设单位自主验收后，事中事后监管尤为重要，生态环境部发布了加强建设项目事中事后监管的相关规定，部分地方主管部门也制定了相关规定，要求各级生态环境主管部门通过“双随机一公开”的抽查制度，强化事中事后监管。充分依托验收信息平台随机抽查结合定点检查，强化对“三同时”和验收的监督检查，并通过公开监督结果的方式，接受公众监督，提升监管效果。

第十六条　需要配套建设的环境保护设施未建成、未经验收或者经验收不合格，建设项目已投入生产或者使用的，或者在验收中弄虚作假的，或者建设单位未依法向社会公开验收报告的，县级以上环境保护主管部门应当依照《建设项目环境保护管理条例》的规定予以处罚，并将建设项目有关环境违法信息及时记入诚信档案，及时向社会公开违法者名单。

本条是对未按规定落实“三同时”和验收要求的处罚条款，明确了处罚方式，并通过诚信与公开机制约束建设单位及受委托的技术机构。

> 第十七条　相关地方政府或者政府部门承诺负责实施的环境保护对策措施未按时完成的，环境保护主管部门可以依照法律法规和有关规定采取约谈、综合督查等方式督促相关政府或者政府部门抓紧实施。

本条是对政府承诺未按时完成的责任追究条款，明确了追究和督促方式。

> 第十八条　本办法自发布之日起施行。
>
> 第十九条　本办法由环境保护部负责解释。

本条明确了本办法的实施时间，于 2017 年 11 月 20 日发布之日起施行。

2.4 验收程序

建设单位自主验收工作程序：主要包括验收监测工作和后续验收工作，其中验收监测工作可分为启动、自查、编制验收监测方案、实施监测与检查、编制验收监测报告五个阶段。具体工作程序如图 2-1 所示。

生态环境部建设项目固体废物污染防治设施竣工环境保护验收行政审批程序：主要包括申请与受理、验收现场检查、审查批准三个阶段。

2.4.1 办理基本流程

2.4.1.1 申请与受理

建设单位从生态环境部政府网站首页登录“建设项目环评、验收及资质申报系统”提交申请材料。经初步核验，生态环境部对建设单位提出的申请和提交的材料分别作出下列处理：

（1）申请材料齐全、符合法定形式的，予以受理，并出具受理通知书。

（2）申请材料不齐全或不符合法定形式的，在 5 个工作日内一次告知建设单位需要补正的内容。

（3）按照验收权限规定不属于生态环境部验收的申请事项，不予受理，并告知建设单位。

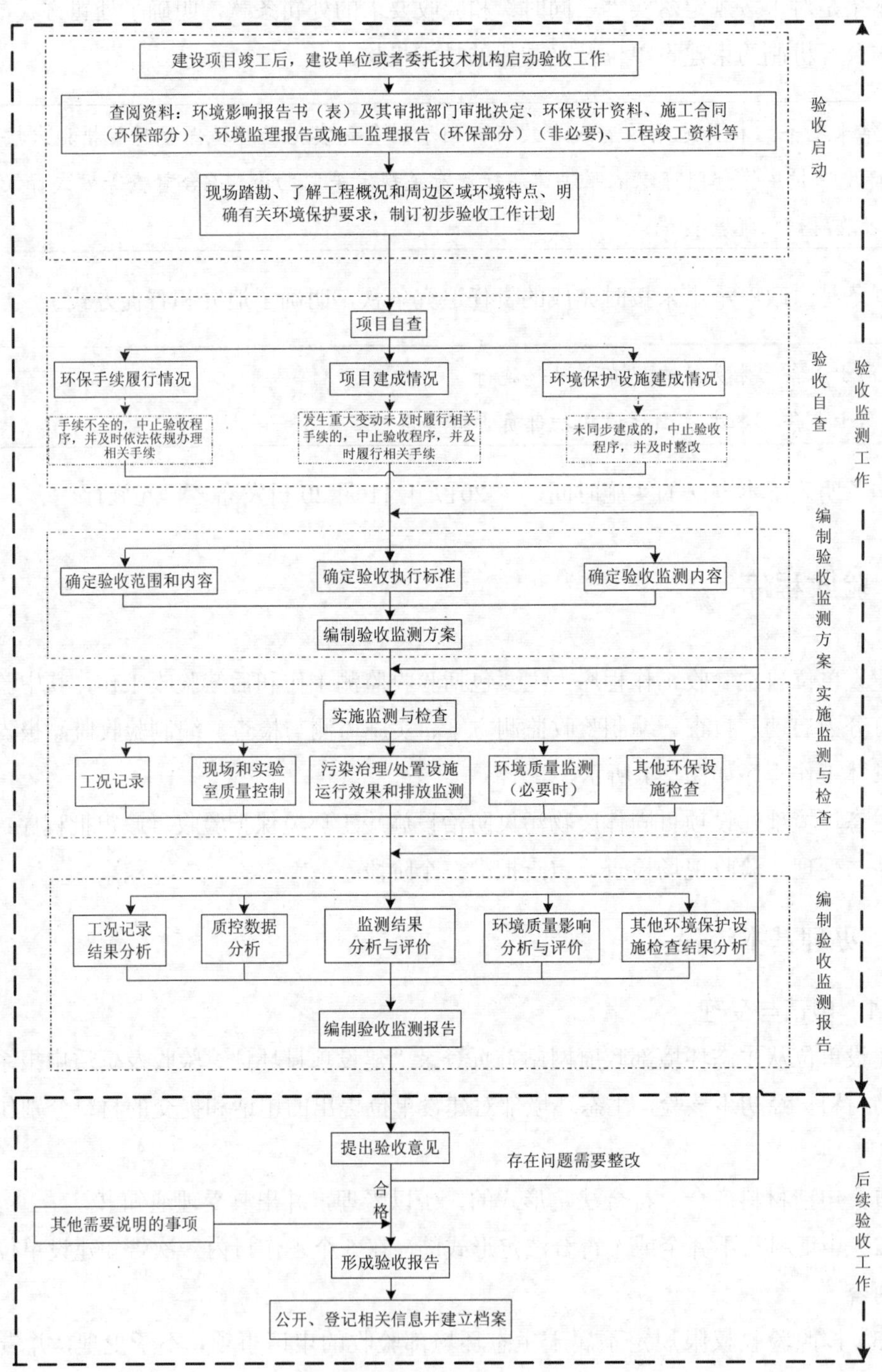

建设项目竣工后，建设单位或者委托技术机构启动验收工作
查阅资料：环境影响报告书（表）及其审批部门审批决定、环保设计资料、施工合同（环保部分）、环境监理报告或施工监理报告（环保部分）（非必要）、工程竣工资料等
现场踏勘、了解工程概况和周边区域环境特点、明确有关环境保护要求，制订初步验收工作计划
验收启动
项目自查
环保手续履行情况
项目建成情况
环境保护设施建成情况
手续不全的，中止验收程序，并及时依法依规办理相关手续
发生重大变动未及时履行相关手续的，中止验收程序，并及时履行相关手续
未同步建成的，中止验收程序，并及时整改
验收自查
确定验收范围和内容
确定验收执行标准
确定验收监测内容
编制验收监测方案
编制验收监测方案
实施监测与检查
工况记录
现场和实验室质量控制
污染治理/处置设施运行效果和排放监测
环境质量监测（必要时）
其他环保设施检查
实施监测与检查
工况记录结果分析
质控数据分析
监测结果分析与评价
环境质量影响分析与评价
其他环境保护设施检查结果分析
编制验收监测报告
编制验收监测报告
验收监测工作
提出验收意见
存在问题需要整改
合格
其他需要说明的事项
形成验收报告
公开、登记相关信息并建立档案
后续验收工作

图 2-1　验收工作程序

2.4.1.2 验收现场检查

生态环境部环境影响评价司可以组织或委托有关环保部门开展竣工环保验收现场检查，建设单位、环境影响报告书（表）编制单位、验收监测或调查单位等代表参加，召开现场检查会议，并形成现场检查意见。

2.4.1.3 审查批准

对符合条件的建设项目，生态环境部作出验收合格的决定，并书面通知建设单位；对不符合条件的建设项目，生态环境部作出验收不合格的决定，并书面通知建设单位。

2.4.1.4 信息公开

根据《建设项目环境影响评价政府信息公开指南（试行）》，生态环境部在政府网站（网址：www.mee.gov.cn）对建设项目竣工环境保护验收监测或调查报告受理、审查、审批政府信息予以公开。国家规定需要保密和涉及国家秘密、商业秘密等相关政府信息除外。

办理流程如图 2-2 所示。

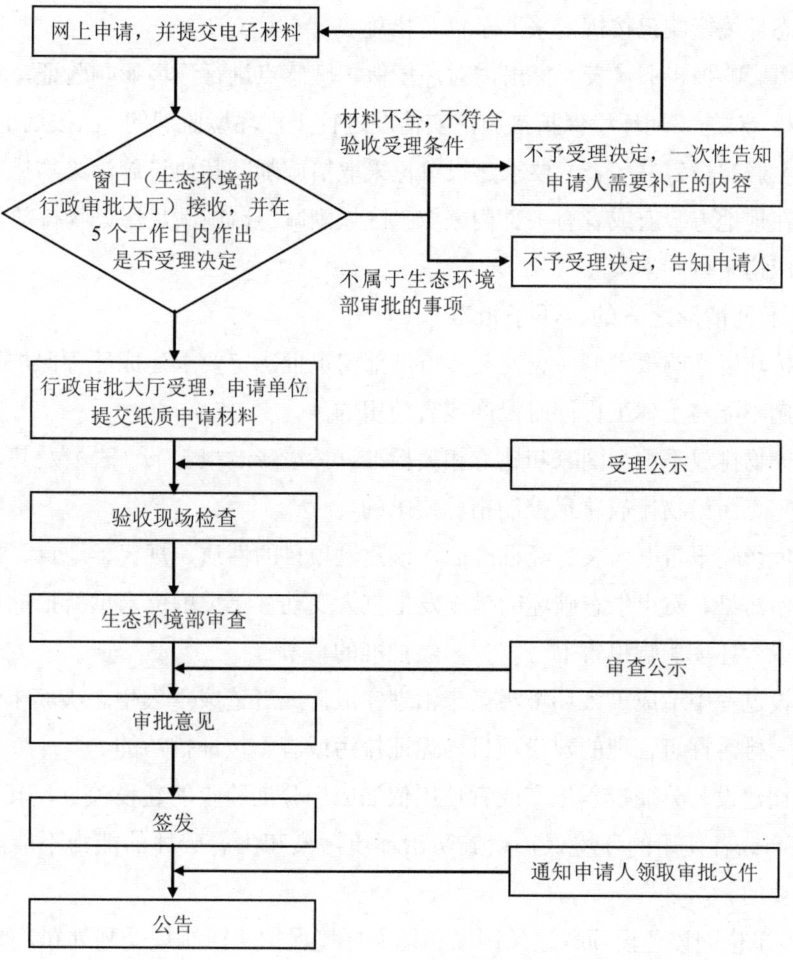

图 2-2 办理流程

2.4.2 办事指南

2.4.2.1 申请条件

由生态环境部审批的环境影响报告书（表）的建设项目（不含环境保护部公告 2015 年第 17 号明确委托验收的建设项目）向生态环境部提出竣工环境保护验收申请。

2.4.2.2 具备或符合如下条件的，准予批准

（1）建设前期环境保护审查、审批手续完备，技术资料与环境保护档案资料齐全。

（2）环境保护设施及其他措施等已按批准的环境影响报告书（表）的要求建成或者落实，并具备环境保护设施正常运转的条件。

（3）污染物排放符合环境影响报告书（表）中提出的标准及核定的污染物排放总量控制指标的要求。

（4）各项生态保护措施按环境影响报告书（表）规定的要求落实，建设项目建设过程中产生的生态环境影响已按规定采取了恢复措施。

（5）环境影响报告书（表）提出需对环境保护敏感点进行环境影响验证，对清洁生产进行指标考核，对施工期环境保护措施落实情况进行工程环境监理的，已按规定要求完成。

（6）环境影响报告书（表）要求建设单位采取措施削减其他设施污染物排放，或要求建设项目所在地地方政府或者有关部门采取"区域削减"措施满足污染物排放总量控制要求的，其相应措施得到落实。

2.4.2.3 有下列情形之一的，不予批准

（1）未按环境影响报告书（表）及其审批部门审批决定要求建成环境保护设施，或者环境保护设施不能与主体工程同时投产或者使用的。

（2）污染物排放不符合国家和地方相关标准、环境影响报告书（表）及其审批部门审批决定或者重点污染物排放总量控制指标要求的。

（3）环境影响报告书（表）经批准后，该建设项目的性质、规模、地点、采用的生产工艺或者防治污染、防止生态破坏的措施发生重大变动，建设单位未重新报批环境影响报告书（表）或者环境影响报告书（表）未经批准的。

（4）建设过程中造成重大环境污染未治理完成，或者造成重大生态破坏未恢复的。

（5）纳入排污许可管理的建设项目，无证排污或者不按证排污的。

（6）分期建设、分期投入生产或者使用依法应当分期验收的建设项目，其分期建设、分期投入生产或者使用的环境保护设施防治环境污染和生态破坏的能力不能满足其相应主体工程需要的。

（7）建设单位因该建设项目违反国家和地方环境保护法律法规受到处罚，被责令改正，尚未改正完成的。

（8）验收报告的基础资料数据明显不实，内容存在重大缺项、遗漏，或者验收结论不明确、不合理的。

（9）其他环境保护法律法规规章等规定不得通过环境保护验收的。

2.4.2.4 申请材料清单

根据《环境保护部建设项目“三同时”监督检查和竣工环保验收管理规程（试行）》（环发〔2009〕150 号）等要求，建设单位应当向生态环境部提出申请，提交下列材料，并对所有申报材料内容的真实性负责：

（1）建设项目竣工环境保护验收申请函一份。

（2）建设项目竣工环保验收监测或调查报告，纸件两份，电子件一份（按照《关于环境保护部委托编制竣工环境保护验收调查报告或验收监测报告有关事项的通知》执行的建设项目不再提交验收监测或调查报告）。

（3）建设项目竣工环保验收申请报告，纸件两份，电子件一份。

（4）建设项目环境监理报告，纸件两份（如环评批复有要求）。

（5）环境风险应急预案备案表（涉及环境风险较大的建设项目）。

2.4.2.5 申请材料提交

建设单位可从生态环境部政府网站首页登录“建设项目环评、验收及资质申报系统”提交申请材料电子版。确定受理的项目（即建设单位在网上受理系统收到受理通知），建设单位将该项目相关纸质材料提交至生态环境部行政审批大厅或环境影响评价司许可处。

（1）网上接收

生态环境部政府网站首页（http：//www.mee.gov.cn/）

（2）窗口接收

接收部门名称：生态环境部行政审批大厅

接收地址：北京市西城区西直门南小街 115 号

（3）信函接收

接收部门名称：生态环境部行政审批大厅

接收地址：北京市西城区西直门南小街 115 号

邮政编码：100035

联系电话：（010）66556045、（010）66556047（传真）

2.4.2.6 办结时限

建设项目竣工环境保护验收文件受理时间为 5 个工作日。受理竣工环境保护验收申请之日起 30 个工作日内完成验收，根据审查结果，分别作出相应的验收决定，并书面通知建设单位。依法进行听证、专家评审和技术评估以及验收现场检查和建设单位整改所需时间不计算在内。

2.4.2.7 审批收费依据及标准

不收费。

2.4.2.8 审批结果

生态环境部对于验收合格的建设项目，以“环验〔20××〕××号”文件出具《关于××××建设项目竣工环境保护验收合格的函》；对于验收不合格的建设项目，以“环验函〔20××〕××号”文件出具《关于××××建设项目竣工环境保护验收意见的函》。

2.4.2.9 结果送达

生态环境部作出验收决定后，及时通过电话等形式通知或告知建设单位，通过现场领取或邮寄方式将验收结果（文书）送达，并在15日内通过政府网站和报纸上发布公告。

3 验收技术规范体系

3.1 验收技术规范体系

3.1.1 验收技术规范体系设置的考虑

3.1.1.1 落实新《建设项目环境保护管理条例》《建设项目竣工环境保护验收暂行办法》的要求

新《条例》强调了建设单位的主体责任，明确了“三同时”各环节的具体要求、明确了取消环保验收行政许可，建设单位自行开展验收。具体指出：报告书、报告表项目竣工后，建设单位按照国务院生态环境主管部门规定的标准和程序开展验收。验收过程中如实查验、监测、记载环保设施的建设、调试情况。《暂行办法》详细规定了验收的程序和要求，为落实《条例》及《暂行办法》的要求，有必要对原支撑验收行政许可的技术规范体系进行完善。

3.1.1.2 强调责任主体的转变

现有技术规范体系的编制主要围绕支撑验收行政许可、指导各级生态环境主管部门所属监测单位开展工作的目标编制，对企业落实主体责任完成完整的验收工作规定不够详细，主要表现在：内容局限于验收监测工作本身，未包含验收全过程；未强调验收信息公开，难以落实民众知情权。随着企业自验的实施，验收责任主体发生转变，技术规范还应建立支撑政府事中事后监管的企业验收效果评估指南体系等。

3.1.1.3 满足指导全国建设项目自行验收的需求

现有技术体系的构建主要以生态环境部审批的大型、综合项目为基础设计。现有验收监测技术规范共 23 项，包含污染影响类总则、生态影响类总则和 21 项行业验收技术规范，其中污染影响类验收技术规范仅有 14 个行业，行业覆盖面不足，且多数行业规范出台较早，不能满足行业发展和现行管理要求，随着企业自验的实施，现有验收技术规范凸显不足，为了确保企业自验的验收内容不缺项、验收标准不降低，作为主要技术依据的验收技术规范必须科学完善。

基于上述三点考虑，亟须建立符合当前验收管理要求和企业需求的完整的建设项目竣工环境保护验收技术规范体系，体系应由污染影响类总则、行业验收技术规范和自验效果评估技术指南构成（图 3-1）。

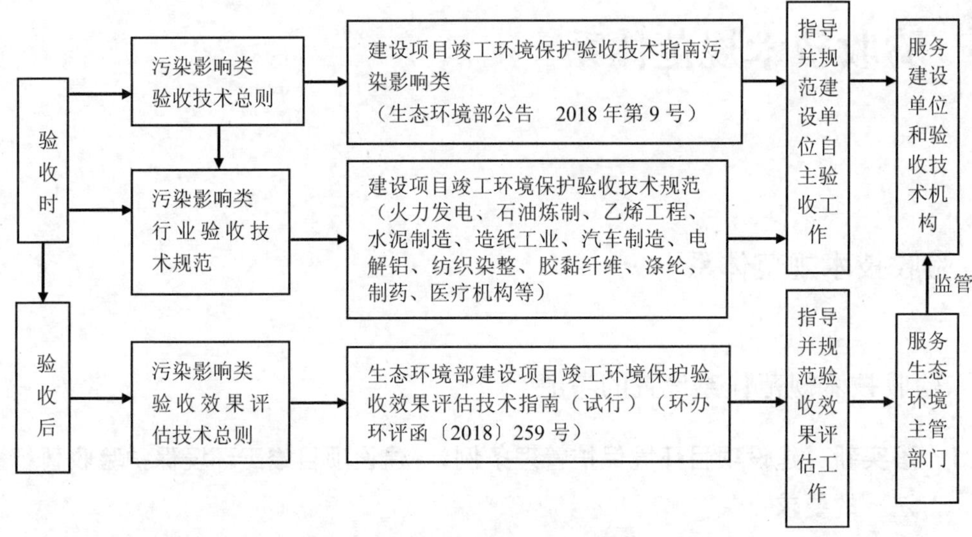

图 3-1 验收技术规范体系

3.1.2 现有验收技术规范

现有验收技术规范共 23 项，包含污染影响类总则、生态影响类总则和 21 项行业验收技术规范，其中污染影响类行业验收技术规范有 14 项。已完成征求意见稿的污染影响类验收技术规范共 11 项，其中制订 4 项，修订 7 项（表 3-1）。

表 3-1 现有验收技术规范

类别	序号	技术规范名称
现有	1	建设项目竣工环境保护验收技术规范 火力发电厂（HJ/T 255—2006）
	2	建设项目竣工环境保护验收技术规范 水泥制造（HJ/T 256—2006）
	3	建设项目竣工环境保护验收技术规范 电解铝（HJ/T 254—2006）
	4	建设项目竣工环境保护验收技术规范 生态影响类（HJ/T 394—2007）
	5	建设项目竣工环境保护验收技术规范 城市轨道交通（HJ/T 403—2007）
	6	建设项目竣工环境保护验收技术规范 黑色金属冶炼及压延加工（HJ/T 404—2007）
	7	建设项目竣工环境保护验收技术规范 石油炼制（HJ/T 405—2007）
	8	建设项目竣工环境保护验收技术规范 乙烯工程（HJ/T 406—2007）
	9	建设项目竣工环境保护验收技术规范 汽车制造（HJ/T 407—2007）
	10	建设项目竣工环境保护验收技术规范 造纸工业（HJ/T 408—2007）
	11	建设项目竣工环境保护验收技术规范 港口（HJ 436—2008）
	12	储油库、加油站大气污染治理项目验收检测技术规范（HJ/T 431—2008）
	13	建设项目竣工环境保护验收技术规范 水利水电（HJ 464—2009）
	14	建设项目竣工环境保护验收技术规范 公路（HJ 552—2010）

类别	序号	技术规范名称
现有	15	建设项目竣工环境保护验收技术规范 石油天然气开采（HJ 612—2011）
	16	建设项目竣工环境保护验收技术规范 煤炭采选（HJ 672—2013）
	17	建设项目竣工环境保护验收技术规范 输变电工程（HJ 705—2014）
	18	建设项目竣工环境保护验收技术规范 纺织染整（HJ 709—2014）
	19	建设项目竣工环境保护验收技术规范 粘胶纤维（HJ 791—2016）
	20	建设项目竣工环境保护验收技术规范 涤纶（HJ 790—2016）
	21	建设项目竣工环境保护验收技术规范 制药（HJ 792—2016）
	22	建设项目竣工环境保护验收技术规范 医疗机构（HJ 794—2016）
	23	建设项目竣工环境保护验收技术指南污染影响类(生态环境部公告 2018年第9号)
编制中	24	建设项目竣工环境保护设施验收技术规范 炼焦化学工业（征求意见稿）
	25	建设项目竣工环境保护设施验收技术规范 危险废物处置（征求意见稿）
	26	建设项目竣工环境保护设施验收技术规范 生活垃圾焚烧工程（征求意见稿）
	27	建设项目竣工环境保护设施验收技术规范 生活垃圾填埋（征求意见稿）
	28	建设项目竣工环境保护设施验收技术规范 生态影响类（征求意见稿） 修订 HJ/T 394—2007
	29	建设项目竣工环境保护设施验收技术规范 石油炼制（征求意见稿） 修订 HJ/T 405—2007
	30	建设项目竣工环境保护设施验收技术规范 乙烯工程（征求意见稿） 修订 HJ/T 406—2007
	31	建设项目竣工环境保护设施验收技术规范 电解铝（征求意见稿） 修订 HJ/T 254—2006
	32	建设项目竣工环境保护设施验收技术规范 汽车制造（征求意见稿） 修订 HJ/T 407—2007
	33	建设项目竣工环境保护设施验收技术规范 水泥工业（征求意见稿） 修订 HJ/T 256—2006
	34	建设项目竣工环境保护设施验收技术规范 钢铁（征求意见稿） 修订 HJ/T 404—2007
	35	建设项目竣工环境保护设施验收技术规范 造纸工业（征求意见稿） 修订 HJ/T 408—2007

3.2 污染影响类验收技术指南制订的主要考虑

3.2.1 指南制订的必要性

3.2.1.1 新《建设项目环境保护管理条例》和《建设项目竣工环境保护验收暂行办法》实施，亟须技术文件支撑落实

2017 年 7 月 16 日，国务院印发《关于修改〈建设项目环境保护管理条例〉的决定》（国务院令 第 682 号），正式取消了建设项目竣工环境保护验收行政许可，改为建设单位自主验收，自 2017 年 10 月 1 日起实施。为贯彻落实《条例》要求，2017 年 11 月 20 日，环境保护部发布《建设项目竣工环境保护验收暂行办法》（国环规环评〔2017〕4 号），规

范了建设单位自主开展验收的程序和标准。企业自验时代的到来，亟须验收技术文件支撑落实《条例》和《暂行办法》的要求，因此，制订《建设项目竣工环境保护验收技术指南 污染影响类》（以下简称《指南》）是落实相关法律法规和文件规定的需要。

3.2.1.2 验收技术规范污染影响类总则空缺，亟须填补空白

建设项目竣工环境保护验收技术规范是编制建设项目竣工环境保护验收报告的依据，而目前已经颁布实施的污染影响类建设项目竣工环境保护验收技术规范仅有 14 个行业，且无总则。一直以来发挥总则作用的《关于建设项目环境保护设施竣工验收监测管理有关问题的通知》（环发〔2000〕38 号）的附件《建设项目环境保护设施竣工验收监测技术要求（试行）》也已经废止。因此，需要制订《建设项目竣工环境保护验收技术规范 污染影响类》，填补空白。在目前《条例》已经实施，自验已经开启的紧急状况下，亟须制订《指南》，发挥总则作用，不能留有真空期。

3.2.1.3 现有行业验收技术规范不能满足新《条例》和《暂行办法》要求

新《条例》的实施带来了验收主体的改变和验收内容的调整，验收主体由各级环保行政主管部门改为建设单位，建设单位是验收的责任主体，验收内容调整为建设项目配套的环境保护设施，对配套建设的环境保护设施进行验收，如实查验、监测、记载环保设施的建设、调试情况，编制验收报告。同时，《条例》明确了“三同时”各环节的具体要求，强化了建设单位的主体责任。现有 23 个行业的验收技术规范（含污染影响类和生态影响类）全部是在原环保验收行政审批制度和要求下制订的，部分内容与新《条例》和《暂行办法》要求不符，部分内容不全，部分内容已经不属于现在的验收范围，因此，亟须制订与《条例》和《暂行办法》紧密配套的《指南》，同时可以在一定程度上弥补现有技术规范的不足。

3.2.1.4 制订《指南》是指导和规范建设单位自主验收行为的需要

现行验收技术规范是围绕支撑验收行政许可、指导各级环保行政主管部门所属监测单位开展工作为目标编制的，对企业落实主体责任完成完整的验收工作规定不够详细。现在，企业作为验收的责任主体，最大的需求是一个易于理解、切实可行的完整技术要求，需要包括企业自验的程序、方法、内容、范围、技术要求等所有自验会涉及的全部内容，简而言之就是对照技术指南能够有条不紊地完成整个自验工作，且符合政策和技术要求。同时，管理部门也希望不同企业、不同项目、不同受委托技术机构的所有验收技术工作是统一规范可控的。因此制订《指南》是十分必要的。

3.2.2 《指南》制订遵循的基本原则

3.2.2.1 紧密配套《条例》和《暂行办法》

根据《条例》和《暂行办法》要求，重新设置了《指南》的框架，整体分为正文和

附录两大块，正文共六个部分：适用范围；术语和定义；验收工作程序；验收自查；验收监测方案和报告编制；验收监测技术要求。附录共五个部分：附录 1 验收推荐程序与方法；附录 2 验收监测报告（表）；附录 3 工况记录推荐方法；附录 4 验收意见；附录 5“其他需要说明的事项”相关说明。

从整个框架设计上体现了与《条例》和《暂行办法》的紧密配套，《条例》和《暂行办法》要求的重点内容都设置了专门的章节，如验收工作程序、验收推荐程序和方法、验收意见和其他需要说明的事项。

从内容设置上也体现了与《条例》和《暂行办法》的紧密配套，如术语中环境保护设施和验收监测的定义均根据《条例》和《暂行办法》进行了修改；增加的验收工作程序分为两大阶段，第一阶段是验收监测程序，第二阶段是验收程序，每个阶段的具体程序和方法也都进行了详细说明，达到有效指导企业自验的目的；在验收范围和内容的界定上进行了调整，主要是把环境保护措施中的企业管理措施和制度措施、居民搬迁要求等非企业责任的内容剔除验收范围，纳入其他需要说明的事项，把除水、气、声、固体废物污染治理设施以外的其他环境保护设施（如罐区围堰、事故水池、防渗工程等环境风险防范设施）保留在验收对象环境保护设施的范畴。

3.2.2.2 确保内容不缺项、标准不降低

建设项目竣工环境保护验收是建设项目“三同时”管理的重要环节，是一项长期延续性的工作，新《条例》和《暂行办法》的实施，虽然调整了一些要求，但仍然保持了与《条例》出台前验收内容不缺项和验收标准不降低的要求，因此，《指南》编制坚持以确保内容不缺项和标准不降低为原则，无论从框架设置、内容和验收监测技术要求上均按此原则考虑。

3.2.2.3 系统设计，全面指导

从开展自主验收的全过程进行梳理，系统性设计《指南》的内容，力求对建设单位自主验收的所有程序环节提供全面的指导。具体以原环发〔2000〕38 号文为基础，增加的内容主要包括：①验收工作程序，目的是指导企业怎么干；②验收自查环节，查手续、建设内容、环保设施和变动，目的是帮助企业初步判断是否具备开展验收监测的条件；③工况监控技术方法，指导企业应该记录哪些内容以及如何记录，目的是让企业说清自己的验收状态；④验收推荐程序和方法，推荐给企业有效地形成验收意见的方法，目的是告诉企业到底怎么验；⑤增加验收意见模板，目的是教会企业验收意见怎么写；⑥其他需要说明的事项，目的是告知企业哪些内容是需要说明的以及如何说明；⑦信息公开、平台登记与建立档案，目的是指导企业验完怎么做，如何为自验留下随时备查的完整资料。

3.2.2.4 体现差异，突出重点

在具体内容上，针对不同的建设项目、要素、环节等，体现差异性，突出重点，主要

体现在：①对于编制环境影响报告表的项目可自愿选择编制验收监测报告书或验收监测报告表，验收监测报告表的内容要求较验收监测报告书简化很多；②建设单位可根据项目的具体情况自愿选择是否编制验收监测方案；③对设施处理效率的考核，可选择主要污染物且适当减少监测频次，若不具备监测条件，无法进行环保设施处理效率监测的，在验收监测报告中说明具体情况及原因即可；④对于环境保护设施调试效果提出了重点监测要求，从排放是否达标以及设施对污染物的去除效率两方面来考核，从监测技术要求上重点要求；⑤对于建设项目对周边环境的影响，要求依据环评及审批文件要求，从周边环境质量监测结果来考核，在验收监测技术要求中重点明确了环境质量监测的点位设置和频次要求。

3.2.2.5 有效衔接，查遗补漏

自主验收必须按照各项相关管理规定执行，验收监测活动应遵循各项监测技术规范。对于已有标准和规范的内容，《指南》中不进行重复规定，与现有的规定和规范进行有效衔接，如验收监测技术中的质量保证和质量控制要求，与《排污单位自行监测技术指南　总则》（HJ 819—2017）衔接，《指南》不再另行要求。当前规定和规范中未进行明确的内容，又是验收监测必不可少的内容，在《指南》中进行规定，如验收监测内容、点位、因子的确定等。另外《指南》在适用范围中规定技术指南适用于无行业验收技术规范的建设项目，行业验收技术规范中未规定的内容按照指南执行。与现有行业的验收技术规范进行了有效衔接和查遗补漏。

3.2.3 《指南》主要内容说明

3.2.3.1 明确验收工作程序，告诉建设单位如何进行自验

《条例》要求建设单位按照国务院生态环境主管部门规定的程序进行验收，《暂行办法》规定了验收的程序，《指南》作为最为直接的技术支撑文件，按照《条例》和《暂行办法》的规定进一步细化了验收工作程序。《指南》主要分为两大部分，即验收监测工作和后续验收工作。验收监测工作包括启动、自查、编制验收监测方案、实施监测与检查、编制验收监测报告五个阶段；后续验收工作包括提出验收意见、编制其他需要说明的事项、形成并公示验收报告、登录平台填报信息和建立完整验收工作档案五个阶段。《指南》明确了每个阶段的工作内容，并给出了具体的工作程序图，目的是让建设单位清楚地知道验收工作的流程、步骤和内容，明白自验到底怎么验。

3.2.3.2 设置自查环节，帮助建设单位初步判断能否进入监测阶段

自查是针对验收主体的转变而设置的重要环节，建设单位可通过该环节来核查环保手续是否齐全、建成内容是否存在重大变动且未履行相关手续等情况，从而判断能否开展后续监测工作，避免盲目监测后才发现存在的制约性重大问题而影响整个验收工作进展。

因此，《指南》明确了自查包括核查环保手续履行情况、项目建成情况、环境保护设

施建设情况和变动情况四项内容，并对每项自查的内容进行了规定，若自查过程中发现项目建成情况未落实环境影响报告书（表）及审批部门审批决定要求环境保护设施建设的，建设单位应及时整改，发现项目性质、规模、地点、采用的生产工艺或者防治污染、防止生态破坏的措施发生重大变动，而未重新报批环境影响报告书(表)或环境影响报告书(表)未经批准的，建设单位应及时依法依规履行相关手续。《指南》还考虑了与排污许可证和辐射安全许可证的衔接。

3.2.3.3 调整工况负荷要求，明确工况记录的具体要求和方法

根据《暂行办法》第六条要求，《指南》规定，除国家和地方有关污染物排放标准或者行业验收技术规范有相关要求的，其他项目验收监测只需在确保主体工程调试工况稳定、环境保护设施运行正常的情况下进行，不再强制要求工况达到75%以上，仅要求如实记录监测时的实际工况即可。然而，工况对监测数据的代表性具有决定性的影响，工况核查是验收监测工作的重要组成部分，主体工程生产负荷以及环保设施的运行状态都直接影响监测数据的代表性。

因此，《指南》必须给出工况记录的具体要求，让建设单位全面合理地记录监测数据得出的条件状态。规定验收监测应当在确保主体工程工况稳定、环境保护设施运行正常的情况下进行，并如实记录监测时的实际工况以及决定或影响工况的关键参数，如实记录能够反映环境保护设施运行状态的主要指标。在附录中给出了典型行业主体工程、环保工程及辅助工程在验收监测期间的工况记录方法。

3.2.3.4 考虑新旧标准的衔接，解决验收执行标准的争议性问题

根据原环发〔2000〕38 号文的有关规定，验收监测是以建设项目进行环境影响评价时依据的标准作为判定建设项目能否达标排放的标准，建设项目投产时的国家和地方现行标准以及参照执行的其他标准，是生态环境主管部门进行监督管理及企业污染防治整改的判定标准，一般不作为竣工验收的依据。也就是采用老标准验收、新标准校核的原则。随着环发〔2000〕38 号文的废止、环保管理要求的不断提高以及标准制订、修订的进步，在近年来新颁布的诸多标准中都已经对老项目如何执行新标准给出了明确的规定，做好了衔接，并预留了整改时间。因此，以往老项目如何执行新标准的争议性问题已经在新标准中解决了，验收监测必须按照现行标准中相应的时段要求执行。

因此，《指南》在给出了污染排放标准、环境质量标准和环境保护设施设计指标执行原则的基础上，明确了在环境影响报告书（表）审批之后发布或修订的标准对建设项目执行该标准有明确时限要求的，按新发布或修订的标准执行，解决了争议性问题。

3.2.3.5 优化监测内容与频次，解决环境质量监测难题

根据《暂行办法》，验收监测内容应包括环保设施调试运行效果监测和环境质量影响监测两部分，《指南》明确了测什么和怎么测这个核心技术内容，考虑了环保设施调试运

行效果监测含环保设施处理效率监测和污染物排放监测两方面，明确了环保设施处理效率监测内容和污染物排放监测内容，规定了验收监测污染因子和验收监测频次的确定原则。

《指南》优化了固体废物采样频次、环保设施处理效率监测的因子和频次以及抽测原则，规定对设施处理效率的监测，可选择主要因子并适当减少监测频次，但应考虑处理周期，并合理选择处理前、后的采样时间，对于不稳定排放的，应关注最高浓度排放时段。

针对验收监测期间环境质量监测的特殊性，明确了环境质量监测主要针对环境影响报告书（表）及其审批部门审批决定中关注的环境敏感保护目标的环境质量，规定了环境质量监测因子以建设项目特征污染物为主，特别增加了频次的选择原则，即进行环境质量监测时，地表水和海水环境质量监测一般不少于 2 天、监测频次按相关监测技术规范并结合项目排放口废水排放规律确定；地下水监测一般不少于 2 天、每天不少于 2 次，采样方法按相关技术规范执行；环境空气质量监测一般不少于 2 天、采样时间按相关标准规范执行；环境噪声监测一般不少于 2 天、监测量及监测时间按相关标准规范执行；土壤环境质量监测至少布设 3 个采样点，每个采样点至少采集 1 个样品，采样点布设和样品采集方法按相关技术规范执行。填补了此领域一直以来缺乏技术依据的空白。

3.2.3.6 从企业自证角度，质控要求与自行监测指南保持一致性

建设单位自主验收和排污许可自行监测工作均为企业自证行为，因此，应对企业统一要求，《指南》在质量保证与质量控制方面，规定的验收监测采样方法、监测分析方法、监测质量保证和质量控制要求均按照《排污单位自行监测技术指南　总则》（HJ 819—2017）中的要求执行，与自行监测指南进行了有效衔接，避免重复。

根据 HJ 819—2017，自证单位应建立并实施质量保证与控制措施方案，以自证自行监测数据的质量，要求如下述。

◆　建立质量体系

排污单位应根据本单位自行监测的工作需求，设置监测机构，梳理监测方案制订、样品采集、样品分析、监测结果报出、样品留存、相关记录的保存等监测的各个环节中，为保证监测工作质量应制定的工作流程、管理措施与监督措施，建立自行监测质量体系。

质量体系应包括对以下内容的具体描述：监测机构，人员，出具监测数据所需仪器设备，监测辅助设施和实验室环境，监测方法技术能力验证，监测活动质量控制与质量保证等。

委托其他有资质的检（监）测机构代其开展自行监测的，排污单位不用建立监测质量体系，但应对检（监）测机构的资质进行确认。

◆　监测机构

监测机构应具有与监测任务相适应的技术人员、仪器设备和实验室环境，明确监测人员和管理人员的职责、权限和相互关系，有适当的措施和程序保证监测结果准确可靠。

◆ 监测人员

应配备数量充足、技术水平满足工作要求的技术人员，规范监测人员录用、培训教育和能力确认/考核等活动，建立人员档案，并对监测人员实施监督和管理，规避人员因素对监测数据正确性和可靠性的影响。

◆ 监测设施和环境

根据仪器使用说明书、监测方法和规范等的要求，配备必要的如除湿机、空调、干湿度温度计等辅助设施，以使监测工作场所条件得到有效控制。

◆ 监测仪器设备和实验试剂

应配备数量充足、技术指标符合相关监测方法要求的各类监测仪器设备、标准物质和实验试剂。

监测仪器性能应符合相应方法标准或技术规范要求，根据仪器性能实施自校准或者检定/校准、运行和维护、定期检查。

标准物质、试剂、耗材的购买和使用情况应建立台账予以记录。

◆ 监测方法技术能力验证

应组织监测人员按照其所承担监测指标的方法步骤开展实验活动，测试方法的检出浓度、校准（工作）曲线的相关性、精密度和准确度等指标，实验结果满足方法相应的规定以后，方可确认该人员实际操作技能满足工作需求，能够承担测试工作。

◆ 监测质量控制

编制监测工作质量控制计划，选择与监测活动类型和工作量相适应的质控方法，包括使用标准物质、采用空白试验、平行样测定、加标回收率测定等，定期进行质控数据分析。

◆ 监测质量保证

按照监测方法和技术规范的要求开展监测活动，若存在相关标准规定不明确但又影响监测数据质量的活动，可编写《作业指导书》予以明确。

编制工作流程等相关技术规定，规定任务下达和实施，分析用仪器设备购买、验收、维护和维修，监测结果的审核签发、监测结果录入发布等工作的责任人和完成时限，确保监测各环节无缝衔接。

◆ 设计记录表格，对监测过程的关键信息予以记录并存档

定期对自行监测工作开展的时效性、自行监测数据的代表性和准确性、管理部门检查结论和公众对自行监测数据的反馈等情况进行评估，识别自行监测存在的问题，及时采取纠正措施。管理部门执法监测与排污单位自行监测数据不一致的，以管理部门执法监测结果为准，作为判断污染物排放是否达标、自动监测设施是否正常运行的依据。

3.2.3.7 规定提出验收意见的要求，并给出验收意见内容模板

根据《暂行办法》相关要求，《指南》给出了验收程序和方法，验收工作组组成、现场

核查方法、形成验收意见方法与要求。但该部分仅为推荐程序与方法，非强制规定。未实现这一要求，《暂行办法》提出了验收意见必须包含的内容且要求必须给出明确结论（是否验收合格），《指南》在附录中给出了验收意见模板，包括《暂行办法》要求的工程建设基本情况、工程变动情况、环境保护设施落实情况、环境保护设施调试效果、工程建设对环境的影响、验收结论和后续要求、验收人员信息，并给出了每部分需要表述的内容要求，规定了验收结论应当明确是否验收合格的要求，以指导建设单位形成内容完整、结论明确的验收意见。

3.2.3.8 梳理“其他需要说明的事项”的说明内容，细化说明要求

根据《暂行办法》，“其他需要说明的事项”包括环境保护设施设计、施工和验收过程简况，环境影响报告书（表）及其审批部门审批决定中提出的除环境保护设施外的其他环境保护措施的实施情况以及整改工作情况等，《指南》对每部分内容进行了详细梳理，给出了每部分内容需要说明的程度和要求。

《指南》特别对其他环境保护措施实施情况进行了总结梳理，将该部分分为制度措施、配套措施和其他措施三类进行说明，基本涵盖了环评审批决定中的内容，以便让建设单位进行说明时能做到条理清晰、内容完整、责任明确。

同时，考虑到管理要求的变化，除国家和地方有关污染物排放标准或者行业验收技术规范有相关要求的项目，其他项目验收监测时不再做公众意见调查工作。因此，《指南》按照管理要求，将公众反馈意见及处理情况纳入“其他需要说明的事项”。

3.2.3.9 强调信息公开、平台登记与建立档案要求，明确档案材料清单

根据《暂行办法》，验收报告公示期满后 5 个工作日内，建设单位应当登录全国建设项目竣工环境保护验收信息平台，填报建设项目基本信息、环境保护设施验收情况等相关信息。建设单位应当将验收报告以及其他档案资料存档备查。验收期限是指自建设项目环境保护设施竣工之日起至建设单位向社会公开验收报告之日的时间。

当建设单位登录平台填报信息就意味着验收工作的结束，但整个验收过程记录材料的保存至关重要，建立一套完整的档案才能充分自证验收制度执行情况是否合规。因此，《指南》明确了必要的档案材料清单，以帮助建设单位做好随时接受抽查的准备。

3.3 现有验收技术规范与技术指南的关系

建设单位在开展验收和编制验收监测报告时，已发布行业验收技术规范的建设项目按照行业验收技术规范执行，未发布行业验收技术规范的污染影响类建设项目按照污染影响类验收技术指南执行，行业验收技术规范中未规定的内容按照验收技术指南执行。以石油炼制验收技术规范为例，与技术指南进行主要内容对照解读（表 3-2）。

表 3-2 现行验收技术规范与技术指南主要内容对照

主要内容				备注
石油炼制验收技术规范		污染影响类验收技术指南		
适用范围	规定了石油炼制行业建设项目竣工环境保护验收技术工作范围确定、执行标准选择原则；工程及污染治理、污染物排放分析要点；验收监测布点、采样、分析方法、质量保证和质量控制、结果评价技术要求；验收检查和调查主要内容及验收技术方案、报告编制的要求	适用范围	规定了污染影响类建设项目竣工环境保护验收的总体要求，提出了验收程序、验收自查、验收监测方案和报告编制、验收监测技术的一般要求 本技术指南适用于污染影响类建设项目竣工环境保护验收，已发布行业验收技术规范的建设项目从其规定，行业验收技术规范中未规定的内容按照本指南执行	技术指南中明确了与行业技术规范的关系
术语和定义	工况、以新带老、石油炼制业、含油污水、含硫污水、清洁生产、石油炼制取水量、含硫污水汽提净化水回用率、原料加工损失率、污水单排量、综合能耗、单耗量、清净下水	术语和定义	污染影响类建设项目、建设项目竣工环境保护验收监测、环境保护设施、环境保护措施、验收监测报告、验收报告	行业验收技术规范中未规定的术语和定义按照技术指南中的定义理解
验收工程技术程序	验收准备、编制验收技术方案、实施验收技术方案、编制验收技术报告四个阶段	验收工作程序	验收工作包括验收监测工作和后续验收工作，其中验收监测工作可分为启动验收、验收自查、编制验收监测方案、实施验收监测、编制验收监测报告（表）五个阶段。后续验收工作包括提出验收意见、编制“其他需要说明的事项”、形成并公开验收报告、全国建设项目竣工环境保护验收信息平台登记、档案留存等	技术指南中规定的验收程序更全面，除说明了验收监测工作程序，还补充了后续验收工作程序

主要内容				备注
石油炼制验收技术规范		污染影响类验收技术指南		
验收准备	资料收集和分析、现场勘查和调研，勘查生产线、污染源和环保设施、环境风险及其他调研	启动验收	收集验收相关资料，制订验收工作计划，明确验收监测方式及验收工作进度安排	技术指南将验收准备分成启动验收、验收自查两部分，由于验收主体的变化，将现场勘查和调研设置为验收自查，同时强调项目存在重大变动的需履行环保审批手续；不再要求自查环境保护措施、环境管理制度、环保档案、绿化等情况，该内容在其他需要说明的事项中说明
		验收自查	自查环保手续履行情况、项目建成情况和环境保护设施建成情况与环境影响报告书（表）及其审批部门审批决定的一致性，确定是否具备按计划开展验收工作的条件；自查污染源分布、污染物排放情况及排放口设置情况等，作为制定验收监测方案的依据	
验收技术方案、报告	验收技术方案、报告编制框架及内容见《建设项目竣工环境保护验收技术规范　石油炼制》附录 A	编制验收监测方案	验收监测报告（表）推荐格式参见《建设项目竣工环境保护验收技术指南　污染影响类》附录 2［第 9.1 节监测报告（表）主要内容］；验收监测方案作为实施验收监测与检查的依据，有助于验收监测与检查工作开展得更加规范、全面和高效。石化、化工、冶炼、印染、造纸、钢铁等重点行业编制环境影响报告书的项目推荐编制验收监测方案。建设单位也可根据建设项目的具体情况，自行决定是否编制验收监测方案	石油炼制项目按照行业验收技术规范应编制验收监测方案
	污染及治理。包括主要污染源及治理设施（措施）、“三同时”落实情况、环境保护敏感目标分析		环境保护设施。包括污染物治理/处置设施、其他环境保护设施、环保投资及“三同时”落实情况	技术指南对设施和措施进行了梳理，重点强调对环境保护设施的验收，环境保护措施内容在“其他需要说明的事项”中交代

<table>
<tr><th colspan="4">主要内容</th><th rowspan="2">备注</th></tr>
<tr><th colspan="2">石油炼制验收技术规范</th><th colspan="2">污染影响类验收技术指南</th></tr>
<tr><td rowspan="3">验收技术方案、报告</td><td>评价标准。包括执行标准及参照标准，执行标准为有关环保行政主管部门在环评批复中或根据环保管理需求要求执行的国家或地方污染物排放标准、环境质量标准、特殊限值，参照标准为新颁布的国家或地方污染物排放标准和环境质量标准、环评和《初步设计》要求或设计指标、国内其他行业标准、国外标准、环保设施设计指标、石油炼制业清洁生产标准、环评环境背景值</td><td rowspan="3">编制验收监测方案</td><td>验收执行标准包括污染物排放标准、环境质量标准，选取原则按《指南》相关要求执行；
建设项目竣工环境保护验收污染物排放标准原则上执行环境影响报告书（表）及其审批部门审批决定所规定的标准。在环境影响报告书（表）审批之后发布或修订的标准对建设项目执行该标准有明确时限要求的，按新发布或修订的标准执行。特别排放限值的实施地域范围、时间，按国务院生态环境主管部门或省级人民政府规定执行；
建设项目排放的污染物在环境影响报告书（表）及其审批部门审批决定中未包括的，执行相应的现行标准；
对国家和地方标准以及环境影响报告书（表）审批决定中尚无规定的特征污染因子，可按照环境影响报告书（表）和工程《初步设计》（环保篇）等的设计指标进行参照评价；
建设项目竣工环境保护验收期间的环境质量评价执行现行有效的环境质量标准</td><td>技术指南中明确，在环境影响报告书（表）审批之后发布或修订的标准对建设项目执行该标准有明确时限要求的，按新发布或修订的标准执行，而非参照执行</td></tr>
<tr><td>监测点位布设。包括污染物排放监测、环保设施效率监测、在线监测系统与手工监测比对监测、建设项目“三同时”登记表污染控制指标监测、环境保护敏感目标环境质量监测</td><td rowspan="2">验收监测内容，包括环保设施调试运行效果监测、环境质量监测；
环保设施调试运行效果监测包括环保设施处理效率监测、污染物排放监测及“以新带老”监测。明确了环保设施调式运行效果监测点位、监测因子、监测频次的确定原则；
环境质量影响监测主要针对环境影响报告书（表）及其审批部门审批决定中关注的环境敏感保护目标的环境质量</td><td rowspan="2">技术指南中环保设施调式运行效果监测内容与行业验收技术规范中的要求基本一致。技术指南明确了验收监测频次，删除了在线监测系统与手工监测比对监测内容，明确环境质量监测仅针对环境影响报告书（表）及其审批部门审批决定中要求的环境敏感保护目标的环境质量，监测结果可作为分析工程对周边环境质量影响的基础资料，若环境影响报告书（表）无要求可不监测</td></tr>
<tr><td>监测因子及频次。其中监测频次仅列出确定的依据，未明确规定</td></tr>
</table>

主要内容				备注
石油炼制验收技术规范		污染影响类验收技术指南		
验收技术方案、报告	工况核查。验收监测应在工况稳定、生产负荷达到设计生产能力 75%以上（含 75%）、环境保护设施运行正常的情况下进行，国家、地方污染物排放标准对生产负荷另有规定的按标准规定执行		验收监测应当在确保主体工程工况稳定、环境保护设施运行正常的情况下进行，保证监测数据的代表性	技术指南取消了验收监测期间对于工况应保持在 75%以上的要求，但石油炼制行业项目仍需执行行业验收技术规范中对于工况的要求，即生产负荷达到 75%以上
	监测分析方法。按国家污染物排放标准、环境质量标准和环境监测技术规范要求，采用列出的监测分析方法，对标准中未列出监测分析方法的污染物，优先选用国家现行标准分析方法，其次为行业现行标准分析方法；对国内目前尚未建立标准分析方法的污染物，可参考使用国际（外）现行的标准分析方法。分析方法应能满足评价标准要求	质量保证与质量控制	验收监测采样方法、监测分析方法、监测质量保证和质量控制要求均按照 HJ 819 执行	技术指南与《排污单位自行监测技术指南　总则》（HJ 819）要求相衔接。石油炼制项目也需遵循
	监测质量保证和质量控制。按照环发〔2000〕38 号文附件、HJ/T 373、HJ/T 91、HJ/T 92、HJ/T/194、HJ/T 164、HJ/T 166、GB 17378.2 等环境监测技术规范相关章节要求进行			
	验收检查和调查方案，环境风险检查、环境管理检查、公众意见调查		—	技术指南重点强调环保设施的验收，环境风险防范设施相关内容在环境保护设施章节交代；删除了环境管理检查、公众意见调查章节，相关内容归入其他需要说明的事项

主要内容					备注
石油炼制验收技术规范		污染影响类验收技术指南			
验收监测	现场监测； 监督记录各生产装置工况负荷情况； 监测严格按各污染因子监测分析方法要求进行采样和分析	实施验收监测	工况记录要求。如实记录监测时的实际工况以及决定或影响工况的关键参数，如实记录能够反映环境保护设施运行状态的主要指标		技术指南完善了工况记录要求
验收检查和调查	根据验收技术方案开展环境风险检查、环境管理检查和公众意见调查	—	—		技术指南强调环境保护设施的验收，环境保护措施、风险防范措施及管理要求等内容在“其他需要说明的事项”中进行交代； 删除验收检查和调查章节，将环境风险防范设施建设情况在环境保护设施章节交代
监测数据整理、分析	废气、污水、厂界噪声监测结果分析；在线监测系统与手工监测结果比对；环境保护敏感目标环境质量监测结果分析；清洁生产水平评价	编制验收监测报告	验收监测结果。包括生产工况、环境保护设施调试运行效果（环保设施处理效率监测结果、污染物排放监测结果）、工程建设对环境的影响等内容		技术指南删除了在线监测系统与手工监测结果比对、清洁生产水平评价等内容
结论及建议	结论。根据验收监测结果、验收检查和调查结果分析得出结论		—		行业验收技术规范中的结论仍是从监测与检查两方面提出
	建议。从验收监测结果反映存在的问题、环境风险检查发现的问题、环境管理检查发现的问题、公众意见调查发现的问题等方面提出				

<table>
<tr><th colspan="6">主要内容</th><th rowspan="2">备注</th></tr>
<tr><th colspan="3">石油炼制验收技术规范</th><th colspan="3">污染影响类验收技术指南</th></tr>
<tr><td rowspan="2">附录A</td><td rowspan="2">验收技术方案、报告编排结构及内容</td><td rowspan="2">A.7 附件。建设项目竣工环境保护“三同时”验收登记表及相关附件</td><td colspan="2" rowspan="2">编制验收监测报告</td><td>建设项目竣工环境保护“三同时”验收登记表</td><td rowspan="2">内容基本一致</td></tr>
<tr><td>附件为报告附件。为验收监测报告内容所涉及的主要证明或支撑材料</td></tr>
<tr><td>附录B</td><td>验收报告示例图</td><td>由图 B.1～图 B.15 共 15 个示例图组成</td><td rowspan="2">附录2</td><td rowspan="2">验收监测报告（表）推荐格式</td><td rowspan="2">—</td><td rowspan="2">图表基本一致，技术指南中报告内容调整</td></tr>
<tr><td>附录C</td><td>验收报告参考表</td><td>由表 C.1～表 C.29 共 29 个参考表组成</td></tr>
<tr><td colspan="2"></td><td></td><td>附录3</td><td>验收推荐程序和方法</td><td>提出验收意见、编制“其他需要说明的事项”、形成验收报告、信息公开及上报、档案留存</td><td>石油炼制项目也适用</td></tr>
<tr><td colspan="2"></td><td></td><td>附录4</td><td>验收意见推荐格式</td><td>提出包括的内容和结论要求</td><td>石油炼制项目也适用</td></tr>
<tr><td colspan="2"></td><td></td><td>附录5</td><td>“其他需要说明的事项”相关说明</td><td>梳理出了包括措施和部分附带审批条件的说明内容</td><td>技术指南中为新增部分，从行业验收技术规范的验收内容中剥离出的措施等非企业责任主体的部分内容</td></tr>
</table>

验收自查及“其他需要说明的事项”

4.1 验收自查

建设项目环境保护验收自查，是建设项目竣工环境保护验收监测的第一步，是做好建设项目竣工环境保护验收监测工作的基础。验收自查主要工作内容包括收集、查阅建设项目相关资料及审批手续履行情况，现场检查工程及环境保护设施建设情况，核查环境保护设施监测点位设置情况，并对建设项目周边情况进行现场勘查，在此工作基础上了解项目全貌及完成情况，以便根据相关标准及要求，有针对性地制订验收监测方案，为编写符合实际的验收监测报告打下基础。

4.1.1 自查目的

建设单位通过对建设项目开展自查，主要实现以下目的：

（1）确定建设项目是否具备开展验收及验收监测工作的条件。

（2）充分了解环境影响报告书（表）及其审批部门审批决定要求。

（3）充分了解工程设计文件对环境影响报告书（表）及其审批部门审批决定要求的落实情况。

（4）充分了解工程的建设内容、建设规模、主要生产工艺和生产设施及其建设完成情况，工程的污染源及配套的环境保护设施和措施及其落实情况。

（5）对“以新代老”和“改（扩）建”项目，充分了解原有污染源、排放污染因子、污染物总量排放及变化情况。

（6）了解项目周边环境，有无环境保护敏感目标，废水受纳水体、所在区域空气和噪声的执行标准及级别。

（7）确定产排污节点、各排污节点污染因子，依据点位设置情况判断是否具备监测条件。

（8）确定是否存在环境风险点及其环境风险内容。

（9）确定固体废物储存、处置是否符合相关管理要求。

（10）通过以上工作和国家有关规定及标准，确定建设项目验收监测的范围、验收监测执行标准和具体监测内容。

4.1.2 自查程序

4.1.2.1 资料核查

根据国家建设项目竣工环境保护验收相关规定，建设单位在开展验收监测前，应针对性地收集、查阅项目有关资料。通过资料核查，全面了解建设项目环境影响报告书（表）及其审批部门审批决定要求、工程设计及实际建设情况等，具体包括：

（1）环境影响报告书（表）及其审批部门审批决定、变更环境影响报告书（表）及其审批部门审批决定（如有）。

（2）生态环境主管部门对项目的督察、整改要求。

（3）环保设计资料（初步设计环保篇章、施工图等）。

（4）施工合同（环保部分）。

（5）环境监理报告或施工监理报告环保部分（如有）。

（6）工程竣工资料等。

建设单位可按表 4-1 所列资料清单为例收集、核查项目资料。

表 4-1 建设项目竣工环境保护验收资料清单

一、建设项目环保手续资料 1. 建设项目环境影响报告书（表）、变更环境影响报告书（表）； 2. 生态环境主管部门对建设项目环境影响报告书（表）、变更环境影响报告书（表）的审批决定； 3. 生态环境主管部门提出的执行环境质量和污染物排放标准的文件或函； 4. 环保设计资料（初步设计、施工图等）； 5. 工程设计和施工中的变更及相应的报批手续和批文； 6. 国家、省、市生态环境行政主管部门对建设项目检查或督察的报告、通知、整改要求等； 7. 环境影响报告书（表）审批决定中要求开展环境监理的建设项目，应具有施工期环境监理报告； 二、建设项目工程图件等资料 8. 工程地理位置图； 9. 建设项目厂区平面位置图； 10. 工程平面布置图，应标明建设项目布局、主要污染源位置、排水管网及厂界等； 11. 生产工艺流程图，应标明主要产污环节； 12. 工程水量平衡图、主要物料平衡图； 13. 污水、雨水流向图； 14. 废气、废水处理工艺流程图； 三、建设项目环境保护设施资料 15. 环保设施清单 废气：烟囱位置、数量、高度、出入口直径、主要污染物及排放量、已设监测点位或监测孔位置、监测平台情况、污染源在线监测仪等；

废水：来源及主要污染物、排放量、循环水利用率、废水流向、排放去向等；
噪声：采取的降噪设施或措施；
固体废物：固废（危废）的来源、数量、运输方式、处理及综合利用情况、涉及委托处理或处置固体废物单位的资质证明等；
16. 主要环保设施建成情况表（根据环评及其审批决定、设计资料的要求，对应实际建成运行情况及变更说明）；
17. 环境风险源防范设施建成情况。

4.1.2.2 现场核查

在查阅资料的基础上，对建设项目开展现场检查，以进一步核实项目实际建设情况。现场检查工作包括对建设项目主体工程（生产设施）的检查、对配套建设的环境保护设施的检查、对建设项目环境保护敏感目标及存在的潜在环境风险的调查。通过现场检查，确定建设项目能否开展验收监测，进一步确定验收监测范围，制订验收监测方案。

现场检查主要核对以下几个方面情况：

（1）主体工程设计建设及实际完成情况。

（2）与主体工程配套建设的环境保护设施设计建设、实际完成情况，包括废气、废水、噪声和固体废物治理处置设施建设情况。

（3）现场监测条件，包括监测孔、监测采样平台、采样点设置情况。

（4）环境风险防范设施设计建设及实际完成情况。

（5）排污口规范化建设情况，包括排污口流量计、在线监测设备设置情况等。

（6）“以新带老”、改（扩）建项目的原有工程改造完成情况。

（7）建设项目周边环境敏感保护目标分布情况，包括水环境敏感目标、大气环境敏感目标、声环境敏感目标等。

4.1.2.3 确定验收内容

建设单位通过资料阅研、现场检查等工作对建设项目环保手续履行情况、实际建设情况有了全面了解，可以确定能否开展验收工作，划定验收范围，确定验收内容。根据建设项目竣工环境保护验收相关管理规定，分期建设、分期投入生产或使用的建设项目，其相应的环境保护设施应当分期验收。建设单位应根据项目的批复及实际建设情况，确定项目是整体验收还是分期验收，落实验收监测范围。

对于分期验收的建设项目，应特别注意落实建设项目整体建设内容和将要开展验收监测的建设内容之间的关系，尤其是将要开展验收的工程设施和环境保护设施之间的匹配关系，应保证分期建设、分期投入生产或使用的环境保护设施防治环境污染和生态破坏的能力要满足其相应的主体工程需要。

跨两个或两个以上建设地点的建设项目或异地建设不同内容建设项目的验收监测工作，在落实工作范围时，首先还应调查清楚所涉及的每一建设项目整体情况、几个建设项目之间的关系，特别是每一地方所建设的环保设施和采取的环保措施的针对性。表 4-2 的调查示例表明，调查和落实每一个建设项目的整体建设情况和各个建设项目之间的关系是做好验收监测的基本条件。

表 4-2 某石化公司“九五”基建技改项目第二次验收监测工程建设情况

项目名称及装置				设计或改造能力	完成情况	备注	
1	100 万 t 延迟焦化（6 套装置）	100 万 t 延迟焦化		100 万 t/a	新建装置，按计划进行	已验收	×函〔××××〕×××号批复
		硫黄回收（2 套）		3 万 t/a	新建装置，按计划进行	已验收	
				3 万 t/a 改扩为 4.2 万 t/a	待建	—	
		酸性水汽提装置		60 t/h		已验收	
		120 万 t 柴油加氢		120 万 t	新建装置，按计划完成	本次验收	
		中压加氢裂化		—	待建	—	
		制氢装置		—	待建	—	
2	腈纶改造	腈纶装置		3 万 t 改扩为 6.6 万 t	投入试生产	不在本次验收范围内	
3	第四期污水处理厂改（扩）建			增加 10 万 t/d 污水处理能力	目前完成 5 万 t/h 处理能力的建设	已验收，实际污水处理能力 19 万 t/d	×函〔××××〕×××号批复
4	芳烃—聚酯改造	芳烃联合装置扩能改造	连续重整	40 万 t 改扩为 50 万 t	扩能装置，按计划进行建设	本次验收	
			加氢裂化装置	90 万 t 改扩为 150 万 t			
			一车间罐区改造	拆小，新建大容量储罐（8×5 000 m^3）			
			伟九路罐区、外管扩容	新建 4×5 000 m^3 储罐和 6 kV 变电站、电气和电缆			
		聚酯扩能改造		25 万 t 改扩为 35 万 t	待建	—	
5	38 万 t/a PTA 装置			38 万 t/a PTA 装置	待建	—	
6	30 万 t 芳烃抽提			30 万 t	新建装置，按计划进行	本次验收	
7	15 000 m^3/h 空分装置			15 000 m^3/h	已投入试生产	未验收，且不在本次验收范围之内	

注：示例所述项目涉及建设内容较多、工程建设时间长、各部分完成时间不同，根据国家有关规定开展分期验收。

4.1.3 自查内容

4.1.3.1 环保手续履行情况

环保手续是建设项目在建设前、建设期及投运后按照相关管理要求应该履行的管理手续，是决定项目能否开展验收工作的条件。建设单位开展验收监测前，应全面检查各项环保手续履行情况。各项环保手续主要包括环境影响评价制度落实情况，工程设计对环保要求的落实情况，国家与地方生态环境主管部门对项目的督察、整改要求的落实情况，建设过程中的重大变动及相应手续履行情况，排污许可证申领情况等。如建设项目未按要求履行相关环保手续，则不具备开展验收的条件，应补办相关手续或进行相应整改后再启动验收工作。

（1）环境影响评价制度落实情况

根据《中华人民共和国环境影响评价法》有关规定，建设项目在开工建设前应开展环境影响评价，并报有审批权的生态环境主管部门审批；建设项目的环境影响评价文件经批准后，建设项目的性质、规模、地点、采用的生产工艺或防治污染、防止生态破坏的措施发生重大变动的，建设单位应当重新报批；建设项目的环境影响评价文件自批准之日起超过五年，方决定该项目开工建设的，其环境影响评价文件应当报原审批部门重新审核；建设项目的环境影响评价文件未依法经审批部门审查或审查后未予批准的，建设单位不得开工建设。

建设单位应当按照《中华人民共和国环境影响评价法》相关规定开展环境影响评价工作，执行环境影响评价制度。在项目自查中对环境影响评价制度执行情况主要了解的内容为：

①建设项目建设前是否编制了环境影响报告书（表）。

②建设项目环境影响报告书（表）是否按照环境影响评价制度分级管理原则，由相应级别生态环境主管部门对其进行了审批或由相应级别生态环境主管部门委托下一级生态环境主管部门进行了审批。

③建设项目建设前进行了环境影响评价，但未按环境影响评价制度要求由相应级别生态环境主管部门对其进行审批或由相应级别生态环境主管部门委托下一级生态环境主管部门进行审批，是否已按要求重新进行了环境影响评价或由相应级别生态环境主管部门进行了审核或确认。

④环境影响报告书（表）自批准之日起满 5 年，建设项目方开工建设的，是否按规定重新报批环境影响报告书（表）。

⑤建设项目环境影响报告书（表）经批准后，建设项目发生重大变动的，是否重新报批环境影响报告书（表）。

经自查发现，建设项目未按要求开展环境影响评价或审批工作，建设单位应及时补办相关手续，待手续补办后方能开展验收工作。对于按照要求进行了环境影响评价工作或补做了环境影响评价的建设项目，应了解环境影响评价情况的如下内容：

- 环境影响报告书（表）的编制单位和完成时间；
- 环境影响报告书（表）的审批部门和审批时间；
- 环境影响报告书（表）的主要结论和审批部门审批决定中，重点规定了哪些环境保护设施、措施和注意事项。

（2）工程环保设计

工程初步设计是建设项目的建设依据，初步设计应当按照环境保护设计规范要求，编制环境保护篇章，提出落实环境影响报告书（表）及审批决定中提出的重点环境保护设施和措施的建设计划和内容，以及环境保护设施投资概算。

对工程初步设计的检查，主要检查环境保护篇章中是否落实了环境影响报告书（表）及其审批决定中提出的要求。在工程初步设计环境保护篇章中，一般可以查找到工程所涉及的废水、废气、噪声、固体废物等方面污染防治的环保设施和措施，设施采用的技术原理等。对于一些既是生产设施又是环保设施的设备、装置，需要从工程初步设计其他相关篇章中查找，如上下水管网等。

特别值得注意的是，如在自查时发现建设项目存在以下情形，建设单位应当采取改进措施，避免对环境产生新的影响：

- 建设项目环保设计文件未能全面落实环境影响报告书（表）及其审批部门审批决定的情形；
- 环保设计文件落实了环境影响报告书（表）及其审批部门审批决定的要求，但在建设中未能按其实施；
- 环境影响报告书（表）未能预测到、审批部门审批决定中也未要求、工程环保设计文件中没有设计，但工程建设完成后又出现了环境问题。

（3）国家与地方生态环境主管部门对项目的督察、整改要求

建设项目环境影响报告书（表）一般会对项目建设期应采取的环境保护措施或管理工作提出具体要求，建设单位在自查时应检查建设过程中是否按照环境影响报告书（表）及其审批部门审批决定中提出的要求进行施工，施工过程中是否发生过环境污染事故，国家、省、市生态环境主管部门是否对建设项目提出检查或督察报告、通知、整改要求，对存在的问题是否采取了整改或改进措施。

（4）建设过程中的重大变动及相应手续履行情况

建设项目在建设过程中会因多种原因发生变动，如因建设项目对周边环境的影响等造成原选建设地点迁址；由于建设期较长，建设期生产工艺发生较大变化技术；由于市场变

化，产品需求的改变，造成产品及生产规模发生变化，同时也会出现部分设施停建或缓建的情况；由于建设项目中的建设内容发生变动，配套的环境保护设施或随之发生变化。

随着我国经济、技术水平发展和市场需求变化，建设项目的部分建设内容甚至基本内容发生变动的情况会逐步增多，如某汽车生产项目，由于市场需求变化等原因，取消原建设方案中商用车生产，将乘用车生产规模由原设计的 10 万辆/年调整为 20 万辆/年，增调了新能源汽车车型生产，情况如表 4-3 所示。又如某电子公司由于技术水平提高和市场需求变化等原因，实际生产工艺和产品与环境影响报告书（表）、初步设计发生变化，变动情况如表 4-4 所示。

表 4-3 某汽车生产建设项目产品方案与实际建设变动情况

<table>
<tr><th rowspan="2">产品类型</th><th colspan="2">原环评阶段设计方案</th><th colspan="2">调整后方案</th><th>变化情况</th></tr>
<tr><th>产品车型</th><th>规划产能</th><th>产品车型</th><th>规划产能</th><th>规划产能</th></tr>
<tr><td rowspan="2">乘用车</td><td rowspan="2">雪铁龙 DS5、DS43、MC7 系列</td><td rowspan="2">10 万辆/年</td><td>雪铁龙 B81C（DS5）、B753（DS43）、MC7</td><td>19 万辆/年</td><td rowspan="2">增加 10 万辆/年</td></tr>
<tr><td>新能源汽车 C206 系列</td><td>1 万辆/年</td></tr>
<tr><td>商务车</td><td>合营公司 G9LV、长安 CM10 系列</td><td>10 万辆/年</td><td>无</td><td>无</td><td>减少 10 万辆/年</td></tr>
<tr><td rowspan="2">发动机</td><td>EC8 机型</td><td>10 万台/年</td><td>无</td><td>0</td><td>减少 10 万台/年</td></tr>
<tr><td>EP6FDTM 和 EP8FDTM 机型</td><td>10 万台/年</td><td>EP6、EP8 等机型</td><td>20 万台/年</td><td>增加 10 万台/年</td></tr>
</table>

表 4-4 某电子公司实际生产情况与环境影响报告书（表）和初步设计变动对照

<table>
<tr><th colspan="3">项目</th><th>环境影响报告书（表）与设计</th><th>实际建设情况</th><th>增加/倍</th></tr>
<tr><td colspan="3">生产级别</td><td>8 英寸，0.5 μm</td><td>8 英寸，0.35～0.24 μm</td><td>—</td></tr>
<tr><td colspan="3">生产量/（万片/月）</td><td>2</td><td>2</td><td>—</td></tr>
<tr><td colspan="3">建筑面积/m^2</td><td>47 850</td><td>79 356</td><td>1.66</td></tr>
<tr><td colspan="3">厂房面积/m^2</td><td>4 800</td><td>13 100</td><td>2.5</td></tr>
<tr><td rowspan="8">工艺加工工序</td><td colspan="2">总工序（步）</td><td>238</td><td>410</td><td>1.7</td></tr>
<tr><td colspan="2">光刻</td><td>16</td><td>21</td><td>1.3</td></tr>
<tr><td rowspan="6">使用纯水工序</td><td>去胶</td><td>9</td><td>33</td><td>3.7</td></tr>
<tr><td>清洗</td><td>25</td><td>37</td><td>1.5</td></tr>
<tr><td>冲洗</td><td>4</td><td>20</td><td>5</td></tr>
<tr><td>腐蚀</td><td>4</td><td>8</td><td>2</td></tr>
<tr><td>CMP</td><td>—</td><td>3</td><td>3</td></tr>
<tr><td>研磨水洗</td><td>—</td><td>1</td><td>1</td></tr>
<tr><td colspan="3">自来水用量/（m^3/月）</td><td>4 000</td><td>5 500</td><td>1.4</td></tr>
<tr><td colspan="3">生产芯片用水量/（L/片）</td><td>130</td><td>184</td><td>1.4</td></tr>
</table>

项目		环境影响报告书（表）与设计	实际建设情况	增加/倍
排水量/（m^3/d）	总排水量	2 672	4 134	1.5
	工艺排水	1 760	2 104	1.2
	酸碱再生废水	818	1 480	1.8
	洗涤塔排水	18	100	12.5
	生活排水	76	450	5.9
工程总投资/万元		1 000 000	1 000 000	1.0
环保投资/万元		4 000	7 850	1.96
环保投资比例/%		0.4	0.785	1.96

《暂行办法》第八条规定："环境影响报告书（表）经批准后，该建设项目的性质、规模、地点、采用的生产工艺或者防治污染、防止生态破坏的措施发生重大变动，建设单位未重新报批环境影响报告书（表）或者环境影响报告书（表）未经批准的，建设单位不得提出验收合格的意见。"可见，建设项目在建设过程中如发生重大变动，其变更环境影响报告书（表）审批手续履行情况是决定项目能否通过验收的条件。建设单位在对项目开展自查时，应对建设项目变更情况进行重点检查，检查内容包括：

- 建设地点是否发生变动；
- 生产的产品及生产规模是否发生变动；
- 采用的生产工艺是否发生变动；
- 采取的环境保护设施或措施否发生变动。

通过自查，如建设项目存在重大变动而未重新报批环境影响评价文件，建设单位应立即补办相关手续；如建设项目发生变化，但不属于重大变动，建设单位可组织有关机构（如原环评报告编制机构）对项目发生的变化情况进行环境影响分析，并在验收监测报告中如实描述项目变动情况。

关于建设项目重大变动界定，环境保护部以《关于印发环评管理中部分行业建设项目重大变动清单的通知》（环办〔2015〕52 号）、《关于印发制浆造纸等十四个行业建设项目重大变动清单的通知》（环办环评〔2018〕6 号）对火电、石油炼制与石油化工、造纸、制药、农药、化肥等 23 个行业制定了重大变动清单，建设单位可对照检查。未制定重大变动清单的行业，建设单位应在建设地点、产品及生产规模、生产工艺、环境保护设施或措施等方面进行检查，五个因素中有一项或一项以上发生可能导致重大变动的情况，且可能导致环境影响显著变化，特别是不利环境影响加重的，都应该界定为重大变动。部分省份也出台了针对建设项目变动的管理规定，如上海市《上海市建设项目变更重新报批环境影响评价文件工作指南（2016 年版）》、重庆市《关于印发〈重庆市建设项目重大变动界定规定程序〉的通知》（渝环发〔2014〕65 号）、江苏省《关于加强建设项目重大变动环评管理的通知》（苏环办〔2016〕256 号），建设单位可按相关规定执行或参照执行。

（5）排污许可证申领情况

排污许可制度是我国对固定污染源管理的一项基本制度，环境保护部以第 45 号部令颁布的《固定污染源排污许可分类管理名录（2017 年版）》，对固定污染源实施排污许可分类管理。《暂行办法》第十四条规定：“纳入排污许可管理的建设项目，排污单位应当在项目产生实际污染物排放之前，按照国家排污许可有关管理规定要求，申请排污许可证，不得无证排污或不按证排污。”建设项目竣工环境保护验收监测是在主体工程工况稳定、环境保护设施运行正常的情况下进行，即验收监测时已产生实际污染物排放，根据此条规定，建设单位在开展验收监测前应先申请并取得排污许可证。建设项目需要设备调试的，同样需要先取得排污许可证。

4.1.3.2 项目建成情况

建设项目工程组成一般包括主体工程、公辅工程、储运工程和依托工程。建设单位应对照环境影响报告书（表）及其审批部门审批决定等文件，对各工程实际建设情况进行全面检查。如发现项目实际建设发生重大变动而未履行相关手续，应及时补办相关手续。

（1）主体工程

建设项目中安装主要生产设备、生产主要产品、决定生产能力、发挥主要经济效益的工程属于主体工程，其建成情况决定着配套工程的建设。主体工程又由不同生产工段、车间、装置等组成，一般包括备料工段、产品生产加工工段、装运工段等，部分项目还会涉及原油、矿山开采等生产环节。建设单位应对照工程初步设计、环境影响报告书（表）等相关资料，对各生产工段、车间、装置的建设情况进行检查，包括主要设备型号、规模、技术参数、主要生产工艺等。对于改（扩）建项目，还应了解工程建设前的生产设施，设计中规定拆除、改建或扩建的内容等。

对主体工程的检查包括：

➢ 建设性质、规模、地点、产品及产量；

➢ 主要的生产设备及生产工艺；

➢ 原辅材料消耗、燃料种类、来源、成分及消耗。

对建设项目建设性质［新建、改（扩）建］、规模、地点、生产工艺、产品产量的检查可以整体了解项目建成情况，掌握主要产排污环节，为后续开展验收监测奠定基础，还可以进一步确定建设项目是否存在重大变动情况。

建设项目生产过程中使用的原、辅料成分或原、辅料本身，会通过生产工艺过程的一些环节，以废气、废水或固体废物的形式排放到外环境。因此进行自查时，了解原、辅料及其成分是分析主要污染物的重要依据。

一般情况下，建设项目对环境的污染是原料中的有害物质或原料直接排放到环境中产生的，这种情况容易了解和确定，如电厂使用煤作燃料产生的二氧化硫、氮氧化物和灰分，味精厂以粮食为原料使废水中的化学需氧量、生化需氧量和氨氮含量增高等。对辅料中含有有害物质或辅料本身就是有害物质的情况，在没有了解清楚之前，容易被忽略，造成遗漏必要监测项目的情况发生。例如，某电子产品生产厂生产中使用的辅料中包括少量砷（表4-5），厂方认为用量极小，排放量更小，验收监测期间未更换处理砷的装置中的填料，在对其废水进行验收监测时砷出现了超标现象。因此对辅料的了解，特别是对其中的一类污染物或毒性大的物质的了解，对验收监测因子的确定和以后的监督性监测具有十分重要的指导作用。

表 4-5 某电子产品生产厂的主要原材料名称和用量

序号	材料名称	规格	月使用量
1	硅片	—	725 600 片
2	光刻胶	1 加仑/瓶	1 660 瓶
3	TAR	1 加仑/瓶	2 130 瓶
…	……	……	……
17	显影液	200 L	70 瓶
…	……	……	……
19	50%HF	1 加仑/瓶	33.5 m^3
20	HNO_3	1 加仑/瓶	7.7 m^3
21	硫酸	1 加仑/瓶	36 m^3
22	氨水	1 加仑/瓶	9 m^3
23	过氧化氢	1 加仑/瓶	36 m^3
…	……	……	……
39	浓纯过氧化氢	1L	4 瓶
…	……	……	……
47	NH_3	—	37 瓶
…	……	……	……
72	红磷	—	48 瓶
73	砷	—	21 瓶
…	……	……	……
86	KrF 用激光气体（Ne+Kr）	—	4 瓶
…	……	……	……

某些建设项目生产的产物，既是产品，同时又以气或水等形式排放形成污染，如水泥厂生产的水泥，本身是主产品，而在废气处理过程中，未收集到的部分以生产性粉尘形式排放，造成空气污染。除产品外，副产品同样也有类似现象，尤其是化工、冶金、制药等一些行业都存在此类情况。中间体是指一道工序（或装置）生产的主产品作为下一道工序（或装置）的原料，有些中间体可能会含有剧毒物质，需进行分析，以便于确定是否增加监测项目。

（2）公辅工程

公辅工程是指辅助于生产的设施，一般包括供水系统、排水系统、供电系统、供汽（气）系统及办公生活辅助系统。供水系统包括原水处理设施、生产给水系统、生活给水系统等，应了解生产及生活用水水源、供水量，供水系统设计规模、实际建设规模、水处理工艺流程等。排水系统包括原水处理设施排水系统、余热锅炉排水系统、化学制水排水系统、生活污水排水系统、生产废水排水系统等，应了解各类废水及雨水的排放去向。了解供电、供汽（气）方式，是建设项目自供还是依托其他工程，自供还应检查供电、供汽锅炉的建设情况，如数量、蒸发量、燃料种类等。

（3）储运工程

储运工程是建设项目原料、产品的转运和储存设施，一般包括厂内和厂外两部分。厂外储运工程一般指铁路运输专用线、港口码头工程等。厂内储运设施指原料、产品的堆放和转运设施。建设单位应对照工程设计及环境影响报告书（表）等资料，检查原料类型及用量、原料堆场在厂区内的布设位置及建设情况，储罐数量、罐容、罐型、储存介质、周转量等，其他储存空间、场地，如成品仓库、原料化学品仓库等，涉及铁路专用线或码头工程的，还应检查泊位数量及吞吐量、线路公里数及运输量、物料种类等。

（4）依托工程

有些建设项目生产运行不完全依靠自建工程，而是可以依托其他项目部分设施，如工业园区的建设项目，可以依托园区污水处理设施进行废水处理，依托园区固体废物贮存或处置设施进行固体废物处理处置，原料或产品储运、供汽（气）、供电（热）也可以依托园区其他项目，电厂建设项目灰渣依托其他电厂灰场存储等。建设单位应对照环评文件，核实建设项目未建设施对其他项目的依托情况，依托工程的实际建设完成情况、验收情况及可依托能力等，查看是否存在不能满足该项目生产运行需求的情况。

4.1.3.3 环境保护设施建设情况

对照环境影响报告书（表）及其审批部门审批决定要求，全面梳理废气、废水、噪声、固体废物的产生情况及采取的污染治理或处置设施，通过现场检查逐项核实污染治理设施的建成情况，作为确定验收监测方案中监测点位、频次、因子等监测内容的依据。通过自查，如发现存在环境保护设施未与主体工程同步建设或建成的环境保护设施不能满足工程污染防治，那么建设项目不具备验收条件，应进行整改且满足环境保护要求后方能开展验收工作。

（1）废水及污染治理设施

①废水产生情况

建设项目排放的废水主要有生产废水、清净下水以及生活污水。建设项目生产过程中产生的废水种类繁多，例如，火力发电行业的化学酸碱废水、锅炉化学清洗废水、输煤系统冲洗水等；电子行业的工艺酸碱废水、氢氟酸废水、纯水站酸碱再生废水、酸性废气洗涤塔排水、纯水站浓缩废水等；制浆造纸工业的蒸煮黑液、漂白废水、抄浆废水等。不同行业生产废水污染特性各不相同，表 4-6 列出了部分行业废水中的常见污染因子。清净下水一般包括空调热水和冷冻水、动力设备冷却水和循环冷却水排水等。由于一些企业生产的特殊性，清净下水并不一定清净，如石油化工企业，其生产过程中产生的清净下水由于受到工程中各环节的污染，水中化学需氧量浓度比较高。生活污水主要是来自建设项目办公和生产人员使用的卫生间、食堂和淋浴室。由于过去对车间生活污水不重视，使生活污水的污染已上升到不容忽视的水平，验收监测中应关注生活污水的组成。

一些特定企业由于使用的原、辅料或采用的工艺不同，生产废水中还会产生某些特定污染物。因此，废水中污染物的确定除依据国家或地方污染物排放标准外，还应根据原、辅料使用情况及主、副产品和中间体产品的情况来具体分析。对环境影响报告书（表）及其审批部门审批决定中提出的排放标准之外的控制污染因子，按环境影响报告书（表）及其审批部门审批决定执行。

另外，按照清污分流、雨污分流的原则，雨水管网和清净下水管网不应接纳各种生产性废水。因此，在检查废水产生及排放时，应注意收集管网图并实际调查是否存在生产废水进入雨水或清净下水管网的情况。初期雨水因受到污染应进入污水处理设施，经处理后排放。中后期雨水可直接排放，因此雨水管网应建设能使初期雨水进入废水处理设施的切换阀。

对于具体项目的废水产生情况进行检查时，应根据生产工艺梳理产排污环节，理清生产中产生的各类废水及主要污染因子，同时考虑其各工艺中排出的废水非单一的情况，汇总各类废水以便确定监测内容。监测因子确定除依据污染物排放标准外，还应根据原、辅料使用情况及产品、中间体产生情况确定排放标准外的某些特殊污染因子，同时关注环评及审批文件规定的其他因子。部分行业废水中常见污染物因子参见表 4-6，企业污水排放及处理情况汇总如表 4-7 所示。

表 4-6 部分行业废水中常见污染因子

序号	行业类型	污染因子*
1	城市生活污水及生活污水处理厂	pH、生化需氧量、化学需氧量、悬浮物、总磷、氨氮、阴离子表面活性剂、磷酸盐、细菌总数、粪大肠菌群、动植物油、色度
2	生产区及娱乐设施	pH、生化需氧量、化学需氧量、悬浮物、氨氮、磷酸盐、阴离子表面活性剂、动植物油
3	黑色金属矿山（包括磷铁矿、赤铁矿、锰矿等）	pH、化学需氧量、悬浮物、硫化物、铜、铅、锌、镉、镍、铬、锰、砷、汞、六价铬
4	黑色金属冶炼（包括选矿、烧结、炼焦、炼钢、轧钢等）	pH、化学需氧量、悬浮物、硫化物、氟化物、挥发酚、石油类、铜、铅、锌、镉、镍、铬、锰、砷、汞、六价铬、苯并[a]芘

序号	行业类型		污染因子[*]
5	选矿药剂		pH、化学需氧量、悬浮物、硫化物、铜、铅、锌、镉、镍、铬、锰、砷、汞、六价铬
6	有色金属冶炼（包括选矿、烧结、电解、精炼等）		pH、化学需氧量、悬浮物、氰化物、氟化物、硫化物、铜、铅、锌、镉、镍、铬、锰、砷、汞、六价铬、铍
7	火力发电（热电）		pH、化学需氧量、悬浮物、硫化物、石油类、氟化物等
8	煤矿（包括洗煤）		pH、化学需氧量、悬浮物、硫化物、石油类、砷、氟化物
9	焦化及煤气制气		pH、化学需氧量、生化需氧量、悬浮物、硫化物、氰化物、挥发酚、石油类、氨氮、苯系物、多环芳烃、砷、苯并[a]芘
10	石油开采		pH、化学需氧量、悬浮物、石油类、硫化物、挥发酚、总铬
11	石油炼制		pH、化学需氧量、悬浮物、石油类、硫化物、挥发酚、氰化物、苯系物、多环芳烃、苯并[a]芘
12	化学矿开采	硫铁矿	pH、化学需氧量、悬浮物、硫化物、铜、铅、锌、镉、砷、汞、六价铬
		磷矿	pH、化学需氧量、悬浮物、氟化物、硫化物、铅、砷、汞、磷
		萤石矿	pH、化学需氧量、悬浮物、氟化物
		汞矿	pH、化学需氧量、悬浮物、硫化物、铅、砷、汞
		雄黄矿	pH、化学需氧量、悬浮物、硫化物、砷
13	无机原料生产	硫酸	pH、化学需氧量、悬浮物、氟化物、硫化物、铜、铅、砷
		氯碱	pH、化学需氧量、悬浮物、汞
		铬盐	pH、化学需氧量、悬浮物、六价铬、总铬
14	有机原料生产		pH、化学需氧量、悬浮物、挥发酚、氰化物、苯系物、硝基苯类、有机氯类
15	塑料制品生产		pH、化学需氧量、生化需氧量、悬浮物、石油类、硫化物、氰化物、氟化物、苯系物、苯并[a]芘
16	化学纤维制造		pH、化学需氧量、生化需氧量、悬浮物、石油类、色度
17	橡胶制造		pH、化学需氧量、生化需氧量、悬浮物、硫化物、石油类、六价铬、苯系物、苯并[a]芘、铜、铅、锌、镉、镍、铬、砷、汞
18	制药		pH、化学需氧量、生化需氧量、悬浮物、石油类、挥发酚、苯胺类、硝基苯类
19	染料生产		pH、化学需氧量、生化需氧量、悬浮物、挥发酚、色度、硫化物、苯胺类、硝基苯类、TOC
20	颜料生产		pH、化学需氧量、生化需氧量、悬浮物、硫化物、汞、六价铬、色度、铜、铅、锌、镉、镍、铬、砷
21	油漆生产		pH、化学需氧量、生化需氧量、悬浮物、挥发酚、石油类、六价铬、铅、苯系物、硝基苯类
22	合成洗涤剂生产		pH、化学需氧量、生化需氧量、悬浮物、阴离子表面活性剂、石油类、苯系物、动植物油、磷酸盐
23	合成脂肪酸生产		pH、化学需氧量、生化需氧量、悬浮物、动植物油
24	感光材料		pH、化学需氧量、生化需氧量、悬浮物、挥发酚、硫化物、氰化物、银、显影剂及其氧化物
25	其他有机化工		pH、化学需氧量、生化需氧量、悬浮物、石油类、挥发酚、氰化物、硝基苯类、苯系物

序号	行业类型		污染因子*
26	化肥生产	磷肥	pH、化学需氧量、悬浮物、磷酸盐、氟化物、元素磷、砷
		氮肥	pH、化学需氧量、悬浮物、氨氮、挥发酚、氰化物、砷、铜
27	农药生产	有机磷	pH、化学需氧量、悬浮物、挥发酚、硫化物、有机磷、元素磷、TOC
		有机氮	pH、化学需氧量、悬浮物、挥发酚、硫化物、有机氯、TOC
28	电镀		pH、化学需氧量、悬浮物、氰化物、铜、铅、锌、镉、镍、铬
29	机械制造		pH、化学需氧量、悬浮物、石油类、氰化物、铜、铅、锌、镉、镍、铬
30	电子仪器、仪表生产		pH、化学需氧量、悬浮物、石油类、氰化物、铜、铅、锌、镉、镍、铬、汞、氟化物、苯系物
31	制浆造纸		pH、化学需氧量、悬浮物、挥发酚、硫化物、色度
32	纺织印染		pH、化学需氧量、悬浮物、挥发酚、硫化物、色度
33	皮革生产		pH、化学需氧量、生化需氧量、悬浮物、硫化物、氯化物、色度、动植物油、总铬、六价铬
34	水泥生产		pH、化学需氧量、悬浮物、石油类
35	油毡		pH、化学需氧量、生化需氧量、悬浮物、挥发酚、硫化物、石油类、苯并[*a*]芘、TOC
36	玻璃、玻璃纤维		pH、化学需氧量、悬浮物、挥发酚、氰化物、铅、氟化物
37	陶瓷制造		pH、化学需氧量、悬浮物、铜、铅、锌、镉、镍、铬、汞、砷
38	石棉（开采与加工）		pH、化学需氧量、悬浮物、石棉、挥发酚
39	食品加工、发酵、酿造、味精		pH、化学需氧量、生化需氧量、悬浮物、氨氮、硝酸盐氮、动植物油、大肠杆菌数、含盐量
40	制糖		pH、化学需氧量、生化需氧量、悬浮物、硫化物、大肠杆菌数
41	火工		pH、化学需氧量、悬浮物、硫化物、硝基苯类、铜、铅、锌、镉、镍、铬
42	电池制造		pH、化学需氧量、悬浮物、铜、铅、锌、镉、镍、铬、汞
43	绝缘材料		pH、化学需氧量、悬浮物、挥发酚、甲醛
44	人造板材、木器加工		pH、化学需氧量、悬浮物、挥发酚

注：* 验收监测所选监测因子，可参考表中所列污染因子确定，但还需根据建设项目的实际情况增减，各种污水的排放量均应监测。

表 4-7 某电子企业污水排放及处理情况汇总

污水种类	排放量/（t/d）	处理措施	污染物指标	处理前排放质量浓度/（mg/L）	处理后排放质量浓度/（mg/L）
显影废水	2 824（2 160）	经显影废水处理装置处理后，再会同其他工艺废水等继续处理	生化需氧量	5 400	≤30
			悬浮物	—	≤20
			TMAH	3 000	≤20
氢氟酸废水		经含氟废水处理设施、氨处理设施、中和池后由总排口排入金桥加工区污水管网	pH	≤4	6～9
			氟化物	360	10
			悬浮物	22.1	20
			化学需氧量	60	60

污水种类	排放量/（t/d）	处理措施	污染物指标	处理前排放质量浓度/（mg/L）	处理后排放质量浓度/（mg/L）
H_2O_2废水	2 824（2 160）	经H_2O_2处理设施处理，再会同以上其他工艺废水等继续处理	H_2O_2	19 700	400
			NH_4^+	9 100	150
工艺酸碱废水		经中和池、氨处理设施、中和池后由总排口排入金桥加工区污水管网	pH	2～10	6～9
			悬浮物	44.3	15.1
			化学需氧量	22.7	22.7
			氨氮	140	140
酸碱洗涤塔废水	100（100）	经含氟废水处理设施处理、氨处理设施、中和池后由总排口排入金桥加工区废水管网	pH	≥9	6～9
			氟化物	0.59	0.59
			氨氮	100	100
粉尘排气处理废水	100（100）	经含氟废水处理设施处理、氨处理设施、中和池后由总排口排入金桥加工区废水管网	—	—	—
纯水站再生废水	280（32）	经最终中和处理后由总排放口排入金桥加工区污水管网	pH	不稳定	6～9
氨处理设施排水	1 974	经最终中和处理后由总排放口排入金桥加工区污水管网	—	—	—
纯水站浓缩废水	1 200（768）	经最终中和处理后由总排放口排入金桥加工区污水管网	—	—	—
工艺设备冷却水	20（18）	由总排放口排入金桥加工区污水管网	—	—	—
动力设备冷却水	1 000（200）	由总排放口排入金桥加工区雨水管网	—	符合排放标准	符合排放标准
生活污水	320（60）	生化处理后排入金桥加工区污水管网	pH	6～9	6～9
			化学需氧量	300	100
			生化需氧量	200	30
			氨氮	40	15
			悬浮物	250	70
			动植物油	40	10
食堂污水	130（16）	撇油处理后排入生化处理设施	化学需氧量	250	200
			生化需氧量	150	120
			油	100	40
			悬浮物	200	200

注：括号内为原设计排水指标。

②废水治理设施

建设项目一般会配套建设废水处理设施，用于处理产生的工业废水和生活污水，或将废水排入城市污水处理厂或工业园区废水集中处理设施。配套建设废水处理设施的建设项目，建设单位应对照环境影响报告书（表）及审批部门审批决定，检查废水处理设施类别、设计处理规模与实际建设规模、采用的处理工艺及主要技术参数、排放口数量及位置。对于含有污染物排放标准中规定的一类污染物的废水，应检查是否按国家规定设有单独的处理设施，含有一类污染物的废水是否单独处理达标后与其他废水混合。含一类污染物废水排放标准的考核地点为车间排口或车间处理设施排口，但一些建设项目因考虑污水的集中处理问题，将一类污染物的处理设施与其他废水处理设施集中建设在一个地方。因此，在判断建设项目是否按国家标准处理一类污染物时，可主要考虑一类污染物的处理是否在处理达标前与其他废水混合。如发现处理达标前与其他废水混合或未对含一类污染物的废水进行单独处理的，建设单位应采取改进措施。废水排入集中处理设施的，建设单位应核实接纳废水的处理设施的处理能力、处理工艺等能否满足需求。

有些特殊的废水在集中处理之前还需要进行预处理，如某建设项目工程配套的污水处理设施及排放之间的关系如表 4-8 所示。因此，为核查清楚建设项目的废水处理设施建设情况，应根据工艺列出的废水流程图和环境影响报告书（表）的要求逐一核对各种处理设施，以便检验废水处理设施的处理效率或在废水未能达标排放时查找原因。

表 4-8　某工程建设配套环保设施

系统	系统类别	设施名称	数量/套	备注
废水处理	工业废水处理系统	显影液废水处理设施	1	转入氨污水处理设施
		H_2O_2 废水处理设施	1	转入氨污水处理设施
		氟废水处理设施	1	转入氨污水处理设施
		氨废水处理设施	1	转入酸碱中和调节池
		酸碱中和调节设施	1	排入地区污水管网
	生活污水处理系统	隔油处理设施	1	转入生化处理设施
		生化处理设施	1	排入地区污水管网

（2）废气及污染治理设施

①废气产生情况

建设项目有组织排放的废气主要产生于燃料燃烧、加热和机械加工等化学或物理反应等过程。无组织排放的废气主要来源于生产装置的“跑冒逸散”、储存转运过程中的飘散等。不同行业原、辅料使用及生产产品不同，废气中污染物各不相同，尤其是工艺废气差别巨大。监测因子确定除依据污染物排放标准外，还应根据原、辅料使用情况及产品、中间体产生情况确定排放标准外的某些特殊污染因子，同时关注环评及审批文件规定的其他因子。部分行业废气中常见污染因子参见表 4-9。

表 4-9 部分行业废气中常见污染因子

序号	行业类型	污染因子
1	生产和生活用锅炉	二氧化硫、氮氧化物、烟尘、烟气黑度
2	化工	二氧化硫、硫化氢、氟化物、氮氧化物、氯、氯化氢、一氧化碳、硫酸雾、恶臭、颗粒物
3	水泥工业	烟尘、粉尘、二氧化硫、氟化物、烟气黑度、重金属（水泥窑协同处置固体废物）
4	火电厂	二氧化硫、烟尘、氮氧化物、汞
5	石油化工	烟尘、二氧化硫、非甲烷总烃、丙烯腈、苯系物、恶臭
6	冶金	二氧化硫、氟化物、氯、氯化氢、一氧化碳、铅、烟尘、二噁英类
7	电子	苯系物、丙酮、甲醇、烷烯烃、氟化物
8	工业炉窑	烟尘、二氧化硫、氮氧化物、烟气黑度
9	硫酸工业	二氧化硫、硫酸雾、烟尘
10	船舶工业	烟尘、粉尘、苯系物、氧化锌、粉尘、二氧化硫
11	钢铁工业	粉尘、二氧化硫、氯化氢、二噁英类
12	轻金属工业	粉尘、二氧化硫
13	重有色金属	粉尘、二氧化硫、氮氧化物、烟尘、重金属
14	沥青工业	沥青烟、粉尘、苯并[*a*]芘
15	普钙工业	氟、粉尘、二氧化硫
16	炼焦	颗粒物、二氧化硫、苯可溶物、恶臭、苯并[*a*]芘
17	轻工	二硫化碳、硫化氢、汞
18	皮革	恶臭、VOCs、颗粒物、苯系物
19	化肥	氨、氟化物、氮氧化物、硫化氢
20	合成洗涤剂	粉尘
21	雷汞工业	汞
22	火工	二氧化硫、硫酸雾、氧化氮
23	焚烧炉	烟尘、一氧化碳、二氧化硫、氮氧化物、氯化氢、氨、二噁英等

注：* 验收监测所选监测因子，可参考表中所列污染因子确定，但还需根据建设项目的实际情况增减，各种废气的排放量均应监测，以考核排放速率或计算污染物排放量。

②废气治理设施

废气治理设施一般指对废气中污染物削减和通过扩散方式减少在人类主要活动范围的污染程度的设备和设施，如静电除尘器、脱硝设施、脱硫设施、烟气有机污染物吸收设施及高架烟囱等（表 4-10）。建设单位应对照环境影响报告书（表）及其审批部门审批决定，检查废气处理设施类别、处理能力、处理工艺及主要技术参数，核实排气筒数量、位置及高度。开展废气治理设施检查的目的是在监测中对设施的处理效率和达标排放进行测试，以便掌握设施对污染物的去除效果，判断废气能否达标排放。

表 4-10 某工程建设配套环保设施

系统	设备名称	数量	备注
废气处理	酸废气处理塔	3 台	处理含 HF、H_2SO_4、HNO_3、HCl 等废气
	碱废气处理系统	1 套	处理含 NH_3 废气
	粉尘废气处理塔	2 台	处理颗粒物（SiO_2 粉尘）
	一般有机废气处理系统	1 套	处理异丙醇、乙基甲苯
	剥离有机废气处理系统	1 套	处理异丙醇、甲乙酮

（3）噪声及振动污染治理设施

对于建设项目的噪声污染检查，主要根据生产中采用的设备和厂界外环境实际情况进行，了解厂内主要噪声源和厂界外环境敏感目标之间的相对位置。工业噪声主要来源于设备在运转过程中产生的机械动力噪声和各类风机、风道、蒸汽管产生的气体动力噪声等。这些设备主要有汽轮机、发电机、给水泵、送风机、冷冻机组、真空泵、空压机、风机、空调设备及粉碎机等。厂界外的环境敏感保护目标主要根据环境影响报告书（表）和实际受影响情况确定。

对存在噪声污染，特别是可能出现厂界环境噪声超标或厂界周围存在噪声敏感保护目标的建设项目，应对照环境影响报告书（表）及其审批部门审批决定的要求，了解和调查主要防治设施和措施的完成情况。表 4-11 是某石化企业的噪声污染情况及治理设施和措施，具体为：在一次风机、锅炉安全门、释放阀等处装设消声器，主厂房集中控制室作防噪声处理，主厂房、锅炉房、循环水泵房等处设隔声值班室，也有将绝大部分设备安装在密闭的厂房中，四周加吸声材料，设备设减震台基础等，对于影响比较大的噪声源还会采用隔声墙等措施。

表 4-11 某石油化工企业噪声污染源和治理情况

序号	污染源		源强/dB（A）	治理方式
1	污水处理站	各种泵（房）	85～95	设隔声操作间，消声罩
2	重油催化裂化	抽空器、开工锅炉、主风机、汽轮机、各种泵等	75～90	设隔声操作间，消声罩，消声器
3	动力站	泵、换热器、过滤器	75～85	设隔声操作间，消声罩，消声器
4	脱盐水站	各种泵（房）	75～85	设隔声操作间，消声罩
5	加氢精制	泵、抽空器、喷射器	85	设消声罩，消声器
6	催化重整	抽空器、加热炉	75～85	设消声器、陶纤消声板，配密闭风道
7	气体分馏	各种泵	80～85	设消声罩
8	芳烃抽提	泵房	80	设隔声操作间
9	常减压	泵房	85	设隔声操作间
10	空压站	机房、风机、空气入口	72～85	设隔声操作间，消声器，消声池

序号	污染源		源强/dB（A）	治理方式
11	硫铵回收	冷热风机	—	设消声器
12	丙烯腈	泵房	75	设隔声操作间
13	空分站	机房，泵	75～85	设隔声操作间，消声罩
14	循环水场	水泵	85～90	设隔声操作间，消声罩

对存在振动污染的建设项目，还应对照环境影响报告书（表）及其审批部门审批决定要求，了解和检查主要振动源建设情况及主要处理设施和措施的完成情况，并将主要治理设施和措施作为监测对象。

（4）固体废物及污染处置设施

对固体废物的检查要针对建设项目的具体情况进行。建设项目生产过程中产生的固体废物一般包括一般固体废物、危险废物和生活垃圾。如石油化工厂含重金属的废催化剂、电厂的燃煤灰渣、工厂一般性生活垃圾等。据国家有关环境保护要求，产生固体废物的单位应当采取措施，防止或者减少固体废物对环境的污染，收集、贮存、运输、利用、处置固体废物的单位必须采取防扬散、防流失、防渗漏或者其他防止污染环境的措施。

建设单位应根据生产工艺及使用的原、辅料，对照环境影响报告书（表）及其审批部门审批决定，检查建设项目产生的固体废物种类、产生环节、产生量、处置量及处置方式等是否与环评文件一致，检查固体废物储运场所和处置设施建设是否符合相关技术规范或要求，是否按要求设置了地下水监控井。对涉及的防渗系统等隐蔽工程建设情况可通过设计文件、施工图、监理报告等文件进行核实。

若建设单位自行处置产生的固体废物，应关注处置方式有无变化，有无新增固体废物类别，对新增固体废物的处置方式是否合适，如制浆造纸行业产生的浆渣，有的企业自建焚烧炉来处置，应关注焚烧炉烟气治理设施的建设情况，并对其开展监测。若建设单位委托其他单位进行固体废物处置，应检查被委托方的资质、委托合同。尤其是危险废物，应特别关注委托处置的危险废物是否与其资质相符，转移运输单位是否具备相应资质，并核查转移联单，必要时对固体废物的去向做跟踪调查。表 4-12 列出某汽车制造项目的固体废物产生及处置情况。

表 4-12　某汽车制造项目固体废物产生及处置情况

序号	名称	分类	废物组成	来源	处置方式
1	金属废料	一般固体废物	钢、铝、铁、不锈钢等	冲压、发动机车间	交废物回收公司回收利用
2	包装废料（纸箱、废玻璃）	一般固体废物	纸、废玻璃等	各车间	
	包装废料（泡沫）	一般固体废物	泡沫	各车间	
	塑料废料、木材	一般固体废物	塑料、木材	各车间	

<table>
<tr><th>序号</th><th>名称</th><th>分类</th><th>废物组成</th><th>来源</th><th>处置方式</th></tr>
<tr><td>3</td><td>不合格的新能源汽车电池</td><td>危险废物</td><td>电池</td><td>新能源总装车间</td><td rowspan="14">委托有处理资质单位处置</td></tr>
<tr><td>4</td><td>磷化废渣</td><td>危险废物</td><td>磷化渣</td><td>涂装车间</td></tr>
<tr><td>5</td><td>油漆废渣</td><td>危险废物</td><td>颜料、树脂</td><td>涂装车间</td></tr>
<tr><td rowspan="3">6</td><td rowspan="3">废油、废乳化液</td><td rowspan="3">危险废物</td><td>液压、润滑系统</td><td>各车间</td></tr>
<tr><td>废切削液、废清洗液处理过程的废液渣</td><td>发动机车间</td></tr>
<tr><td>废发动机油、废冷却剂</td><td>发动机车间</td></tr>
<tr><td>7</td><td>废有机溶剂</td><td>危险废物</td><td>醋酸丁酯</td><td>涂装车间</td></tr>
<tr><td>8</td><td>含锌、镍污泥</td><td>危险废物</td><td>含锌、镍等重金属</td><td>磷化废水预污水处理系统</td></tr>
<tr><td>9</td><td>废胶</td><td>严控废物</td><td>胶</td><td>涂装车间</td></tr>
<tr><td rowspan="2">10</td><td>废抹布</td><td rowspan="2">危险废物</td><td rowspan="2">含油污的废抹布、废手套</td><td rowspan="2">各车间</td></tr>
<tr><td>废手套</td></tr>
<tr><td>11</td><td>废活性炭</td><td>危险废物</td><td>废活性炭</td><td>涂装车间</td></tr>
<tr><td>12</td><td>废过滤材料</td><td>危险废物</td><td>含漆等</td><td>涂装车间</td></tr>
<tr><td>13</td><td>焊烟及打磨粉尘</td><td>危险废物</td><td>金属氧化物</td><td>焊装、涂装车间</td></tr>
<tr><td>14</td><td>废三元催化器</td><td>—</td><td>—</td><td>发动机车间</td><td>由产品供应商回收</td></tr>
<tr><td>15</td><td>生活垃圾</td><td>一般固体废物</td><td>垃圾</td><td>全厂</td><td>由市政部门处理</td></tr>
</table>

4.1.3.4 其他环境保护设施

除以上废气、废水、噪声、固体废物污染物处理处置设施外，建设项目还会涉及其他环境保护设施建设，如环境风险防范设施建设、排污口规范化建设、在线监测设施建设，以及淘汰落后生产装置、生态恢复等其他环境保护设施或措施。建设单位应对照环境影响报告书（表）及其审批部门审批决定逐项全面检查。

（1）环境风险防范设施

《危险化学品重大危险源辨识》（GB 18218—2018）中把具有毒害、腐蚀、爆炸、燃烧、助燃等性质，对人体、设施、环境具有危害的剧毒化学品和其他化学品定义为危险化学品。一切生产、经营、储存、运输、使用危险化学品和处置废弃危险化学品的单位都归属于风险企业。

涉及环境风险的建设项目因防范设施落实不到位、应急储备不足、环保设施工程质量存在问题等，都会对周边环境造成污染，甚至会导致重大污染事故发生。风险企业在建设项目环保验收自查时，应对照环境影响报告书（表）及其审批部门审批决定，对其环境风险环节、风险源、采取的环境风险防范设施和应急措施进行全面检查，以确定实际建设情况与环评文件要求的相符性，未按要求落实的应及时纠正、补救。对于一些防腐、防渗、地下管道等隐蔽工程的检查，可通过监理报告或施工图等文件资料来核实。

对存在环境风险的建设项目，属于风险源的设施一般包括：

- 生产、使用、储存、运输有毒有害物质和易燃易爆物质的设施和设备；

- 处理、使用、储存、运输危险废物的设施或设备；
- 固体废物贮存场、处置场、填埋场。

对风险源应建设有效的风险防范设施来降低环境风险，风险防范设施一般包括：

- 生产装置区、罐区是否设置了防止泄漏物质、消防水、污染雨水等扩散至外环境或厂区地下的收集、导流、拦截、处理等设施，如地坪硬化、防腐、防渗、围堰、边沟等，其建设是否符合要求，是否设置了雨水切换装置；
- 是否建设了事故池，事故处理池数量、容积是否满足要求，是否设置了事故污水切换装置；
- 固体废物贮存场、处置场是否按要求建设了贮存设施，是否按要求进行了分区分类存放，是否按要求采取了场地硬化；固体废物填埋场是否按要求建设了防渗系统、截洪系统、渗滤液导排系统、地下水导排系统、地下水监测设施、填埋气体导排系统等；
- 泄漏气体自动检测与控制系统设置；
- 相关部位是否有明显标志，如危险物名称、性质、危险特性、洗消方法等；
- 是否配备了环境风险应急设备或物资；
- 大气环境防护距离设置情况；
- 其他涉及风险防范的工程、设备等。

不同行业建设项目，因其对环境要素的污染特性不同，环境风险程度各不相同，应具体项目具体分析。以石化行业为例，说明该行业环境风险防范设施、措施检查的重点内容。

①建设地点、总图布置风险防范措施。建设地点或主要装置（原料储罐区、产品储罐区、生产设施）总平面布置与环评相比有无变化或调整，卫生防护距离是否满足要求。

②水环境风险防范措施。

- 各种污水装置的处理能力、初期雨水、事故污水（含污染消防水）和泄漏物料应急储存设施，包括装置区和罐区地坪、围堰、边沟，各种事故池、调节池的实际容量（是否满足环评及批复要求）、接纳对象和后续处理去向；
- 事故紧急截断措施；雨水管网和污水处理设施是否有切换阀，初期雨水、事故污水（含污染消防水）是否能切换进污水处理设施，排放口与外部水体间是否安装切断设施；
- 应急设备、物资、材料的设置或准备情况。

③大气环境风险防范措施。

- 油品、燃料气等的储运系统，自动控制与泄漏检测系统的设置情况，事故紧急截断措施及响应时间；
- 有毒有害物质泄漏控制措施；

- 火炬处理能力、实际处理量、点火方式；
- 有机气体回收装置数量和能力配置情况；
- 应急设备、物资、材料的设置或准备情况；
- 环境影响评价文件确定的大气环境防护距离周边居民撤离路线（或人居情况）。

（2）规范化排污口及在线监测装置

根据国家环境保护法律、法规要求，建设单位应建设规范的污染物排放口，包括废水排放口、废气排放口、固定噪声排放源、固体废物贮存、堆放场，并按照《环境保护图形标志——排放口（源）》（GB 15662.1—1995）标准要求，在排放口和排放源设置图形标志。建设单位应检查排污口的建设现状及排放环境状况，废气、废水排污口采样点（孔）是否按照相关标准、规范进行设置，流量计及污染物在线监测装置是否按照要求进行安装并与环保部门联网，废气排气筒还应检查其高度有无变化。排污口采样点（孔）设置情况可依据《固定污染源排气中颗粒物测定与气态污染物采样方法》（GB/T 16157—1996）、《固定源废气监测技术规范》（HJ/T 397—2007）、《地表水和污水监测技术规范》（HJ/T 91—2002）进行检查。排污口规范化建设可参照《排污口规范化整治技术要求（试行）》开展检查，不符合规范的应进行整治。

（3）其他设施

包括环境影响报告书（表）及其审批部门审批决定中要求采取的“以新带老”改造工程、关停或拆除现有工程（旧机组或装置）、淘汰落后生产装置，以及生态恢复工程、绿化工程、边坡防护工程等其他环境保护设施，建设单位应对照环评文件进行逐项检查。

4.1.4 有关图件

建设项目自查是验收工作的基础，通过对项目整体建设情况的了解，对是否具备现场监测条件作出判断，为编制验收监测方案和开展验收监测工作奠定基础。验收监测方案（报告）中对项目的建成情况描述往往需要通过一些图件来更加直观、清楚地概括表示，如厂区平面布置图、物料平衡图、生产工艺流程图等。在自查的基础上，建设单位可以绘制此部分图件，但要注意，项目实际建成情况往往与环评文件不完全相同，如水平衡图、物料平衡图等都会发生一些改变，绘制图件时应以实际情况为准。示意图可以简单的箭头、连线、方块和圆形等图形表示所介绍内容的关系，用点、小三角及小圆圈等标记表示要说明内容的位置。下面对主要的图件举例示意。

（1）地理位置示意图

地理位置图用以介绍建设项目的地理位置和周边环境。环境影响报告书（表）和初步设计中均附有地理位置图，但需核对有无变化。如建设项目还有部分外围工程的，如厂外建有灰渣场、码头等，还可在地理位置图上标注外围工程的相对位置。如有依托的其他工程，可标注依托工程的位置（图 4-1）。

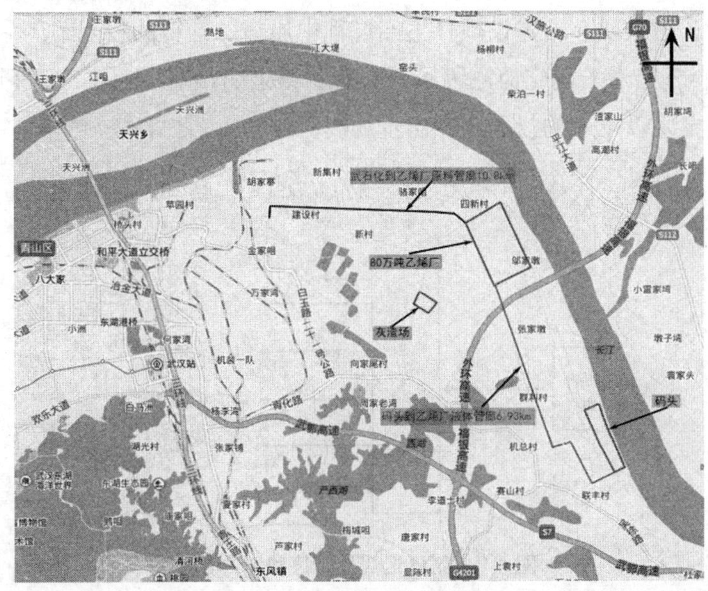

图 4-1 某项目地理位置示意

（2）厂区平面布置示意图

厂区平面布置图主要示意建设项目各车间、装置等在厂区内的布设情况及项目周边环境，包括主体工程布局和位置、厂外敏感点分布等。通常可以在环境影响报告书（表）和初步设计中查找到。厂区平面布置图上可以标注厂界环境噪声监测点位、敏感点噪声监测点位、废气无组织排放监测点位、废水外排口监测点位等（图 4-2）。

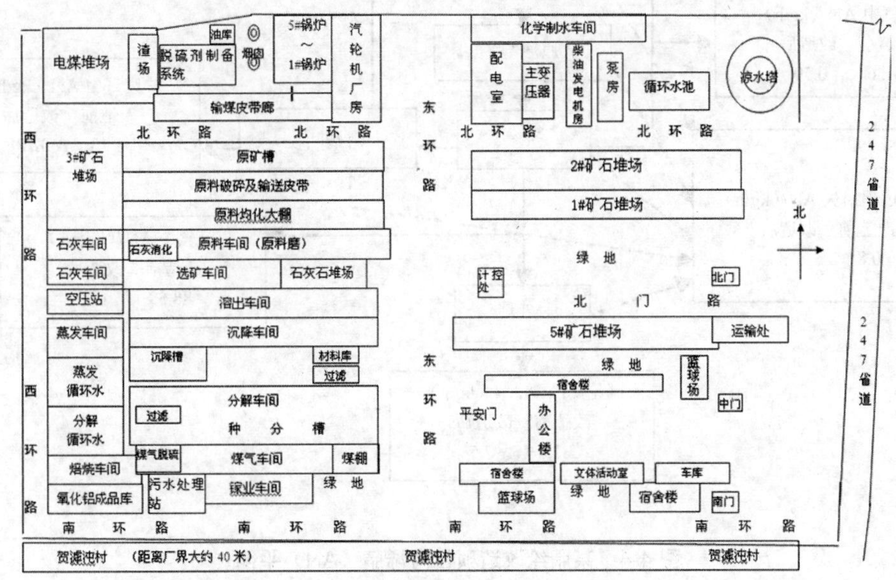

图 4-2 某氧化铝生产项目厂区平面布置示意

（3）物料平衡示意图

物料平衡示意图主要介绍建设项目生产过程中原料、辅料的投入与产品、副产品产出的关系。了解物料平衡对于确定监测因子及其监测结果的核对、确定工况等具有指导意义。物料平衡示意图主要以生产的投入和产出量绘制（图 4-3，图 4-4）。

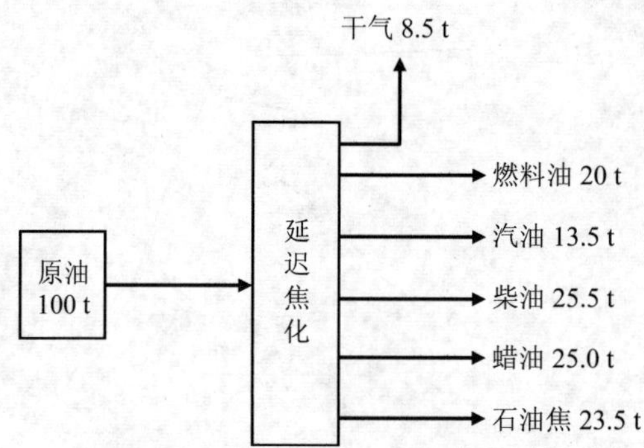

图 4-3 某延迟焦化工序物料平衡

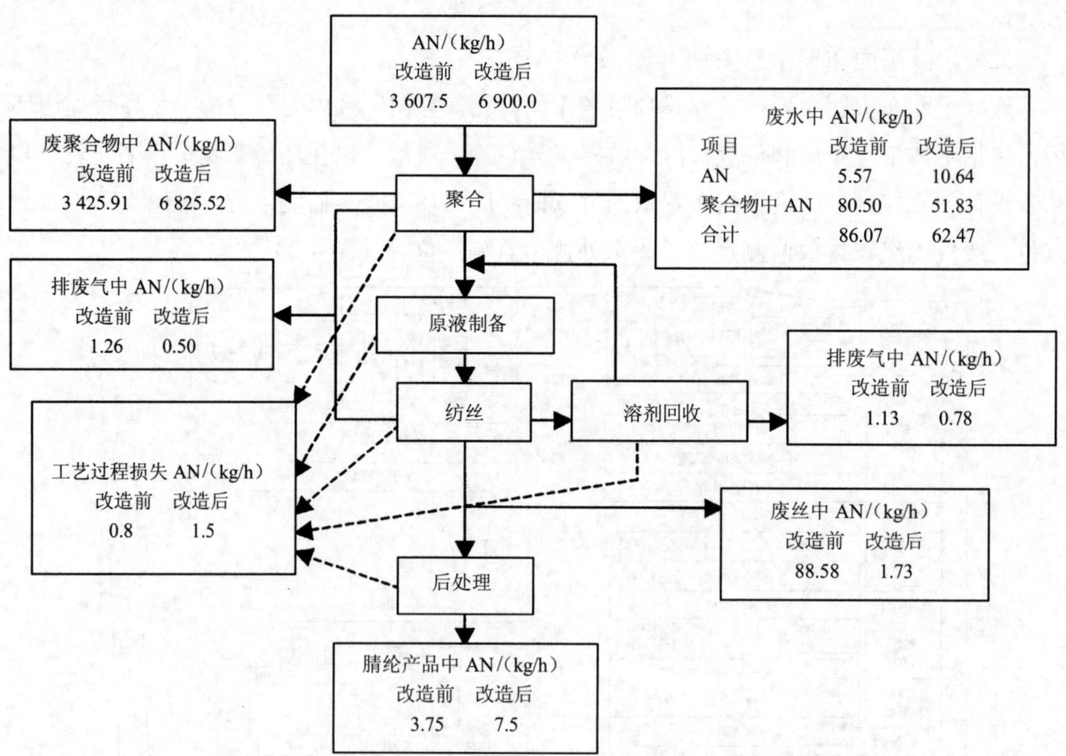

图 4-4 某腈纶改造项目丙烯腈（AN）平衡

（4）废水流向示意图

废水流向示意图主要介绍建设项目生产中产生的废水处理、混合和排放的过程。在调查中，一般应了解废水的主要来源、各种废水相互混合的位置及次序和流向，并在制作的废水流向示意图中简洁地表示出来。废水流向示意图可只介绍废水的流向，可在废水流向图上标注监测点位设置（图 4-5）。

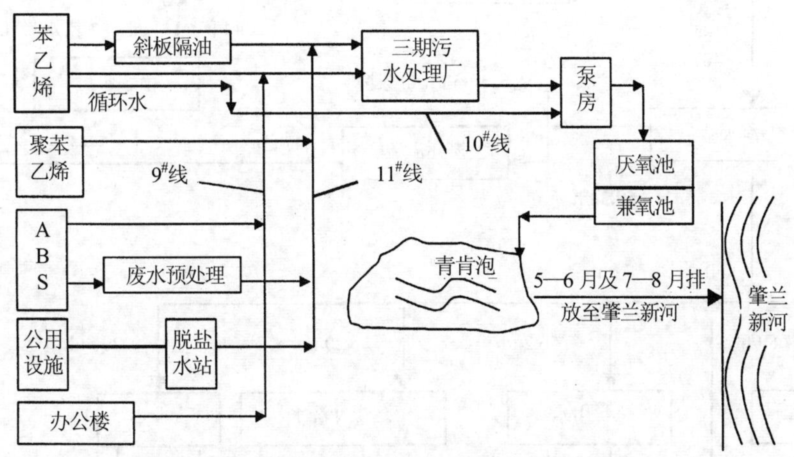

注：9#线：生活污水管线；10#线：清净下水管道；11#线：工业废水管线。

图 4-5 某石化项目部分设施废水处理流向示意图

（5）水平衡示意图

水平衡示意图主要介绍建设项目生产过程中水的使用和排放情况。水平衡示意图的绘制可利用工程中的现有水表及其用水记录和工况记录的统计结果，按照用水和废水流向制作。对没有可利用的记录的情况，则充分利用工程中的水量表，在工况正常的一段时间内（一般为一个月），对总进水量、总排水量以及各种用途的进水和排水水量分别进行记录和统计，按照水流向图制作水量平衡图（图 4-6）。

（6）生产工艺流程示意图

主要介绍生产中总的工艺流程、各部分工艺之间的关系、产品以及副产品生产过程（图 4-7）。生产工艺流程示意图可同时介绍产排污环节、主要污染物产生及排放情况（图 4-8）。

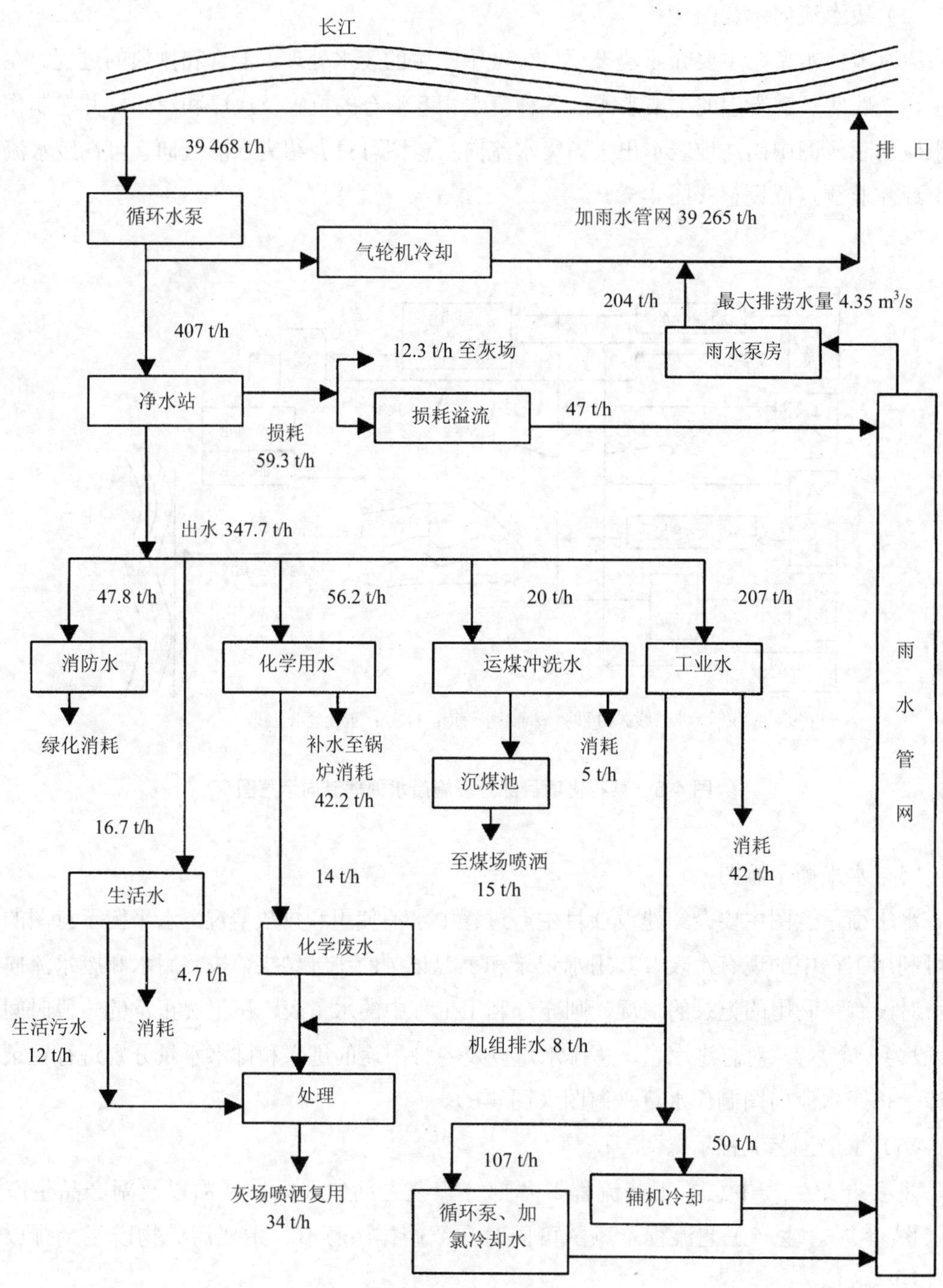
长江
39 468 t/h
排 口
循环水泵
加雨水管网 39 265 t/h
气轮机冷却
204 t/h
最大排涝水量 4.35 m3/s
407 t/h
12.3 t/h 至灰场
雨水泵房
净水站
损耗溢流
47 t/h
损耗
59.3 t/h
出水 347.7 t/h
47.8 t/h
56.2 t/h
20 t/h
207 t/h
消防水
化学用水
运煤冲洗水
工业水
雨水管网
绿化消耗
补水至锅炉消耗
42.2 t/h
消耗
5 t/h
沉煤池
16.7 t/h
消耗
42 t/h
至煤场喷洒
15 t/h
14 t/h
生活水
化学废水
4.7 t/h
生活污水
12 t/h
消耗
机组排水 8 t/h
处理
50 t/h
107 t/h
灰场喷洒复用
34 t/h
辅机冷却
循环泵、加氯冷却水

图 4-6 某电厂水量平衡

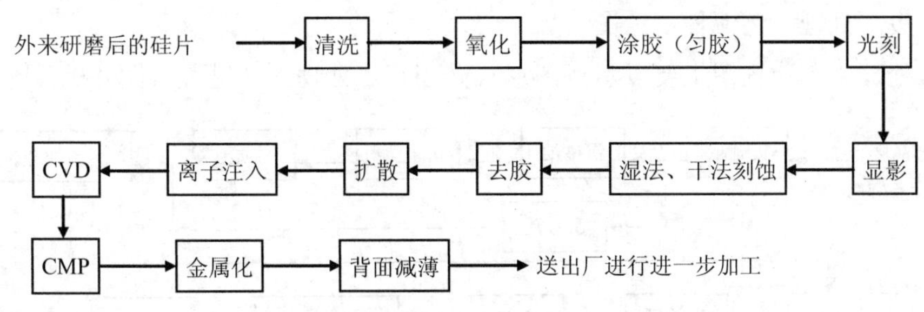

外来研磨后的硅片
清洗
氧化
涂胶（匀胶）
光刻
显影
湿法、干法刻蚀
去胶
扩散
离子注入
CVD
CMP
金属化
背面减薄
送出厂进行进一步加工

图 4-7 某集成芯片生产线工艺流程

除尘灰
生石灰
G2
含铁原料
焦粉
煤
高炉返矿
水
配料
消化
热水
一次混合
配料室
燃料
G3
G1
N
二次混合
铺底料
布料
焦炉
煤气
N
G4（机头烟气）
G5（机尾烟气）
烧结机
G6、N
热碎机
散料
蒸汽
G7、N
冷却
G8、N
一次筛分
G9、N
二次筛分
三次筛分
G10、N
成品筛分
G11
成品检验
G12
运输系统
G13
5#高炉

图 4-8 某钢铁厂烧结系统生产工艺流程

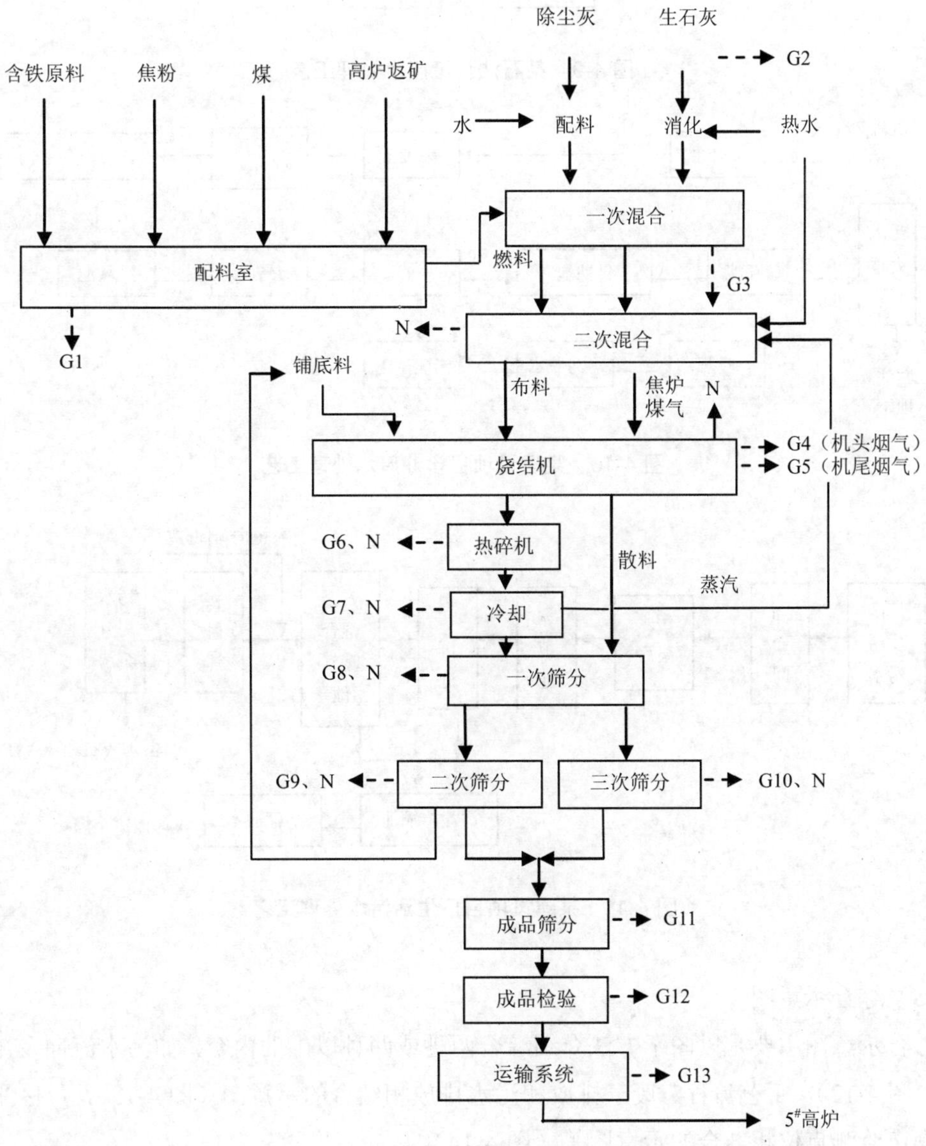

（7）废水处理工艺流程示意图

废水处理工艺流程图主要以示意图形式介绍废水处理工艺过程（图 4-9 至图 4-11）。

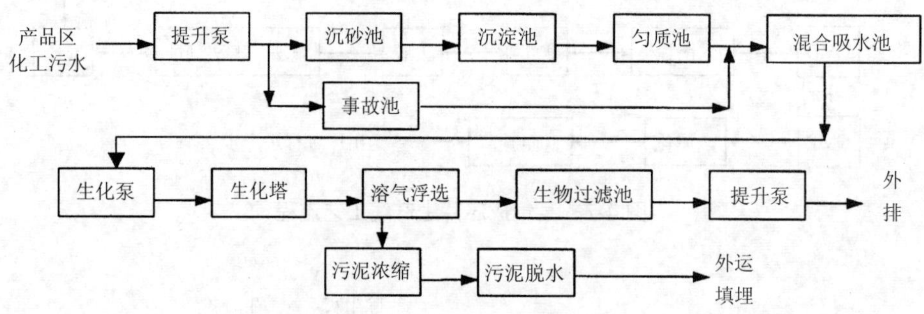

图 4-9 某石油化工废水处理工艺

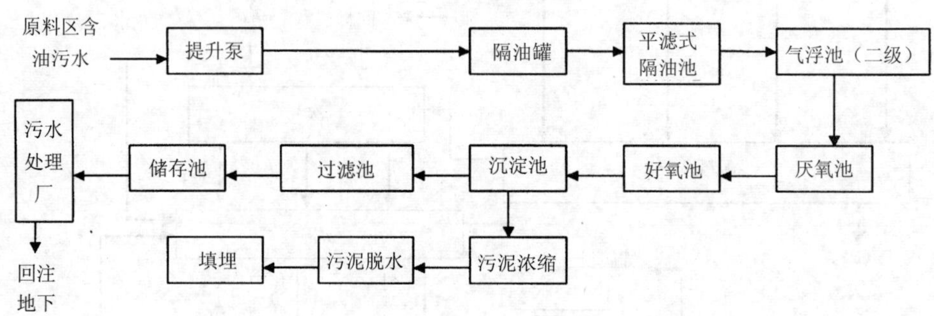

图 4-10 某建设项目含油废水处理工艺

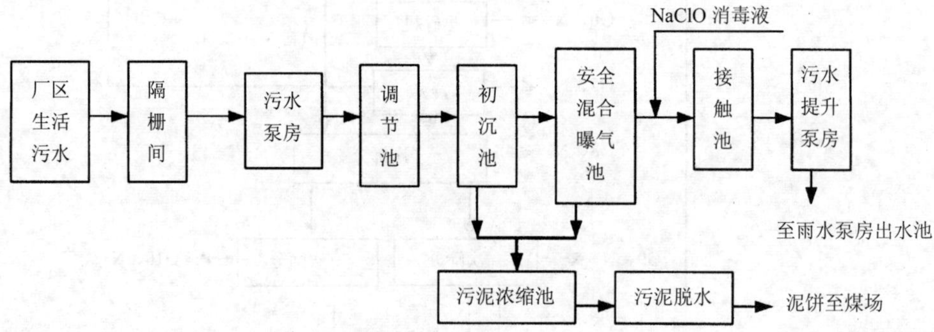

图 4-11 某建设项目厂生活污水处理工艺

（8）综合示意图

综合示意图主要是以图示方法介绍综合两种或两种以上的内容，如污水流向及采样示意图（图 4-12），工艺流程、废气排放和污水排放相结合的示意图（图 4-13），厂区平面与厂界噪声监测点位相结合的示意图等（图 4-14）。

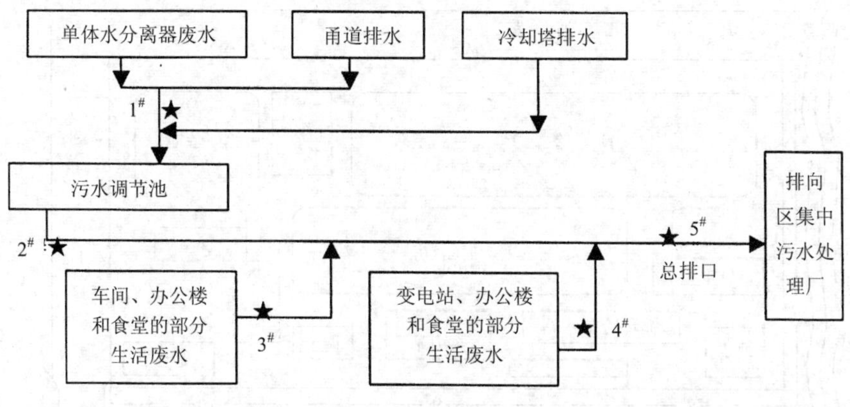

注：★为废水监测点位。

图 4-12 某尼龙生产项目废水流向及采样点设置

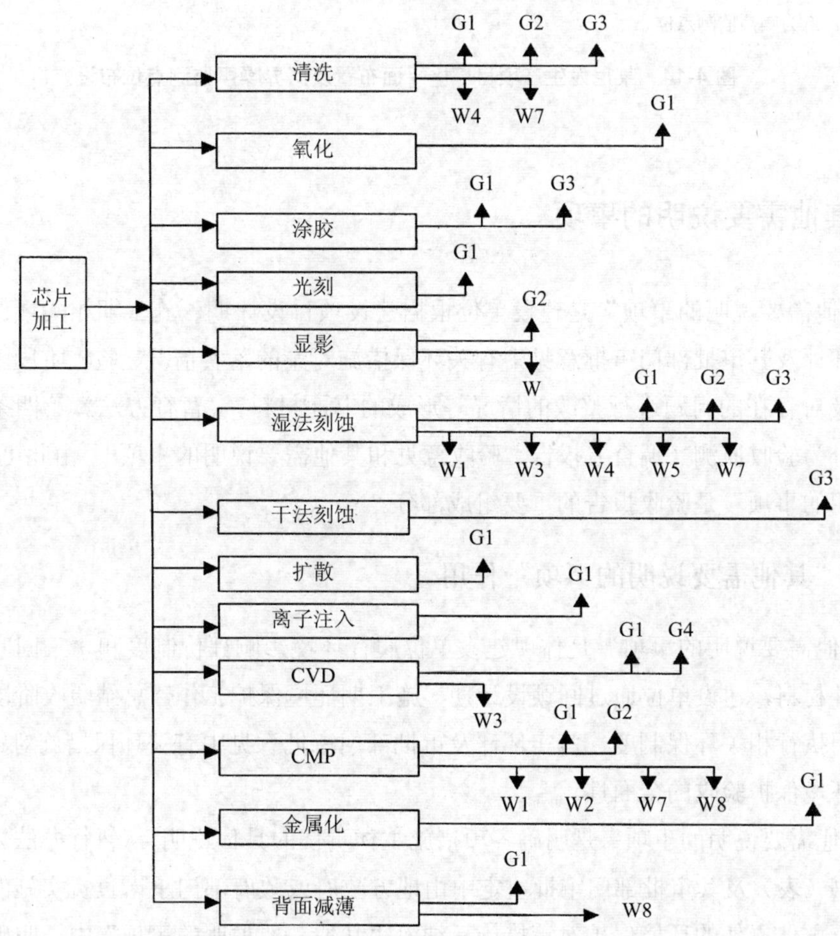

注：G1：酸废气；G2：碱废气；G3：有机废气；G4：粉尘废气；W1：浓 F 废水；W2：稀 F 废水；W3：硫酸废液；W4：氨废水；W5：磷酸废液；W6：TMAH 废水；W7：酸碱废水；W8：BG、GMP 废水；每道工序均还有纯水清洗

图 4-13 某芯片生产项目污染物产生及排放情况

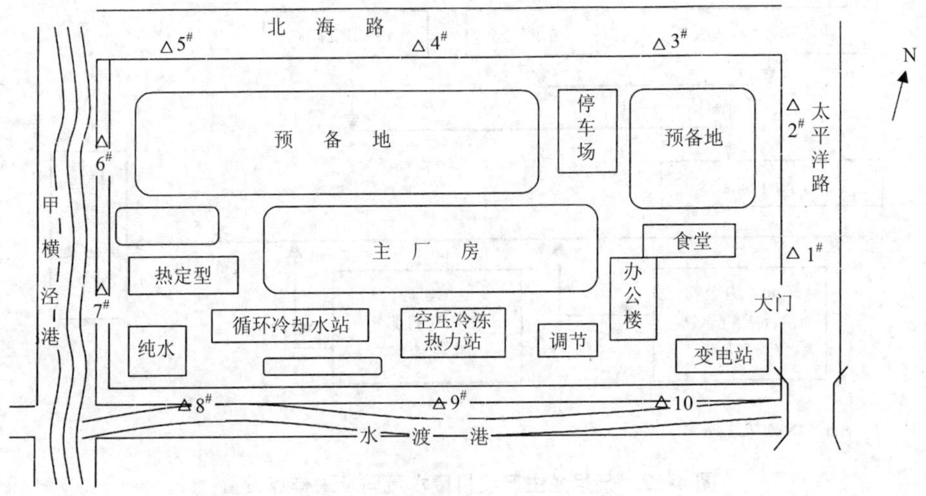

注：△为噪声监测点位。

图 4-14 某尼龙生产项目厂区平面布置及厂界噪声监测点位布设

4.2 其他需要说明的事项

“其他需要说明的事项”是建设单位根据建设项目设计期、施工期相关环保制度执行情况和环评及其审批部门审批意见中有关环保措施对策的落实情况、验收阶段工作开展情况，以及对存在的问题进行整改的情况等形成的书面材料。《暂行办法》第四条规定“验收报告分为验收监测（调查）报告、验收意见和其他需要说明的事项”。由此可见，“其他需要说明的事项”是验收报告的重要组成部分。

4.2.1 “其他需要说明的事项”作用

“其他需要说明的事项”是体现建设单位履行环境影响评价制度和“三同时”制度的重要文件材料，建设单位通过回顾设计期、施工期环境保护工作，总结验收阶段的开展工作，说明执行相关环保制度、落实环评及审批部门审批意见中有关环保措施对策的情况，保证了环境保护验收的全面性。

“其他需要说明的事项”是明确各项措施主体责任的具体说明。《暂行办法》将环境影响报告书（表）及其审批部门审批决定中由地方政府或政府部门承诺负责实施的、不属于建设单位主体责任的环境保护对策措施，纳入“其他需要说明的事项”中，明确了相关环境保护措施的责任主体，如相关环境保护措施落实不到位，将不会影响建设项目的验收。

4.2.2 “其他需要说明的事项”的具体内容

根据《暂行办法》，“其他需要说明的事项”中应如实记载的内容包括环境保护设施设计、施工和验收过程简况，环境影响报告书（表）及其审批部门审批决定中提出的，除环境保护设施外的其他环境保护措施的落实情况，以及整改工作情况等。建设单位可根据建设项目的具体情况，对相关事项进行说明。

4.2.2.1 环境保护设施设计、施工和验收过程简况

“三同时”制度的贯彻实施，主要是看建设项目环保设施是否与主体设施同时设计、同时施工、同时投入运行。因此，建设单位在验收阶段应对建设项目在设计、施工以及调试阶段各项环保设施的落实情况进行总结性回顾，以说明“三同时”制度的落实情况。此外，如在设计、施工、验收期间收到过公众反馈意见或投诉，还应对相应内容进行说明。

设计期、施工期、验收期的具体说明内容如下：

（1）设计期。主要说明环保设施的设计情况。内容包括是否将建设项目的环境保护设施纳入初步设计，环境保护设施的设计是否符合环境保护设计规范的要求，是否编制了环境保护篇章，是否落实了防治污染和生态破坏的措施以及环境保护设施投资概算。

环境保护设施包括防治环境污染和生态破坏，以及开展环境监测所需的装置、设备和工程设施，环境保护投资概算应包括所包含的全部装置、设施等。

（2）施工期。主要说明环保设施的施工情况。内容包括是否将环境保护设施纳入施工合同，环境保护设施的建设进度和资金是否得到了保证，项目建设过程中是否组织实施了环境影响报告书（表）及其审批部门审批决定中提出的环境保护对策措施。

（3）验收期。简要说明验收过程、组织实施方式、验收结论等。内容包括建设项目竣工时间，验收工作启动时间，自主验收方式（自有能力或委托其他机构），自有能力进行验收的，需说明自有人员、场所和设备等自行监测能力；委托其他机构的需说明受委托机构的名称、资质和能力，委托合同和责任约定的关键内容。说明验收监测报告（表）完成时间、提出验收意见的方式和时间，验收意见的结论。

（4）公众反馈意见及处理情况。说明建设项目设计、施工和验收期间是否收到过公众反馈意见或投诉；如有公众反馈意见或投诉，需说明反馈或投诉的内容、企业对其处理或解决的过程和结果。

4.2.2.2 其他环境保护措施的落实情况

根据《暂行办法》，“其他环境保护措施”是指环境影响报告书（表）及其审批部门审批决定中提出的，除环境保护设施外的其他环境保护措施，主要包括制度措施和配套措施等。

（1）制度措施落实情况。

“制度措施”主要包括环保组织机构及规章制度、环境风险防范措施、环境监测计划

等，是确保建设单位环境管理工作正常有序开展、环保设施正常稳定运行、环保措施有效落实的制度保障。具体说明内容如下：

①环保组织机构及规章制度。说明是否建立了环保组织机构，机构人员组成及职责分工；列表描述各项环保规章制度及主要内容，包括环境保护设施调试及日常运行维护制度、环境管理台账记录要求、运行维护费用保障计划等。

例 1：某公司环保组织机构

公司环保工作由生产副总经理、副书记主管，并形成三级环境保护管理网络，即公司领导—环保部门—分厂兼职环保员，实行统一的分级管理，并进行逐级监督考核。公司日常环境管理工作由安全环保处负责，下设环境监测站。

安全环保处有 12 名管理人员，其中工程师 3 人，助理工程师 2 人，技术员 1 人。主要职责是贯彻国家环保法规，制订公司的环保工作规划，组织制订环保管理规章制度及管理考核办法，提出污染治理建议，建立各种环保资料档案，实施对环保的各种规章制度的考核、监督、协调。安全环保处各类工作人员的工作职责明确，并建立有各类环保工作台账。

环境监测站有职工 12 人，担任分析的 4 人都取得了省厅级环境监测合格证和省安全卫生检测检验员资格证，站内制订有环境监测条例以及环境监测员工作标准。环境监测站面积为 150 m^2，设有仪器分析室、检验室、天平室、资料室及办公室，并配有极谱仪、分光光度计、酸度计、化学需氧量快速测试仪、声级计、动平衡烟气取样器和大气取样器等各种仪器 48 台（套）。

例 2：某公司环境保护规章制度（表 4-13）

表 4-13 某公司环境保护规章制度

序号	文件号	名称
1	DS-CE06	危险源辨识、风险评价和风险控制管理基准
2	DS-CE07	目标、指标和方案管理基准
3	DS-CE08	环境监测和测量管理基准
4	DS-CE09	动力设备管理基准
5	DS-CE10	工程环境管理基准
6	DS-CE11	法律法规和其他要求管理基准
7	DS-CE12	合规性评价管理基准
8	DS-CE13	新、改、扩建项目管理基准
9	DS-CE14	事故、事件处理基准
10	DS-CE15	突发事件应急相应基准

②环境风险防范措施。存在环境风险的建设项目，建设单位应说明是否制订了完善的环境风险应急预案、是否进行了备案及是否具有备案文件、预案中是否明确了区域应急联动方案，是否按照预案进行过演练等。环境风险应急预案、备案文件以及应急演练记录或照片等应作为说明的附件。

③环境监测计划。说明是否按照环境影响报告书（表）及其审批部门审批决定要求制订了环境监测计划，是否按计划进行过监测，监测结果如何。取得排污许可证的建设单位，可根据许可证载明的自行监测方案说明开展监测的情况。

例 3：某公司环境监测计划执行情况

公司制订了废气、废水、噪声及环境质量监测计划，监测内容、频次如表 4-14 所示。

表 4-14　某公司环境监测计划执行情况

类别	监测点	监测项目	监测频率
废气	热电站除尘器进出口	烟气量、烟尘、二氧化硫、氮氧化物、烟尘去除效率	在线监测气量、二氧化硫、烟尘、排放浓度，每年监测两次
	其他烟囱除尘器进出口	烟气量、烟尘、二氧化硫、氮氧化物、烟尘去除效率	每年监测两次
废水	厂区总排水口	流量、水温、pH、化学需氧量、石油类、悬浮物、氨氮、氟化物	每月一次
噪声	厂界	等效声级	每月一次，昼夜各一次
	厂生活区	等效声级	每月一次，昼夜各一次
地下水	灰场附近	pH、水温、高锰酸盐指数、总硬度、Cr^{6+}、氟化物、硫酸盐	半年一次，每次一天
环境空气	厂区生活区	二氧化硫、二氧化氮、TSP、非甲烷总烃	半年一次
	灰场周围	TSP	半年一次

（2）配套措施落实情况。

“配套措施”是指环境影响报告书（表）及其审批部门审批决定中提出的不属于建设项目自身的环境保护措施，如区域削减及淘汰落后产能、防护距离控制及居民搬迁等。

①区域削减及淘汰落实产能。说明落实情况、责任主体，并附相关具有支撑力的证明材料。

②防护距离控制及居民搬迁。描述环境影响报告书（表）及其审批部门审批决定中提出的防护距离控制及居民搬迁要求、责任主体，如实说明采取的防护距离控制的具体措施、居民搬迁方案、过程及结果，并附相关具有支撑力的证明材料。

其他措施落实情况。

（3）除制度措施、配套措施以外的与建设项目相关的环境保护措施，如林地补偿、珍稀动植物保护、区域环境整治、相关外围工程建设情况等，应如实说明落实情况。

4.2.2.3 整改工作情况

如建设项目存在环保审批手续不全（如未批先建、未履行相关变更手续等）、环保设施未与主体工程同时设计、同时施工、施工期存在扰民，竣工后环保设施不能与主体工程同时投产或使用、环保措施未按要求落实，验收监测期间污染物排放不符合国家和地方相关标准或超过总量控制指标要求等问题，以及《暂行办法》第八条规定的其他情形，建设单位应针对存在的问题进行整改，并说明各环节采取的各项整改工作、具体整改措施、整改时间及整改效果等。

4.2.3 注意事项

（1）建设单位应如实记载需要说明的事项。《暂行办法》第四条规定："建设单位是建设项目竣工环境保护验收的责任主体，……并对验收内容、结论和所公开的信息的真实性、准确性和完整性负责，不得在验收过程中弄虚作假。"因此，如实记载需要说明的事项是建设单位的义务，如在此过程中弄虚作假须承担相应责任。

（2）部分说明的内容需附相关具有支撑力的证明材料。为充分证明环保措施已按要求落实，建设单位应针对说明的内容附上证明材料。如针对环境风险措施落实情况，应附上建设单位编制的《环境风险应急预案》、备案文件以及演练记录照片；针对区域削减、淘汰落后产能、防护距离内居民搬迁等由地方政府或者相关部门承诺实施的环境保护措施落实情况，应附上地方政府或者相关部门出具的证明材料。

5 验收中的环境标准

5.1 概论

环境标准是国家为了保护人民健康，促进生态良性循环，实现社会经济发展，根据国家的环境政策和法规，在综合考虑本国自然环境特征、社会经济条件和科学技术水平的基础上规定环境中污染物的允许含量；污染源排放污染物的种类、浓度、速率以及环境保护工作中需要统一的技术规范和技术要求。

5.1.1 我国的环境标准体系

我国的环境标准是国家环境政策在技术方面的具体体现，它是行使环境监督管理的执法依据。我国 1973 年 8 月制定了第一个环境标准——《工业“三废”排放试行标准》（GBJ 4—1973）。经过 40 多年的实践，已经逐步形成一套完整的、适合我国社会生产力水平的环境标准体系。截至 2019 年 4 月，环境标准共计 1 978 项（含现行标准 1 772 项，废止标准 206 项），其中国家环境标准 806 项、国家环境保护行业标准 1 172 项。

我国的环境标准分为强制性环境标准和推荐性环境标准。环境质量标准、污染物排放标准以及法律、法规规定必须执行的其他标准为强制性标准。强制性环境标准必须执行，超标即违法。强制性标准以外的环境标准属于推荐性标准。国家鼓励采用推荐性环境标准，推荐性标准被强制性标准引用的，也必须强制执行。例如，《环境空气质量标准》（GB 3095—2012）、《大气污染物综合排放标准》（GB 16297—1996）、《地表水环境质量标准》（GB 3838—2002）及《污水综合排放标准》（GB 8978—1996）是强制性标准，其中引用的推荐性分析方法标准也必须强制执行。环境标准体系如图 5-1 所示。

5.1.2 建设项目竣工环境保护验收监测所涉及的环境标准及控制指标

5.1.2.1 国家环境质量标准

国家环境质量标准是为了保障人群健康、维护生态平衡，并考虑技术、经济条件，对环境中有害物质和因素所作的限制性规定。国家环境质量标准是一定时期内衡量环境优劣程度的标准，从某种意义上讲是环境质量的目标标准。

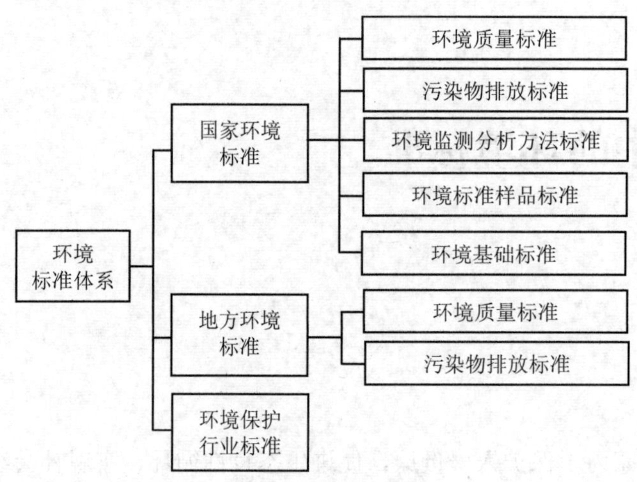

图 5-1 环境标准体系

5.1.2.2 国家污染物排放标准

国家污染物排放标准（或控制标准）是根据国家环境质量标准以及适用的污染控制技术，并考虑经济承受能力，对排入环境的有害物质和产生污染的各种因素所作的限制性规定，是对污染源控制的标准。国家污染物排放标准是判别污染物排放是否符合国家有关规定的依据，是建设项目能否符合验收条件的主要衡量标准。

5.1.2.3 国家环境监测分析方法标准

国家环境监测分析方法标准是为规范环境质量和污染物排放监测，对采样、分析测试（分析方法、测定方法、检验方法、操作方法等）和数据处理等所作的统一规定，最常见的是分析方法、测定方法、采样方法等。首先是为保证验收监测数据准确、有效、可靠和可比，验收监测应首选国家环境质量标准、污染物排放标准或引用的分析方法标准；其次是国家环境监测分析方法标准，如《环境噪声监测技术规范 城市声环境常规监测》（HJ 640—2012）、《固体废物 总铬的测定 火焰原子吸收分光光度法》（HJ 749—2015）；最后是国家环境保护行业推荐的方法标准，如《声屏障声学设计和测量规范》（HJ/T 90—2004）、《工业固体废物采样制样技术规范》（HJ/T 20—1998）。

在验收监测中，需要监测的特征污染物若尚无国家或地方标准分析方法，可根据国家资质认证评审准则的分析方法选择权威书籍、杂志登载的分析方法，以及仪器生产厂家推荐的分析方法。

5.1.2.4 国家环境标准样品标准

国家环境标准样品标准，是为保证环境监测数据的准确、可靠，对用于量值传递或质量控制的材料、实物样品而制定的标准物质，其起到鉴别仪器灵敏度、评价操作者技术水平的作用。为保证验收监测数据的准确，在监测过程中必须进行实验室质量控制，在此过程中国家环境标准样品作为质量控制材料被使用。

5.1.2.5　国家环境基础标准

对环境标准工作中需要统一的技术术语、符号、代号（代码）、图形、指南、导则、量纲单位及信息编码等所作的统一规定。国家环境基础标准是执行各类标准的基础。

5.1.2.6　地方环境保护标准

地方环境保护标准是地方政府根据本辖区环境保护情况需要对国家环境标准的补充和完善，由省、自治区、直辖市人民政府制定，包括地方环境质量标准和地方污染物排放标准。地方环境质量标准和地方污染物排放标准补充了国家环境质量标准和国家污染物排放标准中缺少的项目，地方排放标准还提出了严于国家污染物排放标准中已有项目的排放限值。为了控制环境质量的进一步恶化，很多地方将总量控制指标纳入地方环境标准。验收监测中按照环境影响报告书（表）及其审批部门审批决定要求，对于国家环境标准中未作规定的项目、严于国家污染物排放标准的项目和污染物排放总量控制指标，均应按地方环境保护标准的规定执行。

5.1.2.7　环境保护行业标准

环境保护行业标准是对在环境保护工作中需要统一的技术要求所制订的标准，包括技术规范、技术要求、技术导则等。国家发布的环境标准与国家环境保护行业标准的类别和项目相同时，国家标准自动替代行业标准。已发布实施的《建设项目竣工环境保护验收技术规范　制药》（HJ 792—2016）、《建设项目竣工环境保护验收技术规范　医疗机构》（HJ 794—2016）属于该类标准，它是建设项目竣工环境保护验收监测的主要技术依据和规范。此外，为了规范监测布点、样品采集等监测行为，我国还颁布了一系列监测技术规范，如《地表水和污水监测技术规范》（HJ/T 91—2002）、《土壤环境监测技术规范》（HJ/T 166—2004）、《环境噪声监测技术规范噪声测量值修正》（HJ 706—2014）、《环境空气质量手工监测技术规范》（HJ 194—2017）等。

5.1.2.8　污染物排放总量控制指标

建设项目竣工环境保护验收监测涉及的总量控制指标，是指地方生态环境主管部门根据国家下达的总量控制指标，结合当地的环境容量状况，下达给建设项目的总量控制指标，也包括地方政府或地方行业主管部门承诺的总量控制削减指标。后者可能涉及其他已建成的建设项目。例如，为了建成大型火电项目，电力集团或地方电力部门承诺的关停部分小火电项目。

5.1.2.9　污染防治设计指标

在建设项目的建设过程中，各污染防治设施均与主体工程同时设计、同时施工、同时投入运行。验收监测中考核的污染防治设施设计指标一般包括：处理设施设计处理能力、污染物处理前后浓度指标及污染物处理去除效率等。如火力发电厂除尘器的除尘效率、生活污水处理设施COD的去除率、石油炼制行业有机废气中非甲烷总烃的去除率。

5.1.2.10 特征污染物引用标准和环评审批决定的限值

某些建设项目的主要特征污染物，国家标准暂无规定的，可以引用环评或初步设计使用的ISO标准或技术引进国的标准进行评价，如果环评审批决定引用此标准，则也可作为验收的依据。

总之，国家和地方环境质量标准与污染物排放标准等强制性标准，是建设项目竣工环境保护验收的主要考核指标，是否达标是验收的主要依据，而方法标准、标准样品标准和环境保护行业标准中的监测技术规范等是保证监测数据具有代表性、准确性和科学性的技术保障，它们是验收监测结果公正、客观的保证。

5.1.3 标准及污染物总量控制和设计指标在验收监测中的作用

环境标准是国家环境政策在技术方面的具体体现，是行使环境监督管理的主要技术依据。在验收监测中环境标准渗透于工作的方方面面，并贯穿于监测的始终，是验收监测的灵魂。环境标准的总体作用主要表现在以下几个方面。

（1）方案制订中确定验收监测内容的依据之一

验收监测内容的确定，除依据工艺特点分析其排放的污染物外，还需考虑项目所采用的评价标准及总量控制和设计指标。评价标准中若不包含建设项目所排放的污染物指标会使监测结果无评价依据和限值，就失去了监测的意义，也就不能成为验收监测的内容。如冶炼行业轧机排放的油雾，半导体行业化学气相沉积过程产生的磷化氢，薄膜电池工业镀膜过程中产生的氟化氮、硼化氢、磷化氢等污染物在目前的国家及行业标准指标中并不包含，倘若在环评和设计中参考的ISO标准或国外标准中有该类污染物及其评价指标，则可将其列为监测项目。同时，验收监测点位的布设同样需依据标准和指标确定。如各车间污染物预处理设施、成套污染处理设施的各处理环节，若有进、出口设计指标或处理效率要求，处理设施相应环节进、出口均需布设监测点；而仅有出口指标的就可仅在出口布设采样点；若上述设施设计指标均没有，同时不需要进行评价或了解对外排口影响，则仅需在外排口布设监测点位。

（2）现场监测中采样和测试的质量保证手段

为确保监测数据具有代表性、准确性、精密性、完整性和可比性，采样方法应首选国家方法标准，如《锅炉烟尘测试方法》（GB/T 5468—91）、《固定污染源排气中颗粒物测定与气态污染物采样方法》（GB/T 16157—1996）、《铁路边界噪声限值及其测量方法》（GB 12525—90）、《工业企业厂界环境噪声排放标准》（GB 12348—2008）等。同时测试方法应按验收执行标准所规定的方法标准执行，如《环境空气总悬浮颗粒物的测定　重量法》

（GB/T 15432—95）、《水质悬浮物的测定 重量法》（GB 11901—89）等。

（3）报告编制时得出监测结论的准绳

在报告编制过程中，标准及污染物总量控制和设计指标是得出监测结论的准绳。将建设项目污染物排放的监测结果、污染物处理设施的处理效率、敏感点的环境质量监测结果和污染物排放总量核算结果等与相关标准进行对比和评价从而得出验收监测报告的结论。

不同类型的环境标准在验收监测中发挥不同的作用，具体作用主要表现在以下几个方面。

（1）环境质量标准的作用

国家及地方环境质量标准的作用在于考核建设项目环境保护敏感点环境质量是否达标，当竣工验收监测涉及环境保护敏感点的环境质量监测时，最新的国家环境质量标准是验收的执行标准。

（2）污染物排放标准的作用

国家及地方污染物排放标准的作用在于考核建设项目污染物排放浓度和排放量等是否达标，是验收的主要依据。验收监测涉及污染物排放标准时，应执行环境保护主管部门相关审批决定及批准的环境影响报告书（表）中确定的污染物排放标准。当国家或地方颁布实施新的污染排放标准或某项污染物的排放限值被新发布的标准修订时，应执行新标准相应时段的标准限值，即按新标准时段划分的原则，来确定建设项目竣工环保验收监测执行标准。

（3）其他标准的作用

国家环境保护行业标准（规范、导则、指南等）、环境监测分析方法标准和标准样品标准的作用在于规范验收监测，保证验收监测数据准确、可靠。

（4）污染防治设施设计指标和特征污染物引用标准的作用

污染防治设施设计指标和特征污染物引用标准的作用在于考核建设项目的环境管理水平，也便于查找建设项目外排污染物和环境保护敏感点环境质量的超标原因，是为企业提供环保整改意见的主要依据。

5.2 验收监测标准及污染物总量控制和设计指标的选用

5.2.1 验收监测标准及污染物总量控制和设计指标选用的依据

（1）国家、地方生态环境主管部门对建设项目环境影响报告书（表）审批决定中涉及的质量标准、排放标准和污染物排放总量控制指标。

（2）地方生态环境主管部门有关建设项目执行标准的批复以及下达的污染物排放总量

控制指标。

（3）排污许可证规定的排放标准和污染物排放总量控制指标。

（4）经批准的环境影响报告书（表）所涉及的环境保护敏感点质量标准、对建设项目要求的排放标准及污染物排放总量预测值。

（5）如环境影响报告书（表）中未做具体要求，应核实污染物排放受纳区域的环境区域类别、环境保护敏感点所处地区的环境功能区划情况，选用相应的执行标准（包括级别或类别）。

（6）建设项目的环保设施设计指标，处理效率，处理能力，环保设施进、出口污染物浓度，废气排气筒高度，特征污染物等引用的ISO标准或生产技术引进国标准。

（7）环境监测方法标准应选择与环境质量标准和排放标准相配套的方法标准，若质量标准和排放标准中未作明确规定，应选择国家环境监测分析方法标准，其次是环境监测行业分析方法标准。

5.2.2 验收监测标准及污染物总量控制和设计指标选用的原则

验收监测标准选用的原则：

（1）环境影响报告书（表）审批决定要求执行的标准严于环境质量标准及污染物排放标准时，按照环境影响报告书（表）审批决定执行。

（2）按新颁布的国家环境质量标准和污染物排放标准时段划分的原则确定相应时段污染物排放限值，作为验收监测的执行标准。

（3）国家和地方的环境质量标准及污染物排放标准按污染因子限值严格地执行。

（4）综合性排放标准与行业排放标准不交叉执行。如国家已经有行业污染物排放标准的，应执行行业污染物排放标准，不执行综合排放标准。

（5）对于既是生产工艺特征污染物，而目前又无国家标准限定的，可引用环评或初设选用的ISO标准或生产技术引进国的标准作为参考标准。

（6）对既是环保设施又是生产环节的装置，工程设计指标可作为环保设施的设计指标。如硫黄制酸装置转换器和吸收塔既是生产环节又是环保设施，起到降低SO_2、硫酸雾排放浓度的作用，因此转换器的转换率、吸收塔的吸收率既是工程设计指标也是环保设施的设计指标。

（7）国家污染物排放标准和环境质量标准中，有相配套的监测分析方法标准的，应严格按照配套方法标准执行。如《铁路边界噪声限值及其测量方法》中的“5. 测量方法”、《锅炉大气污染物排放标准》（GB 13271—2014）配套的《锅炉烟尘测试方法》（GB 5468—91）。当污染物排放标准和环境质量标准附录中配套的监测分析方法标准被发布实施的标准替代或包含时，按新发布的标准执行。如《污水综合排放标准》（GB 8978—1996）表6中规定了化学需氧量的测定方法为《水质 化学需氧量的测定 重铬酸钾法》(GB 11914—89)，2017 年国家发布《水质 化学需氧量的测定 重铬酸盐法》(HJ 828—2017)，替代 GB 11914—89，因此化学需氧量的测定按 HJ 828—2017 执行。当污染物排放标准和环境质量标准附录中配套的测试方法和布点方法有新的标准发布时，应结合新标准的规定和要求。如《大气污染物综合排放标准》(GB 16297—1996) 附录 C 中明确了“无组织排放监控点设置方法”，2000 年国家发布了《大气污染物无组织排放监测技术导则》(HJ/T 55—2000)，该标准是《大气污染物综合排放标准》(GB 16297—1996) 附录 C“无组织排放监控点设置方法”的补充和具体化，该标准规定，环境监测部门应按照 GB 16297—1996 附录 C 的规定和原则要求，参照具体情况需要，执行本标准相应的规定和要求。若无配套监测分析方法或推荐方法不适用于所监测因子，则监测分析方法应按照国家监测分析方法标准、行业推荐方法标准、国家编制的监测分析方法相关正式出版物中包含的对应方法［如《水和废水监测分析方法》(第四版)］和其他有公开文献记载的成熟分析方法依次序进行选用。

5.2.3 标准限值的确定

5.2.3.1 常用污水排放标准简介

水污染排放标准是对污染源污水排放时的水质（污染物浓度）、排水量或污染物总量规定的最高允许限值，也包括为减少污染物的产生和排放对产品、原料、工艺设备及污染治理技术等所作的规定。水污染物排放标准是以水环境质量标准或水质规划目标为依据，结合我国具体的技术、经济等条件制定的。

水污染排放标准分为污水综合排放标准和行业类污水排放标准。污水综合排放标准是为了对所有可以统一管理的污染源实施管理和控制而制定的覆盖这些污染源的水污染排放标准；行业类污水排放标准是为了对重点和特殊污染源实施专门的管理和控制，而有针对性地制定的水污染物排放标准。常用污水排放标准如表 5-1 所示。

表 5-1 常用污水排放标准

<table>
<tr><th colspan="2">标准类别</th><th>标准号</th><th>标准名称</th></tr>
<tr><td rowspan="9">水污染物排放标准</td><td>综合标准</td><td>GB 8978—1996</td><td>《污水综合排放标准》</td></tr>
<tr><td rowspan="8">行业类标准</td><td>GB 4286—84</td><td>《船舶工业污染物排放标准》</td></tr>
<tr><td>GB 4914—85</td><td>《海洋石油开发工业含油污水排放标准》</td></tr>
<tr><td>GB 13457—92</td><td>《肉类加工工业水污染物排放标准》</td></tr>
<tr><td>GB 14374—93</td><td>《航天推进剂水污染物排放标准》</td></tr>
<tr><td>GB 18486—2001</td><td>《污水海洋处置工程污染控制标准》</td></tr>
<tr><td>GB 18918—2002</td><td>《城镇污水处理厂污染物排放标准》</td></tr>
<tr><td>GB 14470.1—2002</td><td>《兵器工业水污染物排放标准 火炸药》</td></tr>
</table>

标准类别		标准号	标准名称
水污染物排放标准	行业类标准	GB 14470.2—2002	《兵器工业水污染物排放标准　火工药剂》
		GB 18466—2005	《医疗机构水污染物排放标准》
		GB 20425—2006	《皂素工业水污染物排放标准》
		GB 3544—2008	《制浆造纸工业水污染物排放标准》
		GB 21523—2008	《杂环类农药工业水污染物排放标准》
		GB 21901—2008	《羽绒工业水污染物排放标准》
		GB 21903—2008	《发酵类制药工业水污染物排放标准》
		GB 21904—2008	《化学合成类制药工业水污染物排放标准》
		GB 21905—2008	《提取类制药工业水污染物排放标准》
		GB 21906—2008	《中药类制药工业水污染物排放标准》
		GB 21907—2008	《生物工程类制药工业水污染物排放标准》
		GB 21908—2008	《混装制剂类制药工业水污染物排放标准》
		GB 21909—2008	《制糖工业水污染物排放标准》
		GB 25461—2010	《淀粉工业水污染物排放标准》
		GB 25462—2010	《酵母工业水污染物排放标准》
		GB 25463—2010	《油墨工业水污染物排放标准》
		GB 15580—2011	《磷肥工业水污染物排放标准》
		GB 27631—2011	《发酵酒精和白酒工业水污染物排放标准》
		GB 14470.3—2011	《弹药装药行业水污染物排放标准》
		GB 26877—2011	《汽车维修业水污染物排放标准》
		GB 13456—2012	《钢铁工业水污染物排放标准》
		GB 4287—2012	《纺织染整工业水污染物排放标准》
		GB 28938－2012	《麻纺工业水污染物排放标准》
		GB 28937－2012	《毛纺工业水污染物排放标准》
		GB 28936—2012	《缫丝工业水污染物排放标准》
		GB 13458—2013	《合成氨工业水污染物排放标准》
		GB 30486—2013	《制革及毛皮加工工业水污染物排放标准》
		GB 19430—2013	《柠檬酸工业水污染物排放标准》
		GB 3552—2018	《船舶水污染物排放控制标准》

5.2.3.2　污水排放限值的确定

Ⅰ．《制浆造纸工业水污染物排放标准》（GB 3544—2008）

（1）标准适用于制浆造纸企业或生产设施的水污染物排放管理。

（2）标准以建成投产或环评文件通过审批日期划分标准执行时段。

现有企业：2008 年 8 月 1 日前已建成投产或环境影响评价文件已通过审批的制浆造纸企业。现有企业 2009 年 5 月 1 日起至 2011 年 6 月 30 日执行表 1 规定的水污染物排放限值，2011 年 7 月 1 日起执行表 2 规定的水污染物排放限值。

新建企业：2008 年 8 月 1 日起环境影响评价文件通过审批的新建、改建和扩建制浆造纸建设项目。新建企业自 2008 年 8 月 1 日起执行表 2 规定的水污染物排放限值。

（3）标准限值的确定。

①按照区域环境承载能力、环境容量等，执行不同的标准限值。其中，国土开发密度较高，环境承载能力开始减弱，或大气环境容量较小、生态环境脆弱，容易发生严重水环境污染问题而需要采取特别保护措施的地区执行较严的特别排放限值。执行特别排放限值的具体地域范围、实施时间由国务院环境保护主管部门或省级人民政府规定。

②按企业生产类型的不同，规定了不同的污染物浓度排放限值及单位产品基准排水量。其中，可吸附有机卤素（AOX）和二噁英在车间或生产设施废水排放口监控，其余污染物在企业废水总排放口监控。

③排水量是指生产设施或企业向企业法定边界以外排放的废水的量，包括与生产有直接或间接关系的各种外排废水（如厂区生活污水、冷却废水、厂区锅炉和电站排水等）。

④水污染物排放浓度限值适用于单位产品实际排水量不高于单位产品基准排水量的情况。若单位产品实际排水量超过单位产品基准排水量，须按公式将实测水污染物浓度换算为水污染物基准水量排放浓度，并以水污染物基准水量排放浓度作为判定排放是否达标的依据。产品产量和排水量统计周期为一个工作日。

⑤在企业的生产设施同时生产两种以上产品、可适用不同排放控制要求或不同行业国家污染物排放标准，且生产设施产生的污水混合处理排放的情况下，应执行排放标准中规定的最严格的浓度限值。

⑥企业向设置污水处理厂的城镇排水系统排放废水时，有毒污染物可吸附有机卤素（AOX）、二噁英在本标准规定的监控位置执行相应的排放限值，其他污染物的排放控制要求由企业与城镇污水处理厂根据其污水处理能力商定或执行相关标准，并报当地环境保护主管部门备案。

Ⅱ. 《钢铁工业水污染物排放标准》（GB 13456—2012）

（1）标准适用于钢铁生产企业或生产设施的水污染物排放管理，不适用于钢铁生产企业中铁矿采选废水、焦化废水和铁合金废水的排放管理。

（2）标准以建成投产或环评文件通过审批日期划分标准执行时段。

现有企业：2012 年 10 月 1 日前已建成投产或环境影响评价文件已通过审批的钢铁生产企业或生产设施。现有企业 2012 年 10 月 1 日起至 2014 年 12 月 31 日执行表 1 规定的水污染物排放限值，2015 年 1 月 1 日起执行表 2 规定的水污染物排放限值。

新建企业：2012 年 10 月 1 日起环境影响评价文件通过审批的新建、改建和扩建的钢铁工业建设项目。新建企业自 2012 年 10 月 1 日起执行表 2 规定的水污染物排放限值。

（3）标准限值的确定。

①按照区域环境承载能力、环境容量等，执行不同的标准限值。其中，国土开发密度

较高，环境承载能力开始减弱，或大气环境容量较小、生态环境脆弱，容易发生严重水环境污染问题而需要采取特别保护措施的地区执行较严的特别排放限值。执行特别排放限值的具体地域范围、实施时间由国务院环境保护主管部门或省级人民政府规定。

②按企业生产类型的不同，规定了不同的污染物浓度排放限值及单位产品基准排水量，并按排水去向，规定了直接排放标准和间接排放标准。其中，一类污染物总砷、六价铬、总铬、总铅、总镍、总铬、总汞在车间或生产设施废水排放口监控，其余污染物在企业废水总排放口监控。

③排水量是指生产设施或企业向企业法定边界以外排放的废水的量，包括与生产有直接或间接关系的各种外排废水（如厂区生活污水、冷却废水、厂区锅炉和电站排水等）。

④水污染物排放浓度限值适用于单位产品实际排水量不高于单位产品基准排水量的情况。若单位产品实际排水量超过单位产品基准排水量，须按公式将实测水污染物浓度换算为水污染物基准水量排放浓度，并以水污染物基准水量排放浓度作为判定排放是否达标的依据。产品产量和排水量统计周期为一个工作日。

⑤在企业的生产设施为两种及以上工序或同时生产两种及以上产品，可适用不同排放控制要求或不同行业国家污染物排放标准，且在生产设施产生的污水混合处理排放的情况下，应执行排放标准中规定的最严格的浓度限值。

5.2.3.3 常用大气污染物排放标准简介

大气污染物排放标准是根据大气环境质量标准、污染控制技术、经济条件，对大气污染源排入环境的有害物质和产生危害的各种因素所作的限制性规定。

常用大气污染物排放标准如表 5-2 所示。

表 5-2 常用大气污染物排放标准

标准类别		标准号	标准名称
污染物排放标准	跨行业综合标准	GB 16297—1996	《大气污染物综合排放标准》
		GB 9078—1996	《工业炉窑大气污染物排放标准》
		GB 13271—2014	《锅炉大气污染物排放标准》
		GB 14554—93	《恶臭污染物排放标准》
	行业类标准	GB 18483—2001	《饮食业油烟排放标准（试行）》
		GB 18484—2001	《危险废物焚烧污染控制标准》
		GB 20950—2007	《储油库大气污染物排放标准》
		GB 20952—2007	《加油站大气污染物排放标准》
		GB 21522—2008	《煤层气（煤矿瓦斯）排放标准（暂行）》
		GB 13223—2011	《火电厂大气污染物排放标准》
		GB 26453—2011	《平板玻璃工业大气污染物排放标准》
		GB 28662—2012	《钢铁烧结、球团工业大气污染物排放标准》
		GB 28663—2012	《炼铁工业大气污染物排放标准》

标准类别		标准号	标准名称
污染物排放标准	行业类标准	GB 28664—2012	《炼钢工业大气污染物排放标准》
		GB 28665—2012	《轧钢工业大气污染物排放标准》
		GB 30485—2013	《水泥窑协同处置固体废物污染控制标准》
		GB 4915—2013	《水泥工业大气污染物排放标准》
		GB 29620—2013	《砖瓦工业大气污染物排放标准》
		GB 29495—2013	《电子玻璃工业大气污染物排放标准》
		GB 18485—2014	《生活垃圾焚烧污染控制标准》
		GB 13801—2015	《火葬场大气污染物排放标准》

5.2.3.4 废气排放限值的确定

Ⅰ. 《大气污染物综合排放标准》（GB 16297—1996）

（1）标准适用于除有行业排放标准规定之外的其他大气污染物排放。

（2）有组织废气排放标准限值的确定：

①以建设项目环境影响报告书批准的日期确定标准执行的时段，批准日期为 1997 年 1 月 1 日前的，执行标准中表 1 所列标准限值；批准日期为 1997 年 1 月 1 日以后的，执行标准中表 2 所列标准限值。

②废气排放浓度按行业类别确定。

③废气排放速率按污染源所处区域的环境空气质量功能区类别执行相应级别，排放速率的限值按排气筒高度确定。

④若排气筒高度处于标准列出的两个高度值之间，用内插法计算排放速率；若排气筒高度大于或小于标准中列出的最大值或最小值时，用外推法计算。

⑤排气筒不能满足高出周围 200 m 半径范围内建筑 5 m 以上要求时，应按其高度对应的排放速率标准值严格 50%执行。

⑥新污染源排气筒高度低于 15 m（标准规定最低排气筒高度）时，其排放速率按外推计算结果再严格 50%执行。

⑦两个或以上排放相同污染物（不论其是否由同一生产工艺过程产生）的近距离排气筒，应依次合并为一根等效排气筒，等效排气筒排放速率按相关计算方法计算。

⑧排气筒污染物排放浓度、排放速率须同时达到标准限值，超过其中任何一项均为超标。

（3）无组织废气排放标准限值的确定：

①以建设项目环境影响报告书（表）批准的日期确定标准执行的时段（无组织排放监控浓度仅按行业类别确定）。

②沥青烟、石棉尘无组织排放限值要求：生产设备不得有明显的无组织排放存在。

③其他污染物无组织排放限值要求：现有污染源二氧化硫、氮氧化物、颗粒物（除炭

黑尘、燃料尘）、氟化物的无组织排放限值为参照点（上风向）与监控点（下风向）浓度差值限值，其余污染物的无组织排放限值为污染物周界（厂界）外浓度最高点排放限值；新污染源的无组织排放限值为污染物周界（厂界）外浓度最高点排放限值。

Ⅱ. 《恶臭污染物排放标准》（GB 14554—93）

（1）标准适用于所有向大气排放恶臭气体单位及垃圾堆放场大气污染物排放。

（2）标准规定了八种恶臭污染物的一次最大排放限值、复合恶臭物质的恶臭浓度限值及无组织排放源的厂界浓度限值。

（3）标准限值的确定：

①无组织废气执行标准以立项日期确定标准执行的时段，1994 年 6 月 1 日起立项的新、扩、改建设项目及其建成后投产的企业执行标准中相应的标准值。有组织废气执行标准不再分时段，执行统一的标准限值。

②排气筒的最低高度不得低于 15 m，在两种高度之间的排气筒，采用四舍五入方法计算其排气筒高度。

Ⅲ. 《火电厂大气污染物排放标准》（GB 13223—2011）

（1）标准适用于使用单台出力 65 t/h 以上除层燃炉、抛煤机炉外的燃煤发电锅炉；各种容量的煤粉发电锅炉；单台出力 65 t/h 以上燃油、燃气发电锅炉；各种容量的燃气轮机组的火电厂；单台出力 65 t/h 以上采用煤矸石、生物质、油页岩、石油焦等燃料的发电锅炉。

整体煤气化联合循环发电的燃气轮机组执行标准中燃用天然气的燃气轮机组排放限值。本标准不适用于各种容量的以生活垃圾、危险废物为燃料的火电厂。

（2）标准以建成投产或环评文件通过审批日期划分标准执行时段。

现有火力发电锅炉及燃气轮机组：2012 年 1 月 1 日前建成投产或环境影响评价文件已通过审批的项目。现有火力发电锅炉及燃气轮机组自 2014 年 7 月 1 日起执行表 1 规定的烟尘、二氧化硫、氮氧化物和烟气黑度排放限值。

新建火力发电锅炉及燃气轮机组：2012 年 1 月 1 日起，环境影响评价文件通过审批的新建、扩建和改建的火电发电锅炉和燃气轮机组。新建火力发电锅炉及燃气轮机组自 2012 年 1 月 1 日起执行表 1 规定的烟尘、二氧化硫、氮氧化物和烟气黑度排放限值。

（3）标准限值的确定：

①按照区域环境承载能力、环境容量等，执行不同的标准限值。其中，国土开发密度较高，环境承载能力开始减弱，或大气环境容量较小、生态环境脆弱，容易发生严重大气环境污染问题而需要严格控制大气污染物排放的区域执行较严的特别排放限值。执行特别排放限值的具体地域范围、实施时间由国务院环境保护主管部门规定。

②按锅炉燃料的不同，执行不同标准限值，其中燃煤电厂还增加了汞及其化合物排放

限值，并明确了执行时限（自 2015 年 1 月 1 日起）。

③现有火电厂及新建火电厂按照不同时段要求执行不同燃料类别所定的标准限值，但执行特别排放限值的电厂不再分时段，执行统一的标准限值。

④实测火电厂烟尘、二氧化硫、氮氧化物、汞及其化合物排放浓度必须折算为基准氧含量。各类热能转化设施的基准氧含量：燃煤锅炉为 6%，燃油锅炉及燃气锅炉为 3%，燃气轮机组为 15%。

⑤不同时段建设的锅炉，若采用混合方式排放烟气，且选择的监控位置只能监测混合烟气中的大气污染物浓度，应执行各个时段限值中最严格的排放限值。

⑥单台出力 65 t/h 以上生物质发电锅炉按其燃料种类和燃烧方式执行对应的排放限值，若采用直接燃烧方式的，执行燃煤锅炉的排放限值；若采用气化发电方式的，执行其他气体燃料锅炉或燃气轮机组的排放限值，详见环函〔2011〕345 号。

Ⅳ．《锅炉大气污染物排放标准》（GB 13271—2014）

（1）标准适用于以燃煤、燃油和燃气为燃料的单台处理 65t/h 及以下蒸汽锅炉、各种容量的热水锅炉及有机热载体锅炉；各种容量的层燃炉、抛煤机炉。使用型煤、水煤浆、煤矸石、石油焦、油页岩、生物质成型燃料的锅炉，参照本标准中燃煤锅炉排放控制要求执行。本标准不适用于以生活垃圾、危险废物为燃料的锅炉。

（2）标准以锅炉建成投产或环评文件通过审批日期及锅炉规格划分标准执行时段。

在用锅炉：2014 年 7 月 1 日前已建成投产或环境影响评价文件已通过审批的锅炉。10 t/h 以上的在用蒸汽锅炉和 7 MW 以上的在用热水锅炉在 2015 年 9 月 30 日之前执行 GB 13271—2001 中规定的排放限值，在 2015 年 10 月 1 日起执行 GB 13271—2014 表 1 规定的排放限值；10t/h 及以下的在用蒸汽锅炉和 7 MW 及以下的在用热水锅炉在 2016 年 6 月 30 日之前执行 GB 13271—2001 中规定的排放限值，在 2016 年 7 月 1 日起执行 GB 13271—2014 表 1 规定的排放限值。

新建锅炉：2014 年 7 月 1 日起，环境影响评价文件通过审批的新建、改建和扩建的锅炉建设项目。新建锅炉自 2014 年 7 月 1 日起，执行本标准表 2 规定的大气污染物排放限值。

（3）标准限值的确定：

①按照区域环境承载能力、环境容量等，执行不同的标准限值。其中，国土开发密度较高，环境承载能力开始减弱，或大气环境容量较小、生态环境脆弱，容易发生严重大气环境污染问题而需要严格控制大气污染物排放的区域执行较严的特别排放限值。执行特别排放限值的地域范围、时间由国务院环境保护主管部门或省级人民政府规定。

②按锅炉燃料的不同，执行不同标准限值，其中燃煤锅炉还增加了汞及其化合物排放限值。

③在用锅炉及新建锅炉按照不同时段要求执行不同燃料类别所定的标准限值，但执行特别排放限值的锅炉不再分时段，执行统一的标准限值。

④实测锅炉烟尘、二氧化硫、氮氧化物、汞及其化合物排放浓度必须折算为基准氧含量。各类热能转化设施的基准氧含量：燃煤锅炉为 9%，燃油、燃气锅炉为 3.5%。

（4）烟囱高度的确定：

每个新建燃煤锅炉房只能设一根烟囱，烟囱最低允许高度应根据锅炉房装机总容量来确定，锅炉房装机总容量大于 14 MW（20 t/h）时，烟囱高度不得低于 45 m；燃油、燃气锅炉烟囱不低于 8 m。新建锅炉房的烟囱周围半径 200 m 距离内有建筑物时，其烟囱应高出最高建筑物 3 m 以上。

（5）不同时段建设的锅炉，若采用混合方式排放烟气，且选择的监控位置只能监测混合烟气中的大气污染物浓度，应执行各个时段限值中最严格的排放限值。

V. 《工业炉窑大气污染物排放标准》（GB 9078—1996）

（1）标准适用于除炼焦炉、焚烧炉、水泥工业以外使用固体、液体、气体燃料和电加热的工业炉窑。

（2）有组织污染物排放限值的确定：

①标准划分两个时段：

1997 年 1 月 1 日前安装（包括尚未安装），但环境影响报告书（表）已经批准的各种工业炉窑。

1997 年 1 月 1 日起通过环境影响报告书（表）批准的新建、改建、扩建的各种工业炉窑。

②烟尘及生产性粉尘最高允许排放浓度、烟气黑度的确定：分别以炉窑类别以及排放源所处环境功能区确定最高允许排放浓度和烟气黑度。

③SO_2 等 6 种有害物质最高允许排放浓度的确定：执行标准中表 4 规定，按炉窑类别、排放源所处环境功能区、时段确定最高允许排放浓度。

④烟囱最低允许高度为 15 m，当烟囱周围半径 200 m 距离内有建筑物时，烟囱高度还应高出最高建筑物 3 m 以上，1997 年 1 月 1 日起新建、改建、扩建的排放烟（粉）尘和有害污染物的工业炉窑，烟囱高度除上述规定外，还应按批准的环境影响报告书（表）要求确定。各种工业炉窑烟囱高度如果达不到所述任一规定，其烟（粉）尘、有害物质最高允许排放浓度，按相应标准值的 50%执行。

⑤实测工业炉窑的烟（粉）尘、有害污染物排放浓度，应换算为规定的掺风系数或过量空气系数时的数值：冲天炉中鼓风温度小于等于 400℃的冷风炉，掺风系数规定为 4.0；鼓风温度大于 400℃的热风炉，掺风系数规定为 2.5；其他工业炉窑过量空气系数规定为 1.7；熔炼炉、铁矿烧结炉按实测浓度计。

（3）无组织排放污染物限值的确定：执行标准中表3规定，各种工业炉窑不分时段，按废气源设置方式（有车间厂房、露天）、炉窑类别，确定烟（粉）尘最高允许排放浓度。

5.2.3.5 混合类行业污染物排放标准简介

自2001年以来，发布实施了一批包括废气、废水排放限值，甚至包含固体废物处理处置要求的全面控制的行业排放标准，正确引导了各行业生产工艺和污染治理技术的发展方向，促进了各行业生产工艺和污染治理技术的进步（表5-3）。

表5-3 混合类行业污染物排放标准

标准类别	标准号	标准名称
混合类行业污染物排放标准	GB 18596—2001	《畜禽养殖业污染物排放标准》
	GB 19431—2004	《味精工业污染物排放标准》
	GB 19821—2005	《啤酒工业污染物排放标准》
	GB 20426—2006	《煤炭工业污染物排放标准》
	GB 21900—2008	《电镀污染物排放标准》
	GB 21902—2008	《合成革与人造革工业污染物排放标准》
	GB 16889—2008	《生活垃圾填埋场污染控制标准》
	GB 26131—2010	《硝酸工业污染物排放标准》
	GB 26132—2010	《硫酸工业污染物排放标准》
	GB 25464—2010	《陶瓷工业污染物排放标准》
	GB 25465—2010	《铝工业污染物排放标准》
	GB 25466—2010	《铅、锌工业污染物排放标准》
	GB 25467—2010	《铜、镍、钴工业污染物排放标准》
	GB 25468—2010	《镁、钛工业污染物排放标准》
	GB 26451—2011	《稀土工业污染物排放标准》
	GB 26452—2011	《钒工业污染物排放标准》
	GB 27632—2011	《橡胶制品工业污染物排放标准》
	GB 16171—2012	《炼焦化学工业污染物排放标准》
	GB 28666—2012	《铁合金工业污染物排放标准》
	GB 28661—2012	《铁矿采选工业污染物排放标准》
	GB 30484—2013	《电池工业污染物排放标准》
	GB 30770—2014	《锡、锑、汞工业污染物排放标准》
	GB 31574—2015	《再生铜、铝、铅、锌工业污染物排放标准》
	GB 31572—2015	《合成树脂工业污染物排放标准》
	GB 31573—2015	《无机化学工业污染物排放标准》
	GB 31571—2015	《石油化学工业污染物排放标准》
	GB 31570—2015	《石油炼制工业污染物排放标准》
	GB 15581—2016	《烧碱、聚氯乙烯工业污染物排放标准》

5.2.3.6　混合类行业污染物排放限值的确定

Ⅰ．《铜、镍、钴工业污染物排放标准》（GB 25467—2010）

（1）标准适用于铜、镍、钴工业企业水污染物和大气污染物排放管理，不适用于铜、镍、钴再生及压延加工等工业的水污染物和大气污染物排放管理，也不适用于附属于铜、镍、钴工业的非特征生产工艺和装置产生的水污染物、大气污染物的排放管理。

（2）标准以建成投产或环评文件通过审批日期划分标准执行时段。

现有企业：2010 年 10 月 1 日前已建成投产或环境影响评价文件已通过审批的铜、镍、钴工业企业或生产设施。现有企业 2011 年 1 月 1 日起至 2011 年 12 月 31 日执行表 1 规定的水污染物排放限值、表 4 规定的大气污染物排放限值，2012 年 1 月 1 日起执行表 2 规定的水污染物排放限值、表 5 规定的大气污染物排放限值。

新建企业：2010 年 10 月 1 日起环境影响评价文件通过审批的新建、改建和扩建的铜、镍、钴生产设施建设项目。新建企业自 2010 年 10 月 1 日起执行表 2 规定的水污染物排放限值、表 5 规定的大气污染物排放限值。

（3）标准限值的确定：

①按照区域环境承载能力、环境容量等，执行不同的标准限值。其中，国土开发密度较高，环境承载能力开始减弱，或大气环境容量较小、生态环境脆弱，容易发生严重环境污染问题而需要采取特别保护措施的地区执行较严的特别排放限值。执行特别排放限值的具体地域范围、实施时间由国务院环境保护主管部门或省级人民政府规定。标准中表 3 规定了水污染物特别排放限值，标准修改单中表 1 规定了大气污染物特别排放限值。

②按企业生产类型的不同，规定了不同的单位产品基准排水量，并按排水去向，规定了水污染物的直接排放标准和间接排放标准。其中，一类污染物总铅、总铬、总镍、总砷、总汞、总钴在车间或生产设施废水排放口监控，其余污染物在企业废水总排放口监控。

③按企业生产类型的不同，规定了不同的单位产品基准排气量，并按工艺和工序，规定了不同工艺、工序的大气污染物的排放标准。

④排水量是指生产设施或企业向企业法定边界以外排放的废水的量，包括与生产有直接或间接关系的各种外排废水（如厂区生活污水、冷却废水、厂区锅炉和电站排水等）；排气量是指铜、镍、钴工业生产工艺和装置排入环境空气的废气量，包括与生产工艺和装置有直接或间接关系的各种外排废气（如环境集烟等）。

⑤水污染物排放浓度限值适用于单位产品实际排水量不高于单位产品基准排水量的情况。若单位产品实际排水量超过单位产品基准排水量，须按公式将实测水污染物浓度换算为水污染物基准水量排放浓度，并以水污染物基准水量排放浓度作为判定排放是否达标的依据。产品产量和排水量统计周期为一个工作日。

⑥在企业的生产设施同时生产两种以上产品、可适用不同排放控制要求或不同行业国

家污染物排放标准，且生产设施产生的污水在混合处理排放的情况下，应执行排放标准中规定的最严格的浓度限值。

⑦产生大气污染物的生产工艺和装置必须设立局部或整体气体收集系统和集中净化处理装置，净化后的气体由排气筒排放，所有排气筒高度应不低于 15 m（排放氯气的排气筒高度不低于 25 m）。排气筒周围半径 200 m 范围内有建筑物时，排气筒高度还应高出最高建筑物 3 m 以上。

⑧炉窑基准过量空气系数为 1.7，实测炉窑的大气污染物排放浓度，应换算为基准过量空气系数排放浓度。

⑨生产设施应采取合理的通风措施，不得故意稀释排放，若单位产品实际排气量超过单位产品基准排气量，须按公式将实测大气污染物浓度换算为大气污染物基准排气量排放浓度，并以大气污染物基准排气量排放浓度作为判定排放是否达标的依据。在国家未规定其他生产设施单位产品基准排气量之前，暂以实测浓度作为判定是否达标的依据。

Ⅱ．《电池工业污染物排放标准》（GB 30484—2013）

（1）标准适用于电池工业企业或生产设施的水污染物和大气污染物排放管理。电池包括锌锰电池（糊式电池、纸板电池、叠层电池、碱性锌锰电池）、锌空气电池、锌银电池、铅蓄电池、镉镍电池、氢镍电池、锂离子电池、锂电池、太阳电池。

（2）标准以建成投产或环评文件通过审批日期划分标准执行时段。

现有企业：2014 年 3 月 1 日前已建成投产或环境影响评价文件已通过审批的电池工业企业或生产设施。现有企业 2014 年 7 月 1 日起至 2015 年 12 月 31 日执行表 1 规定的水污染物排放限值、表 4 规定的大气污染物排放限值，2016 年 1 月 1 日起执行表 2 规定的水污染物排放限值、表 5 规定的大气污染物排放限值。

新建企业：2014 年 3 月 1 日起环境影响评价文件通过审批的新建、改建和扩建的电池生产设施建设项目。新建企业自 2014 年 3 月 1 日起执行表 2 规定的水污染物排放限值、表 5 规定的大气污染物排放限值。

（3）标准限值的确定：

①按照区域环境承载能力、环境容量等，执行不同的标准限值。其中，国土开发密度较高，环境承载能力开始减弱，或大气环境容量较小、生态环境脆弱，容易发生严重环境污染问题而需要采取特别保护措施的地区执行较严的特别排放限值。执行特别排放限值的具体地域范围、实施时间由国务院环境保护主管部门或省级人民政府规定。标准中表 3 规定了水污染物特别排放限值。

②按企业生产类型的不同，规定了不同的污染物浓度排放限值及单位产品基准排水量，并按排水去向，规定了水污染物的直接排放标准和间接排放标准。其中，一类污染物总汞、总银、总铅、总镉、总镍、总钴在车间或生产设施废水排放口监控，其余污染物在

企业废水总排放口监控。

③排水量是指生产设施或企业排出的、没有使用功能的污水的量，包括与生产有直接或间接关系的各种外排废水（含厂区生活污水、厂区锅炉和电站排水等）。

④水污染物排放浓度限值适用于单位产品实际排水量不高于单位产品基准排水量的情况。若单位产品实际排水量超过单位产品基准排水量，须按公式将实测水污染物浓度换算为水污染物基准水量排放浓度，并以水污染物基准水量排放浓度作为判定排放是否达标的依据。产品产量和排水量统计周期为一个工作日。

⑤在企业的生产设施同时生产两种以上产品、可适用不同排放控制要求或不同行业国家污染物排放标准，且生产设施产生的污水在混合处理排放的情况下，应执行排放标准中规定的最严格的浓度限值。

⑥产生大气污染物的生产工艺和装置必须设立局部或整体气体收集系统和集中净化处理装置，净化后的气体由排气筒排放，所有排气筒高度应不低于 15 m（排放氯气的排气筒高度不低于 25 m）。排气筒周围半径 200 m 范围内有建筑物时，排气筒高度还应高出最高建筑物 3 m 以上。

⑦生产设施应采取合理的通风措施，不得故意稀释排放。在国家未规定生产设施单位产品基准排气量之前，暂以实测浓度作为判定是否达标的依据。

⑧根据《关于执行电池工业污染物排放标准有关问题的复函》（环函〔2014〕170 号），为控制水污染物排放总量、防止稀释排放行为，《电池工业污染物排放标准》（GB 30484—2013）以每万只电池为单位规定了锂离子/锂电池单位产品基准排水量，主要适用于手提电脑、摄像机、移动通信等便携式电器用锂离子/锂电池生产企业。随着电动汽车等领域的快速发展，大容量锂离子电池迅速应用，以每万只为单位规定的锂离子/锂电池单位产品基准排水量与实际排放情况有一定的差别。此类大容量锂离子电池企业，应以电池容量为单位执行单位产品基准排水量，即现有企业水污染物排放限值、新建企业水污染物排放限值和水污染物特别排放限值的锂离子/锂电池单位产品基准排水量分别按照 1.0 m^3/万 Ah、0.8 m^3/万 Ah、0.6 m^3/万 Ah 执行。

Ⅲ. *《石油炼制工业污染物排放标准》（GB 31570—2015）*

（1）标准适用于石油炼制工业企业或生产设施的水污染物和大气污染物排放管理。石油炼制工业：以原油、重油等为原料，生产汽油馏分、柴油馏分、燃料油、润滑油、石油蜡、石油沥青和石油化工原料等的工业。

（2）标准以建成投产或环评文件通过审批日期划分标准执行时段。

现有企业：2015 年 7 月 1 日前已建成投产或环境影响评价文件已通过审批的石油炼制工业企业或生产设施。现有企业 2017 年 7 月 1 日前仍执行现行标准，2017 年 7 月 1 日起执行表 1 规定的水污染物排放限值、表 3 规定的大气污染物排放限值。

新建企业：2015 年 7 月 1 日起环境影响评价文件通过审批的新建、改建和扩建的石油炼制工业建设项目。新建企业自 2015 年 7 月 1 日起执行表 1 规定的水污染物排放限值、表 3 规定的大气污染物排放限值。

（3）标准限值的确定：

①按照区域环境承载能力、环境容量等，执行不同的标准限值。其中，国土开发密度较高，环境承载能力开始减弱，或大气环境容量较小、生态环境脆弱，容易发生严重水环境污染问题、大气环境污染问题而需要采取特别保护措施的地区执行较严的特别排放限值。执行特别排放限值的具体地域范围、实施时间由国务院环境保护主管部门或省级人民政府规定。标准中表 2、表 4 分别规定了水污染物特别排放限值、大气污染物特别排放限值。

②按企业废水排水去向，规定了水污染物的直接排放标准和间接排放标准，间接排放的废水中，进入城镇污水处理厂或经由城镇污水管线排放的，应达到直接排放标准限值。其中一类污染物苯并[*a*]芘、总铅、总砷、总镍、总汞、烷基汞在车间或生产设施废水排放口监控，其余污染物在企业废水总排放口监控。

③按不同的废气类别，规定了不同的废气排放限值。有机废气排放口非甲烷总烃规定了去除效率限值，其余废气及污染因子规定了排放浓度限值。

④排水量是指企业或生产设施向环境排放的废水量，包括与生产有直接或间接关系的各种外排废水（不包括热电站排水、直流冷却海水）；加工单位原（料）油排水量是指在一定的计量时间内，石油炼制企业生产过程中，排入环境的废水量与原（料）油加工量之比，原（料）油加工量包括一次加工及直接进入二次加工装置的原（料）油数量。

⑤水污染物排放浓度限值适用于加工单位原（料）油实际排水量不高于基准排水量的情况。若加工单位原（料）油实际排水量超过规定的基准排水量，须按公式将实测水污染物浓度换算为水污染物基准水量排放浓度，并与排放限值比较判定排放是否达标。原（料）油加工量和排水量统计周期为一个工作日。

⑥非焚烧类有机废气排放口以实测浓度判定排放是否达标。焚烧类有机废气排放口、工艺加热炉、催化剂再生烟气和酸性气回收装置的实测大气污染物排放浓度，须换算成基准含氧量为 3%的大气污染物基准排放浓度，并与排放限值比较判定排放是否达标。

⑦在企业的生产设施同时适用不同排放控制要求或不同行业国家污染物排放标准，且生产设施产生的废水混合处理排放的情况下，应执行排放标准中规定的最严格的浓度限值。

⑧标准规定了挥发性有机液体储罐污染控制要求、设备与管线组件泄漏污染控制要求以及其他污染控制要求。

5.2.3.7 污染物排放标准执行时段简介

各标准时段规定如表 5-4 所示。

表 5-4 常用污染物排放标准执行时段的规定

标准名称	企业（设施）建设时间	设施类别	时间段的日期规定		
			第Ⅰ时间段	第Ⅱ时间段	第Ⅲ时间段
《锅炉大气污染物排放标准》（GB 13271—2014）	在用锅炉①	10 t/h 以上蒸汽锅炉和 7 MW 以上的热水锅炉	2015 年 9 月 30 日之前	2015 年 10 月 1 日起	
		10 t/h 及以下蒸汽锅炉和 7 MW 及以下的热水锅炉	2016 年 6 月 30 日之前	2016 年 7 月 1 日起	
	新建锅炉②	—	—	—	2014 年 7 月 1 日起
《水泥工业大气污染物排放标准》（GB 4915—2013）	现有企业③	—	2015 年 6 月 30 日之前	2015 年 7 月 1 日起	—
	新建企业④	—	—	2014 年 3 月 1 日起	—
《钢铁烧结、球团工业大气污染物排放标准》（GB 28662—2012）	现有企业③	—	2012 年 10 月 1 日至 2014 年 12 月 31 日	2015 年 1 月 1 日起	—
	新建企业④	—	—	2012 年 10 月 1 日起	—
《合成氨工业水污染物排放标准》（GB 13458—2013）	现有企业③	—	2014 年 7 月 1 日至 2015 年 12 月 31 日	2016 年 1 月 1 日起	—
	新建企业④	—		2013 年 7 月 1 日起	—
《电池工业污染物排放标准》（GB 30484—2013）	现有企业③	—	2014 年 7 月 1 日至 2015 年 12 月 31 日	2016 年 1 月 1 日起	—
	新建企业④	—		2014 年 3 月 1 日起	—

注：①在用锅炉是指本标准实施之日前，已建成投产或环境影响评价文件已通过审批的锅炉。

②新建锅炉是指本标准实施之日起，环境影响评价文件通过审批的新建、改建和扩建的锅炉建设项目。

③现有企业是指本标准实施之日前，已建成投产或环境影响评价文件已通过审批的企业或生产设施。

④新建企业是指本标准实施之日起，环境影响评价文件通过审批的新、改、扩建工业建设项目。

5.2.3.8 污染物特别排放限值简介

根据环境保护工作的要求，在国土开发密度较高，环境承载能力开始减弱，或大气环境容量较小、生态环境脆弱，容易发生严重环境污染问题而需要采取特别保护措施的地区，应严格控制企业的污染物排放行为，在上述地区的企业执行特别排放限值。

《关于执行大气污染物特别排放限值的公告》（公告 2013 年 第 14 号）中对执行大气污染物特别排放限值的地区和执行时间进行了规定，具体如下述。

（1）执行地区

执行大气污染物特别排放限值的地区为纳入《重点区域大气污染防治“十二五”规划》的重点控制区，共涉及京津冀、长三角、珠三角等“三区十群”19 个省（区、市）47 个地级及以上城市。

（2）执行时间

①新建项目

位于重点控制区的火电、钢铁、石化、水泥、有色、化工六大行业以及燃煤锅炉新建项目执行大气污染物特别排放限值，具体要求：对于排放标准中已有特别排放限值要求的火电、钢铁行业，自 2013 年 4 月 1 日起，新受理的火电、钢铁环评项目执行大气污染物特别排放限值；对于石化、化工、有色、水泥行业以及燃煤锅炉项目等目前没有特别排放限值的，待相应的排放标准修订完善并明确了特别排放限值后执行，执行时间与排放标准发布时间同步。

②现有企业

“十二五”期间，位于重点控制区 47 个城市主城区的火电、钢铁、石化行业现有企业以及燃煤锅炉项目执行大气污染物特别排放限值；“十三五”期间将特别排放限值的要求扩展到重点控制区的市域范围，具体要求：火电行业燃煤机组自 2014 年 7 月 1 日起执行烟尘特别排放限值；钢铁行业烧结（球团）设备机头自 2015 年 1 月 1 日起执行颗粒物特别排放限值；石化行业、燃煤锅炉项目待相应的排放标准修订完善并明确了特别排放限值，按照标准规定的现有企业过渡期满后，分别执行挥发性有机物、烟尘特别排放限值，执行时间与新修订排放标准的现有企业同步。

有特别排放限值的污染物排放标准如表 5-5 所示。

表 5-5 有特别排放限值的污染物排放标准

标准类别	标准号	标准名称
水污染物排放标准	GB 3544—2008	《制浆造纸工业水污染物排放标准》
	GB 21523—2008	《杂环类农药工业水污染物排放标准》
	GB 21901—2008	《羽绒工业水污染物排放标准》
	GB 21903—2008	《发酵类制药工业水污染物排放标准》
	GB 21904—2008	《化学合成类制药工业水污染物排放标准》
	GB 21905—2008	《提取类制药工业水污染物排放标准》
	GB 21906—2008	《中药类制药工业水污染物排放标准》
	GB 21907—2008	《生物工程类制药工业水污染物排放标准》
	GB 21908—2008	《混装制剂类制药工业水污染物排放标准》

标准类别	标准号	标准名称
水污染物排放标准	GB 21909—2008	《制糖工业水污染物排放标准》
	GB 25461—2010	《淀粉工业水污染物排放标准》
	GB 25462—2010	《酵母工业水污染物排放标准》
	GB 25463—2010	《油墨工业水污染物排放标准》
	GB 15580—2011	《磷肥工业水污染物排放标准》
	GB 27631—2011	《发酵酒精和白酒工业水污染物排放标准》
	GB 14470.3—2011	《弹药装药行业水污染物排放标准》
	GB 26877—2011	《汽车维修业水污染物排放标准》
	GB 13456—2012	《钢铁工业水污染物排放标准》
	GB 4287—2012	《纺织染整工业水污染物排放标准》
	GB 28938—2012	《麻纺工业水污染物排放标准》
	GB 28937—2012	《毛纺工业水污染物排放标准》
	GB 28936—2012	《缫丝工业水污染物排放标准》
	GB 13458—2013	《合成氨工业水污染物排放标准》
	GB 30486—2013	《制革及毛皮加工工业水污染物排放标准》
	GB 19430—2013	《柠檬酸工业水污染物排放标准》
固定源大气污染物排放标准	GB 13223—2011	《火电厂大气污染物排放标准》
	GB 28662—2012	《钢铁烧结、球团工业大气污染物排放标准》
	GB 28663—2012	《炼铁工业大气污染物排放标准》
	GB 28664—2012	《炼钢工业大气污染物排放标准》
	GB 28665—2012	《轧钢工业大气污染物排放标准》
	GB 4915—2013	《水泥工业大气污染物排放标准》
混合类行业污染物排放标准	GB 21900—2008	《电镀污染物排放标准》
	GB 21902—2008	《合成革与人造革工业污染物排放标准》
	GB 16889—2008	《生活垃圾填埋场污染控制标准》
	GB 26131—2010	《硝酸工业污染物排放标准》
	GB 26132—2010	《硫酸工业污染物排放标准》
	GB 25464—2010	《陶瓷工业污染物排放标准》
	GB 25465—2010	《铝工业污染物排放标准》
	GB 25466—2010	《铅、锌工业污染物排放标准》
	GB 25467—2010	《铜、镍、钴工业污染物排放标准》
	GB 25468—2010	《镁、钛工业污染物排放标准》
	GB 26451—2011	《稀土工业污染物排放标准》
	GB 26452—2011	《钒工业污染物排放标准》
	GB 27632—2011	《橡胶制品工业污染物排放标准》
	GB 16171—2012	《炼焦化学工业污染物排放标准》
	GB 28666—2012	《铁合金工业污染物排放标准》
	GB 28661—2012	《铁矿采选工业污染物排放标准》
	GB 30484—2013	《电池工业污染物排放标准》
	GB 30770—2014	《锡、锑、汞工业污染物排放标准》
	GB 31574—2015	《再生铜、铝、铅、锌工业污染物排放标准》

标准类别	标准号	标准名称
混合类行业污染物排放标准	GB 31572—2015	《合成树脂工业污染物排放标准》
	GB 31573—2015	《无机化学工业污染物排放标准》
	GB 31571—2015	《石油化学工业污染物排放标准》
	GB 31570—2015	《石油炼制工业污染物排放标准》
	GB 15581—2016	《烧碱、聚氯乙烯工业污染物排放标准》

5.2.3.9 噪声标准的确定

（1）厂界噪声：执行《工业企业厂界环境噪声排放标准》（GB 12348—2008），按建设项目所处噪声功能区确定相应的厂界噪声标准值。其中，与交通干线道路相邻一侧执行 4 类（交通干线两侧）标准，以昼间、夜间等效声级值进行评价。

（2）机场噪声：执行《机场周围飞机噪声环境标准》（GB 9660—88）（属于质量标准），按敏感点所处该标准划分的适用区域类别确定噪声限值，以一昼夜（24 h）的计权等效连续感觉噪声级值进行评价。

（3）铁路边界噪声：环境保护部 2008 年发布的第 38 号公告《铁路边界噪声限值及其测量方法》（GB 12525—90）修改方案，对 2011 年 1 月 1 日起通过环评审批的铁路建设项目［不包括改（扩）建既有铁路建设项目］的铁路边界铁路噪声限值提出了修正，夜间限值由原来的 70 dB（A）变更为 60 dB（A）。

5.2.3.10 质量标准级别及限值的确定

（1）按环境保护敏感点所处环境质量功能区确定污染物浓度限值或污染因子控制限值。

（2）按环境影响报告书（表）及其审批部门审批决定确定的环境保护敏感点的环境质量标准确定污染物浓度限值或污染因子控制限值。

（3）按环境保护主管部门批复的环境影响评价使用标准确定污染物浓度限值或污染因子控制限值。

5.2.3.11 总量控制指标的确定

对环评审批决定、地方政府或环境保护主管部门给定该企业污染物总量指标的或排污许可证规定了总量指标的，应按该指标考核。对尚未给定该企业污染物总量控制指标的，参照环境影响报告书（表）预测总量进行考核。

5.2.3.12 方法标准的确定

验收监测中使用的分析方法、采样和布点方法以及质量保证和质量控制措施等，应首选最新颁布的国家监测方法标准、监测技术规范和规定，或选用与排放标准和质量标准配套的分析方法标准和采样布点方法。未做要求的，可选用生态环境部推荐的环境监测分析方法标准或试行监测分析方法以及有关的技术规定。

5.3 标准使用过程中应注意的问题

5.3.1 大气污染物排放标准要求

（1）排放高度的考核：应严格对照建设项目环境影响报告书（表）及其审批部门审批决定的要求及行业标准和国家大气污染物综合排放标准的要求，核查其排放高度。如《大气污染物综合排放标准》（GB 16297—1996）中规定新污染源的排气筒一般不应低于15 m，其中排放氯气、氰化氢、光气的排气筒不得低于 25 m；《恶臭污染物排放标准》（GB 14554—93）中规定排气筒的最低高度不低于 15 m，在两种高度之间的排气筒，采用四舍五入方法计算其排气筒高度。

（2）对有组织排放的点源：应对照行业要求，分别考核最高允许排放浓度、最高允许排放速率。

（3）对无组织排放的点源：应对照行业要求，考核监控点与参照点浓度差值或周界外最高浓度点浓度值。

（4）标准限值的确切含义：最高允许排放浓度及最高允许排放速率一般指连续 1 h 采样平均值或 1 h 内等时间间隔采集样品平均值；《生活垃圾焚烧污染控制标准》（GB 18485—2014）中一氧化碳、颗粒物、氮氧化物、二氧化硫、氯化氢浓度限值针对的是 1 h 均值（任何 1 h 污染物浓度的算术平均值；或在 1 h 内，以等时间间隔采集 4 个样品测试值的算术平均值）和 24 h 均值（连续 24 h 均值的算术平均值），汞及其化合物、镉、铊及其化合物、锑、砷、铅、铬、钴、铜、锰、镍及其化合物、二噁英浓度限值针对的是测定均值［标准中测定均值的定义为：取样期以等时间间隔（最少 30 min，最多 8 h）至少采集 3 个样品测试值的平均值，二噁英的采样时间间隔最少 6 h，最多 8 h。标准修改单征求意见稿（环办土壤函〔2017〕1252 号）中测定均值的定义修改为：在一定时间内采集的一定数量样品中污染物浓度的算术平均值，对于二噁英类的监测，应在 6～12 h 完成不少于 3 个样品的采集，对于其他污染物的监测，应在 0.5～8 h 完成不少于 3 个样品的采集。目前该修改单暂未正式发布]；《危险废物焚烧污染控制标准》（GB 18484—2001）浓度限值针对的是测定均值（焚烧设施于正常状态下运行 1 h 后，以 1 次/h 的频次采集气样，每次不得低于 45 min，连续采样 3 次，分别测定，以平均值作为判定值）；《饮食业油烟排放标准》（GB 18483—2001）则是指每次 10 min 的测定值。

（5）实测浓度值的换算：锅炉、工业炉窑、火电厂、水泥工业、生活垃圾/危险废物焚烧等实测烟尘、SO_2、NO_x 等污染物排放浓度应分别按相应标准规定的空气过剩系数/掺风系数换算后再与标准值比较；《橡胶制品工业污染物排放标准》（GB 27632—2011）、《铜、镍、钴工业污染物排放标准》（GB 25467—2010）等标准中有基准排气量要求的，当单位产品实际排气量超过单位产品基准排气量时，应将实测排放浓度折算为基准排气量时的排放浓度。

（6）检查排污口的规范化设置：《环境保护图形标志——排放口（源）》（GB 15562.1—1995）中规定了污水排放口、废气排放口及噪声排放源图形标志。《排污口规范化整治技术要求（试行）》（环监〔1996〕470 号）中规定：废气排气筒应设置便于采样、监测的采样口；污染物排放口应设置与之相适应的环境保护图形标志牌。《固定污染源监测技术规范》（HJ/T 397—2007）中规定：在废气监测前应开设采样孔、设置采样平台、设置监测仪器设备需要的工作电源，采样孔应设置在距弯头、阀门、变径管下游方向不小于 6 倍直径和距上述部件上游方向不小于 3 倍直径处。

（7）标准的正确选用：分清、明确各种大气污染物排放标准各自适用的范围，如要分清工业炉窑标准、锅炉标准与火电标准各自的适用范围，工业炉窑标准、水泥窑协同处置固体废物标准、生活垃圾焚烧标准、危险废物焚烧标准各自的适用范围，从而正确地选用标准。

（8）位于“两控区”的锅炉，除执行锅炉大气污染物排放标准外，还应执行所在区规定的总量控制指标。

5.3.2 水污染物排放标准要求

（1）对第一类污染物，不分行业和污水排放方式，也不分受纳水体的功能类别，一律在车间或车间处理设施排放口考核。

（2）对于雨水排放口的管理，应严格执行该行业相应排放标准的相关要求，对于清净下水，应确定其废水类别和所属行业，执行相应排放标准的具体规定。

（3）应重点考核与外环境发生关系的总排污口污染物排放浓度及吨产品最高允许排水量[部分标准、部分行业有吨产品最高排水量要求，如《污水综合排放标准》（GB 8978—1996）中苎麻脱胶工业、《兵器工业水污染物排放标准　火炸药》]。浓度限值以日均值计，吨产品最高允许排水量以月均值计。

（4）《电镀污染物排放标准》（GB 21900—2008）、《合成氨工业水污染物排放标准》（GB 13458—2013）、《电池工业污染物排放标准》（GB 30484—2013）等标准中有基准排水量要求的，当单位产品实际排水量超过单位产品基准排水量时，应将实测排放浓度折算为基准排水量时的排放浓度。

（5）检查排污口的规范化建设。《环境保护图形标志——排放口（源）》（GB 15562.1—1995）中规定了污水排放口、废气排放口及噪声排放源图形标志。《排污口规范化整治技术要求（试行）》（环监〔1996〕470 号）中规定：废水排放口应设置规范的、便于测量流量、流速的测流段，一般污水排污口可安装三角堰、矩形堰、测流槽等测流装置或其他计量装置；《水质采样技术规范》（HJ 493—2009）中规定：污染源水质采样点位应设置明显标志。

5.3.3 噪声排放标准要求

（1）厂界噪声应根据厂界外声环境功能区类别分别对昼间、夜间噪声进行考核，若企业夜间不生产，则不需考核夜间噪声。厂界夜间噪声考核还应注意：夜间频发噪声的最大声级超过限值的幅度不得高于 10 dB（A）；夜间偶发噪声的最大声级超过限值的幅度不得高于 15 dB（A）。

（2）敏感点环境噪声应根据敏感点所处的声环境功能区类别进行考核。

（3）厂界噪声背景值修正：按照《环境噪声监测技术规范噪声测量值修正》（HJ 706—2014）的要求对噪声测量值进行修正和修约后得到噪声排放值。

5.3.4 其他指标要求

（1）设计指标的要求：按环境影响报告书（表）和设计文件规定的指标考核环境保护设施的处理效率和处理设施进出口浓度控制指标。

（2）内控制指标的要求：按企业内部管理或设计文件确定的考核指标，考核不同装置或设施处理的污水在与其他污水混合前或处理前的浓度及流量等。

5.3.5 监测结果的正确表述

使用标准对监测结果进行评价时，应严格按照标准指标进行评价。如《污水综合排放标准》（GB 8978—1996）按污染物的日均浓度进行评价；《大气污染物综合排放标准》（GB 16297—1996）按监测期间单次测定（1 h）的污染物最高排放浓度进行评价。

5.3.6 标准中的其他规定

在标准使用过程中，应注意标准中除排放限值以外的其他规定。如《生活垃圾焚烧污染控制标准》（GB 18485—2014）中，对焚烧系统的启动、停炉和故障时持续排放污染物的时间有严格限制，三者全年不能超过 60 h，每个故障或事故发生时持续污染物排放时间不得超过 4 h，且在焚烧系统启动、停炉和故障时，所获得的监测数据不作为评价是否达标的依据，在这些时间内颗粒物浓度的最大 1 h 均值不得大于 150 mg/m^3。

5.4 常用标准应用实例

5.4.1 《大气污染物综合排放标准》（GB 16297—1996）

5.4.1.1 内插法计算排放速率

某钛白粉技改项目为 2012 年通过环评的建设项目，其酸解尾气排气筒排放的污染物为硫酸雾、二氧化硫，排气筒高度为 85 m。

按照环境影响报告书（表）及其审批部门审批决定的要求以及环评审批决定的时间，酸解尾气执行《大气污染物综合排放标准》（GB 16297—1996）中新污染源二级标准中“其他行业”对应的硫酸雾限值、“硫、二氧化硫、硫酸和其他含硫化合物使用”对应的二氧化硫限值。

因排气筒高度为 85 m，处于标准列出的 80 m、90 m 两个高度值之间，以内插法计算二氧化硫的排放速率。内插法的公式为

$$Q=Q_a+(Q_{a+1}-Q_a)(h-h_a)/(h_{a+1}-h_a) \tag{5-1}$$

式中：Q —— 某排气筒最高允许排放速率，kg/h；

Q_a ——比某排气筒低的表列限值中的最大值，kg/h；

Q_{a+1} ——比某排气筒高的表列限值中的最小值，kg/h；

h —— 某排气筒的几何高度，m；

h_a —— 比某排气筒低的表列高度中的最大值，m；

h_{a+1} —— 比某排气筒高的表列高度中的最小值，m。

从《大气污染物综合排放标准》（GB 16297—1996）表 2 中查得，排气筒高度 80 m 和 90 m 对应的二氧化硫排放速率分别为 110 kg/h 和 130 kg/h，将各值代入公式，85 m 高排气筒颗粒物最高允许排放速率 $Q_{85}=Q_{80}+(Q_{90}-Q_{80})(h_{85}-h_{80})/(h_{90}-h_{80})=110+(130-110)(85-80)/(90-80)=120$（kg/h）。

5.4.1.2 外推法计算排放速率

同内插法计算排放速率实例，钛白粉生产企业酸解尾气硫酸雾排放浓度限值 45 mg/m^3，排放速率因排气筒高度为 85 m，高于标准表列排气筒高度的最高值 80 m，用外推法计算硫酸雾的排放速率。外推法的公式为

$$Q=Q_b(h/h_b)^2 \tag{5-2}$$

式中：Q —— 某排气筒最高允许排放速率，kg/h；

Q_b —— 表列排气筒最高高度对应的最高允许排放速率，kg/h；

h —— 某排气筒高度，m；

h_b ——表列排气筒最高高度，m。

从《大气污染物综合排放标准》（GB 16297—1996）表 2 中查得，排气筒最高值 80 m 对应的排放速率为 63 kg/h，将各值代入公式，85 m 高排气筒硫酸雾最高允许排放速率 $Q_{85}=Q_{80}$（h_{85}/h_{80}）^{2}=63×（85/80）^{2}=71（kg/h）。

5.4.1.3　等效排气筒有关参数计算

某汽车制造厂 2015 年建成运行，总装车间汽车检测线排放的污染物为 NO_x 和非甲烷总烃，其 1#、2#、3#、4#排气筒属于近距离排气筒，每两根排气筒之间的距离均小于几何高度之和，各排气筒位置图见图 5-2，各排气筒高度均为 15 m。根据标准的要求，应依次合并为 1 根排气筒，取等效值。

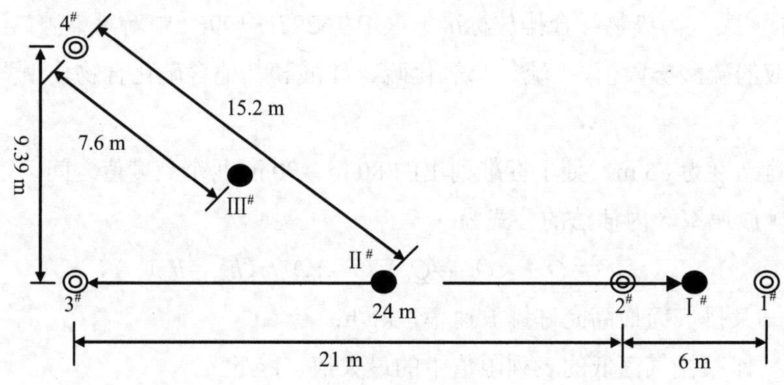

图 5-2　总装车间汽车检测线排气筒位置

按标准附录 A 等效排气筒有关参数的计算：

①等效排气筒排放速率。

$$Q = Q_1 + Q_2 \tag{5-3}$$

式中：Q—— 等效排气筒某污染物排放速率，kg/h；

Q_1，Q_2——排气筒 1 和排气筒 2 的某污染物排放速率，kg/h。

②等效排气筒高度。

$$h = \sqrt{\frac{1}{2}\left(h_1^2 + h_2^2\right)} \tag{5-4}$$

式中：h—— 等效排气筒高度，m；

h_1，h_2—— 排气筒 1 和排气筒 2 的高度，m。

③等效排气筒位置。

等效排气筒位置应在排气筒 1、排气筒 2 的连线上，若以排气筒 1 为原点，则等效排气筒的位置距原点为

$$x = a\left(Q - Q_1\right)/Q_2 \tag{5-5}$$

式中：x—— 等效排气筒距排气筒 1 的位置；

a—— 排气筒 1 至排气筒 2 的距离，m；

Q，Q_1，Q_2——同上。

将各已知条件代入附录 A，得出：

1#、2#排气筒的距离为 6 m，小于它们的高度之和 30 m，以等效排气筒 I #代表，该等效排气筒的位置在 1#、2#排气筒连线上，距 1#排气筒 3 m，高 15 m；

等效排气筒 I #与 3#排气筒的距离为 24 m，小于它们的高度之和 30 m，以等效排气筒 II #代表，位于 3#排气筒和等效排气筒 I #连线上，距 3#排气筒 12 m，高 15 m；

等效排气筒 II #与 4#排气筒的距离为 15.2 m，小于它们的高度之和 30 m，以等效排气筒III#代表，位于 4#排气筒和等效排气筒 II #连线上，距离 4#排气筒 7.6 m，高 15 m；

依次合并后等效排气筒III#的高度为 15 m，位置距离 4#排气筒 7.6 m 处。查《大气污染物综合排放标准》（GB 16297—1996）表 2 新污染源、二级排放标准，等效排气筒III# NO_x、非甲烷总烃排放速率分别为 0.77 kg/h、10 kg/h。

5.4.2 《工业炉窑大气污染物排放标准》（GB 9078—1996）

（1）特征污染物炉窑标准未限定的解决

某钛白粉生产企业为 2012 年通过环评的建设项目，其煅烧尾气排气筒排放的污染物为烟尘、二氧化硫、氮氧化物、硫酸雾、烟气黑度，排气筒高度为 120 m。

煅烧尾气执行《工业炉窑大气污染物排放标准》（GB 9078—1996），粉尘、烟气黑度执行表 2 新污染源二级标准中对应的非金属焙（煅）烧炉窑（耐火材料窑）限值，二氧化硫执行表 4 新污染源二级标准中燃煤（油）炉窑对应的限值。但该标准未对氮氧化物、硫酸雾做限定，故氮氧化物、硫酸雾参照执行《大气污染物综合排放标准》（GB 16297—1996）中新污染源二级标准。煅烧尾气排放限值如表 5-6 所示。

表 5-6 煅烧尾气排放限值

序号	项目	标准名称	排放浓度/（mg/m³）	排放速率/（kg/h）
1	烟气黑度	GB 9078—1996	1（林格曼级）	—
2	烟尘		200	—
3	二氧化硫		850	—
4	氮氧化物	参照 GB 16297—1996	240	75
5	硫酸雾		45	141

（2）炉窑标准适用的主要行业之一——铸造工业

某铸造企业新建 1 个高精铸造生产线，设置冲天炉 1 台，感应电炉 2 台，项目环境影响报告书于 2011 年批复。项目的废气治理设施主要为：冲天炉废气配套 1 套“脱硫塔+布袋除尘器”，2 台感应电炉各配套 1 套布袋除尘器。

该项目冲天炉废气、感应电炉废气执行《工业炉窑大气污染物排放标准》（GB 9078—1996）中新污染源相应炉窑对应的二级排放标准限值，其中冲天炉执行熔化炉（冲天炉、化铁炉）对应的标准限值，感应电炉执行熔化炉（金属熔化炉）对应的标准限值（表 5-7）。

表 5-7 项目废气污染物排放标准限值

污染物排放口	项目	标准限值	
		排放浓度/（mg/m^3）	备注
冲天炉废气处理设施出口	烟尘	150	GB 9078—1996 表 2 二级标准（熔化炉及冲天炉）
	SO_2	850	GB 9078—1996 表 4 二级标准［燃煤（油）炉窑］
电炉除尘器出口	烟尘	150	GB 9078—1996 表 2 二级标准（熔化炉之金属熔化炉）

5.4.3 钢铁系列排放标准

某联合钢铁企业新建项目，2010 年取得环评审批决定，2013 年项目建成，开展验收工作。项目主要建设内容为：烧结厂（3 台烧结机）、球团厂（1 套链篦机-回转窑球团系统）、焦化厂（4 座焦炉）、炼铁厂（3 座高炉）、炼钢厂（3 座转炉、3 台板坯连铸机）、轧钢厂（1 条热连轧生产线、1 条宽厚板生产线）。

项目建设过程中，国家先后发布了《钢铁烧结、球团工业大气污染物排放标准》（GB 28662—2012）、《炼焦化学工业污染物排放标准》（GB 16171—2012）、《炼铁工业大气污染物排放标准》（GB 28663—2012）、《炼钢工业大气污染物排放标准》（GB 28664—2012）、《轧钢工业大气污染物排放标准》（GB 28665—2012）等钢铁系列排放标准。针对这种审批意见、环评报告书确定的标准已被新标准所替代的情况，国家环保总局《关于建设项目竣工环境保护验收适用标准有关问题的复函》（环函〔2002〕222 号）中明确规定“建设项目竣工环境保护验收涉及的污染物排放标准，应按照环境保护行政主管部门批准的环境影响报告书中确定的污染物排放标准执行。当发布实施新的排放标准，或某项污染物排放标准被新发布实施的标准修订废止时，应执行新的排放标准，并以原环境影响报告书批准的时间作为项目的建设时间确定应执行的标准值。”

（1）烧结厂废气、球团厂废气

本项目烧结厂、球团厂的主要污染因子为：颗粒物、二氧化硫、氮氧化物、氟化物、二噁英类。环评审批决定的排放标准为：烧结机、球团回转窑焙烧废气执行《工业炉窑大气污染物排放标准》（GB 9078—1996），配套设施执行《大气污染物综合排放标准》（GB 16297—1996）二级标准。由于验收期间《钢铁烧结、球团工业大气污染物排放标准》

（GB 28662—2012）已实施，且标准中明确，自 2012 年 10 月 1 日至 2014 年 12 月 31 日止，现有企业执行表 1 规定的大气染污染排放限值，自 2015 年 1 月 1 日起，现有企业执行表 2 规定的大气染污染排放限值。因此本项目烧结厂、球团厂废气验收阶段应执行《钢铁烧结、球团工业大气污染物排放标准》（GB 28662—2012）表 1 标准，2015 年 1 月 1 日起，执行表 2 标准。在标准执行过程中应注意，污染物排放浓度不再按空气过剩系数/掺风系数进行换算，以实测浓度进行评价。具体有组织排放标准执行情况如表 5-8 所示。

表 5-8 烧结厂、球团厂废气污染物有组织排放标准限值 单位：mg/m^3（二噁英类除外）

生产工序或设施		污染物项目	限值	备注
现有企业	烧结机 球团焙烧设备	颗粒物	80	GB 28662—2012 表 1
		二氧化硫	600	
		氮氧化物（以 NO_2 计）	500	
		氟化物（以 F 计）	6.0	
		二噁英类/（$ng\text{-}TEQ/m^3$）	1.0	
	烧结机机尾	颗粒物	50	
新建企业	烧结机	颗粒物	50	GB 28662—2012 表 2
		二氧化硫	200	
		氮氧化物（以 NO_2 计）	300	
		氟化物（以 F 计）	4.0	
		二噁英类/（$ng\text{-}TEQ/m^3$）	0.5	
	烧结机机尾	颗粒物	30	

（2）焦化厂废气

本项目焦化厂废气的主要污染因子为：颗粒物、二氧化硫、苯并[*a*]芘、氮氧化物。环评审批决定的排放标准为《炼焦炉大气污染物排放标准》（GB 16171—1996）和《大气污染物综合排放标准》（GB 16297—1996）二级标准。由于验收期间《炼焦化学工业污染物排放标准》（GB 16171—2012）已实施，且标准中明确，自 2012 年 10 月 1 日至 2014 年 12 月 31 日止，现有企业执行表 4 规定的大气染污染排放限值，自 2015 年 1 月 1 日起，现有企业执行表 5 规定的大气染污染排放限值，因此本项目焦化厂废气验收阶段应执行《炼焦化学工业污染物排放标准》（GB 16171—2012）表 4 标准，2015 年 1 月 1 日起，执行表 5 标准。在标准执行过程中应注意，污染物排放浓度不再按空气过剩系数/掺风系数进行换算，以实测浓度进行评价。具体有组织排放标准执行情况如表 5-9 所示。

表 5-9 焦化厂废气污染物有组织排放标准限值　　单位：mg/m^3（苯并[a]芘除外）

生产工序或设施		颗粒物	二氧化硫	苯并[a]芘	氮氧化物	备注
现有企业	精煤破碎、焦炭破碎、筛分及转运	50	—	—	—	GB 16171—2012 表 4
	装煤	100	150	0.3 $\mu g/m^3$	—	
	推焦	100	100	—	—	
	焦炉烟囱	50	100① 200②	—	800① 240②	
	干法熄焦	100	150	—	—	
	粗苯管式炉、半焦烘干和氨分解炉等燃用焦炉煤气的设施	50	100	—	240	
新建企业	精煤破碎、焦炭破碎、筛分及转运	30	—	—	—	GB 16171—2012 表 5
	装煤	50	100	0.3 $\mu g/m^3$	—	
	推焦	50	50	—	—	
	焦炉烟囱	30	50① 100②	—	500① 200②	
	干法熄焦	50	100	—	—	
	粗苯管式炉半焦烘干和氨分解炉等燃用焦炉煤气的设施	30	50	—	200	

注：①机焦、半焦炉；②热回收焦炉。

（3）炼铁厂废气

本项目炼铁厂的主要污染因子为：颗粒物、二氧化硫、氮氧化物。环评审批决定的排放标准为《工业炉窑大气污染物排放标准》（GB 9078—1996）和《大气污染物综合排放标准》（GB 16297—1996）二级标准。由于验收期间《炼铁工业大气污染物排放标准》（GB 28663—2012）已实施，且标准中明确，自 2012 年 10 月 1 日至 2014 年 12 月 31 日止，现有企业执行表 1 规定的大气染污染排放限值，自 2015 年 1 月 1 日起，现有企业执行表 2 规定的大气染污染排放限值。因此本项目炼铁厂废气验收阶段应执行《炼铁工业大气污染物排放标准》表 1 标准，2015 年 1 月 1 日起，执行表 2 标准。在标准执行过程中应注意，污染物排放浓度不再按空气过剩系数/掺风系数进行换算，以实测浓度进行评价。具体有组织排放标准执行情况如表 5-10 所示。

表 5-10 炼铁厂废气污染物有组织排放标准限值 单位：mg/m^3

<table>
<tr><th colspan="2">生产工序或设施</th><th>污染物项目</th><th>限值</th><th>备注</th></tr>
<tr><td rowspan="4">现有企业</td><td rowspan="3">热风炉</td><td>颗粒物</td><td>50</td><td rowspan="4">GB 28663—2012 表 1</td></tr>
<tr><td>二氧化硫</td><td>100</td></tr>
<tr><td>氮氧化物（以 NO_2 计）</td><td>300</td></tr>
<tr><td>原料系统、煤粉系统、高炉出铁场、其他生产设施</td><td>颗粒物</td><td>50</td></tr>
<tr><td rowspan="4">新建企业</td><td rowspan="3">热风炉</td><td>颗粒物</td><td>20</td><td rowspan="4">GB 28663—2012 表 2</td></tr>
<tr><td>二氧化硫</td><td>100</td></tr>
<tr><td>氮氧化物（以 NO_2 计）</td><td>300</td></tr>
<tr><td>原料系统、煤粉系统、高炉出铁场、其他生产设施</td><td>颗粒物</td><td>25</td></tr>
</table>

（4）炼钢废气

本项目炼钢厂的主要污染因子为：颗粒物。环评审批决定的排放标准为《工业炉窑大气污染物排放标准》（GB 9078—1996）和《大气污染物综合排放标准》（GB 16297—1996）二级标准。由于验收期间《炼钢工业大气污染物排放标准》（GB 28664—2012）已实施，且标准中明确，自 2012 年 10 月 1 日至 2014 年 12 月 31 日止，现有企业执行表 1 规定的大气染污染排放限值，自 2015 年 1 月 1 日起，现有企业执行表 2 规定的大气染污染排放限值，因此本项目炼钢厂废气验收阶段应执行《炼钢工业大气污染物排放标准》（GB 28664—2012）表 1 标准，2015 年 1 月 1 日起，执行表 2 标准。具体有组织排放标准执行情况如表 5-11 所示。

表 5-11 炼钢厂废气污染物有组织排放标准限值 单位：mg/m^3（二噁英类除外）

<table>
<tr><th colspan="2">污染物项目</th><th>生产工序或设施</th><th>限值</th><th>备注</th></tr>
<tr><td rowspan="3">现有企业</td><td rowspan="3">颗粒物</td><td>混铁炉及铁水预处理（包括倒罐、扒渣等）、转炉（二次烟气）、电炉、精炼炉</td><td>50</td><td rowspan="3">GB 28664—2012 表 1</td></tr>
<tr><td>连铸切割及火焰清理、石灰窑、白云石窑焙烧</td><td>50</td></tr>
<tr><td>其他生产设施</td><td>50</td></tr>
<tr><td rowspan="3">新建企业</td><td rowspan="3">颗粒物</td><td>混铁炉及铁水预处理（包括倒罐、扒渣等）、转炉（二次烟气）、电炉、精炼炉</td><td>20</td><td rowspan="3">GB 28664—2012 表 2</td></tr>
<tr><td>连铸切割及火焰清理、石灰窑、白云石窑焙烧</td><td>30</td></tr>
<tr><td>其他生产设施</td><td>20</td></tr>
</table>

（5）轧钢厂废气

本项目轧钢厂废气主要污染因子为颗粒物、二氧化硫、氮氧化物。环评审批决定的排放标准为《工业炉窑大气污染物排放标准》（GB 9078—1996）和《大气污染物综合排放标准》（GB 16297—1996）二级标准，由于验收期间《轧钢工业大气污染物排放标准》（GB 28665—2012）已实施，且标准中明确，自 2012 年 10 月 1 日至 2014 年 12 月 31 日止，现有企业执行表 1 规定的大气染污染排放限值，自 2015 年 1 月 1 日起，现有企业执行表 2 规定的大气染污染排放限值，因此本项目轧钢厂废气验收阶段应执行《轧钢工业大气污染物排放标准》（GB 28665—2012）表 1 标准，2015 年 1 月 1 日起，执行表 2 标准。具体有组织排放标准执行情况如表 5-12 所示。

表 5-12 轧钢厂废气污染物有组织排放标准限值 单位：mg/m^3

污染物项目		生产工序或设施	限值	备注
现有企业	颗粒物	热轧精轧机	50	GB 28665—2012 表 1
		热处理炉、拉矫、精整、抛丸、修磨、焊接机及其他生产设施	30	
	二氧化硫	热处理炉	250	
	氮氧化物	热处理炉	350	
新建企业	颗粒物	热轧精轧机	30	GB 28665—2012 表 2
		热处理炉、拉矫、精整、抛丸、修磨、焊接机及其他生产设施	20	
	二氧化硫	热处理炉	150	
	氮氧化物	热处理炉	300	

5.4.4 《生活垃圾焚烧污染控制标准》（GB 18485—2014）

某生活垃圾焚烧企业，建设一套生活垃圾焚烧处理系统（2×300 t/d 炉排式垃圾焚烧炉，垃圾焚烧炉处理量为 600 t/d），配套建设余热锅炉、汽轮发电机组。项目于 2014 年 8 月获得环评审批决定，2016 年 8 月开展验收监测工作，项目应执行《生活垃圾焚烧污染控制标准》（GB 18485—2014）。

（1）焚烧炉技术性能指标评价

①炉膛内焚烧温度

核查监测期间企业焚烧炉运行记录，炉膛内二次空气喷入点所在断面温度为 890℃，炉膛上部断面温度为 880℃，满足炉膛内焚烧温度要求（≥850℃）。

②炉膛内烟气停留时间

根据《危险废物（含医疗废物）焚烧处置设施性能测试技术规范》（HJ 561—2010），采用如下方法计算烟气停留时间：

$$T=\frac{V\times 273\times 3\,600}{Q(t+273)} \tag{5-6}$$

式中：V——焚烧炉焚烧温度监测点断面间的有效容积为 241.53 m^3（根据炉膛设计资料，炉膛深度为 4.1 m，炉膛宽度为 4.3 m，焚烧温度监测点断面间高度为 13.7 m）；

Q——进入焚烧炉烟气流量为 80 843 m^3/h；

t——炉膛内焚烧温度为 890℃。

计算可得：$T=\frac{241.53\times 273\times 3\,600}{80\,843(890+273)}$=2.52 s，满足标准限值要求（≥2 s）。

③焚烧炉热渣酌减率

根据监测结果，焚烧炉渣热酌减率为 6.8%，不满足标准要求（≤5%）。

④烟气中一氧化碳浓度

根据监测结果，一氧化碳三次监测结果为 7 mg/m^3、10 mg/m^3、8 mg/m^3，最大 1 h 均值为 10 mg/m^3，满足标准限值要求（100 mg/m^3）。

（2）烟气污染物排放浓度评价

按照《生活垃圾焚烧污染控制标准》要求，颗粒物、一氧化碳、二氧化硫、氮氧化物、氯化氢排放浓度以最大 1 h 均值进行评价，汞及其化合物、镉、铊及其化合物、锑、砷、铅、铬、钴、铜、锰、镍及其化合物、二噁英排放浓度以测定均值进行评价。

以颗粒物和二噁英为例，本项目的颗粒物三次监测结果为 5.7 mg/m^3、5.5 mg/m^3、6.1 mg/m^3，最大 1 h 均值为 6.1 mg/m^3，满足标准限值要求（30 mg/m^3）；二噁英三次监测结果分别为 0.017 mg/m^3、0.015 mg/m^3、0.020 mg/m^3，测定均值为（0.017+0.015+0.020）/3=0.017 mg/m^3，满足标准限值要求（0.1 mg/m^3）。

5.4.5　电镀污染物排放标准（GB 21900—2008）

某电镀企业，2015 年取得环评审批决定，年生产 300 d，设置 2 条电镀生产线，1 条镀装饰铬生产线（镀镍+镀铬），年电镀面积 15 万 m^2，1 条挂镀锌生产线，年电镀面积 5 万 m^2。装饰铬生产线镀铬产生的铬酸雾经一套“铬酸雾回收器+铬酸雾净化塔”处理后通过 25 m 高排气筒排放；挂镀锌生产线前处理产生的氯化氢经一套酸雾净化塔处理后通过 15 m 高排气筒排放。

（1）基准排水量排放浓度的计算

根据《电镀污染物排放标准》（GB 21900—2008），采用式（5-7）计算基准排水量排放浓度：

$$C_{基}=\frac{Q_{总}}{\sum Y_i Q_{i基}}\times C_{实} \tag{5-7}$$

式中：$Q_{总}$——排水总量为 91 m³/d；

Y——装饰铬镀层面积为 500 m²/d；

Y_2——挂镀锌镀层面积为 167 m²/d；

$Q_{1基}$——多层镀基准排水量为 250 L/m²；

$Q_{2基}$——单层镀基准排水量为 100 L/m²。

计算可得，$Q_{总}$与 $YQ_{基}$的比值为：$\frac{91}{500\times250\times0.001+167\times100\times0.001}=0.64$，小于 1，则以水污染物实测浓度作为排放是否达标的依据。

（2）基准排气量排放浓度

根据《电镀污染物排放标准》（GB 21900—2008），采用如下方法计算基准排气量排放浓度：

$$C_{基}=\frac{Q_{总}}{\sum Y_iQ_{i基}}\times C_{实} \quad (5\text{-}8)$$

①镀装饰铬线铬酸雾废气：

$Q_{总}$——排气总量为 59 000 m³/d；

Y——装饰铬镀层面积为 500 m²/d；

$Q_{基}$——镀铬的基准排气量为 74.4 m³/ m²；

$C_{实}$——0.029 8 mg/m³。

计算可得：$C_{基}=\frac{59\,000}{500\times74.4}\times0.029\,8=0.047\,3$ mg/m³，满足标准限值要求（0.05 mg/m³）。

②挂镀锌线前处理氯化氢废气：

$Q_{总}$——排气总量为 168 000 m³/d；

Y——装饰铬镀层面积为 167 m²/d；

$Q_{基}$——镀锌的基准排气量 18.6 m³/ m²；

$C_{实}$——0.528 mg/m³。

计算可得：$C_{基}=\frac{168\,000}{167\times18.6}\times0.528=28.6$ mg/m³，满足标准限值要求（30 mg/m³）。

5.4.6 标准综合使用实例

【项目概况】

2009 年某纸业公司在某地经济开发区港口工业园内成立有限公司，建设一期“年产 50 万 t 高档牛皮挂面纸、瓦楞芯纸及涂布白纸板项目”、二期“年产 30 万 t 高档牛皮挂面纸、20 万 t 高强瓦楞芯纸项目”、三期“配套污水处理项目”和四期“扩建年产 7 200 万 m² 复瓦平板生产线”。四期环境影响报告书分别于 2009 年 10 月、2009 年 12 月、2011 年 4 月和 2011 年 11 月完成，并分别于 2009 年 11 月、2010 年 2 月、2011 年 6 月和 2011 年 12 月由当地环保厅批复。

该公司于 2010 年 1 月动工建设，2015 年 1 月开展验收监测工作。实际建设内容为：一期项目中的一号高强瓦楞芯纸生产线、二号高档牛皮挂面纸生产线和一号环保锅炉（200 t/h）和三期配套污水处理厂项目，其他部分尚未建设。所以根据建成现状及由此确定的验收范围，项目名称定为“一号高强瓦楞芯纸、二号高档牛皮挂面纸生产线及配套的一号环保锅炉和污水处理厂项目”。

【标准的确定及新旧标准的衔接】

准确地确定评价标准需要透彻掌握项目自身情况及相关评价标准各自适用范围。2009 年 10 月，项目在做一期环评时 200 t/h 环保（燃煤）锅炉的用途为“提供造纸生产所需蒸汽及处理造纸产生的污泥及废纸渣”，所以地方环保厅在其审批决定中要求执行《锅炉大气污染物排放标准》（GB 13271—2001）Ⅱ时段二类区标准，该标准中适用范围中规定“适用于除煤粉发电锅炉和单台出力大于 45.5 MW（65 t/h）发电锅炉以外的各种容量和用途的燃煤、燃油和燃气锅炉”。

2012 年 1 月 1 日，《火电厂大气污染物排放标准》（GB 13223—2011）实施，适用范围中明确规定“适用于使用单台出力 65 t/h 以上除层燃炉、抛煤机炉外的燃煤发电锅炉；各种容量的煤粉发电锅炉；单台出力 65 t/h 以上燃油、燃气发电锅炉；各种容量的燃气轮机组火电厂；单台出力 65 t/h 以上采用煤矸石、生物质、油页岩、石油焦等燃料的发电锅炉”。2014 年 7 月 1 日，《锅炉大气污染物排放标准》（GB 13271—2014）实施，适用范围中明确规定“适用于以燃煤、燃油和燃气为燃料的单台出力 65 t/h 及以下蒸汽锅炉、各种容量的热水锅炉及有机热载体锅炉；各种容量的层燃炉、抛煤机炉”。而对于单台出力 65 t/h 以上除层燃炉、抛煤机炉外的燃煤锅炉（非发电），两个标准中均未包含。针对该情况，环境保护部《关于部分供热及发电锅炉执行大气污染物排放标准有关问题的复函》（环函〔2014〕179 号）中明确规定“单台出力 65 t/h 以上除层燃炉、抛煤机炉外的燃煤、燃油、燃气锅炉，无论其是否发电，均应执行《火电厂大气污染物排放标准》（GB 13223—2011）中相应的污染物排放控制要求”。

同时，针对这种审批意见、环评报告书确定的标准已被新标准所替代的情况，国家环保总局《关于建设项目竣工环境保护验收适用标准有关问题的复函》（环函〔2002〕222 号）中明确规定“应按照环境保护行政主管部门批准的环境影响报告书中确定的污染物排放标准执行。当发布实施新的排放标准，或某项污染物排放标准被新发布实施的标准修订废止时，应执行新的排放标准，并以原环境影响报告书批准的时间作为项目的建设时间确定应执行的标准值。”

因此本项目验收阶段 200 t/h 环保锅炉应执行《火电厂大气污染物排放标准》（GB 13223—2011）。

【标准分级条款的新含义】

项目生活污水预处理后接管企业与园区共建的污水处理厂，污水处理厂尾水排入Ⅳ类水体马港河，地方环保厅对污水处理厂尾水提出了执行《污水综合排放标准》（GB 8978—1996）表 4 一级标准的要求。有的企业对此提出疑义：《污水综合排放标准》4.1.2 明确规定“排入Ⅳ类、Ⅴ类水域的污水执行二级标准”，为什么要执行一级？对此，地方环保部门对企业答复如下：近年来随着经济的快速发展，部分区域地表水水质恶化明显，不能满足功能需要的现象普遍存在。为了防止此类水体水质的进一步恶化，标准分级条款被赋予了新的含义：污水排入上述水域的项目，提高排放标准等级，考虑执行最严格的排放标准（一级标准）。这种融入了总量控制、保护环境和防止水体恶化观念，对排入Ⅳ类、Ⅴ类水域的污水执行《污水综合排放标准》表 4 一级标准的情况已比较普遍。

6 废气监测

6.1 概论

6.1.1 工业废气的含义与分类

各种工业生产及其有关过程中排放的含有污染物质的气体，统称为工业废气。其中包括物料直接从生产装置中经过化学、物理和生物化学过程排放的气体，也包括间接的与生产过程有关的燃料燃烧、物料储存、装卸等作业散发的含有污染物质的气体。

通常，按工业生产行业和产品门类对工业废气进行分类。如按行业分为火电行业废气、钢铁及冶炼行业废气、化工及石化行业废气和建材工业废气等。

工业废气中含有的污染物是各种各样的，按其存在的状态可分为两大类：一类是气体污染物；另一类是存在于气体中而形成气溶胶的颗粒物。在许多情况下，废气既含有气态污染物，又含有颗粒物，如燃料燃烧废气。

气态污染物在化学上可分为两大类：一类是有机污染气体；另一类是无机污染气体。有机污染气体主要包括各种烃类、醇类、醛类、酸类、酮类、醚类、酯类、芳香烃类、酚类和胺类等；无机污染气体主要包括硫氧化物、氮氧化物、碳氧化物、卤素及其化合物。气态污染物也可按其化学特性分为可燃气体、不燃气体、水溶性气体、难溶性气体、放射性气体和非放射性气体等。

颗粒物在化学上也可分为两大类：一类是有机颗粒物，如蒽、萘等多环芳烃、油类颗粒物等；另一类是无机颗粒物，如矿物尘、金属及其氧化物粉尘等。也可按其物理化学特性分为易燃易爆性粉尘、普通粉尘、亲水性粉尘、疏水性粉尘、放射性粉尘、非放射性粉尘、高比电阻粉尘、低比电阻粉尘等。颗粒物还可以按其形成的过程不同进行分类，第一类是固体物料经过机械性撞击、研磨、碾轧、粉碎而形成的粉尘；第二类是煤、石油等燃料燃烧产生的烟尘；第三类是物料通过各种化学或物理化学过程产生的微细颗粒物等。

6.1.2 废气的来源

（1）火电行业

火电行业排放废气中的污染物包括：

①锅炉燃烧产生烟气中所含的颗粒物、硫氧化物、氮氧化物和汞及其化合物。此外，还有一氧化碳、二氧化碳和少量的氟化物与氯化物等。这些组分来源于燃料中的矿物质，其中氮氧化物的一部分是由空气中的氮气在高温燃烧下氧化形成的。

②气力输灰系统中间灰库排放的含尘废气。

③煤场、原煤破碎、输煤皮带产生的含尘废气。

（2）钢铁及冶炼行业

①钢铁行业：开发的主要对象是多种黑色金属和非金属矿物。钢铁厂的烧结、球团、炼焦、化学副产品、炼钢、炼铁、轧钢、锻压、金属制品与铁合金、耐火材料、碳素制品以及动力生产环节，拥有各种炉窑并排放大量颗粒物和有害气体。

钢铁行业排放的废气，大体可分为三类：

- 生产工艺过程化学反应中排出的废气，如冶炼、烧焦、化工产品和钢材酸洗过程中产生的颗粒物和有害气体；
- 燃料在炉、窑中燃烧产生的烟气和有害气体；
- 原料、燃料运输、装卸和加工等过程产生的颗粒物。

钢铁行业废气排放主要污染物及来源如表 6-1 所示。

表 6-1　钢铁行业废气排放主要污染物及来源

生产工艺	主要污染物	主要来源
原料处理	颗粒物	供卸料设备、转运站及其他设施
烧结	颗粒物	配料设施、整粒筛分设施
	颗粒物、二氧化硫、氮氧化物、氟化物、二噁英类	烧结机机头
	颗粒物	烧结机机尾
	颗粒物	破碎设施、冷却设施及其他设施排气筒
球团	颗粒物	配料设施
	颗粒物、二氧化硫、氮氧化物、氟化物	焙烧设施
炼铁	颗粒物	矿槽
	颗粒物、二氧化硫	出铁场
	颗粒物、二氧化硫、氮氧化物	热风炉
	颗粒物	原料系统、煤粉系统及其他设施

生产工艺	主要污染物	主要来源
炼钢	颗粒物	转炉二次烟气
	颗粒物	转炉三次烟气
	颗粒物、二噁英类	电炉烟气
	颗粒物、二氧化硫、氮氧化物	石灰窑、白云窑焙烧
	颗粒物	铁水预处理（包括倒罐、扒渣等）、精炼炉、钢渣处理设施
	颗粒物	转炉一次烟气、连铸切割及火焰清理及其他设施
	氟化物	电渣冶金
轧钢	颗粒物、二氧化硫、氮氧化物	热处理炉
	颗粒物	热轧精轧机
	颗粒物	拉矫机、精整机、抛丸机、修磨机、焊接机
	油雾	轧制机组
	颗粒物、氯化氢、硝酸雾、氟化物	废酸再生
	氯化氢、硫酸雾、硝酸雾、氟化物	酸洗机组
	铬酸雾	涂镀层机组
	碱雾	脱脂
	苯、甲苯、二甲苯、非甲烷总烃	涂层机组
炼焦	颗粒物	精煤破碎、焦炭破碎、筛分、转运设施
	颗粒物、二氧化硫、苯并[a]芘	装煤地面站
	颗粒物、二氧化硫	推焦地面站
	颗粒物、二氧化硫、氮氧化物	焦炉烟囱
	颗粒物、二氧化硫	干法熄焦地面站
	颗粒物、二氧化硫、氮氧化物	粗苯管式炉、半焦烘干和氨分解炉等燃用焦炉煤气的设施
	苯并[a]芘、氰化氢、酚类、非甲烷总烃、氨、硫化氢	冷鼓、库区焦油各类贮槽
	苯、非甲烷总烃	苯贮槽
	氨、硫化氢	脱硫再生塔
	颗粒物、氨	硫铵结晶干燥
铁合金	颗粒物	敞开式电炉
	颗粒物	封闭式电炉
	颗粒物	精炼电弧炉
	颗粒物	回转窑
	颗粒物	熔炼炉
耐火材料	颗粒物	竖窑
	颗粒物	回转窑
	颗粒物	隧道室
	颗粒物	破碎、筛分设备
	颗粒物	运输系统

生产工艺	主要污染物	主要来源
碳素制品	颗粒物	煅烧炉
	颗粒物	焙烧炉
	颗粒物	石墨化炉
	颗粒物	浸焙炉
	颗粒物	原料破碎、筛分转运点
机修	颗粒物	化铁炉
动力	颗粒物、二氧化硫、氮氧化物	锅炉
辅助原料加工	颗粒物	石灰窑
	颗粒物	白云石窑
	颗粒物	矿石破碎、筛分、转运点

②有色金属行业：有色金属是除铁、锰、铬以外的所有金属的总称。在我国，列入有色金属范围的共有 64 种金属。按照它们的物理和化学性质的不同，又可分为重有色金属、轻有色金属、贵有色金属、半金属和稀有金属五类。

有色金属工业废气主要产生在有色金属采矿、选矿、冶炼和加工生产及其相关过程中，因凿岩、爆破，矿石粉碎、筛分和运输，金属冶炼和加工，燃料燃烧等产生含污染物质的有毒有害气体。

有色金属工业废气按其所含主要污染物的性质大体上可分为三大类：

- 含工业粉尘为主的采矿和选矿工业废气；
- 含有有毒有害气体（含氟或硫、氯）与尘为主的有色金属冶炼废气；
- 含酸、碱和油雾为主的有色金属加工工业废气。

有色金属行业废气排放主要污染物及来源如表 6-2 所示。

表 6-2 有色金属行业废气排放主要污染物及来源

生产工艺		主要污染物	主要来源
采矿工业	采矿场	颗粒物及颗粒物中重金属、炮烟、柴油机尾气等	采矿凿岩、爆破、矿石转运作业工作面
	选矿厂	颗粒物及颗粒物中重金属	矿石破碎、筛分、贮存和运输过程
冶炼工业	轻金属冶炼	颗粒物及颗粒物中重金属、含氟废气、沥青烟、含硫废气等	原料制备、熟料烧结、氢氧化铝煅烧和铝电解，碳素材料和氟化盐制造
	重金属冶炼	颗粒物及颗粒物、含硫烟气、含汞、砷、镉废气等	原料制备、精矿烧结和焙烧、熔炼、吹炼和精炼，含硫烟气回收制硫酸过程
	稀有金属（含半金属）冶炼	颗粒物及颗粒物中重金属、含氯烟气等	原料制备、精矿焙烧和氯化、还原和精制过程
加工工业	有色金属加工	颗粒物及颗粒物中重金属、含酸、碱和油雾烟气等	原料制备、金属熔化和轧制、洗涤和精整过程

（3）化工及石化行业

①化工行业：我国化学工业已建成包括 20 多个行业、基本完整的化工生产体系，其中氮肥、磷肥、无机盐、氯碱、有机原料及合成材料、农药、医药、染料、涂料、炼焦等行业的废气排放量大，污染物组成复杂，对大气环境造成较严重的污染。各种化工产品在每个生产环节都会产生并排出废气，其主要来源：

- 主化学反应中伴生的副反应产生的废气排放和反应进行不完全时原料的排放；
- 产品加工和使用过程中产品或辅料的排放；
- 工艺不完善，生产过程不稳定，产生不合格的产品；
- 生产设备陈旧落后或设计不合理，造成的物料跑、冒、滴、漏；
- 因操作失误，指挥不当，管理不善造成废气的排放；
- 化工生产中排放的某些气体，在光或雨的作用下，产生的有害气体。

化学工业主要行业废气的主要污染物及来源如表 6-3 所示。

化工废气，按其所含污染物性质可分为三大类：

- 含无机污染物的废气，主要来自氮肥、磷肥（含硫酸）、无机盐等行业；
- 含有机污染物的废气，主要来自有机原料及合成材料、农药、医药、染料、涂料等行业；
- 既含无机物又含有机物的废气，主要来自氯碱、炼焦等行业。

表 6-3 化工行业废气排放主要污染物及来源

行业	主要污染物	备注
氮肥	NO_x、尿素粉尘	
磷肥	氟化物、颗粒物、SO_2、酸雾	包括硫酸行业
无机盐	SO_2、P_2O_5、酸雾	
氯碱	Cl_2、HCl、氯乙烯	
有机原料及合成材料	SO_2、Cl_2、HCl、H_2S、NH_3、NO_x、VOCs、恶臭	
农药	HCl、Cl_2、氯乙烷、氯甲烷、VOCs、磷化氢、磷氧化物、恶臭	
医药	酸性气体、VOCs、恶臭	
染料	H_2S、SO_2、NO_x、VOCs、恶臭	
涂料	芳烃、挥发性卤代烃	
炼焦	CO、SO_2、NO_x、H_2S、芳烃	

②石化行业。石油化学工业分为四大类。

第一类为石油炼制，是将原油、页岩油经过常减压蒸馏、催化裂化、加氢精制、催化重整及各种脱制蜡等加工过程，生产出汽油、煤油、柴油和润滑油，以及石油气体、苯类、石油焦和沥青等产品。

第二类为石油化工，是石油炼制后产生的轻质油品（石油气、石脑气、轻柴油）裂解或天然气为主要原料生产有机原料（乙烯、丙烯、丁二烯和苯、甲苯、二甲苯等），以及将有机原料经过特定的加工工艺生产出聚乙烯、聚丙烯、聚苯乙烯等合成树脂；丁苯橡胶、丁腈橡胶、乙丙橡胶等合成橡胶；合成洗涤剂、表面活性剂、各种添加剂等化工产品。

第三类为合成纤维，是以石油炼制生产的苯、二甲苯、乙烯、丙烯等有机原料为主要原料经过对苯二甲酸、对苯二甲酸二甲酯、抽丝等生产过程生产聚酯、聚酰胺、聚丙烯、聚乙烯醇缩甲醛、聚丙烯纤维产品。

第四类为石油化肥，是利用石油炼制产品的石脑油、渣油及天然气为主要原料，经过造气、合成等过程生产合成氨、硝铵及尿素等产品。

石油化工生产过程中排放大量的废气，是全国的主要工业污染源之一。石油化学工业废气主要来源包括：

➢ 炼油厂和化工厂装置的加热炉和锅炉排出的燃烧气体；
➢ 生产装置产生的不凝气、驰放气和反应的副产品气体等废气；
➢ 轻质油品及挥发性化学药剂和溶剂在贮运过程中的逸散、泄漏，废水及废弃物处理和运输过程中散发的恶臭和有害气体；
➢ 工厂加工物料往返输送所产生的跑、冒、滴、漏。

石油化学工业废气按行业可分为石油炼制废气、石油化工废气、合成纤维废气和石油化肥废气。四大生产行业排出的废气根据排放的方式有：工业废气、烟气、火炬气及无组织排放废气。根据废气中所含污染物的化学性质可分为有机废气、无机废气和含颗粒物废气。根据对人危害程度又有刺激性废气、恶臭废气和有毒废气。其废气主要污染物和来源如表 6-4 所示。

表 6-4 石油化学行业废气排放主要污染物及来源

行业	废气名称	主要污染物	主要来源
石油炼制	含烃废气	总烃	油品贮罐，污水处理场隔油池，工业装置加热炉，压缩机发动机，装卸油设施，烷基化尾气，轻质油品和烃类气体的储运设施及管线、阀门、基泵等的泄漏
	氧化沥青尾气	苯并[a]芘	沥青装置
	催化再生烟气	SO_2、CO_2、CO、颗粒物	催化裂化装置
	燃烧废气	SO_2、NO_x、CO_2、CO、颗粒物	工业装置加热炉，锅炉，焚烧炉，火炬
	含硫废气	H_2S、SO_2、氨	含硫污水汽提，加氢精制，气体脱硫，硫黄回收尾气处理
	臭气	H_2S、硫醇、酚	油品精制，硫黄回收，脱硫，污水处理厂，污泥治理

行业	废气名称	主要污染物	主要来源
石油化工	燃烧废气	SO_2、NO_x、CO_2、CO、颗粒物	工艺装置加热炉，裂解炉，锅炉，焚烧炉，火炬
	工艺废气	烷烃，烯烃，环烷烃，醇，芳香烃，醚类，酮类，醛，酚，酯，卤代烃，氢化物 SO_2、NO_x、CO、卤化物	甲醇装置，乙醛装置，乙酸装置，环氧丙烷装置，苯、甲苯装置，聚乙烯、聚丙烯、氯乙烯、苯乙烯、对苯二甲酸装置，顺丁橡胶，丁苯橡胶装置，丙烯腈装置，环氧氯丙烷，甲醇生产装置，丁二烯装置，火炬
合成纤维	燃烧废气	SO_2、NO_x、CO_2、CO、总烃、颗粒物、二噁英类	工艺装置加热炉，锅炉，焚烧炉，火炬
	含烃废气	总烃	催化重整，芳烃抽提，对二甲苯，常减压装置，轻质油品储罐
	刺激性废气	甲醇、甲醛、乙醛、醋酸、环氧乙烷、己二腈、己二胺、丙烯腈、对苯二甲酸二甲酯	对苯二甲酸装置，对苯二甲酸二甲酯装置，丙烯腈装置，己二胺装置，硫氰酸钠溶剂回收装置，聚丙烯腈装置，腈纶装置
石油化肥	燃烧废气	SO_2、NO_x、CO_2、CO、颗粒物	工艺装置加热炉，锅炉，焚烧炉，火炬
	工艺废气	CH_4、H_2S、氨、SO_2、NO_x、CO、CO_2、尿素、颗粒物	合成氨，硫黄回收，合成氨弛放气，氨冷冻储罐，尿素造粒塔，硝酸装置，氨中和器

（4）建材行业

建材行业主要有三大类：第一类为建筑材料，包括水泥、平板玻璃、建筑陶瓷、新型建筑材料、砖瓦、灰、砂、石等；第二类为非金属矿，包括石棉及其制品、石膏、石墨、云母、滑石、大理石、花岗岩、金刚石等；第三类为无机非金属材料，包括玻璃纤维及玻璃钢制品等。

建材工业的废气污染源属于混合性污染源，既向大气排放颗粒物、氮氧化物、硫氧化物等无机物，又向环境排放废热和其他废物。建材工业的废气主要来源于水泥的回转窑、立窑；平板玻璃厂的玻璃熔窑；建筑陶瓷厂的倒焰窑、隧道窑；砖瓦厂的土窑、轮窑、隧道窑；石灰石厂土窑、立窑。建材工业品种繁多，废气成分复杂。就颗粒物而言有水泥、平板玻璃、建筑陶瓷的原料粉尘，还有石棉、石墨、岩棉、玻璃纤维及玻璃钢粉尘。废气中，含有一氧化碳、二氧化碳、氮氧化物、硫氧化物、硫化氢、氟化物等。

建材行业废气主要分为三类：

- 高温废气，是以原煤为燃料，对原料进行烘干，对成品或半成品进行高温烧结或半熔融状态产生的烟气；
- 锅炉烟气，为工业或民用供热、供气、供水的各种燃煤锅炉所产生的烟气；
- 常温含尘废气，为各种原材料加工、转运过程中以及成品包装过程中所产生含尘气体。

建材行业废气主要来源如表 6-5 所示。

表 6-5 建材行业废气主要来源

行业	主要来源
水泥	高温废气：回转窑、立窑、烘干机、冷却机等
	常温含尘废气：石灰石矿山爆破、原料破碎、水泥包装及物料贮运系统等
平板玻璃	高温废气：玻璃熔窑、煤气发生炉等
	常温含尘气体：原料破碎、粉碎、筛分、配料、混料及玻璃切装、耐火材料的加工过程等
	锅炉烟气
建筑陶瓷	高温烟气：素坯、釉烧隧道窑、倒焰窑、喷雾干燥塔等
	常温废气：原料破碎、轮碾、配料、混料、成型、喷釉及石膏炒制等
石棉矿及石棉选矿	常温含尘气体：矿山开采、选矿厂的破碎、筛选及输送装置、原棉包装等
石棉制品	常温含尘气体：原棉打包、倒包、混碾、风力浮选、过筛及石棉制品的梳纺、捻线、纺织等。石棉橡胶制品、石棉摩擦材料的混料压延、毛坯加工等
油毡、沥青	高温废气：沥青氧化尾气
	常温含尘废气：浸渍、撒布、卷毡
砖瓦	高温烟气：轮窑、隧道窑、土窑等
	常温含尘废气：原料破碎、码堆、出窑等
建筑机械	高温废气：冲天炉
	常温含尘废气：型砂制备与输送、铸钢、铸铁件清砂，旧砂回收利用及毛坯切割加工等
	锅炉烟气：工业锅炉
玻璃钢制品	常温气体：树脂原料、稀释剂、固化剂挥发产生的气体及制品加工过程含尘废气
石墨、滑石、膨润土矿	高温烟气：石墨烘干
	常温废气：矿石开采、破碎、粉磨及成品包装等

（5）交通运输业

交通运输业污染源排放废气主要有汽车排放、飞机排放、铁路排放和海运排放。

汽车排放：汽车是一种流动污染源，随着汽车数量的增长，由汽车排放造成的大气污染日趋严重；我国城市交通和公路交通发展很快，汽车的排放废气在一些大城市已经成为主要的空气污染源。汽车排放废气中含有 150～200 种不同的碳氢化合物，其中危害最大的是一氧化碳、碳氢化合物、氮氧化物。

飞机排放：从喷气式飞机和活塞发动机飞机排放的废气，含有与机动车辆排放相同的污染物，因此会造成与汽车类似的污染问题。

铁路排放：污染很大程度上取决于机车使用的燃料。电力机车或柴油机车代替蒸汽机车，在很大程度上减少了颗粒物的排放。

海运排放：海运燃油在一定程度上对环境造成污染。

（6）饮食业

由于我国传统饮食文化的特殊性，煎、炒、炸、烤类食物较多。不同食品在高温下会产生不同种类的挥发性物质，多达数百种，其中含有许多致突变和致癌物质，最主要的有害成分为杂环胺类，尤其是肉制品在高温烹调过程中，会产生大量的杂环胺类物质，且随着烹调温度的升高，产生量逐渐增多。不同种类的食用油在高温下的热解产物也达 200 多种，主要有醛类、酮类、烃、脂肪酸、芳香族化合物及杂环化合物。

6.1.3 废气的治理

6.1.3.1 颗粒物

（1）颗粒物

能在空气中分散并存在一定时间的固体粒子叫作颗粒物。颗粒物是一种分散系，该分散系中分散介质是空气，分散相是固体离子，这种分散系叫作气溶胶。

（2）除尘器分类

从含尘气体中将颗粒物分离出来并加以捕集的装置称为除尘设施或除尘器。为使颗粒物从排气中分离出来，采用的各种除尘器利用不同的作用力如重力、惯性力、离心力、扩散附着力、电磁力等，从而达到从排气中分离和捕集颗粒物的目的。除尘器按其作用原理不同可分成四大类：

①机械力除尘器：重力沉降室、惯性除尘器、旋风除尘器；

②湿式除尘器：冲击式除尘器、泡沫除尘器、文丘里管除尘器；

③过滤式除尘器：低速袋滤器、脉冲袋滤器、颗粒层除尘器；

④电除尘器：干式静电除尘器、湿式静电除尘器。

（3）除尘器

目前排气除尘主要有电除尘器、袋式除尘器、湿式除尘器及旋风除尘器等。

①电除尘器。电除尘器是利用强电场电晕放电使气体电离，粉尘带电荷，并在电场力作用下，使粉尘从气体中分离出来的除尘装置。其优点是：a）除尘效率高，可达 99%以上；b）本体压力小，压力损失一般为 160～300 Pa；c）能耗低，处理 1 000 m^3 烟气需 0.2～0.6 kW；d）处理烟气量大，可达 10^6 m^3/h 以上；e）耐高温，普通钢材可在 350℃以下运行。但也有以下缺点：a）耗钢量大；b）占地面积大；c）对制造、安装、运行要求严格；d）对粉尘的特性较敏感，最适宜的粉尘比电阻范围为 10^4～$5\times10^{10}\Omega\cdot cm$，若在此范围外，应采取一定措施，才能取得必要的除尘效率。

湿式电除尘器是一种用来处理含微量粉尘和微颗粒的新除尘设备，主要用来除去含湿气体中的尘、酸雾、水滴、气溶胶、臭味、$PM_{2.5}$ 等有害物质。湿式电除尘器和与干式电除尘器的收尘原理相同，都是靠高压电晕放电使得粉尘荷电，荷电后的粉尘在电场力的作用下到达集尘板/管。干式电除尘器主要处理含水很低的干气体，湿式电除尘器主要处理含水较高乃至饱和的湿气体。在对集尘板/管上捕集到的粉尘清除方式上 WESP 与 DESP 有较大区别，干式电除尘器一般采用机械振打或声波清灰等方式清除电极上的积灰，而湿式电除尘器则采用定期冲洗的方式，使粉尘随着冲刷液的流动而清除。

②袋式除尘器。是利用织物制作的袋状过滤器，用来捕集含尘气体中颗粒物的除尘装置。其优点是：a）除尘效率高，一般在 99%以上，除尘器出口气体含尘量在每立方米数十毫克以内，对亚微米粒径的细尘有较高的分级除尘效率；b）处理风量的范围广，小的仅每分钟数立方米，大的可达每分钟数万立方米，既可用于尘源的通风除尘，改善作业场所的空气质量，也可用于工业炉窑的烟气除尘，减少大气污染物的排放；c）结构比较简单，维护操作方便；d）在保证同样高的除尘效率前提下，造价低于静电除尘器；e）采用玻璃纤维、Nomex 等耐高温滤料时，可在 2 000℃以下的高温下运行；f）对粉尘的特性不敏感，不受粉尘比电阻的影响。同时也有以下缺点：a）体积与占地面积较大；b）本体压力损失较大，一般为 1 000～2 000 Pa；c）对滤袋质量有严格的要求，若滤袋破损率高、使用寿命短，则运行费用将大大增加。

袋式除尘器的主要类型有：a）脉冲袋式除尘器；b）环隙喷吹袋式除尘器；c）回转反吹风袋式除尘器；d）反吹风袋式除尘器（又分负压布袋吸大气反吹风除尘器、正压布袋循环烟气反吹风除尘器、负压循环烟气反吹风除尘器）；e）旁插扁袋除尘器。

③湿式除尘器。借水或其他液体形成的液网、液膜或液滴与含尘气体接触，借助于惯性碰撞、扩散、拦截、沉降等作用而捕集尘粒，使气体得到净化的各类除尘装置，统称湿式除尘器。其优点是：结构简单，无转动部件，造价较低，安装、维护、管理均较方便；除尘效率一般可达 90%～95%，能适应高温高湿气体以及黏性大的粉尘，并能净化部分有害气体。缺点是：需消耗一定水量，有处理灰水的麻烦，排烟温度低，不利于扩散，湿灰利用比较困难，对憎水性或水硬性的粉尘不宜采用，对腐蚀性较大的气体则需要有防腐措施。

湿式除尘器的种类繁多，按其结构形式及除尘机理可分为：a）重力喷雾湿式除尘器——空心喷雾塔；b）旋风式湿式除尘器——旋风水膜除尘器；c）自激式湿式除尘器——冲击水浴式除尘器；d）填料式湿式除尘器——填料塔、湍球塔；e）泡沫式湿式除尘器——泡沫塔、漏板塔；f）文丘里湿式除尘器——文氏管；g）机械诱导式湿式除尘器。常用的有旋风水膜除尘器、斜棒栅除尘器和文丘里管除尘器。

④旋风除尘器。是利用旋转的含尘气流所产生的离心力，将粉尘从气流中分离出来的除尘装置。其优点是：a）除尘器本身没有运动部件，结构简单、制造安装费用较少；b）维护管理方便；c）耐高温，可采用各种不同的材料制作，以适应粉尘物理性能的特殊要求。缺点是：a）处理风量较大时，需采用多个旋风子组合，风量分配不均匀；b）某些部位易

磨损；c）排灰口易堵塞；d）捕集细尘粒的能力差。

6.1.3.2 二氧化硫

二氧化硫主要来自有色金属冶炼（如铜、锌、铅的精炼等）、硫酸制造以及化石燃料、石油等燃烧过程。硫化精矿是有色金属冶炼的主要原料，在冶炼过程中产生大量含硫氧化物的烟气。冶炼烟气中二氧化硫浓度一般在 2%左右，有时高达 11%～13%。化石燃料燃烧几乎涉及所有的企业（如火力发电厂、硫酸厂、钢铁厂、炼油厂、化工厂和一切燃煤或燃油的锅炉等）和人们日常生活（如做饭、采暖用煤炉等），所以二氧化硫排放量大，污染面广。

防治二氧化硫污染的措施很多，除采取无污染或少污染的工艺技术和改革工艺流程外，还有燃料低硫化、排烟脱硫等。

（1）燃料低硫化

燃料低硫化主要是从气体燃料脱硫、石油脱硫、煤脱硫等方面实现。

①气体燃料脱硫：气体燃料主要包括天然气、石油炼制气、焦化气、煤气等。在气体燃料中硫主要以硫化氢（H_2S）的形式存在。去除 H_2S 的方法有氧化铁法、活性炭吸附法、氧化锌法、干式氧化法等。

②石油脱硫：石油中硫含量可达 5%（质量分数），一般多采用加氢脱硫法去硫。石油与高压氢一起通过催化剂，其中硫合成为 H_2S，然后去除。用于工厂燃料的重油，主要是以常压蒸馏残油为原料。但是，常压蒸馏残油中的含硫值较高，约是原油含硫值的两倍，另外还含有大量的镍（Ni）、钒（V）等金属。为减少 Ni、V 等金属对加氢脱硫中催化剂的毒害，往往采用间接脱硫法或直接脱硫法除硫。

③煤脱硫：煤中所含硫为无机硫和有机硫，因煤的产地和品种不同而存在差异。无机硫化物主要以硫化铁形式存在，把煤粉碎后，通过高梯度磁分离、重力分离或化学分离等选煤过程可将这部分硫去除。有机硫化物主要以噻吩和亚硫酸盐形式存在，只有把煤气汽化或液化之后，利用加氢分解或其他精制方法才能去除。

（2）排烟脱硫

利用吸收、吸附、氧化等化学方法脱除排气中的二氧化硫。

①冶炼烟气脱硫：重金属冶炼过程中产生的烟气和硫酸工业尾气中 SO_2 含量通常比较高（>2%），称为高浓度 SO_2 烟气。一般采用接触法回收烟气中的硫，并制成硫酸。去除大部分二氧化硫后的烟气，可根据排放限值直接排放或做进一步脱硫处理后排放。

②低浓度二氧化硫烟气脱硫：低浓度二氧化硫烟气（含二氧化硫大多为 0.1%～0.5%），往往因烟气量大，给治理带来了很多困难。

低浓度二氧化硫脱硫方法可分成干法和湿法两种。干法采用粉状或粒状吸收剂、吸附剂或催化剂来脱除烟气中的二氧化硫。其特点是处理后的烟气温度降低很少，烟气湿度没有增加，利于烟囱排放气的扩散，同时在烟囱附近不会出现雨雾现象。但干法脱硫时，二氧化硫的吸附和吸收速度较慢，因而使得脱硫效率低，而且设备庞大、投资费用高。湿法采用液体吸收剂洗涤烟气去除二氧化硫。液体吸收剂与二氧化硫反应速度很快，所以湿法脱硫效率高，且设备小、投资少。但处理后的烟气温度降低，含水量增加。为了提高扩散效果，防止在烟囱附近形成雨雾（白烟），需对烟气进行加热后再排放。

6.1.3.3 氮氧化物

工业生产中排放的氮氧化物，大部分来自化石燃料的燃烧过程，如工业窑炉的燃烧过程，也来自生产、使用硝酸的过程，如氮肥厂、有机中间体厂、有色及黑色金属冶炼厂等。氮氧化物对环境的损害作用极大，它既是形成酸雨的主要物质之一，也是形成大气中光化学烟雾的重要物质和消耗臭氧的一个重要因子。

治理氮氧化物的途径一是在工艺流程上控制氮氧化物的产生，二是采用排烟脱氮的方式，主要分为干法和湿法两类。干法主要有催化还原法、吸附法等，湿法主要是吸收法，包括直接吸收法、氧化吸收法、氧化还原吸收法等。

（1）催化还原法

适用于治理各种污染源排放出的氮氧化物。可分为非选择性还原法（SNCR）和选择性还原法（SCR）。非选择性还原法是以一氧化碳、氢、甲烷等还原性气体作为还原剂，以元素铂、钯或以钴、镍、铜、铬、锰等金属的氧化物为催化剂，在400～800℃的条件下，将氮氧化物还原成氮气，同时有部分还原剂与烟气中过剩的氧发生燃烧反应形成水和二氧化碳，并放出大量热。此法效率高，但耗费大量还原剂。选择性还原法是以元素铂或以铜、铁、钴、钒等的氧化物为催化剂，以氨或硫化氢为还原剂，有选择性地同排放废气中氮氧化物反应，以氨为还原剂时，反应温度为 200～450℃（以硫化氢为还原剂时反应温度为120～150℃）。此法还原剂消耗仅为非选择性还原法的 1/5～1/4。

（2）吸附法

用分子筛等吸附剂，吸附硝酸尾气中的氮氧化物。氢型丝光氟石、硅胶、泥煤和活性炭等是良好的氮氧化物吸附剂。在有氧存在时，分子筛不仅能吸附氮氧化物还能将一氧化氮氧化成二氧化氮。通入热空气（或热空气与蒸汽的混合物）解吸，可回收硝酸或二氧化氮。硝酸尾气中的 NO_x 经过吸附处理可控制在 50×10^{-6} 以下。

（3）吸收法

①直接吸收法

有水吸收、硝酸吸收、碱性溶液（氢氧化钠、碳酸钠、氨水等碱性液体）吸收，浓硫酸吸收等多种方法。用漂白稀硝酸直接吸收一氧化氮，既可减少污染，又可增加硝酸产量。吸收氮氧化物后的漂白稀硝酸，可用气体吹脱（漂白），吹脱出来的氮氧化物送入吸收塔回收，此法可从尾气中回收 80%～90%的氮氧化物。碱性溶液吸收法是用 30%氢氧化钠溶液或相应浓度的氨水，得到硝酸盐和亚硝酸盐。

②氧化吸收法

在氧化剂和催化剂作用下，将一氧化氮氧化成溶解度高的二氧化氮和三氧化二氮，然后用水或碱液吸收脱氮的方法，在湿法排烟脱氮工艺中应用较多。氧化剂可用臭氧、二氧化氯、亚氯酸钠、次氯酸钠、高锰酸钾、过氧化氢、氯和硝酸等。按氧化方式的不同可分为催化氧化吸收法、气相氧化吸收法和液相氧化吸收法。

③氧化还原吸收法

用臭氧、二氧化氯等强氧化剂在气相中把一氧化氮氧化成易于吸收的氮氧化物和三氧化二氮，用稀硝酸或硝酸盐溶液吸收后，在液相中用亚硫酸钠、硫化钠、硫代硫酸钠和尿素等还原剂将二氧化氮和三氧化二氮还原为氮气。

6.1.3.4 挥发性有机物

挥发性有机物，常用 VOCs 表示，定义主要分为三类：美国 ASTMD 3960—98 标准将 VOCs 定义为任何能参加大气光化学反应的有机化合物；美国国家环保局（EPA）将 VOCs 定义为除 CO、CO_2、H_2CO_3、金属碳化物、金属碳酸盐和碳酸铵外，任何参加大气光化学反应的碳化合物；世界卫生组织（WTO）将 VOCs 定义为熔点低于室温而沸点在 50～260℃的挥发性化合物的总称。综合以上定义，我们将挥发性有机物定义为参与大气光化学反应的有机化合物，或者根据规定的方法测量或核算确定的有机化合物，包含各种烃类、醇类、醛类、酸类、酮类、醚类、酯类、芳香烃类、酚类和胺类等一种或多种组合的挥发性有机污染气体。

挥发性有机物特点是涉及行业广，组成复杂，有机物含量时有波动、可燃、有一定毒性，而氯氟烃的排放还会引起臭氧层的破坏。主要来源有三类：一是与生产过程直接相关，源于化学反应等，如石化及化工行业，包括农药、氯碱、医药、塑料、有机原料及合成材料、轻工、印刷、涂料等行业生产过程中排放的废气；二是生产过程中使用溶剂、油墨或涂料等挥发的有机污染物，如电子、印刷、船舶制造、汽车制造等行业在表面喷涂或清洗过程中排放的废气；三是燃料燃烧或垃圾焚烧等过程中产生的废气。按照排放挥发性有机物的大气污染源，大致可分为固定污染源和流动污染源两类。固定污染源，指在废气发生源位置固定的石油和化工工厂、贮存设施，印刷及其他与石油和化工有关的行业，使用石油、石油化工产品、化工产品的场合和燃烧设备；流动污染源，主要指以石油产品为燃料的交通工具，如汽车、拖拉机、内燃机车、轮船、飞机等。

挥发性有机物的主要来源如表 6-6 所示。

表 6-6 挥发性有机物的主要来源

污染源		主要来源
固定源	石油炼制、储存、印刷、油漆；化工行业的有机原料及合成材料、农药、染料、涂料、炼焦； 固定燃烧装置	石油炼制、化工工艺中泄漏，贮存设施中蒸发，废水有机物的蒸发，油墨、涂料中有机物蒸发，消毒剂、农药、染料等加工中有机物的蒸发，化工尾气工业用炉，垃圾焚烧炉中不完全燃烧，饮食业煎、炒、炸、烤类食物
流动源	汽车、轮船、飞机	曲轴箱漏气、尾气排放

目前，治理挥发性有机物的方法有吸收、吸附、热分解、焚烧及催化燃烧等。处理方法的选择取决于挥发性有机物的化学和物理性质、浓度、排放量、排放限值，以及回用作原料或副产品的经济价值。

（1）液体吸收法

液体吸收法可直接处理挥发性有机物，不用预处理装置，且处理量大，生产能力高。在控制石油和化工废气有机物污染方面，多采用物理和化学吸收法。例如，对化工有机废气用水吸收以萘或邻二甲苯为原料，生产苯酐时产生的含有苯酐、顺酐、苯甲酸、萘醌等的废气；用水及碱溶液吸收氯醇法环氧丙烷生产中的次氯酸化塔尾气（酸性组分），并回收丙烷；用碱液循环法吸收磺化法苯酚生产中的含酚废气，再用酸化吸收液回收苯酚；用水吸收合成树脂厂含甲醛尾气。挥发性有机物常用吸收液如表 6-7 所示。

表 6-7 挥发性有机物常用吸收液

性 质	物理吸收			化学吸收		
吸收液	水	油、溶剂	活性炭悬浊液	碱液	酸液	氧化剂液
吸收液主要成分	水	柴油、机油等	活性炭	苛性苏打、苛性钾	盐酸、硫酸	次氯酸钠、臭氧等
吸收物	苯酚	三苯	甲醇	有机酸	胺类	甲醛、乙醛、甲醇

（2）吸附法

吸附法净化效率高，可回收有机物，常用于低浓度挥发性有机物的净化。方法既可单独使用，也可以同其他方法联合使用。

吸附法应用于净化涂料、油漆、塑料、橡胶等化工生产排放的含溶剂和有机物的废气。常用的吸附剂有：活性炭、硅胶、浮石、活性氧化铝、分子筛等。由于硅胶、活性氧化铝、分子筛在吸附时首先吸附废气中的水蒸气，而且解吸有困难，所以在治理有机废气时通常用活性炭作吸附剂。活性炭吸附法最常见的是用于净化氯乙烯和四氯化碳生产中的废气，在涂料、油漆生产和喷漆、印刷上也被广泛应用。

（3）燃烧法

燃烧法是将挥发性有机物进行氧化，使之变成无害气体和易处理的物质。此方法净化彻底，广泛应用于工业有机废气的治理。缺点是不能回收有机溶剂。

燃烧方法分为直接燃烧、热力燃烧和催化燃烧三种。

①直接燃烧是把挥发性有机物作为燃料直接烧掉，适合挥发性有机物中可燃组分浓度较高的气体。通过燃烧时放出的热量维持燃烧区足够的燃烧温度，使燃烧持续进行。该过程通常在 1 100℃以上进行。

②热力燃烧适合净化可燃的有机物浓度相对较低的废气。燃烧时，所产生的热量不足以维持燃烧的进行，因而需要辅助燃料。该过程在 590～650℃进行。

③催化燃烧是借助于催化剂的作用，使挥发性有机物在较低温度下燃烧净化。它是将废气预热混合均匀后通过催化剂层，使其发生氧化反应。废气需要预热至 300～450℃。方法需要辅助燃料少，设备少。

6.1.3.5 汞

汞是一种液态金属，在常温即可蒸发而进入大气。空气中的汞包括汞蒸气和汞化合物颗粒物。汞排放主要来源于人类活动，包括汞矿开采与冶炼，金、银、铅共生矿的开采、冶炼，一些汞制品及汞化合物生产厂，用汞的氯碱厂、有机化工厂，镏金作业点以及矿物燃料燃烧、垃圾焚烧炉等均会有汞的污物排放。其中，燃煤电厂是汞向大气排入的主要来源之一。目前对含汞废气的治理基本上可以分为吸附法、燃烧法、液体吸收法、催化还原法。

（1）吸附法

活性炭吸附法是一种应用比较古老、实用的含汞及其汞化物处理技术，用到的活性炭是一种经过了特殊工艺处理后，形成丰富的微孔结构的粉末状或颗粒状的无定形炭。活性炭中的肉眼看不到的微孔可以利用分子力，吸附废气中的各种有害和液体分子，以此实现净化的目的。

（2）燃烧法

含汞及其汞化物中有机物含量波动较大，而活性炭吸附法不适用于高浓度、高温度含汞及其汞化物的处理。此时，往往采用催化燃烧法。催化燃烧法的关键是催化剂的选择，在一定的温度条件下，催化剂与含汞及其汞化物发生反应，将含汞及其汞化物分解成对大气无污染的物质。

（3）液体吸收法

液体吸收法主要分为溶液吸收法、水-硫酸亚铁两段吸收法、液相还原吸收法、络合吸收法等，这几种方法各有不同的技术特点，在工业应用中也有不同的使用范围。液体吸收法要先将含汞及其汞化物废气进行分离，然后对不同气体进行吸收，在工业生产中吸收操作一般在吸收塔中进行，影响吸收效率的两个主要因素是吸收液的选择以及吸收塔反应条件。湿法脱除含汞及其汞化物的技术工艺相对于其他的方法而言具有设备操作简单、经济成本较小的特点，还能产生一定的经济效益，所以适合工业应用，但是缺点是净化的效果比较差，净化后的废液容易产生二次污染的问题。

（4）催化还原法

催化还原法是利用不同种类的催化剂将含汞及其汞化物废气还原为没有危害性，主要分为选择性催化还原法和非选择性催化还原法，非选择性的催化还原法在开始应用时重要采用铂族金属作为催化剂，在一定的温度条件下，将含汞及其汞化物废气还原。在还原反应中，既需要利用催化剂来设定反应条件，也需要利用还原剂使含汞及其汞化物和氧气都进行反应，没有选择性，这是这种方法与选择性催化还原反应的主要区别。

6.1.3.6 二噁英类

二噁英类是一类来源广、毒性强、稳定性高的有机污染物。它是多氯代二苯并二噁英和多氯代二苯并呋喃的统称，前者 75 种，后者 135 种，共 210 个同族体。这些化合物大部分具有强烈致癌、致畸、致突变的特点。其中，2,3,7,8-四氯代二苯并二噁英（2,3,7,8-TCDD）是目前世界上已知的一级致癌物中毒性最强的有毒化合物，其毒性相当于氰化钾的 50～100 倍。

大气环境中的二噁英类来源复杂，钢铁冶炼、有色金属冶炼、汽车尾气、焚烧生产（包括医药废水焚烧、化工厂的废物焚烧、生活垃圾焚烧、燃煤电厂等）。含铅汽油、煤、防腐处理过的木材以及石油产品、各种废弃物特别是医疗废弃物在燃烧温度低于 300～400℃时容易产生二噁英类。聚氯乙烯塑料、纸张、氯气以及某些农药的生产环节、钢铁冶炼、催化剂高温氯气活化等过程都可向环境中释放二噁英类。二噁英类还作为杂质存在于一些农药产品如五氯酚等中。

目前，对于二噁英类的治理措施主要有吸附法、两级焚烧法和高效电子法。

（1）吸附法

采用活性炭吸附法或聚酰亚胺纤维过滤器吸附法去除二噁英类物质，即把二噁英类物质的排放气通过填充了活性炭或聚酰亚胺纤维的吸附塔。该法不仅具有去除二噁英类物质的作用，而且还能去除其他有害物质。采用此法处理二噁英类物质，处理温度低，吸附去除效果好，为防止发生低温腐蚀，一般控制其处理温度为 130～180℃。随着处理时间的延长，要定期更换吸附材料，并对用过的吸附材料进行处理。

（2）两级焚烧法

废料先在较低温度下脱氯，熔融废料再进一步在 1 200℃高温热分解。第一级产生的气体脱氯化氢后可以进入第二级燃料器助燃。含有二噁英类的土壤和废料也可以一起送入燃烧室与废弃物一起焚烧，废气或残渣中的有害成分均低于排放标准，二噁英类的去除率可达99.999 9%，在无氧状态和250℃下燃烧也不会生成二噁英类。

（3）高效电子反应法

使用电子束使废气中的空气和水生成活性氧等易反应物质，进而破坏二噁英类的化学结构。碳电极在高温下（2 200℃）促使二噁英类分解，气体经除尘、过滤、碱洗和活性炭吸附后排空。

6.1.3.7 硫酸雾

硫酸雾包括硫酸小液滴、三氧化硫及颗粒物中可溶性硫酸盐。硫酸雾由矿物燃料燃烧或矿物冶炼、硫酸产生等过程中排放的含硫氧化物废气造成，是一种大气污染现象。硫酸雾既产生于直接生产或使用硫酸的工厂，也来自以煤、石油或重油为原料及燃料的工厂排烟、化工厂钢材酸洗的过程、铅酸蓄电池生产的过程等。硫酸雾的治理有多种方法，主要有丝网过滤法、吸附法、液体吸收法和静电除雾法。

（1）丝网过滤法

丝网过滤法属于气雾分离的一种方法，其原理是含液态微粒的工业气体，在通过某种介质时，微粒被阻滞但气体完全通过的一种过滤过程。硫酸雾微粒在滤材上沉降机理包括微粒与滤材惯性碰撞作用、直接截留作用、布朗扩散作用、重力沉降作用和静电沉降作用。

（2）吸附法

用吸附法治理硫酸雾，就是利用吸附剂表面存在未平衡的分子引力，从而使硫酸雾吸引到它表面。将硫酸雾经集气装置抽入有吸附剂的净化设备，将多种酸气吸附分离，净化的废气经排气筒进入大气中。

（3）液体吸收法

液体吸收法就是将硫酸雾同液体进行充分地接触，使之由气相转入液相，从而净化气体的方法。根据所用溶剂的不同，液体吸收法可分为水溶液吸收法和碱液吸收法，吸收液的选择是吸收效率的一个重要因素。

（4）静电除雾法

静电除雾法是使含硫酸雾的废气经过电除尘器从而被除去的方法。它的原理是由静电控制装置且直流高压发生装置，把交流电变成直流电送至除雾装置中。在电晕线和硫酸雾捕集极板之间形成较强的电场，使空气分子被电离，瞬间产生大量的电子和正负离子，这些电子和离子在电场力的作用下作定向运动，构成捕集硫酸雾的媒介。同时，使硫酸雾微粒电荷，这些荷电的硫酸雾离子在电场力的作用下，做定向运动，抵达到捕集硫酸雾的阳极板上之后荷电粒子在极板上释放电子，于是硫酸雾被聚集，在重力作用下流到除雾器的储酸槽中。

6.1.3.8 氯化氢

氯化氢又名氢氯酸，水溶液俗称盐酸，极易溶于水，是一种无色非可燃性气体，有极刺激气味，在空气中呈白色的烟雾，同时有强腐蚀性，能与多种金属反应产生氢气，遇氰化物产生剧毒氰化氢。氯化氢极易溶于水，因此排放到大气中的氯化氢会与空气中的水蒸气结合并生成盐酸，与雨水一同落入地面就形成腐蚀性比较强的酸雨，对植物、建筑物等危害很大，深入地底还可能污染地下水和土壤。

工业废气中氯化氢的来源主要来自化工及冶炼行业的生产，如采用盐酸做原料生产的行业、冶炼行业及电镀行业等，由于氯化氢气体极易挥发，生产过程中通过设备、阀门、管道连接处等不严密点均可散发到作业场所，在生产工艺末尾环节产生含氯化氢气体的废气也极易排入大气，严重影响生态环境。目前氯化氢的治理方法主要有水吸收法、碱液吸收法、联合吸收法、冷凝法等。

（1）水吸收法

基于氯化氢气体易溶于水的原理，常常采用水直接吸收氯化氢气体，根据废气中氯化氢的浓度和温度，可求得吸收液中的盐酸最大浓度。当所得氯化氢达到一定浓度时，经净化与浓缩可得到副产品盐酸。水法吸收的工艺设备可采用喷淋塔、筛板塔、波纹塔等构成的三级栅格式净化器，用水吸收氯化氢废气，通过三级吸收逐渐浓缩回收盐酸。

（2）碱液吸收法

工业企业可以用废碱液来中和吸收氯化氢，达到以废治废的目的，也可以用石灰乳作为吸收剂，这是一种应用较多的方法。吸收可在碱吸收塔内进行，碱吸收塔中高浓度循环碱液自塔顶均匀淋下并沿着填料表面下流，氯化氢废气通过填料间隙上升与液体做连续的逆流接触，使得氯化氢废气不断地被吸收。

（3）联合吸收法

即用水—碱液二级联合吸收。该方法适合用于处理氯气和氯化氢的混合废气，用水吸收处理氯化氢效果好，但处理氯气效果不好，因此一些企业采用这种方法来处理这类废气。通常先将废气经水喷淋石墨冷凝器降膜吸收后，再经碱性吸收釜用碱吸收。

（4）冷凝法

对于高浓度的氯化氢废气，可根据氯化氢蒸气压随温度迅速下降的原理采用冷凝的方法，先将废气冷却回收利用氯化氢，可采用石墨冷凝器利用深井水或自来水间接冷却，废气温度降到零度以下，氯化氢冷下来，废气中的水蒸气也冷凝下来，形成 10%～20%的盐酸。冷凝法很难除净氯化氢气体，一般作为处理高浓度氯化氢气体的第一道净化工艺。

6.1.3.9 恶臭

恶臭是大气、水、土壤、废弃物等物质中的异味物质，是通过空气介质作用于人的嗅觉器官而被感知的一种感官污染。目前已知的恶臭物质约有 10 000 种。

表 6-8 列出八种常见的恶臭物质及其主要来源。

表 6-8 八种恶臭物质的主要来源

恶臭物质	主要来源	臭气特征
氨	畜产品农场、鸡粪干燥场、复合肥料制造工业、淀粉制造业、鱼的肠和骨处理厂、皮革厂、垃圾处理场、污水处理厂、饲料和肥料等化工制造厂	特殊的刺鼻味
三甲基胺	畜产品农场、鱼的肠和骨处理厂、复合肥料制造工业、饲料和肥料等化工制造厂、水产、罐头制造厂	腐烂性鱼臭
硫化氢	畜产品农场、硬纸板纸浆制造工业、淀粉制造业、玻璃制造工业、硫黄制造业、饲料等合成厂、鱼的肠和骨处理厂、毛皮处理厂（皮革厂）、垃圾处理场、粪便处理厂、污水处理厂等	腐烂性蛋臭
甲硫醇	纸浆厂、饲料肥料等制造厂、鱼的肠和骨处理厂、垃圾处理场、粪便处理厂、污水处理厂等	腐烂性洋葱臭
硫化甲基	纸浆厂、饲料肥料等制造厂、鱼的肠和骨处理厂、粪便处理厂、污水处理厂等	腐烂性卷心菜臭
乙醛	乙醛制造厂、醋酸制造厂、醋酸乙酯制造厂、香烟厂、复合肥料厂、鱼的肠和骨处理厂、氯丁二烯橡胶生产厂等	鱼腥刺激臭
二硫化甲基	纸浆厂、饲料肥料等制造厂、鱼的肠和骨处理厂、粪便处理厂、污水处理厂等	腐烂性卷心菜臭
苯乙烯	苯乙烯制造厂，聚苯乙烯生产、加工工厂，高强度聚苯乙烯厂，增强塑料制品生产厂，胶合板制造工厂等	乙醚臭

恶臭治理的常用方法主要有水清洗和化学除臭法、活性炭吸附法、臭氧氧化法以及生物除臭法。

（1）水清洗和化学除臭法

水清洗是利用臭气中的某些物质能溶于水的特性，使臭气中氨气气体和水接触、溶解，达到脱臭的目的。化学除臭法是利用臭气中的某些物质和药液产生中和反应的特性，如利用呈碱性的苛性钠和次氯酸钠溶液，去除臭气中硫化氢等酸性物质，利用盐酸等酸性溶液，去除臭气中的氨气等碱性物质。

（2）活性炭吸附法

活性炭吸附法是利用活性炭能吸附臭气中致臭物质的特点，达到脱臭目的。为了有效地脱臭，通常利用各种不同性质的活性炭，在吸附塔内设置吸附酸性物质的活性炭，吸附碱性物质的活性炭和吸附中性物质的活性炭，臭气和各种活性炭接触后，排出吸附塔。

（3）臭氧氧化法

臭氧氧化法是利用臭氧强氧化剂，使臭气中的化学成分氧化，达到脱臭的目的。臭氧氧化法有气相和液相之分，由于臭氧发生的化学反应较慢，一般先通过药液清洗法，去除大部分致臭物质，然后再进行臭氧氧化。

（4）生物除臭法

生物除臭主要是利用微生物除臭，通过微生物的生理代谢将具有臭味的物质加以转化，使目标污染物被有效分解去除，以达到恶臭的治理目的。生物除臭是采用生物法通过专门培养在生物滤池内生物填料上的微生物膜对废臭气分子进行除臭的生物废气处理技术。当含有气、液、固三项混合的有毒、有害、有恶臭的废气经收集管道导入本系统后通过培养生长在生物填料上的高效微生物菌株形成的生物膜来净化和降解废气中的污染物。

6.2 废气监测目的和内容

6.2.1 废气监测目的

监测污染物的排放浓度，核算污染物的排放量，为环境管理部门加大执法力度、采取不同手段维持和改善大气环境质量提供依据；检查排放源排放污染物是否符合现行排放标准，评价治理装置的性能和使用情况、污染防治措施的效益，有助于企业工艺改进，提高生产技术和管理水平，为推行节能降耗的清洁生产工艺提供基础数据，有助于对大气环境质量进行宏观调控；为地方环境管理部门制定区域性环境管理条例、法令、制度、排放标准和建立区域性的环境管理体系提供依据和技术基础，有助于环境管理科学化和法制化。验收监测的废气监测结果，还是建设项目竣工环境保护验收的技术依据之一。

6.2.2 废气监测内容

废气监测主要包括有组织排放监测和无组织排放监测。除另有说明外，污染物的排放浓度和废气排放量均用标准状态下（温度为 273 K，大气压力为 101 325 Pa）的干气体表示。

（1）有组织排放监测

指对从固定的地点或设施排气筒排出的颗粒物和其他空气污染物进行的监测。例如，对从工厂、矿山、居民区的锅炉、工业窑炉排放的颗粒物、硫氧化物、氮氧化物及其他有害物进行的监测。

（2）废气治理设施效果监测

指对进入废气治理设施前和经废气治理设施净化后废气的排放速率进行的对比监测。

（3）无组织排放监测

指对置于露天环境中具有无组织排放设施，或具有无组织排放的建筑构造排出的颗粒物和其他空气污染物进行的监测。例如，对从车间、工棚、曝气池等排出的颗粒物和其他空气污染物进行的监测。

（4）污染物总量控制指标检测

指对国家和地方实行控制的污染物排放浓度和废气排放量进行的监测。目前国家实行总量控制的大气污染物主要是烟尘、工业粉尘、二氧化硫和氮氧化物。部分省市还根据本辖区实际情况确定一些其他的大气污染物（如苯、二甲苯等）作为一些特定建设项目的总量控制大气污染物。总量控制监测主要监测来自固定污染源排出的颗粒物和其他空气污染物。例如，对从工厂、矿山、居民区的锅炉、工业窑炉、民用炉灶排放的颗粒物、硫氧化物、氮氧化物等有害物的浓度和排放废气量进行监测。排气量的测定要与排放浓度的采样监测同步进行。

6.3 废气监测布点及采样

6.3.1 点位布设原则

按照国家的有关规范，建设项目应对废气有组织排放排气筒设置永久性监测平台，布设采样点时应按照国家有关采样方法的有关规定设置，同时还要考虑：

①代表性，即选择有代表性的采样点；

②可接近性，即选择易于到达的采样位置；

③可操作性，即选择能实施采样的地点；

④安全性，即选择安全可靠的采样位置；

⑤与有关标准布点要求的符合性，即在许可的条件下，尽量与标准的要求一致。

当有组织排放源监测点位布设难以达到有关标准布点要求设置时，特别是建设项目已设监测点位不符合国家有关采样方法的有关规定的，一般应请建设单位重新设置采样孔；对确实无法改动，但可通过增加测点的数量解决的，应增加测点的数量。

6.3.2 采样基本要求

6.3.2.1 准备工作

Ⅰ. 建设项目单位基本情况

（1）建设项目单位的名称、性质和立项建设时间，其名称应采用全称。

（2）主要原、辅材料和主、副产品，相应用量和产量、来源及运输方式等，重点了解用量大和可产生大气污染的材料和产品，列表说明，并予以必要的注解。重点关注生产装置工艺流程及污染物产生节点。

（3）平面布置

注意车间和其他主要建筑物的位置、名称和尺寸，有组织排放口和无组织排放口位置及其主要参数，排放污染物的种类和排放速率；单位周界围墙的高度和性质（封闭式或通风式）；单位区域内的主要地形变化等。

对单位周界外的主要环境敏感点进行调查，包括影响气流运动的建筑物和地形分布、有无排放被测污染物源存在等，并标于单位平面布置图中。

（4）污染治理设施

了解环境保护影响评价、工程建设设计、实际建设的污染治理设施的种类、原理、设计参数、数量以及目前的运行情况等。主要治理设施可以附照片说明。

Ⅱ. 调查排放源的基本情况

（1）有组织排放源：有组织排放废气来源、废气量、污染物种类、排放规律及排放去向；废气治理设施工艺及主要技术参数、数量及目前的运行情况等；排气筒参数，排放口规范化设置情况，采样孔、采样平台及辅助设施等设置情况；在线监测设施安装位置、数量、监测因子、联网情况。还应重点调查要监测的有组织排放源的排出口形状、尺寸、高度及其处于建筑物的具体位置等，应有有组织排放口及其所在建筑物的照片。

（2）无组织排放源及敏感点：无组织排放废气来源、污染物种类、排放规律；按照环境影响报告书（表）及其审批部门审批决定、排污许可证等相关要求，无组织排放废气污染控制措施落实情况。还应重点调查被查无组织排放源的排放源形状、尺寸、高度及其处于建筑群的具体位置等，应有无组织排放源及其所在位置的照片；注意环境敏感点位置、范围、最近点距离等，还要考虑与无组织排放源的相对位置，应有照片。

Ⅲ. 调查排放源所在区域的气象资料

一般情况下，可向被测污染源所在地区的气象台（站）了解当地的“常年”气象资料，其内容应包括：①按月统计的主导风向和风向频率；②按月统计的平均风向和最大、最小风速；③按月统计的平均气温和气温变化情况等。如有可能，最好直接了解当地的逆温和大气稳定度等污染气象要素的变化规律。了解当地（常年）气象资料的目的是对监测时段的选择作指导。

Ⅳ. 仪器设备和监测资料

（1）资料准备

必须在监测前仔细地阅读和理解固定源排放的污染物标准分析方法中有关采样方法、样品分析方法和仪器设备的使用方法及校准等部分，必要时将有关资料带至现场。

（2）现场风向、风速简易测定仪器准备

通常可用三杯式轻便风向风速表，也可采用其他具有相同功能的轻便式风向风速表。

（3）采样仪器、标准气体和试剂准备

按照被测物质的对应标准分析方法中有关废气排放监测的采样部分所规定的仪器设备、标准气体和试剂做好准备。

主要包括检查仪器设备是否完好，试剂是否齐全，用于现场监测的仪器设备的数量及所需的辅助材料，如记录本（表）、气袋、滤膜、滤筒、连接管、连接导线、简单的工具、胶布、毛刷等。准备采样器时应注意检查电路系统、气路部分、校正流量计、烟气预处理设备和用标准气体对直读仪器进行标定。

（4）现场准备

在现场了解被测的污染源和废气治理设施特性、排放污染物的性质、烟道位置及其尺寸基础上，落实测孔位置、工作平台和监测工作电源等。根据监测平台位置和污染物的特性，做好监测的安全工作。石化等类型的建设项目验收监测，需要了解建设项目有关安全的要求和制度，并要求所有参加验收监测及其辅助人员在现场监测时，按照相关规定执行。

最终无组织排放监测点位，根据气象资料和现场实际情况确定。

V．选择监测日期和监测时段

（1）有组织排放监测和废气治理设施净化效果监测

当对固定污染源排放污染物和废气治理设施净化效果进行监测时，生产设施的运行需符合有关标准规定的要求，废气治理设施运转正常。

（2）无组织排放监测

按照 GB 16297—1996 的有关规定，“无组织排放监控浓度限值”是指监控点浓度在任何 1 h 的平均值不得超过限值的要求，对无组织排放的监测，应选择以下情况进行。

①被测无组织排放源的排放负荷应处于相对较高，或者处于正常生产和排放状态。

②监测期间的主导风向（平均风向）有利于监控点的设置。

③监测期间的风向变化、平均风速和大气稳定度三项指标对污染物的稀释和扩散影响很大，应按照一定的判定方法，对照本地区的“常年”气象数据选择较适宜的监测日期。

通常情况下，选择微风的日期，避开阳光辐射较强烈的中午时段进行监测是比较适宜的。

（3）当对被测单位既要进行有组织排放监测、废气治理设施监测又要进行无组织排放监测时，应尽可能在满足无组织监测的条件下同期进行监测。

6.3.2.2 监测对工况的要求

《指南》中要求验收监测应当在确保主体工程工况稳定、环境保护设施运行正常的情况下进行，并如实记录监测时的实际工况以及决定或影响工况的关键参数，如实记录能够反映环境保护设施运行状态的主要指标。对执行标准中有工况规定的，按执行标准的规定进行。

（1）对于一条生产线生产多种产品，使用不同原辅材料的多种产品共用一条生产线的，在每个产品生产期间分别监测。如产品种类繁多，可根据原辅材料种类将产品归类，在使用同种原辅材料的同类产品中选取典型产品监测。

（2）对于多种产品由同一生产线生产，生产工艺、原辅材料相近，排污情况基本相同的，通常选取某一产品生产时监测。

（3）对于化工原料或能源物料仓储，废气排放来源于储罐的大、小呼吸。验收监测重点集中在对环境影响较大的大呼吸排放时段，即装卸操作时段。

（4）对于工业炉窑，根据《工业炉窑大气污染物排放标准》（GB 9078—1996）规定，监测应在最大热负荷下进行，当炉窑达不到或超过设计能力时也必须在最大生产能力的热负荷下测定，即在燃料耗量较大的稳定加热阶段进行，一般测试时间不得少于 2 h。

（5）对于新锅炉安装后，锅炉出口原始颗粒物浓度和颗粒物排放浓度的验收测试，应在设计出力下进行。

（6）对于在用锅炉颗粒物排放浓度的测试，必须在锅炉设计出力 70%以上的情况下进行，并按锅炉运行 3 年内和 3 年以上两种情况，将不同出力下实测的颗粒物浓度乘以表 6-9 中所列出力影响系数 *K*，作为该炉额定出力情况下的颗粒物排放浓度。对于手烧炉应在不低于两个加煤周期的时间内测定。

表 6-9　锅炉影响系数 *K* 值

锅炉实测出力占锅炉设计出力的百分数/%	70～75	75～80	80～85	85～90	90～95	＞95
运行 3 年内的 *K* 值	1.6	1.4	1.2	1.1	1.05	1
运行 3 年以上的 *K* 值	1.3	1.2	1.1	1	1	1

（7）鼓风机、引风机系统完整，调风门灵活可调。除尘系统运行正常，不积灰、不漏风，耐磨涂料不脱落、不吹灰、不打焦。

（8）由于《大气污染物综合排放标准》（GB 16297—1996）对无组织排放实行限制的原则是：在最大负荷下生产和排放，以及在最不利于污染物扩散稀释的条件下，无组织排放监控值不应超过排放标准所规定的限值。因此，监测人员应在不违反上述原则的前提下，选择尽可能高的生产负荷及不利于污染物扩散稀释的条件进行监测。

6.3.2.3　监测人员配备的要求

（1）有组织排放监测。通常由 1 名现场负责人组织协调、监视记录运行工况、记录锅、窑炉型号，鼓风机和引风机型号、风量、治理设施及烟囱高度等有关参数。另外由 2～3 人组成一组的监测人员，在废气治理设施的出口测孔处，进行烟气状态参数和颗粒物测量、烟气采样和分析等。监测废气治理设施的效率时，通常由 2 组同时进行，分别在废气治理设施的进、出口同时测试。实际验收监测中，应根据项目的规模、内容、难易程度以及对验收时间的要求，确定测试人员数量，合理分工、互相配合、统一指挥、统一行动。

（2）无组织排放监测。人员的分工遵循 1 人为现场负责人，1 人负责现场气象条件的简易测定和判定，参照点和每个监控点一般至少有 1 人的原则，保证测试质量。

6.3.3　采样频次和时间

6.3.3.1　采样频次

为使验收监测结果全面真实地反映建设项目污染物排放和环境保护设施的运行效果，

采样频次应能充分反映污染物排放和环境保护设施的运行情况，因此，监测频次一般按以下原则确定：

（1）对有明显生产周期、污染物稳定排放的建设项目，污染物的采样和监测频次一般为 2～3 个周期，每个周期监测 3 至多次（不应少于执行标准中规定的次数）；每次监测数据是指一个有效评价数据。

（2）对无明显生产周期、污染物稳定排放、连续生产的建设项目，废气采样和监测频次一般不少于 2 天、每天不少于 3 个样品。

（3）对污染物排放不稳定的建设项目，应适当增加采样频次，以便能够反映污染物排放的实际情况。

（4）对型号、功能相同的多个小型环境保护设施处理效率监测和污染物排放监测，可采用随机抽测方法进行。抽测的原则为：同样设施总数大于 5 个且小于 20 个的，随机抽测设施数量比例应不小于同样设施总数量的 50%；同样设施总数大于 20 个的，随机抽测设施数量比例应不小于同样设施总数量的 30%。

6.3.3.2 采样时间

根据执行排放标准中明确的采样时间，如果没有明确要求的，可以参考 GB 16297—1996 第 8 条的要求，采样时间和频次内所测试的结果应能代表 1 h 平均值，以便判定 1 h 内排放污染物的平均值是否超过最高允许排放浓度、最高允许排放速率、无组织排放监控点浓度限值。

特殊情况下的采样时间和频次：

（1）若排气筒的排放为间断性排放，排放时间小于 1 h，应在排放时间段内实行连续采样，或在排放时间段内以等时间间隔采集 2～4 个样品，并计算平均值。

（2）若排气筒的排放为间断性排放，排放时间大于 1 h，则应在排放时间段内按以连续 1 h 的采样获取平均值或在 1 h 内，以等时间间隔采集 4 个样品，并计算平均值。

6.3.4 有组织排放废气监测的布点及采样

6.3.4.1 布点和采样原则

Ⅰ．颗粒物

采样位置应符合 6.3.4.2 中的要求。烟道内同一断面各点的气流速度和颗粒物浓度分布通常不均匀。因此，必须按一定的原则在同一断面内进行多点测量，才能取得较为准确的数据。断面内测点的位置和数目，主要根据烟道断面的形状、尺寸和流速分布情况而定。为了从烟道中取得有代表性的颗粒物样品，需等速采样。

Ⅱ．气态污染物

采样位置原则上应符合 6.3.4.2 中的要求，要注意避开涡流区和漏风部位，以免因废气泄漏等造成浓度分布不均。由于气态或蒸气态有害物质分子在烟道内分布一般是均匀的，不需要多点采样，可在靠近烟道中心位置设 1 点采样。同时由于一般气体分子可忽略质量，不考虑惯性作用，不需要等速采样，采样时采样管入口可与气流方向垂直，或背向气流。当气体中含有固态有害物质或雾滴时，则应等速采样。采样同时还应测定排气流量。

6.3.4.2　采样位置与采样点

采样位置和采样点的具体设置方法应按《固定源排气中颗粒物测定与气态污染物采样方法》（GB/T 16157—1996）、《固定源废气监测技术规范》（HJ/T 397—2007）、《固定污染源监测　质量保证与质量控制技术规范（试行）》（HJ/T 373—2007）等相关标准中的具体规定执行。

采样位置应优先选择垂直管段，应避开烟道弯头和断面急剧变化的部分。采样位置应设置在距弯头、阀门、变径管下游方向不少于 6 倍直径和距上述部件上游方向不少于 3 倍直径处。对于气态污染物，由于混合比较均匀，其采样位置可不受上述规定限制，但应避开涡流区。采样位置应避开测试人员操作有危险的场所。

在选定的测定位置上开设采样孔，采样孔内径应不少于 100 mm，采样孔管长应不大于 50 mm。当采样孔仅用于采集气态污染物时，其内径应不少于 60 mm。

6.3.4.3　采样方法

Ⅰ．颗粒物（低浓度颗粒物）

颗粒物采样采用等速采样方法，原理是将颗粒物采样管由采样孔插入烟道中，使采样嘴置于测点上，正对气流，按颗粒物等速采样原理，即采样嘴的吸气速度与测点处气流速度相等（其相对误差应在 10%以内），抽取一定量的含尘气体。

《固定污染源排气中颗粒物测定与气态污染物采样方法》（GB/T 16157—1996）修改单，增加“1.3 在测定固定污染源排气中颗粒物浓度时，浓度小于等于 20 mg/m^3 时，适用于 HJ 836（《固定污染源废气　低浓度颗粒物的测定　重量法》）；浓度大于 20 mg/m^3 且不超过 50 mg/m^3 时，本标准与 HJ 836 同时适用。采用本标准测定浓度小于等于 20 mg/m^3 时，测定结果表述为‘＜20 mg/m^3’。”

低浓度颗粒物采样时，将采样嘴平面正对废气气流，使进入采样嘴的吸气速度与测点处的气流速度基本相等。选择石英材质或聚四氟乙烯材质滤膜，滤膜材质不应吸收或与废气中的气态化合物发生反应，在最大采样温度下应保持热稳定，并避免质量损失。采样材料和保存，结束采样后需用聚四氟乙烯材质堵套塞好采样嘴，将采样头放入防静电的盒或密封袋内，再放入样品箱。

Ⅱ．气态污染物

化学法采样，即利用采样器将排气排入装有特定吸收液的吸收瓶，或装有固体吸附剂的吸附管、真空瓶、注射器或气袋中，然后经化学分析或仪器分析得出污染物含量。

仪器直接测试法，即通过烟气预处理器等，用抽气泵将排气送入分析仪器中，直接读出被测气态污染物的浓度。

6.3.5 无组织排放废气监测的布点及采样

6.3.5.1 布点和采样原则

采样点位的设置应按照相应的排放标准中规定执行，如未明确的，按《大气污染物综合排放标准》（GB 16297—1996）和《大气污染物无组织排放监测技术导则》（HJ/T 55—2000）等相关标准中的具体规定执行。

要依照法定文件确定的边界确定厂界，若无法定手续则按目前的实际边界确定。

6.3.5.2 监控点的布设方法

Ⅰ. 在单位周界外设置监控点的方法（适用于除现有污染源无组织排放二氧化硫、氮氧化物、颗粒物和氟化物之外的监控点设置）

（1）一般情况下设置监控点的方法

所谓“一般情况”是指无组织排放源同其下风向的单位周界之间有一定距离，以致可以不必考虑排放源的高度、大小和形状因素，在这种情况下，排放源应可看作一点源。此时监控点（最多可设置 4 个）应设置于平均风向轴线的两侧，监控点与无组织排放源所形成的夹角不超出风向变化的±S°（10 个风向读数的标准偏差）范围。

（2）存在局地流场变化情况下的监控点设置方法

当无组织排放源与其下风向的围墙（周界）之间，存在有若干阻挡气流运动的物体时，由于局地流场的变化，将使污染物的迁移运动变得复杂化。此时需要进行局地流场简易测试，并依据测试结果绘制局地流场平面图。监测人员需要对局地流场平面图进行研究和分析，尤其需要对无组织排放的污染物运动路线中的某些不确定因素进行仔细分析后，决定设置监控点的位置。

（3）无组织排放源紧靠围墙时的监控点设置方法

无组织排放源紧靠围墙（单位周界）时，既对监测带来有利的一面，同时也有其特殊的复杂性，此时监控点应分别按以下几种情况进行设置。

①排放源紧靠某一侧围墙，风朝向与其相邻或相对的围墙时，如该排污单位的范围不大，排放源距与之相对或相邻的围墙（单位边界）不远，仍可按前述（1）（2）的方法设置监控点。

②排放源紧靠某一侧围墙，风朝向与其相邻或相对的围墙，且排污单位的范围很大，此时在排放源下风向设监控点已失去意义，主要的问题是考察无组织排放对其相近的围墙外是否造成污染和超过标准限值。所以，在这种情况下应选择在风朝向排放源相近一侧围墙时，在近处围墙外设监控点；或于静风及准静风（风速小于 1.0 m/s）状态下，依靠无组

织排放污染物的自然扩散，在近处围墙（单位周界）外设置监控点。

③无组织排放源靠近围墙（单位周界），风向朝向排放源近处围墙，且排放源具有一定的高度，应分别按下列情况设置监控点：

首先估算无组织排放污染物最大落地浓度区域，将监控点设置于最大落地浓度区域范围内，按照 GB 16297—1996 中的有关规定，按此原则设置的监控点位置，可以越出围墙外 10 m 范围。

Ⅱ. 在排放源上、下风向分别设置参照点和监控点的方法

（1）参照点的设置方法

①设置参照点的原则要求

环境中的某些污染物（如 SO_2、NO_x、颗粒物和氟化物等）具有显著的本底（或称背景）值，因此无组织排放源下风向监控点的污染物浓度，其中一部分由本底（或背景）值做出贡献；另一部分由被测无组织排放源做出贡献，设置参照点的目的是了解本底值的大小。所以，设置参照点的原则要求是：参照点应不受或尽可能少受被测无组织排放源的影响，避开其他无组织排放源和有组织排放源的影响，尤其要避开对其造成明显影响而同时对监控点无明显影响的排放源；参照点的设置，要以能够代表监控点的污染物本底浓度为原则。

②参照点的设置范围

按照 GB 16297—1996 的有关规定和①的原则，参照点最好设置在被测无组织排放源的上风向，以排放源为圆心，以距排放源 2 m 和 50 m 为圆弧，与排放源成 120°夹角所形成的扇形范围内设置，避开近处污染源影响的余地。

③平均风速≥1 m/s 时的参照点设置

平均风速≥1 m/s 时，参照点可在避开近处污染物影响的前提下，靠近被测无组织排放源设置，以便较好地代表监控点的本底浓度值。

④平均风速＜1 m/s（包括静风）时参照点设置

当平均风速＜1 m/s 时，被测无组织排放源排出的污染物随风迁移作用减小，污染物自然扩散作用相对增强，污染物可能以不同程度出现在被测排放源上风向，此时设置参照点，既要避开近处其他源的影响，又要在规定的扇形范围内离被测无组织排放源较远处设置。

⑤存在局地环流情况下的参照点设置

当被测无组织排放源周围存在较多建筑物和其他物体时，应警惕可能存在局地环流，它有可能使排出的污染物出现在无组织排放源的上风向，此时应对局地流场在进行测定和仔细分析后，按照前面所说原则决定参照点设置位置。

（2）监控点的设置法

①设置监控点的原则要求

设置监控点的原则要求是由 GB 16297—1996 中的附录 C 和其他有关部分提出的，即

要求设置监控点于无组织排放源下风向，距排放源 2～50 m 的浓度最高点。设置监控点时不需要回避其他源的影响。

②一般情况下设置监控点的影响

在无特殊因素影响的情况下，监控点应设置在被测无组织排放源的下风向，尽可能靠近排放源处（距排放源最近不得小于 2 m），4 个监控点要设置在平均风向轴线两侧，与被测源形成的夹角不超出风向变化的标准差（$\pm S°$）的范围。

③处于涡流区内的监控点设置

此时监控点的设置将不受上述中的夹角限制，应根据情况于可能的浓度最高处设置监控点。无组织排放源处于建筑物的侧背风区时，排放的污染物可能部分处于涡流区，部分未处于涡流区，此时应尽可能避开涡流区，于非涡流区内设置监控点。

在这样的情况下设置监控点，仍然必须用轻便式风向风速表或人造烟源对排放源附近的流场做一些简易的测定和分析，依据流场的具体情况设定监控点的位置。

④无组织排放源处于建筑物迎风面的监控点设置

无组织排放源处于建筑物正迎风面时，排放的污染物向源的两侧运动，此时应将监控点设置排放源两侧，较靠近排放源，并尽可能避开两侧小涡旋的位置。

⑤同一个无组织排放源，存在两个以上排放点的监控点设置

如果在监测以前可以确定，多个排放点中某一点的排放速率（指单位时间的污染物排放量）明显大于另外的排放点，则监控点应针对其中排放速率最大者设置，另外的排放点可不予考虑。

如果在监测前可以确认，其中两个排放点的排放速率较接近，且污染物的扩散条件正常（指无涡流和局地环流等情况），应通过差表作出估计。当两个排放点下风向的浓度叠加区中的浓度将超过其中任一排放点单独形成的扩散区浓度时，可将 4 个监控点中的 2 个设于浓度叠加区，另外 2 个针对两个单独的排放点设置，最终取其中的实测浓度最高者计值；否则应分别针对两个排放点设置监控点，最终取测值最高者计值，不考虑在浓度叠加区设监控点。

若存在涡流或局地环流时，两个点排放的污染物混合作用加剧，情况更为复杂，此时要因地制宜，根据现场具体情况设监控点，并更多地考虑在混合区设监控点。

⑥排放源具有一定高度时的监控点设置

如果条件允许，以提高采气口位置来抵消排放源的高度，这样设点最为有利。

如果条件不允许，提高采气口位置，则需对无组织排放的最大落地浓度区域进行估算后再设置监控点。

（3）复杂情况下的监控点设置

在特别复杂的情况下，不可能单独运用上述各点的内容来设置监控点，需对情况做仔

细分析，综合运用有关条款设置监控点。同时，也不大可能对污染物的运动和分布做确切的描绘并得出确切的结论，此时监测人员应尽可能利用现场可利用的条件，如利用无组织排放废气的颜色、臭味、烟雾分布、地形特点等，甚至采用人造烟源或其他情况，借以分析污染物的运动和可能的浓度最高点，并据此设置监控点。

由于无组织排放的具体情况，气象条件和地形变化都是多种多样的，监测人员很可能遇到本书叙述之外的具体情况，此时应发挥创造性，在符合 GB 16297—1996 附录 C 和其他有关原则规定的前提下，科学合理地解决监控点设置方法。

6.3.5.3 采样方法

对于无组织排放的控制是通过对其造成的环境空气污染程度而予以监督的，所以，无组织排放的“监控点”设置于环境空气中。我国已经针对大气污染物排放制定了配套的标准分析方法，其中有关的采样部分已分别按有组织排放和无组织排放做出规定，因此，无组织排放监测的采样方法应按照配套标准分析方法中适用于无组织排放采样的方法执行，个别尚缺少配套标准分析方法的污染物项目，应按照适用于环境空气监测方法中的采样要求进行采样。

6.3.6 敏感点的环境质量监测的布点及采样

（1）监测目的

大气敏感点指受污染源排出大气污染物影响的受体，如学校、住宅、医院等。对敏感点监测是了解已建成的工程项目排放的大气污染物对人体健康和周围环境造成的污染程度。

（2）监测时间

大气敏感点的环境质量监测期间一般不宜过长，监测期间以 3～5 d 为宜。根据所调查排放源所在区域的气象资料选择在敏感点处于污染源的下风向日期并尽可能与环境保护设施竣工验收监测同步。

（3）监测的污染物

根据工程项目的生产工艺和排出的主要污染物确定监测对象物质。

（4）监测频次和时间

①SO_2、NO_x、NO_2、CO、$PM_{2.5}$、PM_{10}，每日至少有 20 h 平均浓度或采样时间；SO_2、NO_x、NO_2、CO、O_3，每小时至少有 45 min 的采样时间。

②TSP、BaP、Pb，每日应有 24 h 的采样时间。

③其他污染物除应符合 6.3.3 采样时间和频次要求外，监测次数每天应不少于 4 次，时间可全天均匀分配，但必须包括每天逆温较强和形成的时间，即上午 5—7 时，下午 6—8 时。

④对于非连续、不稳定排放源，要根据污染源排放污染物的规律如排放间隔时间、排放时间的长短、排放次数等以及有关标准规定的采样方法，采集到对环境污染最重时刻时污染物的浓度。

（5）监测点位

监测点位的设置应具有较好的代表性，所设置的测点应能反映污染源排放污染物对敏感点大气环境质量的影响。

①监测点应避开民用炉灶以及交通道路。

②监测点不宜设置在靠近建筑物的迎风面和背风面，以免由于污染气体的下沉造成局地环流，致使污染物浓度增加。

③采样高度。二氧化硫、二氧化氮、总悬浮颗粒物等的采样高度为 3～15 m，以 5～10 m 为宜；总悬浮颗粒物的采样口应与基础有 1.5 m 以上的相对高度，以减少扬尘的影响。特殊情况允许采样高度在规定的范围外。

（6）采样

应按照生态环境部规定的适用于环境空气监测方法中的采样要求进行采样。除上述规定外，其余参照 6.3.5 无组织排放废气的布点及采样。

（7）关于发布《环境空气质量标准》（GB 3095—2012）修改单的公告

根据《环境空气质量标准》修改单的要求，3.14“标准状态是指温度为 273 K，压力为 101.325 kPa 时的状态。本标准中的污染物浓度均为标准状态下的浓度。”修改为：“参比状态指大气温度为 298.15 K，大气压力为 1 013.25 hPa 时的状态。本标准中的二氧化硫、二氧化氮、一氧化碳、臭氧、氮氧化物等气态污染物浓度为参比状态下的浓度。颗粒物（粒径小于等于 10 μm）、颗粒物（粒径小于等于 2.5 μm）、总悬浮颗粒物及其组分铅、苯并[*a*]芘等浓度为监测时大气温度和压力下的浓度”。

6.4 废气监测因子及监测方法

废气的监测因子主要根据国家有关废气的排放标准、建设项目“环评”、初步设计、使用的原辅材料以及采用工艺确定。

6.4.1 废气监测因子

6.4.1.1 废气监测主要监测因子

（1）废气监测因子主要有：颗粒物、二氧化硫、二氧化碳、一氧化碳、氮氧化物、氟化物、硫化氢、氯气、氯化氢、硫酸及气溶胶、磷的氧化物、酚、苯、烃类、汞、铅及其化合物、砷化氢、镉、铬及其化合物。

（2）1996 年国家又颁布了《大气污染物综合排放标准》（GB 16297—1996），对 33 种大气污染物的排放限做了规定。

（3）原国家环境保护总局颁布的《危险废物焚烧污染控制标准》（GB 18484—2001）和 2014 年颁布的《生活垃圾焚烧污染控制标准》（GB 18485—2014）加强了对排放废气中二噁英类的监测管理。

（4）2015 年环境保护部发布了《石油化学工业污染物排放标准》（GB 31571—2015），对有机特征物正己烷、环己烷、氯甲烷、二氯甲烷、三氯甲烷等 64 种污染物的排放限做了规定。

（5）随着科技发展和环境保护工作的完善，涉及污染物排放的标准逐步完善，在选择监测因子时应考虑现行相关标准的要求。

（6）在一些特殊企业，由于采用的工艺和原料特殊，废气中所含有害污染物质或成分不在国家废气排放标准所列范围，也应作为监测因子，并参照初步设计和国外有关标准，进行评价。在此需特别指出的是，在参照国外标准值的同时，监测分析方法必须选择标准中的推荐方法，否则结果无可比性。

6.4.1.2 监测因子确定的原则

（1）环境影响报告书（表）及其审批部门审批决定中确定的污染物。

（2）环境影响报告书（表）及其审批部门审批决定中未涉及，但属于实际生产可能产生的污染物。

（3）环境影响报告书（表）及其审批部门审批决定中未涉及，但现行相关国家或地方污染物排放标准中有规定的污染物。

（4）环境影响报告书（表）及其审批部门审批决定中未涉及，但现行国家总量控制规定的污染物。

（5）其他影响环境质量的污染物，如调试过程中已造成环境污染的污染物，国家或地方环境保护部门提出的、可能影响当地环境质量的、需要关注的污染物等。

6.4.1.3 行业特征污染因子

各行业中都有一些常见的特征因子（表 6-10），但在建设项目竣工环境保护验收监测进行监测因子选择时，不应只限于表 6-10 中所列因子，而应根据实际情况确定。如有机废气监测因子的选择，分综合类因子和特定因子。综合类因子反映有机污染的综合特征或表象，包括非甲烷总烃（NMHC）和恶臭等；特定因子即具体的有机污染物，根据生产工艺或使用的溶剂类型等确定，如甲苯、二甲苯、丙酮、异丙醇等。

表 6-10 不同行业排放的废气污染因子

工业类别	废气污染物	工业类别	废气污染物
燃料燃烧	SO_2、NO_x、CO、Hg、烃类化合物、颗粒物等	农药	Cl_2、H_2S、Hg、HCl、苯、颗粒物、CS_2、二噁英类、氰化氢、氨等
黑色金属冶炼	SO_2、NO_x、氰化物、硫化物、CO、氟化物、颗粒物等	油漆	苯、酸、铅、颗粒物、醛、醇、酮类等
有色金属冶炼	SO_2、NO_x、Hg、Be、氟化物、CO、颗粒物、铜、砷、铅、锌、镉等	造纸	H_2S、颗粒物、甲醛、硫醇等
炼焦	SO_2、NO_x、CO、苯、苯并[a]芘、氨、H_2S、酚、氰化氢、颗粒物等	纺织、印染	H_2S、挥发性有机物、恶臭、颗粒物、甲醛、苯等
选矿药剂	CS_2、H_2S、颗粒物等	皮革及其制品	H_2S、铬酸雾、颗粒物、醛等
火力发电厂热电	SO_2、NO_x、CO、Hg、颗粒物等	电镀	铬酸雾、氰化氢、NO_x、氟化物、氯化氢、颗粒物等
石油化工	SO_2、NO_x、Pb、氟化物、氰化物、烃、H_2S、苯、酚、醛、CO、HCl、颗粒物等	灯泡、仪表	Hg、Pb、颗粒物等
有机化工	酚、氰化氢、氯、苯、氟化物、酸雾、颗粒物等	水泥	SO_2、NO_x、氟化物、颗粒物等
氮肥	CO、NO_2、硫化氢、酸雾、颗粒物等	石棉制品	石棉尘等
磷肥	氟化物、SO_2、酸雾、颗粒物等	铸造	SO_2、NO_x、CO、氟化物、Pb、颗粒物等
氯碱	Cl_2、HCl、Hg、氯乙烯、二噁英类等	玻璃钢制品	苯类等
硫酸	SO_2、NO_x、氟化物、硫酸雾、颗粒物等	油毡	沥青烟、苯并[a]芘等
化纤	H_2S、氨、CS_2、颗粒物等	蓄电池	Pb、硫酸雾、颗粒物等
染料	Cl_2、HCl、SO_2、H_2S、Hg、氯苯、苯胺类、硝基苯类、光气等	油漆施工	酮类、苯类等
橡胶	H_2S、苯、颗粒物、甲硫醇等	危险废物焚烧	颗粒物、CO、SO_2、HF、HCl、NO_x、Hg、Cd、As、Ni、Pb、Cr、Sn、Sb、Cu、Mn、二噁英类等
油脂化工	Cl_2、HCl、氟化氢、氯磺酸、SO_2、NO_x、颗粒物等	生活垃圾焚烧	颗粒物、CO、NO_x、SO_2、HCl、Hg、Cd、Pb、二噁英类等

6.4.2 废气监测方法

监测项目分析方法应优先选用污染物排放标准中规定的现行有效的标准方法；若适用性满足要求，其他国家、行业标准方法也可选用；尚无国家、行业标准分析方法的，可选用国际标准、区域标准、知名技术组织或由有关科技书籍或期刊中公布的、设备制造商规定的等其他方法，但须按照 GB/T 27417 的要求进行方法确认和验证，其检出限、准确度和精密度应能达到方法检测的要求。

现行的标准监测方法中包括：化学法、仪器直接测试法和在线连续排放监测（CEM）法。验收监测中废气监测的结果以手工采样为准，同时应参考在线连续排放监测法的监测结果。对未经过国家有关部门认证的在线连续排放监测结果只能进行趋势比较。对经过国家有关部门认证的在线连续排放监测结果出现较大差异时，应对在线连续排放监测仪器和手工监测进行检查，必要时应重新安排手工监测。

各种方法特性如下：

（1）化学法是利用采样器将排气排入装有特定吸收液的吸收瓶，或装有固体吸附剂的吸附管、真空瓶、注射器或气袋中，然后经化学分析或仪器分析得出污染物含量。

（2）仪器直接测试法是通过采样管等，用抽气泵将排气送入分析仪器中，直接读出被测气态污染物的含量。

以上两种方法均为手工监测方法。

（3）烟气排放连续监测（CEM）

①颗粒物烟气排放连续监测法：测定颗粒物目前主要有光衰减法、光散射法、β射线吸收法、光闪烁法和电荷法。

颗粒物的颜色、粒径的大小、分布、排气中的水分呈水滴或雾状时对采用光学原理的光衰减、光散射、光闪烁仪器测定烟（粉）尘有干扰，此类在线仪器不适用于水汽饱和与接近饱和气流中颗粒物的测定；该类型的抽取式仪器，能够加热样气，所以可用于水汽饱和与接近饱和气流中颗粒物的测定；光学原理的仪器最适合安装在布袋除尘器和多级控制除尘装置后，因为除尘装置出口颗粒物粒径分布的变化较小。

抽取式β射线吸收法测定颗粒物不存在上述干扰，但要保持等速采样和防止在采样过程中颗粒物的损失。电荷法仪器主要用途是作为布袋泄漏的检测器，受限于颗粒物粒径不变、气流流速不变、颗粒物带电荷不变和非水汽饱和与接近饱和气流中颗粒物的测定。测定时要建立连续排放监测系统显示物理量与手工采样过滤称重法的专一经验关系式，将连续排放监测系统显示物理量转换为标准状况下干烟气中颗粒物的质量浓度。

②气态污染物烟气排放连续监测法：气态污染物的连续排放监测分为三类，即

- 直接抽气法——将经过粗滤、加热、保温（≥120℃）、除湿、细滤的烟气送入仪器中测量；
- 稀释抽气法——将经过过滤的烟气与稀释气体按一定的比例混合，典型的稀释比为 1∶100，稀释后的气体送入测定环境大气的仪器中测量；
- 在线直接测量法——无须抽气而直接将测量探头插入烟道或将发射/接收器和反射器安装在烟道两侧进行测量。

测量气态污染物方法原理主要有以下几种：

- 二氧化硫：主要有非分散红外吸收法、紫外吸收法、荧光法；
- 氮氧化物：主要有紫外吸收法、非分散红外吸收法、化学发光法；
- 二氧化碳、一氧化碳、氯化氢、氟化氢为非分散红外吸收法等。

在进行污染物排放速率监测时，还要同步测定排气参数，如热电偶或热电阻法测量温度，冷凝法、重量法、干湿球温度计法、电容式湿度传感器法测定烟气除湿前和除湿后的含氧量，红外吸收法测定烟气含湿量，皮托管压差法、热平衡法、超声波法、靶式流量计法等方法测量排气流速及流量等。

6.5 废气监测质量保证及质量控制

6.5.1 监测期间的工况保证

6.5.1.1 现场监测前准备

监测前，向厂方有关管理人员和操作人员详细说明对生产和废气治理设施提出的要求并提供生产设备和治理设施的运行资料，包括生产设施运行日志、废气治理设施的运行参数，生产用原、辅材料用量等。还应收集有关注意事项，特别是安全注意事项，以保证监测人员在现场监测时的安全。

6.5.1.2 现场监测

（1）监测中应有专人负责组织协调、监视记录和运行工况，在可能的条件下，要求厂方派专人协助。在整个监测期间，要做到“三勤”，即勤问、勤看、勤记，从中提出和发现问题并及时解决。

（2）验收监测期间应当在确保主体工程工况稳定、环境保护设施运行正常的情况下进行，并如实记录监测时的实际工况以及决定或影响工况的关键参数，如实记录能够反映环境保护设施运行状态的主要指标。特殊情况下，如生产设备的电机故障、布袋除尘器的布袋泄漏、静电除尘器某一电场故障和限电等，就要停止监测。

（3）每天监测工作完毕后，要及时统计和整理收集的有关资料，是否满足监测方案的要求。若不能满足要求，要及时与厂方沟通。

（4）建立建设单位安全保障和安全联系制度，防止出现安全事故。

6.5.1.3 监测后整理

现场监测工作结束后，针对不同的污染源分类整理、总结监测期间工况的保证措施和注意事项，为以后监测同类型污染源提供借鉴。

6.5.2 采样质量控制和质量保证

根据不同的样品类型和监测因子的特征，从以下几方面保证采样点的质量：

- ➢ 烟道内布设监测点的数量和位置能获取并代表污染物的产生量和排放量。
- ➢ 由于有机废气具有波动性的特点，很多情况下，排气筒排放的特定有机污染物不能检出。所以，对于该类型废气，还应该在治理装置前布设监测点位，不仅能够了解治理设施的处理效率，更能够确保监测数据的合理性和可靠性。
- ➢ 预计布设的监控点含有无组织排放污染物的最大落地浓度点。
- ➢ 敏感点的环境空气质量主要受建设工程排出污染物的影响。

因此，在布设采样点时的质量控制和质量保证措施应包括以下几点。

6.5.2.1 监测任务与空间范围

监测点的设置。监测点的设置要使废气或环境空气样品所代表的空间范围与监测任务相适应的空间范围一致。

6.5.2.2 样品的代表性

根据以下因素保证采集到有代表性的废气或环境空气质量的样品（表 6-11）：

- ➢ 确定的采样点符合监测任务的需要。
- ➢ 确定受当地气象因素影响而不能设置的采样点位或区域。
- ➢ 确定受建筑物及自然条件影响而不能设置的采样点位或区域。
- ➢ 采样程序要与监测任务相适应。

表 6-11 监测任务和代表性范围之间的关系

监测任务	相适应的采样点范围
有组织排放源	烟道或管道内
无组织排放源	二氧化硫、氮氧化物、颗粒物和氟化物的监控点设在无组织排放源下风向 2～50 m 范围内的浓度最高点，相对应的参照点设在排放源上风向 2～50 m 范围内；其余物质的监控点设在单位周界 10 m 范围内的浓度最高点。按规定监控点最多可设 4 个，参照点只设 1 个
敏感点	敏感点附近

6.5.2.3 仪器与设备

（1）属于国家强制检定的仪器与设备，应依法送检，并在检定合格有效期内使用。属于非强制检定的仪器与设备应按照相关校准规程自行校准或核查，或送有资质的计量检定机构进行校准，并在校准合格有效期内使用。仪器的校准或核查按照相应测试方法执行。如未作要求的，可根据 GB/T 16157—1996 规定，仪器和设备应至少半年自行校准一次。

定电位电解法烟气测定仪传感器寿命一般为 1～2 年，到期后应及时更换，如有效期内发现传感器性能下降也需及时更换，并重新检定后方可使用，每次使用前必须进行校准。至少每季度对测氧仪校准一次，采用高纯氮校正其零点。

（2）制订仪器与设备年度核查计划，并按计划执行，保证在用仪器与设备运行正常。监测仪器与设备应定期维护保养，制定仪器与设备管理程序和操作规程，并做好使用记录。采样仪器与设备须有专人管理与维护，每次使用后应对仪器与设备全面检查，清洁或修理，对失效的消耗品及时更换。每台仪器与设备应有专门的使用维护记录，包含仪器与设备检定、校准、使用、维护等相关信息。

（3）每季度抽查仪器与设备使用情况和使用记录。检查仪器与设备运行状况是否正常，是否按照操作规程要求执行，检查仪器与设备使用记录是否真实规范。按照 GB/T 16157—1996 规定对微压计、皮托管和烟气采样系统进行气密性检验。气态污染物采样前确认采样管材质及滤料不吸收且不与待测污染物起化学反应，不被排气成分腐蚀，耐受高温排气。采样前检查仪器与设备预处理装置是否有效，各连接管不可存在折点或堵塞。吸收瓶应严密不漏气，多孔筛板吸收瓶发泡要均匀，在流量为 0.5 L/min 时，其阻力应在 5±0.7 kPa。

6.5.2.4 采样

（1）排气参数

排气参数包括温度、压力、水分含量、气体成分。

排气参数测定和样品采集之前，应对采样系统的气密性进行检查。

温度测量时，监测点应尽量位于烟道中心。温度计最小刻度应至少为 1℃，实测温度应在全量程 10%～90%的范围内。

（2）颗粒物（低浓度颗粒物）

①颗粒物

颗粒物的采样必须按照等速采样的原则进行，采用微电脑自动跟踪采样仪，以保证等速采样的精度，减少采样误差。

采样位置应尽可能选择气流平稳的管段，采样断面最大流速与最小流速之比不宜大于 3 倍，以防仪器的响应跟不上流速的变化，影响等速采样的精度。

②低浓度颗粒物

采样过程中当烟气中的水分影响采样正常进行时，应开启采样管上采样头固定装置的加热功能，温度不超过 110℃。样品采集时应保证每个样品的增重不小于 1 mg，或采样体积不小于 1 m^3。

采样过程中，采样断面最大流速和最小流速比不应大于 3∶1。任何低于全程序空白增重的样品均无效，全程序空白增重除以对应测量系列的平均体积不应超过排放限值的 10%。采集全程序空白应在每次测量系列过程中进行一次，并保证至少一天一次。当颗粒物浓度低于方法检出限时，对应的全程序空白应不高于 0.5 mg，失重应不多于 0.5 mg。采集同步双样时，每个样品均应采集同步双样。

（3）气态污染物

气态污染物采样时，应对气体中被测成分的存在状态及特性、可能造成误差的各种因素（吸附、冷凝、挥发等）进行综合考虑，来确定采样管和滤料材质、采样管和导管加热保温措施等，并按照分析方法中规定的最低检出浓度选择合适的采样体积。

使用吸收瓶或吸附管系统采样时，吸收或吸附装置应可能靠近采样管出口，并采用多级吸收或吸附。当末级吸收或吸附检测结果大于吸收或吸附总量的 10%时，应重新设定采样参数进行监测。

采样期间应保持流量恒定，波动不大于 10%，采样结束后，应立即封闭样品吸收瓶或吸附管两端，尽快送实验室分析。样品在运送和保存期间，应注意避光和控温。

6.5.2.5 特征污染物的采样

（1）硫酸雾

离子色谱法适用于固定污染源废气中硫酸雾的测定。硫酸雾包括硫酸小液滴、三氧化硫及颗粒物中可溶性硫酸盐。

①用玻璃纤维滤筒（石英纤维滤筒）串联内装 50 mL 吸收液的吸收瓶采集有组织排放废气中硫酸雾样品，烟枪加热温度不低于烟气温度，连续 1 h 采样或 1 h 内等时间间隔采集 3～4 个样品。在采集硫酸雾样品时，由于雾滴极易黏附在采样嘴和弯管内壁，且很难脱离，采样前应将采样嘴和弯管内壁清洗干净，采样后用少量乙醇冲洗采样嘴和弯管内壁，合并在样品中，尽量减少样品损失，保证采样的准确性。

②每次采集样品至少带两套同批次全程序空白样品。将同批次滤筒以及装好吸收液的吸收瓶带至采样现场，不与采样器连接，采样结束后带回实验室待测。

③滤筒和滤膜应选用空白较低且数值稳定的产品，空白滤筒和空白滤膜的硫酸根含量应低于方法测定下限。

④采样吸收效率实验。第二支吸收瓶中硫酸根浓度应小于样品总量的 10%，否则应重新采集样品。

⑤采集的样品及全程序空白应于 0～4℃冷藏、密封保存。

（2）氯化氢

氯化氢主要分析方法有离子色谱法和硝酸银容量法。

①离子色谱法适用于环境空气和废气中氯化氢的测定。

a. 采样过程中，应保持采样管温度 120℃，以避免水汽于吸收瓶之前凝结；若排气中含有颗粒态氯化物，应在吸收瓶之前接装放入滤膜的滤膜夹。

b. 每次采集样品应至少带两套全程序空白样品。将同批次装好吸收液的吸收瓶带至采样现场，不与采样器连接，采样结束后带回实验室待测。

c. 样品采集后用连接管密封吸收瓶，于4℃以下冷藏保存，48 h内完成分析测定，如不能及时分析，应将样品转移至聚乙烯瓶中，于4℃以下冷藏保存，保存7 d。

d. 采样器与滤膜夹、滤膜夹与吸收瓶、吸收瓶之间的连接管均应尽可能短，并检查系统的气密性和可靠性。

②硝酸银容量法适用于固定污染源氯化氢的测定。

a. 采样过程中，应保持采样管温度120℃，以避免水汽在采样管路中凝结；若排气中含有颗粒态氯化物，应在采样枪和吸收瓶之间接装内含乙酸纤维微孔滤膜的滤膜夹。

b. 采样枪与吸收瓶之间的连接管应尽可能短，并检查系统的气密性和可靠性。

c. 将同批次内装50 mL氢氧化钠吸收液的吸收瓶，带至采样现场，不与采样器连接，采样结束后带回实验室待测。

d. 采集的样品及全程序空白，应当天尽快测定，若不能及时测定，应于4℃以下冷藏、密封保存，48 h内完成分析测定。

e. 采样器应在使用前进行气密性检查和流量校准。

f. 每批样品至少带两个实验室空白和两个全程序空白。实验室空白和全程序空白测定值应小于方法检出限，否则须查找原因，重新采样。

（3）挥发性有机物

挥发性有机物的采集方法主要有气袋采样和吸附管采样。

①气袋采样适用于采集温度低于150℃的固定污染源废气中挥发性有机物。

a. 使用气袋法进行采样时应优先使用新气袋。如需重复使用采样气袋，必须在采样前进行空白实验。

b. 采样管进气口位置应尽量靠近排放管道中心位置，采样管长度应尽可能短。如果排气筒内废气温度高于环境温度，则开启加热管电源，将采样管加热到120℃（±5℃）。

c. 采样结束后气袋样品立即放入避光保温的容器内保存，直至样品分析前取出。

d. 在样品分析之前须观察样品气袋内壁，如果有液滴凝结现象，则应将气袋放入加热箱中，确认加热液滴凝结现象消除后，迅速取出气袋取样分析。

②固相吸附-热脱附/气相色谱-质谱法（吸附管采样）。

a. 使用吸附管采样时需进行吸附采样管的穿透试验。串联两支吸附采样管采样，如果在后一支吸附采样管中检出目标化合物的量大于总量的10%，则认为吸附采样管发生穿透，本次采集样品无效应重新采样，并确保目标化合物的采气量小于吸附采样管安全采样体积。

b. 采样前后流量变化大于5%，但不大于10%，应进行修正；流量变化大于10%，应重新采样。

c. 每批样品至少做一个全程序空白样品，全程序空白样品中目标化合物的含量过大可疑时，应对本批次数据进行核实和检查。

d. 采样前后吸附管需用密封帽密封，放在密封袋或密封盒中，密封袋或密封盒放在装有活性炭的盒子或干燥器中 4℃保存。

（4）二噁英类

使用同位素稀释高分辨气相色谱-高分辨质谱法测定二噁英类。

①采集二噁英类，采样管材质应为硼硅酸盐玻璃、石英玻璃或钛金属合金，采样管内表面应光滑流畅。采样管应带有加热装置，以避免在采样过程中废气中的水分在采样管中冷凝，采样管加热温度在 105～125℃。

②采样前加入采样内标，要求回收率为 70%～130%，超过范围需重新采样。预测各采样点的参数，结合所选采样嘴直径，计算出各点所需的采样流量，一般总采样时间不少于 2 h。采样期间当压力、温度有较大变化时，需重新计算采样流量，并调节流量计。采样过程中，气相吸附柱应注意避光，保持在 30℃以下。

③采样设备和材料应在使用之前充分洗净。过滤及吸附材料应贮存在密闭容器中以避免污染。安装工具和采样器部件应冲洗干净以减少引起污染的可能性。应固定好所有组件，检查仪器密闭状态，确保操作时无泄漏。

④根据相应样品的采样标准或规范确认样品的代表性。废气采样应避开采样对象的不稳定工作阶段，最好在工作条件稳定 1 h 后开始采样。

⑤采集到的样品应被贮存在密闭容器内以避免损失或被周围环境污染。样品运输或贮存时应避光冷藏。

（5）汞及其化合物

汞及其化合物主要分析方法有冷原子吸收分光光度法和活性炭吸附-热裂解原子吸收分光光度法。

①冷原子吸收分光光度法适用于固定污染源废气中汞的测定。

a. 一般在采样装置上串联两支大型气泡吸收管，橡皮管对汞有吸附，采样管与吸收管之间采用聚乙烯管连接，接口处用聚四氟乙烯生料带密封；当汞浓度较高时，可使用大型冲击式吸收采样瓶。

b. 全部玻璃器皿在使用前要用 10%的硝酸溶液浸泡过夜或用（1+1）硝酸溶液浸泡 40 min，除去器壁上吸附的汞。

c. 现场空白，将两支装有 10 mL 吸收液的大型气泡吸收管带至采样点，不连接烟气采样器，并与样品在相同的条件下保存、运输，直到送交实验室分析。

d. 采样结束后，封闭吸收管进出气口，置于样品箱内避光保存，采集完成后应尽快分析。不能及时测定的应置于冰箱内 0～4℃冷藏，5 d 内测定。

②活性炭吸附-热裂解原子吸收分光光度法适用于加装脱硝、除尘、脱硫的燃煤电厂排放的烟气中气态汞的测定。

a. 活性炭吸附管必须安装在探头内，以便烟气直接进入吸附管内，确保探头和吸附管之间无泄漏。采样时，流量须控制在规定范围内，流量过高易导致活性炭的穿透。

b. 采样过程中，颗粒物可能导致采样管堵塞而影响采样工作的正常进行，以较小流量、较长时间的采样，获得足够量的待测污染物。

c. 每次采样时都应至少取一支空白活性炭吸附管，带至采样现场作为全程序空白样品，与采集的样品一同存放并带回实验室分析。

d. 所有样品应放入密闭样品存储容器中常温保存，样品可保存 14 d。

（6）恶臭

①有组织排放源恶臭监测采样按照 GB/T 16157 的相关要求进行。被测周界无条件设置监测点位时，可在周界内设置监测点位，原则上距离周界不超过 10 m，当排放源紧靠围墙（单位周界），且风速小于 1.0 m/s 时，在该处围墙外增设监测点。雨、雪天气不宜进行恶臭无组织排放监测。

②真空瓶用于臭气浓度采样时，采样前应采用空气吹洗，再抽真空使用，使用后真空瓶应及时用空气吹洗。当使用后的真空瓶污染较严重时，应采用蒸沸或重铬酸钾洗液清洗。当有组织排放源样品浓度过高，需对样品进行预稀释时，采样前应对真空瓶进行定容。对新购置的真空瓶或新配置的胶塞，应进行漏气检查。

③对新购置的注射器，应进行漏气检查。

④样品采集后应对样品进行密封，环境样品和污染源样品在运输和保存过程中应分隔放置防止异味污染，所有样品应在 17～25℃条件下避光保存。真空瓶存放应有相应的包装箱，防止光照和碰撞。进行臭气浓度分析的样品应在采样后 24 h 内测定。

6.5.2.6 原始记录

现场监测采样、样品保存、样品交接、样品处理和实验室分析的原始记录应在记录表格上，按规定格式对各栏目认真填写，及时记录。

原始记录表格应有统一编号，个人不得擅自销毁或损坏，用毕按期归档保存。原始记录应及时记录，不得以回忆方式填写或转誊。

原始记录可采取纸质或电子介质的方式。采用电子介质方式记录时，存储的原始记录应采取适当措施备份保存，保证可追溯和可读取，防止记录丢失、失效或篡改。

纸质原始记录使用墨水笔或中性笔书写，应做到字迹端正、清晰。如原始记录上数据有误需要改正时，应在错误的数据上划以斜线，再将正确数字补写在其上方，并在右下方签名（或盖章）。不得在原始记录上涂改或撕页。如原始记录下方内容为空白，需记录“以下空白”。

6.5.3 实验室内质量控制和质量保证

当按规定将采集到的具有代表性的大气和废气质量样品送至实验室进行分析测试时，必须在分析过程中实施各种控制测试质量的技术方法和管理规定。这些控制技术和管理规定就涉及实验室内质量控制和质量保证。

实验室内质量控制表现为分析工作者对分析质量进行自我控制及内部质控人员对其实施质量控制技术的管理过程。在分析过程开始前，要根据分析的目的和要求，选择适宜的分析方法，最好选择标准方法或同一方法，使分析结果有可比性。由于各实验室的环境、条件、操作水平不同，即使使用标准方法或同一方法，也应进行准确度和精密度检验。检验合格后，方法才可纳入常规应用。然而由于许多因素如标准溶液、试剂、温度等会引起准确度随时间而变化，因而还需要连续不断地监视分析过程中可能出现的误差。可应用控制图或其他方法以达到控制分析质量的目的。

实验室内质量控制和质量保证包括的主要内容：

①质量保证程序。

②测量方法的准确度和精密度的实验和评价。

③仪器技术指标的检验，仪器的日常维护、保养，仪器的正确使用。

④质量保证的记录。

⑤对监测数据采取的质量保证措施和对获得监测数据的评价。

⑥对监测人员技能和质量意识的培训。

上述内容应形成文件并制定成质量手册、程序文件、作业指导书、各种记录表等文件。

6.5.4 数据处理的质量保证

（1）数据的完整性：审核数据的完整性，要求各种原始记录齐全，除监测数据外还应包括质控数据，如校正仪器数据（流量、浓度直读仪器通标准气体的测定结果、仪器抗负载能力、响应时间等），实验室分析时空白样品、平行样、加标样、密码样测定结果及数量；其他资料如生产设施、治理设施运行状况或参数，原、辅材料用量、品质、来源等；风向、风速等气象资料等。

（2）数据的及时性：及时处理数据，发现问题，对因布点、采样频次、工况、采样出现的偶然差错等因素造成代表性差、可靠性低的数据进行补测。

（3）处理方法的规范性：按照同一的方法处理数据。

（4）计算的准确性：仔细计算、严格复审，加强责任心，杜绝计算错误。

对监测数据、质量保证数据和收集的有关技术资料必须按规定统一收集、集中保管，防止数据资料分散和流失。

6.6 监测数据的处理及评价

6.6.1 监测数据的处理

大气污染物浓度表示方法有两种：一种是以单位体积内所含的污染物的质量数表示，即质量浓度，常用的单位有 mg/m^3 和 $\mu g/m^3$；另一种是对于气体或蒸气用体积比（ppm 或 ppb）作浓度单位，ppm 单位是指在 100 万份体积气体中含有有害气体或蒸气的体积数；ppb 是 ppm 的 1/1 000，两个单位可以用公式相互换算。目前国家有关执行法定计量单位的规定中要求采用质量浓度，因此在监测中和监测后都应按照有关规定使用法定计量单位。

质量浓度与体积比浓度关系为

$$C' = \frac{M}{22.4} X \tag{6-1}$$

式中：C'——污染物质量浓度，mg/m^3 或 $\mu g/m^3$；

M——污染物的摩尔质量，g/mol；

22.4——污染物的摩尔体积，L/mol；

X——污染物的体积分数。

在计算中应注意有效数字的取舍、对计算的复算和审核，避免出现计算的差错。

6.6.2 监测数据的评价

6.6.2.1 对监测数据自身的评价

（1）监测数据的数量。监测数据的数量是否满足监测任务的需要，如固定污染源排放监测，原国家环境保护总局对监测数据最小量有具体的规定，对监测频次作出了明确的要求，所以在评价数据时，首先要审查数据量。

（2）监测数据的合理性。如监测治理设施进口和出口风量，治理设施的处理效率，污染物的排放浓度等都涉及监测数据的合理性。

（3）监测数据的可靠性。监测数据的可靠性是与一系列质量保证措施紧密联系的。如采样位置、采样点的布设，监测前仪器设备的运行检查和校正，实验室内部控制程序的执行力度，方法的选择，监测人员的工作能力等都会影响监测数据的可靠性。

（4）监测数据的修约。原始数据的有效位数与监测方法检出限或最小检出量有关，原始数据保留的有效位数应与监测方法检出限或最小检出量有效位数一致。由于监测结果最终要与质量标准或排放标准比较，因此保留比标准值多保留一位小数就能满足评价的需要。数据的修约按排放标准和分析方法中有规定的从其规定，无规定的参照 GB/T 8170 执行。

（5）监测数据的统计结果的正确性。检查计算公式是否正确，审查代入的数据是否差错，计算结果的单位是否正确等。

6.6.2.2 监测数据在评价中的作用

建设项目竣工环境保护验收监测中，监测数据评价的作用包括：

①评价污染物排放水平。污染物排放标准原则上执行环境影响报告书（表）及其审批部门审批决定所规定的标准。在环境影响报告书（表）审批之后发布或修订的标准对建设项目执行该标准有明确时限要求的，按新发布或修订的标准执行。特别排放限值的实施地域范围、时间，按国务院生态环境主管部门或省级人民政府规定执行。

②评价废气治理设施性能和使用情况。

③评价敏感点的环境质量。根据环境空气质量功能区分类和环境空气质量分级，评估大气敏感点大气环境质量受污染源排出污染物的影响程度。

④评价无组织排放源排出污染物对排放源下风向一定范围内环境大气质量的污染程度和影响。

通过评价，有针对性地对建设工程项目加强环境治理设施的管理，减少排出污染物对环境的不利影响，改善大气环境质量，对改进或增加治理设施等提出合理的建议和解决的办法。为建设工程环保设施竣工验收提供依据。

6.7 废气监测应注意的问题

6.7.1 燃煤锅炉及电厂煤质分析

建设项目环境影响报告书（表）及其审批部门审批决定中一般规定了大型锅炉和电厂锅炉使用的燃煤煤质或燃料的全硫含量。因此在进行这类废气的监测时，要注意燃煤煤质和燃料全硫含量的分析。

6.7.2 无组织排放

由于生产设备和设施的特点、设备老化和管理不善等造成的颗粒物和有害气体的无组织排放对周围单位和居民的影响已成为环境纠纷的一个重要问题，如石油化工企业的 H_2S 无组织排放。在对可能产生颗粒物和有害气体无组织排放的建设项目验收监测时，要特别注意对无组织排放源、环境保护敏感点和易发生环境纠纷地区进行调查。在进行无组织排放监测时，注意按照相应的规定选择采样点，严格按照标准和技术要求进行监测。

在开展无组织排放监测时，特别要注意监测点位是根据气象条件确定的，当监测中发生风向变化时，监测数据无效，应重新测定。为避免监测中发生风向变化，应仔细调查和研究当地气象资料，选择气象条件相对稳定的时间开展无组织排放监测。

6.7.3 排气筒高度

根据建设项目环境影响报告书（表）结论设计的排气筒高度，已考虑了对环境的影响。但是一些企业由于某些原因，未按建设项目环境影响报告书（表）要求的高度建设排气筒，因此在检查或调查建设项目废气处理设施时应注意此类情况。在此类情况发生时，首先应在验收监测方案中说明，或直接向建设项目所属生态环境行政主管部门报告，在进行评价时应按实际高度进行评价。

6.7.4 氮氧化物的监测与计算

《水泥工业大气污染物排放标准》（GB 4915—2013）、《火电厂大气污染物排放标准》（GB 13223—2011）等排放标准均提出氮氧化物排放以二氧化氮计，按《关于建设项目竣工环境保护验收监测中的氮氧化物排放浓度计算方法的复函》（环函〔2004〕273 号）规定：

（1）当监测仪器读数以质量浓度表示时，应将 NO 实测值按 NO_2 与 NO 分子量之比折算为 NO_2 当量，再加 NO_2 实测值，即 NO_x 浓度：

$$C_{NO_x}=（C_{NO}\times46/30）+C_{NO_2} \tag{6-2}$$

式中：C——污染物的标准状态下干排气质量浓度，mg/m³ 或μg/m³。

（2）当监测仪器读数以体积比浓度表示时，应按下式进行换算：

$$C_{NO_x}==（X_{NO}+X_{NO_2}）\times2.05 \tag{6-3}$$

式中：C——污染物的标准状态下干排气质量浓度，mg/m³ 或μg/m³；

X——污染物的摩尔分数，μmol/mol。

由此可见，氮氧化物现场监测仪器必须能同时监测一氧化氮和二氧化氮排放浓度。

6.7.5 采样安全

在所有开展的验收监测工作中，必须避免发生人员伤亡和安全生产事故。监测前需要了解有关安全生产的制度，制定相应的措施，并在现场监测时严格执行。

采样或监测平台长度应≥2 m，宽度应≥2 m 或不小于采样枪长度外延 1 m，周围设置 1.2 m 以上的安全防护栏，有牢固并符合要求的安全措施。采样或监测平台应易于人员和监测仪器到达，当采样平台设置在离地面高度≥2 m 的位置时，应有通过平台的斜梯（或“Z”字形梯、旋梯），宽度应≥0.9 m；当采样平台设置在离地面高度≥20 m 的位置时，应有通往平台的升降梯。

监测平台附近有造成人体机械伤害、灼伤、腐蚀、触电等危险源的，应在监测平台相应位置设置防护装置。监测平台上方有坠落物体隐患时，应在监测平台上方 3 m 高处设置防护装置。

6.8 标准解释

（1）单台出力 65 t/h 以上除层燃炉、抛煤机炉外的燃煤、燃油、燃气锅炉，无论其是否发电，均应执行《火电厂大气污染物排放标准》（GB 13223—2011）中相应的污染物排放控制要求。单台出力 65 t/h 及以下燃煤、燃油、燃气发电锅炉，以及 65 t/h 及以下煤粉供热锅炉执行《锅炉大气污染物排放标准》（GB 13271—2014）的污染物排放控制要求。

（2）不同时段建设的锅炉，若采用混合方式排放烟气，且选择的监控位置只能监测混合烟气中的大气污染物浓度，则应执行各时段限值中最严格的排放限值。

（3）铸造工业烧结工序的大气污染物排放控制要求应参照《钢铁烧结、球团工业大气污染物排放标准》（GB 28662—2012）的要求执行。

（4）建议醇基燃料的锅炉参照《锅炉大气污染物排放标准》（GB 13271—2014）中燃油锅炉的排放控制要求执行。

（5）《陶瓷工业污染物排放标准》（GB 25464—2010）中喷雾干燥塔、陶瓷窑烟气基准含氧量为 18%，实测喷雾干燥塔、陶瓷窑的大气污染物排放浓度，应换算为基准含氧量条件下的排放浓度，并以此作为判定排放是否达标的依据。

（6）考虑到造纸行业的碱回收炉与一般燃煤发电锅炉的差异性，以及目前工艺技术现状与氮氧化物排放实际情况，65 t/h 以上碱回收炉可参照《火电厂大气污染物排放标准》（GB 13223—2011）中现有循环流化床火力发电锅炉的排放控制要求执行；65 t/h 及以下碱回收炉参照《锅炉大气污染物排放标准》（GB 13271—2014）中生物质成型燃料锅炉的排放控制要求执行。

（7）在执行《恶臭污染物排放标准》时，如企业排气筒高度超过标准中所列排气筒最高高度，执行标准中排气筒最高高度对应的污染物排放量。

6.9 实例简介

6.9.1 火力发电工业

建设项目基本情况：某电厂新建 1 台 350 MW 的超临界抽凝式热电联产机组。12 月 16—18 日对该项目环境保护设施进行验收监测。对照环境影响报告书（表）及其审批部门审批决定的要求，对废气污染治理设施建成情况进行自查，作为确定验收监测方案中监测点位、频次、因子等监测内容的依据。监测相应的污染因子并获得相应结果如表 6-12～表 6-21 所示。

表 6-12 建设项目竣工环境保护验收内容及一览表

类别		项目环评及审批决定	实际建设情况	相符性
主体工程	锅炉	超临界直流式、单炉膛、一次中间再热、循环流化床锅炉	超临界直流式、单炉膛、一次中间再热、循环流化床锅炉	是
	发电机	水—氢—氢汽轮发电机	水—氢—氢汽轮发电机	是
环境保护设施	烟气脱硫设施	炉内喷钙和石灰石—石膏湿法脱硫，不设烟气旁路综合脱硫效率不低于 98.2%，脱硫塔喷淋除雾区布置有两层喷淋层	炉内喷钙和石灰石—石膏湿法脱硫，不设烟气旁路，综合脱硫效率不低于 98.2%，脱硫塔喷淋除雾区布置有四层喷淋层	增加脱硫塔喷淋除雾区层数，增大烟气接触，保证脱硫效率
	烟气脱硝设施	采用低氮燃烧技术和选择性非催化还原（SNCR）+选择性催化还原（SCR）工艺联合脱硝，以尿素为脱硝还原剂，脱硝效率不低于 80%，加装烟气余热回收再热装置（MGGH）	采用低氮燃烧技术和选择性非催化还原（SNCR）+选择性催化还原（SCR）工艺联合脱硝，以尿素为脱硝还原剂，脱硝效率不低于 80%，加装烟气余热回收再热装置（WGGH）	原烟气余热回收再热装置命名“MGGH”工艺，设计阶段未确定中间换热媒介，实际建设后确定为使用水作为中间换热媒介，更改名称为“WGGH”工艺
	烟气除尘设施	采用电袋除尘器，综合除尘效率不低于 99.955%	采用电袋除尘器，综合除尘效率不低于 99.955%	是
……		……	……	……

表 6-13 废气排放标准一览表

污染物	单位	排放限值	依据标准
颗粒物（烟尘）	mg/m^3	10	建设项目环境影响报告书（表）及其审批部门审批决定
二氧化硫	mg/m^3	35	
氮氧化物	mg/m^3	50	
汞及其化合物	mg/m^3	0.03	《火电厂大气污染物排放标准》（GB 13223—2011）表 1
烟气黑度	林格曼黑度	1	
除尘效率	%	99.955	建设项目环境影响报告书（表）及其审批部门审批决定
脱硝效率	%	80	
脱硫效率	%	98.2	

表 6-14 废气污染物排放总量控制指标一览表

单位：t/a

类别	污染物	本项目污染物总量控制指标	排污许可证核发指标	全厂污染物总量控制指标
废气	颗粒物（烟尘）	73	73	146
	二氧化硫	264.85	264.85	529.7
	氮氧化物	315.03	315.03	630.06

表 6-15 废气监测内容

<table>
<tr><th>类别</th><th>监测断面</th><th>监测项目</th><th>频次</th><th>备注</th></tr>
<tr><td rowspan="7">1# 机组废气</td><td>SCR 脱硝进口（◎1）</td><td>氮氧化物、烟气参数</td><td rowspan="6">每天 3 次，连续 2 天</td><td rowspan="6">—</td></tr>
<tr><td>SCR 脱硝出口（◎2）</td><td>颗粒物、氮氧化物、烟气参数</td></tr>
<tr><td>除尘器出口（◎3）</td><td>颗粒物、二氧化硫、烟气参数</td></tr>
<tr><td>脱硫塔出口（◎4）</td><td>颗粒物、二氧化硫、氮氧化物、烟气参数</td></tr>
<tr><td>烟囱总排口（◎5）</td><td>颗粒物、二氧化硫、氮氧化物、汞及其化合物、烟气参数</td></tr>
<tr><td>烟囱出口（◎6）</td><td>林格曼黑度</td></tr>
<tr><td>SCR 脱硝进口（◎1）</td><td>氮氧化物、二氧化硫、烟气参数</td><td>连续 6 次</td><td>关闭 SCNR 和炉内喷钙</td></tr>
<tr><td>入炉煤</td><td>—</td><td>煤中全硫含量</td><td>每天 1 次，连续 3 天</td><td>监测时间段内燃煤</td></tr>
</table>

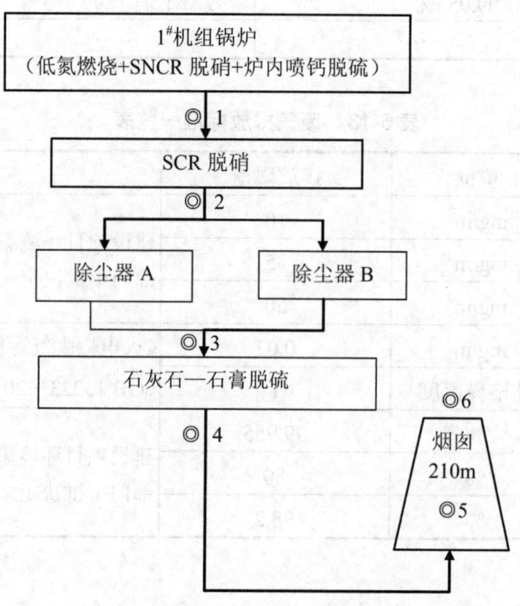

图 6-1 监测点位示意图

表 6-16 废气分析方法及监测仪器信息

项目	方法标准号及名称	主要仪器名称及型号	检出限/ (mg/m^3)	检定/校准证书编号	计量检定有效期
烟气流速	《固定污染源排气中颗粒物测定与气态污染物采样方法》及其修改单（GB/T 16157—1996）《固定源废气监测技术规范》（HJ/T 397—2007）	全自动烟尘（气）测定仪 YQ3000-C 型	—	—	—
烟气温度			—	—	—
含氧量			—	—	—
低浓度颗粒物（烟尘）	《固定污染源废气 低浓度颗粒物的测定 重量法》（HJ 836—2017）	全自动烟尘（气）测定仪 YQ3000-C 型、十万分之一天平 ME155DU	1.0	—	—
二氧化硫	《固定污染源废气 二氧化硫的测定 定电位电解法》（HJ 57—2017）	全自动烟尘（气）测定仪 YQ3000-C 型	3	—	—
氮氧化物	《固定污染源废气 氮氧化物的测定 定电位电解法》（HJ 693—2014）	全自动烟尘（气）测定仪 YQ3000-C 型	3	—	—
汞及其化合物	《固定污染源废气 汞的测定 冷原子吸收分光法（暂行）》（HJ 543—2009）	冷原子吸收测汞仪 NCG-1	0.002 5	—	—
烟气黑度	《固定污染源排放烟气黑度的测定 林格曼烟气黑度图法》（HJ/T 398—2007）	—	—	—	—

表 6-17 1#机组监测期间生产负荷信息

内 容		12 月 16 日	12 月 17 日	12 月 18 日
装机容量/MW			350	
平均小时耗标煤量/（t/h）		137.63	150.38	152.46
石灰石用量/（t/h）		1.17	1.33	1.25
收到基硫含量/%		0.77	0.56	0.58
尿素用量/（kg/h）		0.104	0.104	0.105
蒸发量	设计蒸发量/（t/h）		12 000	
	实际蒸发量/（t/h）	11 960	11 974	11 992
	负荷率/%	99.67	99.79	99.94
发电量	设计发电量/MW		8 400	
	实际发电量/MW	8 372	8 382	8 395
	负荷率/%	99.67	99.79	99.94

表 6-18 监测期间入炉煤的全硫含量

监测项目	12 月 16 日	12 月 17 日	12 月 18 日
煤中全硫含量/%	0.77	0.56	0.58

表 6-19 1#机组脱硝设施进/出口监测结果

监测点位	监测内容	12 月 16 日					
		第 1 次	第 2 次	第 3 次	第 4 次	第 5 次	第 6 次
SCR 脱硝进口◎1（关闭 SNCR）	标况流量/（m^3/h）	1 038 808	1 038 880	1 038 631	1 038 760	1 039 611	1 038 846
	实测氮氧化物浓度/（mg/m^3）	172	177	171	175	179	182
	排放速率/（kg/h）	179	184	178	182	186	189
	平均速率/（kg/h）	183					
监测断面	监测内容	12 月 17 日			12 月 18 日		
		第 1 次	第 2 次	第 3 次	第 1 次	第 2 次	第 3 次
SCR 脱硝进口◎1（开启 SNCR+SCR）	标况流量/（m^3/h）	1 082 605	1 081 023	987 254	974 820	975 364	1 066 901
	实测氮氧化物浓度/（mg/m^3）	20	34	40	41	40	37
	排放速率/（kg/h）	21.7	36.8	39.5	40.0	39.0	39.5
	平均速率/（kg/h）	36.1					
	SNCR 脱硝效率/%	80.3					
SCR 脱硝出口◎2（开启 SNCR+SCR）	标况流量/（m^3/h）	1 082 815	1 081 200	987 287	974 766	974 295	1 067 256
	实测氮氧化物浓度/（mg/m^3）	6	6	18	23	24	21
	速率/（kg/h）	6.5	6.5	17.8	22.4	23.4	22.4
	平均速率/（kg/h）	16.5					
	SCR 脱硝效率/%	54.3					
综合脱硝效率/%		91.0					
项目环评及审批决定		不低于 80%					
达标情况		达标					

表 6-20 1#机组烟囱总排口监测结果

监测内容			12 月 17 日			12 月 18 日			标准限值	达标情况
			第 1 次	第 2 次	第 3 次	第 1 次	第 2 次	第 3 次		
标况流量/（m^3/h）			990 786	975 163	958 099	973 352	976 942	983 380	—	—
氧含量/%			3.1	2.8	2.9	3.8	4.0	4.1	—	—
烟囱总排口◎5	颗粒物（烟尘）	实测浓度/（mg/m^3）	1.8	1.7	1.6	1.6	1.5	1.3	—	—
		排放浓度/（mg/m^3）	1.5	1.4	1.3	1.4	1.3	1.2	10	达标
		排放速率/（kg/h）	1.8	1.7	1.5	1.5	1.3	1.3	—	—

监测内容			12 月 17 日			12 月 18 日			标准限值	达标情况
			第 1 次	第 2 次	第 3 次	第 1 次	第 2 次	第 3 次		
烟囱总排口◎5	二氧化硫	实测浓度/（mg/m³）	20	25	18	17	16	17	—	—
		排放浓度/（mg/m³）	17	21	15	15	14	15	35	达标
		排放速率/（kg/h）	19.8	24.4	17.2	16.5	15.6	16.7	—	—
	氮氧化物	实测浓度（mg/m³）	18	14	15	31	26	23	—	—
		排放浓度/（mg/m³）	15	12	12	27	23	20	50	达标
		排放速率/（kg/h）	17.8	13.7	14.4	30.2	25.4	22.6	—	—
	汞及其化合物	实测浓度/（mg/m³）	0.006 3	0.004 8	0.007 1	0.010 9	0.010 1	0.006 4	—	—
		排放浓度/（mg/m³）	0.005 3	0.004 0	0.005 9	0.009 5	0.008 9	0.005 7	0.03	达标
		排放速率/（kg/h）	0.006 2	0.004 7	0.006 8	0.010 6	0.009 9	0.006 3	—	—
烟囱出口◎6	林格曼黑度/级		0.5	0.5	0.5	0.5	0.5	0.5	1	达标

表 6-21 污染物排放总量核算

污染源	颗粒物（烟尘）		二氧化硫		氮氧化物	
	kg/h	t/a	kg/h	t/a	kg/h	t/a
1#机组	1.5	8.89	18.4	109.08	20.6	122.12
排污总量限值	—	73	—	264.85	—	315.03
达标情况	—	达标	—	达标	—	达标

注：根据国家排污许可证核发的污染物排放总量，全厂颗粒物、二氧化硫、氮氧化物的排放总量应分别控制在 146 t/a、529.7 t/a、630.06 t/a。1#机组按排污许可证核发的污染物排放总量的 50%控制，即颗粒物、二氧化硫、氮氧化物的排放总量控制指标分别为 73 t/a、264.85 t/a、315.03 t/a。

根据监测结果，得到以下相应的监测结论。

（1）废气治理设施效率评价

1#机组锅炉烟气的 SCNR+SCR 综合脱硝效率为 91.0%，炉内喷钙脱硫、石灰石—石膏湿法综合脱硫效率为 98.8%，电袋复合式除尘器除尘效率为 99.967%，分别符合项目环评及审批决定的要求（脱硝效率不低于 80%，综合脱硫效率不低于 98.2%，综合除尘效率不低于 99.955%）。

（2）废气污染物排放浓度评价

1#机组烟囱总排口污染物排放浓度最大值分别为：烟尘 1.5 mg/m^3、二氧化硫 21 mg/m^3、氮氧化物 27 mg/m^3、汞及其化合物 0.095 mg/m^3，烟气黑度小于 1 级（林格曼黑度），均符合《火电厂大气污染物排放标准》（GB 13223—2011）表 1 燃煤锅炉标准限值及“东部地区新建燃煤发电机组大气污染物排放浓度基本达到燃气轮机组排放限值（即在基准氧含量 6%条件下，烟尘、二氧化硫、氮氧化物排放浓度分别不高于 10 mg/m^3、35 mg/m^3、50 mg/m^3）”（发改能源〔2014〕2093 号）较严者要求。

（3）煤中全硫含量评价

监测期间，1#机组入炉煤中全硫含量为 0.56%～0.77%。

（4）污染物排放总量核算

1#机组年运行天数为 247 d，全天 24 h 生产，年生产 5 928 h。根据本次验收监测结果，核算 1#机组废气污染物排放总量。1#机组废气主要污染物排放总量分别为：颗粒物 8.89 t/a，二氧化硫 109.08 t/a，氮氧化物 122.12 t/a，均符合排污许可证核发的污染物排放总量的要求。

解析：

（1）生产工况问题

新修订的规范中不再对生产工况做出大于 75%的要求，但在验收监测中需确保主体工程工况稳定、环境保护设施运行正常的情况下进行，保证监测数据的代表性。因此，在验收监测过程中要如实记录监测时的实际工况，以及决定或影响工况的关键参数，如实记录能够反映环境保护设施运行状态的主要指标。

（2）废气治理设施效率监测问题

对于项目中有相应的脱硫、脱硝和除尘等废气治理设施，在制定验收监测方案时，要注意对废气治理设施效率进行监测，选择适合的监测点位，满足手工监测要求。

在炉内脱硫效率考核监测中，一般是在加脱硫剂和不加脱硫剂两种状态下分别监测二氧化硫排放，并以其计算得到脱硫效率。由于加与不加之间状态转换需要一定的时间，间隔时间不够可能会造成不加脱硫剂情况下二氧化硫排放偏低、脱硫效率偏小等情况。

（3）二氧化硫排放浓度未检出或二氧化硫排放总量远低于预测量问题

主要因为烟气含湿量太大（一般大于 8%）且烟气监测仪前没装配强力的烟气除湿装置，对于未安装 GGH 的机组，烟气湿度都大于 10%，这种情况很普遍，监测期间企业临时变动脱硫系统参数，如增加钙硫比等，使得脱硫系统脱硫效率大于设计值。验收监测期间要求企业按设计参数正常运行设施，配置高效能的烟气除湿装置，使得监测结果尽可能准确。

6.9.2 有机化学工业

建设项目基本情况：某公司新建年产 12 万 t 组合聚醚多元醇项目。9 月 3—4 日对该项目进行验收监测。对照环境影响报告书（表）及其审批部门审批决定的要求，对废气污染治理设施建成情况进行自查，作为确定验收监测方案中监测点位、频次、因子等监测内容的依据。监测相应的污染因子并获得相应结果如表 6-22～表 6-31 所示。

表 6-22 有机化学工业建设项目竣工环境保护验收内容一览表

项目		项目环评及审批决定	实际建设内容	相符性
主体工程	生产车间	12 万 t 组合聚醚多元醇项目产品分为家用电器和配方系统两个系列，配方系统又细分为 2 个产品，项目主要产品有 3 种。厂区设置 3 个调和釜，每釜每批产量约为 22 t	12 万 t 组合聚醚多元醇项目产品分为家用电器和配方系统两个系列，配方系统又细分为 2 个产品，项目主要产品有 3 种。厂区设置 3 个调和釜，每釜每批产量约为 22 t	是
贮运工程	产品仓库	钢混+钢结构，占地面积 1 450 m^2	钢混+钢结构，占地面积 1 450 m^2	是
	原料仓库	钢混+钢结构，占地面积 2 010 m^2	钢混+钢结构，占地面积 2 010 m^2	是
	罐区	设 400 m^3 储罐 1 个，150 m^3 储罐 3 个，罐区面积 710 m^2，围堰高 1 m	原料罐区占地 1 163.6 m^2，设 400 m^3 储罐 1 个；150 m^3 储罐 3 个；V-405 发泡剂储罐 70 m^3，1 个	是
	卧式容器	V-405 发泡剂储罐，1 个 70 m^3，罐区面积 170 m^2，围堰高度 1 m		是
	槽车	聚醚多元醇在线送料槽车，25 m^3、24 t	聚醚多元醇在线送料槽车，25 m^3、24 t	是
		聚醚多元醇加热槽车，25 m^3、24 t	聚醚多元醇加热槽车，25 m^3、24 t	是
	装车台	新增 2 个装车站，25 m^3/h	新增 2 个装车站，25 m^3/h	是
环保工程	废气处理	调和釜废气、抽桶废气（普通添加剂）处理设施、装桶站废气经活性炭吸附+15 m 排气筒排放	调和釜废气、抽桶废气（普通添加剂）处理设施、装桶站废气经活性炭吸附+15 m 排气筒排放	是
		有机胺添加剂抽桶废气经活性炭吸附+15 m 排气筒排放	有机胺添加剂抽桶废气经活性炭吸附+15 m 排气筒排放	是
		装车站废气经 2 级活性炭吸附+15 m 排气筒排放	装车站废气经 2 级活性炭吸附+15 m 排气筒排放	是
……	……	……	……	……

表 6-23 主要废气来源、污染因子、处置方式及排放去向

废气名称	来源	污染物种类	排放形式	治理设施		设计处理能力指标/%	环评中排气筒尺寸	排气筒实际尺寸	治理设施监测点设置或开孔情况	排放去向
				环评/初步设计要求	实际建设					
有机废气	非有机胺原料抽桶	α甲基苯乙烯	有组织	3 个调和釜前抽桶区设立独立吸风罩，将抽桶废气进行有效收集，收集率为 90%；收集废气经 1#活性炭装置处理后经 1#排气筒排放	非有机胺抽桶区已设立独立吸风罩，废气收集后经 1#活性炭装置处理后经 1#排气筒排放	90	h=15 m，φ=0.6 m	h=15 m，φ=0.8 m	处理设施前、后均已开直径为 10cm 的监测孔	大气
	调和釜	二甲基环己胺		调和釜工艺废气通过密闭管线连接至 1#活性炭装置，处理后经 1#排气筒排放	调和釜废气由密闭管线引出，经 1#活性炭装置处理后经 1#排气筒排放	90				
	产品装桶	发泡剂（五氟丙烷）		装桶站设置吸风罩，收集率为 90%，装桶区废气经 2#活性炭吸附装置处理后经 2#排气筒排放	装桶站已设置吸风罩，废气收集后经 2#活性炭装置处理后经 2#排气筒排放	90				
	槽车装车	发泡剂（五氟丙烷）		装车站废气通过密闭管线收集，先经过一个小型活性炭处置，去除效率为 75%，后与其他工艺废气汇集进入另一个大活性炭吸附装置，去除率为 90%	装车站已设置废气收集管线，废气经 2#小活性炭装置处理后与车间废气共同接入 2#活性炭装置处理后经 2#排气筒排放	97.5				

废气名称	来源	污染物种类	排放形式	治理设施		设计处理能力指标/%	环评中排气筒尺寸	排气筒实际尺寸	治理设施监测点设置或开孔情况	排放去向
				环评/初步设计要求	实际建设					
有机废气	有机胺添加剂抽桶	二甲基环己胺	有组织	有机胺添加剂抽桶区安装有可伸缩喇叭口式吸风罩，将抽桶废气进行有效收集，收集率为 90%；收集废气经 2#活性炭装置处理后经 2#排气筒排放	有机胺添加剂抽桶区已安装可伸缩喇叭口式吸风罩，有机废气经收集后经 2#活性炭装置处理后经 2#排气筒排放	90	h=15 m，φ=0.6 m	h=15 m，φ=0.6 m	处理设施前、后均已开直径为 10cm 的监测孔	大气
有机废气	原料抽桶	VOCs	无组织	—	—	—	—	—	—	大气
有机废气	设备动静密封点	VOCs	无组织	—	—	—	—	—	—	大气
有机废气	产品装桶	VOCs	无组织	—	—	—	—	—	—	大气

表 6-24 废气污染物排放标准

污染物	最高允许排放速率/（kg/h）	最高允许排放浓度/（mg/m^3）	无组织排放监控浓度限值/（mg/m^3）	依据
VOCs	1	80	2	地方标准
臭气浓度	—	1 500	20（量纲一）	

表 6-25 有组织废气监测点位、因子和频次

污染源名称	监测点位	监测项目	布点个数	监测频次
工艺废气	1#活性炭吸附前	废气参数、VOCs	1	连续 2 d，每天 4 次
	1#活性炭吸附后	废气参数、VOCs、臭气浓度	1	连续 2 d，每天 4 次
……	……	……	……	……

表 6-26 无组织废气监测点位、项目和频次

污染源名称	监测点位	监测项目	布点个数	监测频次
无组织废气	厂区周围厂界外 10 m 范围内上风向布设 1 个点位，下风向布设 3 个点位。具体位置根据监测时的风向确定	气象参数、VOCs、臭气浓度	4	连续 2 d，每天 4 次

表 6-27 废气分析方法及监测仪器信息

类别	项目名称	分析方法	方法依据	检出限	仪器名称	型号	仪器编号	检定/校准证书编号	计量检定有效期
有组织废气	VOCs	《固定污染源废气 挥发性有机物的测定 固相吸附-热脱附/气相色谱-质谱法》	HJ 734—2014	10 μg/m^3	气相色谱质谱仪	7890B-5977B	—	—	—
	臭气浓度	《空气质量 恶臭的测定 三点比较式臭袋法》	GB/T 14675—93	—	—	—	—	—	—
无组织废气	VOCs	《环境空气 挥发性有机物的测定 吸附管采样-热脱附/气相色谱-质谱法》	HJ 644—2013	—	气相色谱质谱仪	7890B-5977B	—	—	—
	臭气浓度	《空气质量 恶臭的测定 三点比较式臭袋法》	GB/T 14675—93	—	—	—	—	—	—

表 6-28 监测期间工况统计

监测日期	主要产品		设计生产批次	设计各批次产量	设计日生产量/（t/d）	实际生产批次	实际各批次产量	实际日生产量/（t/d）	监测时段生产负荷/%
9月3日	混合聚醚多元醇（家用电器）		11.5 批/d	约 22 t/批	254	2 批/d	约 22 t/批	44.14	100
	混合聚醚多元醇（配方系统）	不含发泡剂	3.1 批/d	约 22 t/批	68.9	2 批/d	约 22 t/批	43.96	
		含发泡剂	0.89 批/d	约 22 t/批	19.65	2 批/d	约 22 t/批	44.08	
9月4日	混合聚醚多元醇（家用电器）		11.5 批/d	约 22 t/批	254	2 批/d	约 22 t/批	44.06	100
	混合聚醚多元醇（配方系统）	不含发泡剂	3.1 批/d	约 22 t/批	68.9	2 批/d	约 22 t/批	40.02	
		含发泡剂	0.89 批/d	约 22 t/批	19.65	2 批/d	约 22 t/批	43.84	

表 6-29 有组织废气排放监测结果与评价

监测点位	项目	标准值	9 月 3 日					达标情况
			第一次	第二次	第三次	第四次	评价值	
1#活性炭吸附前	烟气流量/（m^3/h）	—	3 080	2 949	2 978	3 078	—	—
	VOCs 实测浓度/（mg/m^3）	—	2.32	2.12	2.78	3.05	—	—
	VOCs 排放速率/（kg/h）	—	0.007	0.006	0.008	0.009	—	—
1#活性炭吸附后（1#排气筒）	烟气流量/（m^3/h）	—	3 451	3 413	3 486	3 219	—	—
	VOCs 实测浓度/（mg/m^3）	80	0.137	0.153	0.243	0.123	0.243	达标
	VOCs 排放速率/（kg/h）	1	4.7×10^{-4}	5.2×10^{-4}	8.5×10^{-4}	4.0×10^{-4}	8.5×10^{-4}	达标
	臭气浓度	1 500	55	73	41	41	73	达标
VOCs 处理效率/%		—	—	—	—	—	92.5	—
……	……	……	……	……	……	……	……	……

表 6-30 厂界无组织气象参数

采样日期		天气	气温/℃	气压/kPa	风速/（m/s）	风向
9 月 3 日	第一次	晴	27.4	101.7	2.4	东北
	第二次	晴	28.9	101.5	1.9	东北
	第三次	晴	29.7	101.4	2.3	东北
	第四次	晴	29.9	101.5	2.1	东北
……	……	……	……	……	……	……

表 6-31 无组织废气排放监测结果与评价

监测日期	监测点位	频次	挥发性有机物/（mg/m^3）	臭气浓度（量纲一）
9 月 3 日	G1 上风向	第一次	0.011	＜10
		第二次	0.011	＜10
		第三次	0.007	10
		第四次	0.002	10
	G2 下风向	第一次	0.022	13
		第二次	0.018	13
		第三次	0.025	16
		第四次	0.034	10
	G3 下风向	第一次	0.013	14
		第二次	0.013	17
		第三次	0.014	13
		第四次	0.016	10
	G4 下风向	第一次	0.021	17
		第二次	0.015	16
		第三次	0.015	15
		第四次	0.016	15
	最大值		0.034	17
	标准值		2	20
	达标情况		达标	达标
	……		……	……

根据监测结果，得到以下相应的监测结论：

（1）废气治理设施效率评价

9 月 3—4 日，1#排气筒活性炭吸附装置对 VOCs 的处理效率满足环评及相关文件中吸附效率要求。

（2）有组织废气评价

9 月 3—4 日对该项目有组织废气进行监测，监测结果表明，1#排气筒排放的废气中

VOCs 的排放浓度值以及排放速率均符合相应标准限值，臭气浓度最大值符合相应标准限值。

（3）无组织废气评价

9 月 3—4 日对该项目无组织废气进行监测，监测结果表明，无组织废气中挥发性有机物和臭气的周界外最高浓度符合相应标准限值。

解析：

（1）无组织废气监测问题

开展无组织废气验收监测除掌握排放污染物的种类和排放速率（估计值）之外，还应重点调查被查无组织排放源的排出口形状、尺寸、高度及其处于建筑物的具体位置等，应有无组织排放口及其所在建筑物的照片。根据主要的污染物，结合监测期间的气象条件和建设项目所在地周边环境，合理布置无组织废气监测点位。监测点位的设置和现场监测尽量避开其他污染源的影响，或设置对照点以利于分析和排除其他污染源的干扰。

（2）恶臭污染物监测问题

污染源恶臭监测比较特殊，监测期间重点关注废气排放规律、生产周期和采样间隔。有组织废气用真空瓶采集恶臭气体样品时，采样位置应选择在排气压力为正压力或常压的点位处。采样前要观测并记录真空瓶内压力。

（3）挥发性有机物监测问题

在测试固定污染源挥发性有机物的排气筒前，应事先调查污染源信息，包括原材料、中间体、产品、副产品、生产工艺、排气筒采样孔位置、总有机碳（或非甲烷总烃）排放浓度情况，以及行业排放标准所列的常见有机污染物。如果用气袋采样，采样前需对气袋进行质控检查。主要包括空白测试和真空检漏。样品采集后避光保存，在采样后 24 h 内进行分析，采样袋内有液滴凝结现象的，需加热消除凝结后再分析。现场监测应做好安全防护，避免造成中毒。

根据《固定污染源废气 总烃、甲烷和非甲烷总烃的测定 气相色谱法》（HJ 38—2017），非甲烷总烃定义为在本标准规定的测定条件下，从总烃中扣除甲烷以后其他气态有机化合物的总和。在本标准规定的条件下所测得的 NMHC 是用气相色谱氢火焰离子化检测器检测有明显响应的除甲烷外的碳氢化合物总量，结果以碳计。但在执行 GB 16297—1996 标准时，非甲烷总烃无组织排放监控浓度限值为 4.0 mg/m^3（以甲烷计）。

6.9.3 危险废物焚烧工业

建设项目基本情况：新建 50 t/d（15 000 t/a）危险废物焚烧处理系统和 8 t/d（2 640 t/a）医疗废物高温蒸汽灭菌系统。9 月 17—20 日在项目正常运营、污染治理设施正常运行情况下，对验收项目进行了现场监测。具体监测内容如表 6-32～表 6-39 所示。

表 6-32 某危险废物焚烧处理系统建设项目工程概况

类别		环评建设内容	相符性
主体工程		新建回转窑一座，设计处理能力 50 t/d，配套尾气处理系统。主要组成部分为回转窑主体、二燃室。将原综合利用生产车间用于废液预处理车间（34 m×15 m），废液预处理依托原综合利用项目生产车间部分设备，对废液进行剪切均质。废液预处理车间依托现有工程	是
环保工程	焚烧炉尾气处理	危险废物焚烧尾气处理系统包括：余热锅炉（SNCR）+急冷塔+干法脱酸塔+活性炭喷射装置+布袋除尘+预冷器+湿式洗涤塔。烟囱高度为 50 m，与一期项目及二期项目共用	是
	废气处理	贮存仓库废气经现有废气净化装置（活性炭吸附）处理达标排放；投料料坑废气在本焚烧炉正常运行时收集进本焚烧炉焚烧处理，在停炉时废气经新建活性炭废气净化系统（碱洗+活性炭吸附）处理后通过 15 m 排气筒排放	是
	灰渣收集	焚烧炉的焚烧残渣从窑尾进入水封刮板出渣机水淬后进行磁力分选，将残渣与废金属分离，残渣进入容器收集，急冷塔及布袋除尘器产生的飞灰分别由收集袋暂存在一期废物暂存库后，定期运至苏州光大环保固废处置有限公司填埋处理。灰渣储存依托原一期项目预处理及灰渣仓库，面积为 100 m^2	是
……	……	……	……

表 6-33 项目焚烧危险废物类别

序号	废物类别	废物类别代码	序号	废物类别	废物类别代码
1	医疗废物	HW01	13	感光材料废物	HW16
2	医药废物	HW02	14	表面处理废物	HW17
3	废药物、药品	HW03	15	焚烧处置残渣	HW18
4	农药废物	HW04	16	含金属羰基化合物废物	HW19
5	木材防腐剂废物	HW05	17	有机磷化合物废物	HW37
6	废有机溶剂与含有机溶剂废物	HW06	18	有机氰化物废物	HW38
7	废矿物油与含矿物油废物	HW08	19	含酚废物	HW39
8	油/水、烃/水混合物或乳化液	HW09	20	含醚废物	HW40
9	精（蒸）馏残渣	HW11	21	含有机卤化物废物	HW45
10	染料、涂料废物	HW12	22	其他废物	HW49
11	有机树脂类废物	HW13	23	废催化剂	HW50
12	新化学物质废物	HW14			

表 6-34 废气污染物排放标准

污染源	污染物	最高允许排放浓度/(mg/m^3)	排放高度/m	依据标准
焚烧炉废气	烟气	林格曼黑度 1 级	50	《危险废物焚烧污染控制标准》(GB 18484—2001)表 3 中标准
	颗粒物	65		
	二氧化硫	200		
	氮氧化物	500(以二氧化氮计)		
	一氧化碳	80		
	氯化氢	60		
	氟化氢	5.0		
	汞	0.1		
	镉	0.1		
	铅	1.0		
	砷+镍	1.0		
	铬+锡+锑+铜+锰	4.0		
	二噁英类	0.5 ngTEQ/m^3		

表 6-35 有组织废气监测点位、因子和频次

烟囱序号	污染源名称	监测因子	监测频率
P1(三期一阶段)	焚烧废气出口	废气参数、颗粒物、CO、SO_2、HF、HCl、氮氧化物(以 NO_2 计)、汞及其化合物、铅及其化合物、镉及其化合物、砷及其化合物、镍及其化合物、铬及其化合物、锡及其化合物、锑及其化合物、铜及其化合物、锰及其化合物、二噁英类排放浓度及排放速率、烟气黑度	二噁英类(出口):监测 2 d,每天 3 次,每次连续采样 2 h。其他因子应获取连续监测数据,监测 2 d,每天 3 次,每次采样不得低于 45 min

表 6-36 监测期间工况统计

生产线	监测日期	主要产品	设计日处理量/t	实际日处理量/t	主要类别	生产负荷/%
危险废物三期	9 月 17 日	危险废物焚烧	50	48	焚烧处置 HW02、HW04、HW06、HW08、HW09、HW12、HW16、HW17、HW49 共 9 种类别	96
	9 月 18 日	危险废物焚烧	50	48.5		97

表 6-37 监测期间配伍情况

生产线	监测日期	主要类别	热值/(kcal/kg)	氯/%	硫/%	氟/%	氮/%	灰分/%
危废三期	9 月 17 日	HW02、HW04、HW06、HW08、HW09、HW12、HW16、HW17、HW499 种类别	3 420	2.85	0.51	0.007 3	0.605 1	12.18
	9 月 18 日		3 510	2.814	0.239 9	0.007 4	0.604 8	11.48

表 6-38 监测期间的焚烧炉温（二燃室） 单位：℃

序号	监测项目	单位	标准限值	监测结果				
				监测点：三期一阶段回转窑焚烧炉废气（G2）出口（监测日期：9 月 17 日）				
				第一次	第二次	第三次	均值	评价
1	颗粒物实测浓度	mg/m^3	—	1.6	4.0	5.8	3.8	—
2	颗粒物排放浓度	mg/m^3	65	1.5	3.8	5.5	3.6	达标
3	颗粒物排放速率	kg/h	—	0.026 1	0.093 4	0.099 0	0.071 9	—
4	二氧化硫实测浓度	mg/m^3	—	＜3	＜3	＜3	＜3	—
5	二氧化硫排放浓度	mg/m^3	200	＜2.9	＜2.9	＜2.9	＜2.9	达标
6	二氧化硫排放速率	kg/h	—	＜0.05	＜0.07	＜0.05	＜0.06	—
……	……	……	……	……	……	……	……	……
17	铬+锡+锑+铜+锰实测浓度	mg/m^3	—	0.028 6	0.013 8	0.038 1	0.026 8	—
18	铬+锡+锑+铜+锰排放浓度	mg/m^3	4.0	0.027 5	0.013 3	0.036 3	0.025 7	达标
19	铬+锡+锑+铜+锰排放速率	kg/h	—	0.000 5	0.000 3	0.000 6	0.000 5	—
20	二噁英类实测浓度	$ngTEQ/m^3$	—	0.043	0.049	0.054	0.049	—
21	二噁英类排放浓度	$ngTEQ/m^3$	0.5	0.041	0.047	0.051	0.047	达标
22	二噁英类排放速率	mgTEQ/h	—	0.000 7	0.001 1	0.000 9	0.000 9	—
……	……	……	……	……	……	……	……	……

表 6-39 有组织废气监测结果与评价

时间	三期一阶段二燃室	
	9 月 17 日	9 月 18 日
9：00	1 113	1 141
10：00	1 145	1 153
11：00	1 206	1 152
12：00	1 144	1 137
13：00	1 143	1 176
14：00	1 144	1 150
15：00	1 152	1 152
16：00	1 164	1 150

注：验收监测时间为 9：00—16：00。

监测结果及评价从略。

解析：

（1）危险焚烧炉验收监测问题

验收过程中要严格记录焚烧量和焚烧危险废物种类，直接关系到执行标准和污染物的排放水平。焚烧设施正常状态运行 1 h 后，开始以 1 次/h 的频次采集气样，每次采样时间不得低于 45 min，连续采样 3 次，分别测定，以平均值作为测定值。因排放标准发布时间较早，部分污染物按照新监测方法中的相关技术要求，并进行分析。如二噁英类采样时间原则上不少于 2 h。

（2）焚烧炉的技术性指标问题

测试过程中也要关注焚烧炉的技术性指标，包括焚烧炉温度、烟气停留时间、燃烧效率、焚毁去除率和焚烧残渣的热灼减率。

（3）审核焚烧物配伍菜单

为了达到废物的稳定、均匀、平衡燃烧使焚烧炉的温度和烟气成分保持相对稳定，必须对各类废物进行配伍。首先要对所收集的成分复杂，形态各异的焚烧废物进行物化分析，分门别类，然后形成一个相对稳定数据的焚烧废物配伍菜单。危险废物配伍的前提是保证配伍废物的相容性，以保证焚烧处理的安全性，两种以上危险废物混合应避免产生大量热量、火焰、爆炸、易燃气体、有毒气体。

（4）废气监测中测定下限及检出限折算问题

①当测定浓度在测定下限时，需要进行折算，折算的要求与高于测定下限时要求一致。

②现行标准体系中未对低于检出限的表示方法进行统一规定，按照 3（L[①]）、ND[②]、小于 3 等进行表示均可。当测定浓度在检出限以下时，需要进行折算，折算要求与高于检出限时的要求一致。如实测浓度按照 ND 表示，则折算浓度也按照 ND 表示；如实测浓度按照 3（L）或小于 3 表示，则折算浓度按照折算后结果表示［如表示为 3.5（L）或小于 3.5)］，如果折算后浓度超过排放限值，则应注明无法进行达标评价，并重点复核含氧量、含湿量、烟气温度等参数测试是否准确无误。

① L 表示检出限。
② ND 表示未检出。

7 污水监测

7.1 概述

污水指在生产和生活活动中排放的水的总称，一般包括生产废水、生活污水和清净下水等。作为自然资源的水并不是取之不尽用之不竭的，大量污水排入江河湖海，会造成水体中污染因子超过水环境容量，导致水体的物理特征和化学特征发生不良变化，破坏水体的环境生态功能。

为保障工农业的平稳发展和人民生活水平的不断提高，政府和民众对环境问题高度重视，水污染的综合防治工作也不断得到加强。本章主要针对建设项目竣工环境保护验收监测中污水监测技术问题进行讨论。

7.2 污水监测的目的和对象

7.2.1 监测目的

建设项目竣工环境保护验收中污水监测是为了全面地反映项目竣工后或调试期间相关污染物的排放浓度、排放量，准确评价所排放污水中各项污染因子是否符合国家和地方相关标准和排污许可、生态环境主管部门对环境影响书（表）的审批决定等有关管理规定，检验环境保护设施是否能够正常运行、是否达到初步设计的处理能力和污染物去除效率的要求；同时与建设项目环境影响报告书（表）及其审批部门审批决定相对照，为今后的环境监督管理、污染源控制提供科学、准确的数据。

7.2.2 监测对象和范围

污水监测的对象：与建设项目配套的各类工业废水处理设施、生活污水处理设施，以及与外部水环境相通的界面。

（1）对于新建项目，污水监测范围包括生产废水（包括车间地面冲洗水）、初期雨水、清净下水和生活污水的外排口，以及雨水外排口（有流动水则测）等污染物排放监测；污水处理设施（包括回用水的处理设施）的进口、出口处理效率监测。

（2）对于改（扩）建项目，污水监测范围不仅包括项目本身产生的生产废水、清净下水和生活污水的外排口，污水处理设施（包括回用水的处理设施）的进口、出口；还要根据污水流向，对进入原有项目环保设施（包括回用水的处理设施）或与原有项目的污水混合后排放的外排口进行监测。同时，还要对原有项目的排放情况、污染治理情况进行调查了解。

（3）对外排水进入园区或城市污水处理厂统一处理的，若环评或审批决定对受纳污水的污水处理厂所排污水有要求的，还应对受纳污水处理厂所排污水进行监测。

（4）对于在环境影响报告书（表）及其生态环境主管部门审批决定中有对环境敏感保护目标有要求的建设项目，还需要对接纳污水的水体进行环境质量监测，以考察污水进入河流、湖库、海域和地下水后的污染物的环境影响，考察河流、湖库、海域和地下水接纳污水后的水质状况。

7.3 污水来源和种类

7.3.1 污水来源与去向

建设项目环保设施竣工验收所涉及的污水主要有三个来源，主要是工业生产装置运行过程中产生的工业废水，其次是附属设施产生的生活污水以及降水过程留下的初期雨水。不同的项目对这三类水的收集、处理方式可能会有所不同，验收监测中通过对建设项目生产工艺原理、流程进行分析，基本可以确定其产污排污环节和排污去向。一般来说，本着“谁污染、谁治理”的原则，生产性工业废水由企业自己建设污水处理设施或委托园区或城市污水处理厂处理后，按照国家要求达标排放；生活污水可以排入城市污水管网，也可以由企业自行处理后按照国家要求达标排放；雨水管网收集前 15～30 min 的初期雨水送污水处理设施处理后达标排放。

对于农药、炼油、石油化工和有机化工、电子等行业，由于使用大量易挥发的有机化学品，会对初期雨水、车间地面冲洗水等造成污染，应注意对初期雨水、车间地面冲洗水等的收集管理和监测。

7.3.2 污水种类

生活污水是居民日常生活中排出的废水，污染物种类大致相同，包括可生物降解的有机物、氨氮、磷等。生产废水污染物种类复杂，主要取决于工业类别、原材料品种、工艺过程、产品种类与性质、设备构造与操作条件，以及生产用水的水质与水量等诸多因素。

不同行业生产所用的原料和产品不同，排放废水中污染物的种类和含量必然不同。即使同一企业由于不同工段生产工艺差别较大，排放废水中污染物的种类和含量也有很大差别。例如，在金属冶炼厂采用不同的矿石可能会导致废水中金属、准金属含量有较大差别；在造纸厂蒸煮车间产生的废水是一种深褐色的液体，通常称为“黑液”，而抄纸车间产生的污水却是一种极白的水，通常称为“白水”。

通常，把主要污染物与所采取的治理方法相结合，根据其主要成分可以分为有机废水、无机废水和综合废水等。常见的工业废水及其来源如表 7-1 所示。

表 7-1　工业废水的主要来源和种类

序号	废水名称	主要来源	废水种类
1	酸性废水	化工、矿山、金属酸洗、锅炉清洗、电镀、钢铁等	无机废水
2	碱性废水	造纸、印染、化纤、制革、化工、炼油、熔矿等	无机废水
3	含铬废水	采矿冶炼、电镀、制革、催化剂、红矾钠等	无机废水
4	含氰废水	电镀、选矿、煤气洗涤、提取金银、焦化、有机玻璃等	无机废水
5	含酚废水	焦化、炼油、化工、煤气、染料、木材防腐、塑料、合成树脂等	有机废水
6	含铅、镉、汞等重金属及含砷废水	采矿、冶炼、农药、制药、化工、化肥、涂料、玻璃、电子等	无机废水
7	含油废水	炼油、石化、机械、轧钢、食品等	有机废水
8	有机废水	农药、印染、炼油、石化、电子、化工、酿造、食品、造纸等	有机废水
9	硝基苯类废水	染料、石油化工、有机化工、农药、炸药生产等	有机废水
10	重金属废水	采矿、冶炼、金属加工、电镀、电池、电子、汽车、陶瓷、涂料、危险废物处置、特种玻璃等	无机废水
11	放射性废水	铀、钍、镭、稀土矿的开采加工，核动力站运转，同位素实验室等	无机废水
12	冷却用水	各行业	循环使用
13	清净下水	石化、电厂等行业	直接排放

7.4　污水的处理方法

7.4.1　污水处理方法的分类和作用

水中污染物种类不同，处理方法也会不同。按照原理和作用可以把污水处理方法分为四类，即物理处理法、化学处理法、物理化学处理法和生物处理法。此外，还有根据水中污染成分的特征专门设计的水处理方法。

（1）物理处理法：通过物理作用，分离、回收污水中不溶解的呈悬浮状态的污染物质的处理方法，用来处理含悬浮物的工业废水。油膜和油珠也主要采用物理法处理。常用的设施有：重力分离法使用沉砂池、沉淀池、除油池、气浮池及其附属设施；离心分离法使用离心分离机和水旋分离器；筛滤截流法使用隔栅、筛网、砂滤池和微孔滤池等设施。

（2）化学处理法：通过化学反应和传质作用来分离、去除污水中呈溶解、胶体状态的污染物或将其转化成无害物质的处理方法。以化学反应为基础的处理单元是混凝、中和、氧化还原等；以传质为基础的处理单元为萃取、汽提、吹脱、离子交换等。常用的设施为相应的池、罐、塔及其附属设备。

（3）物理化学处理法：利用物理和化学作用去除污水中污染物的方法。主要有吸附法、离子交换法、膜分离法、萃取法、汽提法和吹脱法。用来处理含有机或无机溶解物的工业废水。

（4）生物处理法：通过微生物的代谢作用，使污水中呈溶液、胶体以及细微悬浮状态的有机性污染物转化为稳定、无害的物质。根据起作用微生物的不同，可进一步分为好氧生物处理法和厌氧生物处理法。常将生物处理法与物理化学处理法相结合用来处理含有机物的工业废水。

此外，还有专门处理含氮、含磷及农药、氰化物的不同方法，这类方法一般使用化学反应分解相应的污染物，减少其对水环境的危害。

7.4.2 常用的污水处理方法

污水中的污染物种类多种多样，仅用一种处理方法一般无法达标，往往需要通过几类方法组成处理才能达到排放要求。常用的污水处理方法如表 7-2 所示。

表 7-2 常用的污水处理方法

类别	处理方法	主要去除污染物
一级处理	格栅分离	悬浮物、大块固体物质
	沉砂、沉淀	悬浮固体
	中和（pH 调节）	酸、碱
	水解（酸化）	大分子、微生物难降解物质转化为小分子、微生物易降解物质
	强化一级处理（CEPT 等）	微小悬浮固体
二级处理	活性污泥法	微生物可降解的有机物、BOD_5、COD
	氧化沟法	可生化的污染物
	A^2/O 法	可生化的污染物
	生物接触氧化法	可生化的污染物
后处理	凝聚沉淀法	不能沉降的悬浮粒子、胶体粒子、细分散油
	过滤或微絮凝过滤	悬浮固体物、细分散油
	气浮	悬浮固体物、细分散油
	活性炭过滤（生物炭过滤）	悬浮固体物、细分散油
三级处理	活性炭吸附	臭味、颜色、COD、细分散油、溶解油、有机物、金属
	消毒	细菌、病菌
	电渗析	盐类、重金属及砷
	离子交换	盐类、重金属及砷
	反渗透	盐类、有机物、细菌
	臭氧氧化	难降解的有机物、溶解油

7.5 污水处理流程基本分析

污水处理流程基本分析是确定监测点位和监测项目的基础。通过生产工艺流程产污节点图和全厂水平衡图，确定出项目所涉及各类污水来源、收集、处理流程和最终去向。由于国家的环保要求日益明确，新建设项目污水排放的流程比较明晰，而改（扩）建项目由于建设得比较早，污水排放流程相对复杂一些。图 7-1 和图 7-2 给出了新建项目和改（扩）建项目比较典型的污水处理排放基本流程。

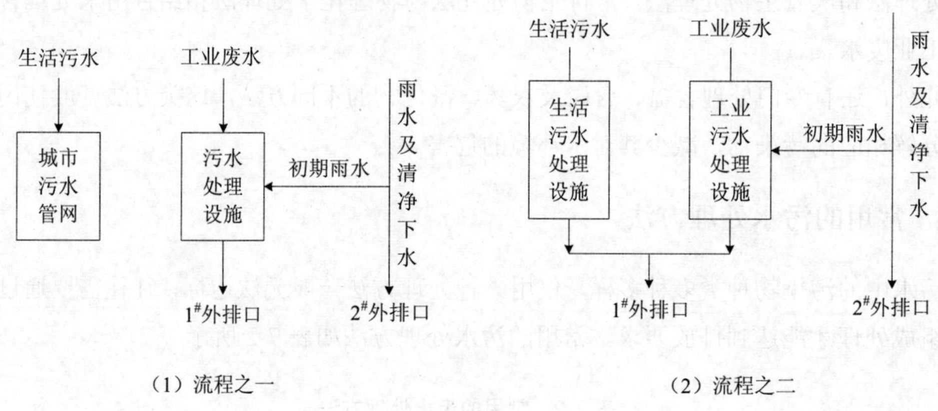

（1）流程之一　　（2）流程之二

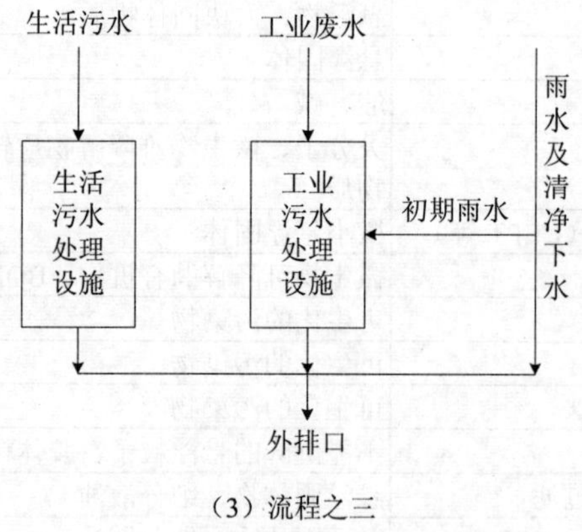

（3）流程之三

图 7-1　新建项目污水处理排放基本流程

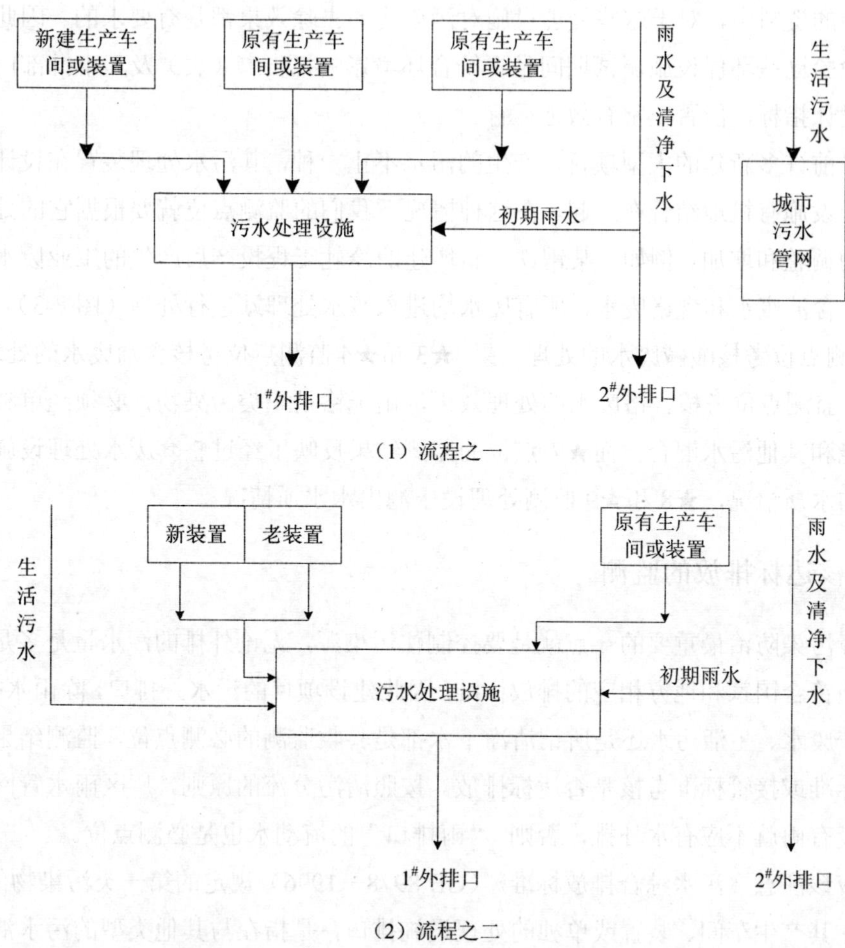

图 7-2　改（扩）建项目污水处理排放基本流程

7.6 污水监测的布点原则

污水监测的布点应以说明环保设施运行状况、治理效果和排放水平为目的，在资料收集和现场勘察的基础上，确切了解验收项目产生污水的种类、具体流向、治理设施、处理过程和排放点位。对于改（扩）建项目还要进一步界定与前期项目的相互关系。应从以下几个方面确定该项目环保验收中污水监测的点位。

7.6.1 考核污水处理设施的监测

根据现场踏勘的情况，确定了本项目所包含的各种污水处理设施类别、规模、工艺及主要技术参数，对这些处理装置处理效率的监测，进口、出口则是必测点位。在环评阶段和初步设计的资料中，对于这些处理设施对污染物的去除效果都是有要求的。因此监测的目的就是检验这些环保设施调试期间是否符合环境影响报告书（表）及其审批部门审批决定要求或设计指标，能否正常有效地运行。

对于目前许多新建的大型项目，产生的污水不止一种，其污水处理装置在设计时将多种污水处理设施有机地结合在一起，在这种情况下我们的监测点位就要根据它的处理流程进行必要的调整和增加。例如，某钢铁厂新增建的冷轧工程投产后产生的工业废水包括含酸碱废水、含油废水和含铬废水，所有废水均进入废水处理站进行处理（图 7-3）。其中★1 和★2 监测点位考核酸碱废水的处理效果，★3 和★4 监测点位考核含油废水的处理效果。★5 和★6 监测点位考核含铬废水的处理效果，由于铬是一类污染物，必须经单独处理并达标后才能和其他污水混合。而★7 点位的监测结果反映了经过整套废水处理设施处理后外排污水的水质情况，★8 和★9 监测处理设压滤出水水质情况。

7.6.2 考核达标排放的监测

水环境污染防治最重要的一点就是要控制住污染源，无论外排的污水量是多是少，其水质都必须符合国家和地方相应的排放标准。因此建设项目的污水外排口，除雨水排口外，无论是生产废水、生活污水还是所谓清净下水都是验收监测的必测点位，监测结果根据相应的执行标准或接管标准考核是否达标排放。按照清污分流的原则，厂区雨水管网应该是独立的，没有雨就不应有水外排，否则 “雨排口”的流动水也是必测点位。

特别应该注意《污水综合排放标准》（GB 8978—1996）规定的第一类污染物的监测，点位布置在其产生车间、装置或单独的处理设施排口，是指在与其他类型的污水混合前进行监测分析。此外，污水外排口的设置需符合监测技术规范要求，废水排放量大于 100 t/d 的，还应安装自动测流设施并开展流量自动监测。

如果建设项目污水经过简单处理后排入污水处理厂或园区污水处理厂进一步处理的，若环评或审批决定对受纳污水处理厂外排污水有要求的，还应监测受纳污水处理厂的排水。

7.6.3 考核排放总量的监测

考核排放总量的监测点位与考核达标排放监测的点位是一致的。这些点位的监测结果既要用于评价是否符合排放标准做到浓度达标排放，又要用来计算污染物排放总量。涉及总量计算的除一般国家规定的化学需氧量和氨氮外，还包括生态环境主管部门审批总量控制指标的其他相关项目。

对于农药类、涉及重金属类等项目，还应关注水平衡情况，以准确掌握排水去向、总量计算完整。

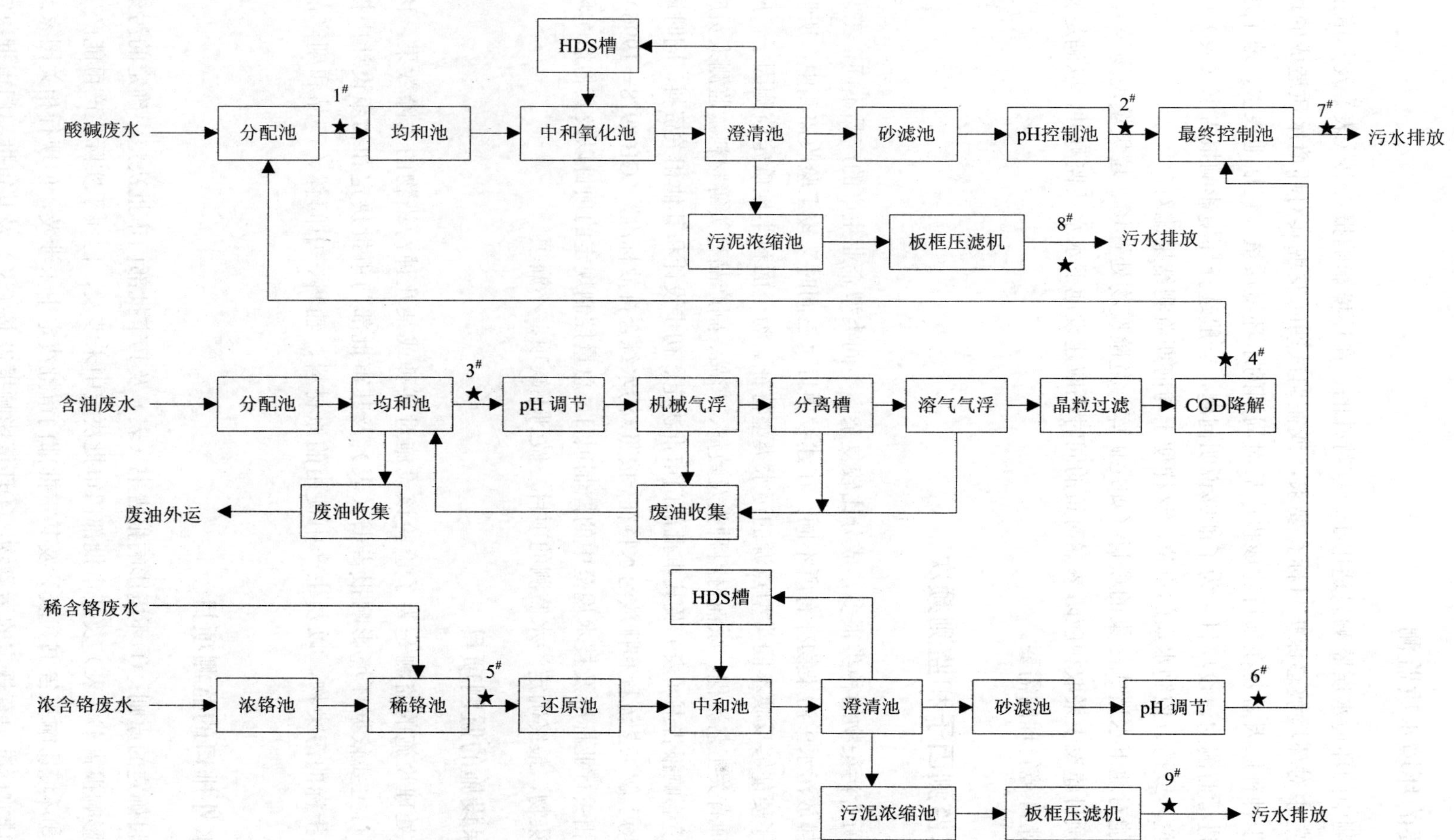

注：★为压滤水返回处理系统。

图 7-3 某钢铁厂冷轧污水处理设施处理流程

7.6.4 必要的环境水质监测

验收监测中的环境水质监测只适用于一些特殊的、在环境影响报告书（表）及其审批部门审批决定中对环境敏感保护目标有要求，或在调试期间发现其对环境水质造成的影响，以及由于种种原因需要在项目建成投产后对周围的水环境质量（包括地表水、地下水和海水等）进行监测的建设项目。为了能够说明问题，一般选择环境影响报告书（表）中所列监测点位，或地方控制水质的点位，这样便于与前期监测结果比对。

对于可能对地下水造成污染的项目（如尾矿库、危险废物处置场、垃圾填埋场等），建设单位在项目建设中采取相应防渗漏对策的同时还应建设地下水水质监测井，以满足验收监测和日常环境管理的需要。

7.7 污水监测因子和监测频次

污水中所含污染物的种类很多，成分比较复杂。不同类型企业生产的产品不同，工艺流程不同，排放污水中污染物亦有所不同。在建设项目“三同时”竣工验收监测中，所监测的污染因子要能够反映不同类型点源的污水类型特征。为全面科学地确定监测因子，应仔细收集梳理有关工艺流程、原辅材料种类及数量、产品、副产品种类等材料，监测人员应仔细阅研环境影响报告书（表）及其审批部门审批决定、初步设计和其他相关资料，同时还必须深入现场了解工艺流程和排放污水特征。按照《污水综合排放标准》（GB 8978—1996）、地方标准和相关行业标准及技术规范中的控制项目、总量控制规定的项目以及其他影响环境质量的污染物，最终确定污水监测的项目，做到不缺项、不漏项。

7.7.1 环保设施的监测项目

对污水处理设施的监测是为了检验该设施对某种或某几种污染物的去除效果，因此其监测项目主要依据环境影响报告书（表）及其审批部门审批决定和初步设计中提出的有设计指标的污染物，以及生产中使用的原材料、辅料、中间体、产品和副产品等来确定。

7.7.2 污水外排口的监测项目

监测项目确定的原则：①环境影响报告书（表）及其审批部门审批决定中确定的污染物；②环境影响报告书（表）及其审批部门审批决定中未涉及，但属于实际生产可能产生的污染物；③环境影响报告书（表）及其审批部门审批决定中未涉及，但现行相关国家或地方污染物排放标准中有规定的污染物；④环境影响报告书（表）及其审批部门审批决定中未涉及，但现行国家总量控制规定的污染物；⑤其他影响环境质量的污染物，如调试过程中已造成环境污染的污染物，国家或地方环境保护部门提出的、可能影响当地环境质量、需要关注的污染物等。

此外，由于各个项目都有自身的特点，在确定污水达标排放点位的必测项目时，还可从以下三个方面考虑确定：①根据原料、工艺、产品及中间产物分析得出的污染因子；②行业排放标准中的控制指标；③项目特征污染物等。

7.7.3 环境水质的监测项目

对多数建设项目环保验收来说，环境水质评价不是必需的。对于有特殊要求，特别是排水对受纳水体会产生不良影响的建设项目，应根据环境影响报告书（表）及其审批部门审批决定中的要求或可能产生的不良影响，确定监测项目。

7.7.4 监测频次及周期的确定

按照生态环境部发布的《建设项目竣工环境保护验收技术指南 污染影响类》（公告 2018 年 第 9 号），对有明显生产周期、污染物稳定排放的建设项目，污染物的采样和测试频次一般为 2～3 个周期，每个周期 3 至多次（不应少于执行标准中规定的次数）；对无明显生产周期、污染物稳定排放、连续生产的建设项目，废水采样和监测频次一般不少于 2 d，每天不少于 4 次；对污染物排放不稳定的建设项目，应适当增加采样频次。例如，现行《污水综合排放标准》（GB 8978—1996）和《重点工业污染源监测暂行技术要求（废水部分）》，生产周期在 8 h 以内者，至少 1～2 h 采一次样；生产周期大于 8 h 者，至少每 2～4 h 采一次样。

具体到每个项目监测频次的确定，应根据环评、初步设计、现场踏勘结果并结合地方环境管理情况，本着全面反映项目的污染物排放情况，为环境管理部门提供准确可靠的监测数据的原则，在不违背国家规定、不给企业增加负担的基础上，对连续排放的点位，监测频次以 4 次/d，连续监测 2～3 d 为宜；对断续排放的点位则具体情况具体分析确定。至于环境水质，地表水和海水一般不少于 2 d、监测频次按相关监测技术规范并结合项目排放口废水排放规律确定；地下水监测一般不少于 2 d、每天不少于 2 次。对环保设施处理效率的监测，可选择主要因子并适当减少监测频次，但应考虑处理周期并合理选择处理前、后的采样时间，对于不稳定排放的，应关注最高浓度排放时段。

7.8 采样技术与监测方法

7.8.1 采样方法

由于“三同时”验收监测的对象主要是新建或改（扩）建项目的污水处理设施和污水总外排口，在主体工程工况稳定、环保设施运行正常的情况下，所排放的污水的质和量相对比较稳定。因此，在此类型的监测中，一般采用的是固定时间间隔周期采集瞬时样的方式。

为了更全面地反映污水的水质状况，对于重金属和砷等可以保存并且混合前后不会发生变化影响到检测结果的项目，也可采用采集混合水样的方法增加采样频次。即在同一采样点以流量、时间、体积为基础加大、加密采样的频次，并按照一定的比例混合在一起，得到混合水样。混合水样是混合几个单独的样品，可以减少分析样品数，节约时间、降低成本。采用本方法时要注意：对于 pH、BOD_5、有机物、硫化物、悬浮物、动植物油、石油类、余氯、粪大肠杆菌和放射性等项目的水样，不能混合，只能单独采样。

7.8.2 采样、运输、保存方法

样品的采集、保存容器的材质与清洗、运输、样品交接和保存按照相关标准执行，并做好相应的记录。①对需要现场测试的项目，如水温、pH、流量等应在现场进行记录，并妥善保管现场记录。在进行流量测量时，如已安装自动污水流量计，且通过计量部门检定或通过验收，可采用自动污水流量计的流量值；否则可采用其他几种常用测量方法，如容积法、流速仪法、量水槽法和溢流堰法等，但在选定方法时，还应注意各自的测量范围和所需条件；如在以上方法均无法使用时，可采用统计法。②对需要实验室分析的项目，采样前要认真检查采样器具及样品容器，及时维修并更换采样器具中的破损和不牢固的部件，仔细检查样品容器及其瓶塞（盖），有破损的要及时丢弃，以防采样时误用，用于微生物等组分测试的样品容器在采样前应保证包装完整，避免采样前造成容器污染；采样前先用水样荡涤采样容器和样品容器 2～3 次（微生物、石油类、动植物油、生化需氧量、有机物、余氯等特殊项目除外）。③为使环境条件的改变、微生物新陈代谢活动和化学作用的影响最小，常用的水样保存方法包括冷藏、冷冻、加入保护剂等方法，但应在规定的保存时间内进行分析。

采样应注意：由于测定污染因子的不同，在样品采集时，一定要根据相关标准分别采样。如对于石油类、动植物油、悬浮物、余氯等，应分别单独采样，分析时所采样品需要全部转移进行测定；而对硫化物、氰化物，由于保护剂的不同，也需单独采样；测定石油类和动植物油时，当水面有浮油时，采油的容器不能冲洗。对运输过程中发生采样瓶破损、

水样溢出等现象时，样品需要重新采集；对于采集样品后，分析时间超过相关规定的保存时间时，也应重新采集样品。

7.8.3 分析方法选择

监测项目分析方法应优先选用污染物排放标准中规定的现行有效的标准方法。若适用性满足要求，其他国家、行业标准方法也可选用；尚无国家、行业标准分析方法的，可选用国际标准、区域标准、知名技术组织或由有关科技书籍或期刊中公布的、设备制造商规定的等其他方法，但须按照 GB/T 27417 的要求进行方法确认和验证。

7.8.4 记录要求

现场采样与测试、实验室分析应严格记录所有过程中的相关内容，特别是对发现的非正常情况，均应进行记录，以便于对监测结果出现问题的分析。如有的污水处理设施进口水质与应处理的污水有所差别，总排口与污水处理设施出口水的状况有所不同，监测采样时与现场踏勘时水质有明显差别等。

7.9 数据处理与监测结果的评价

7.9.1 监测数据的填报

根据实验室的污水分析测试结果，计算出各个监测点位各个监测因子的日均值（除 pH 外），并给出同时测定的水量。同时给出质控样、平行样和加标回收样的测定结果。由于污水基体复杂，加标回收的评价十分重要。

在填报数据时应特别注意有效数字问题，根据不同的分析方法，按照有效数据的修约规则规范数据，有效数字所能达到的位数不能超过方法最低检出限的有效位数，低于检出限的监测数据表示方法与其在相关总量和日均值计算中的处理应符合相关监测技术规范。

7.9.2 监测数据的评价

在编制建设项目“三同时”环保验收监测报告中，根据各个监测点位各个污染因子的监测结果，需要得到以下结果。

（1）对照验收标准对达标排放情况进行评价，得出是否符合验收要求的结论。对照环境影响报告书（表）及其审批部门审批决定、初步设计中所列指标对环保设施处理效率进行评价，得出其是否符合调试运行效果要求。

需要注意的是，国家对不少行业都规定了用于核定污染物排放浓度而规定的生产单位产品的废水排放量上限值（如造纸行业、纺织染整工业等），因此对于此类行业，如果单位产品实际排水量超过单位产品基准排水量，须将实测水污染物浓度换算为水污染物基准排水量排放浓度，并以水污染物基准排水量浓度作为判定排放是否达标的依据。产品产量和排水量统计周期为一个工作日。

（2）污染物排放总量核算。通过污染物排放浓度、外排口污水流量和企业的年工作日（时），计算本项目污水中污染物的排放总量，既包括环境影响报告书（表）及其审批部门审批决定规定的总量控制指标，也包括无总量控制指标的因子（可计算后不评价）。需要指出的是，若项目废水接入污水处理厂的只核算纳管量，一般无须核算排入外环境的总量。

对于有“以新带老”要求的，应根据监测结果计算出“以新带老”后主要污染物产水量和排放量，涉及“区域削减”的，核算项目实施后主要污染物增减量。

7.9.3 监测数据的分析和审核

验收监测项目负责人，应对现场和实验室分析测试得出的监测数据进行分析和审核。主要包括：

- 污水处理设施进、出口浓度值是否合理；
- 污水处理设施进、出口浓度与初步设计浓度水平差异是否合理；
- 排放口浓度与其他相同或近似工程排口浓度水平比较是否合理；
- 污水处理设施处理效率；
- 监测结果的有效数字位数等。
- 质控样、平行样分析结果，尤其是加标回收情况。

一旦发现存在不合理的问题，应及时与建设单位、采样人员、分析人员或质控人员联系，查找原因，必要时应安排复测。

7.10 质量保证与质量控制

质量保证和质量控制工作是监测工作的一个不可缺少的组成部分。验收监测机构应具有相关检（监）测能力，建立并实施质量保证和质量控制措施方案，以自证监测数据的质量。在人员素质要求、工况负荷、现场采样和测试、样品运输与保存，实验室分析、数据填报与审核、样品留存和相关记录的保存等方面应严格按照环境监测基本要求和验收监测相关要求执行。

7.10.1 监测期间的工况要求

为了保障监测数据的有效性，验收监测应当在确保主体工程调试工况稳定、环保设施运行正常的情况下进行，并如实记录监测时的实际工况。如果国家和地方污染物排放标准或行业技术规范对工况和生产负荷有特殊规定的，应满足其要求；此外，为准确考核污水处理设施的处理效率，设施负荷不宜过低。具体到污水的监测，一般污水处理设施的设计、建设容量和处理能力都应大于污水的实际排放量，在现场监测期间，采样人员要注意在处理设施进出口核实并如实记录其实际流量。如遇特殊情况，如生产设备的电机故障、污水处理设备故障和限电等，应停止监测。

监测前，应向厂方有关管理人员和操作人员详细说明对生产和废水治理设施提出的要求，除生产资料外，还应收集废水治理设施的运行参数等资料，特别是安全注意事项，以保证监测人员在现场监测时的安全。每天监测工作完毕后，应及时统计和整理收集有关资料，若发现异常问题要及时沟通解决。

7.10.2 现场的质量保证和质量控制

采样前，必须了解与排放污水有关的工艺流程和治理措施，以便于判断是否存在干扰和做必要的预处理。必要时，分析人员应在现场进行前处理。对不同的监测项目，按选用分析方法的要求采集质量控制样品，必须包括全程序空白样品和不少于10%的现场平行样品（悬浮物、粪大肠杆菌等项目除外）。

样品采集、保存、运输直至送交实验室过程中，要严格按照相关标准和技术规范操作，并做好现场采样记录，包括单位名称、污水处理工艺、样品编号、采样地点、采样日期、采样时间、监测项目、所加固定剂名称及加入量、采样人员、样品保存等，及时核对标签和检查保存措施的落实。水样送入实验室时，应及时做好样品交接工作，并有交接签字。

7.10.3 实验室内的质量保证和质量控制

分析人员应熟悉和掌握有关分析方法，了解污水的特征，保证分取样的均匀性；要特别注意水中干扰物质对测定的影响，发现干扰物质并采取有效的消除措施；要注意分析实验试剂和用水选择，保证使用试剂纯度符合要求，根据分析项目选择实验用水；实验室的各种计量仪器应按有关规定，定期进行检定；需要控制温度湿度等条件的实验室应配备相应的设备，保证实验环境条件符合要求；重视所用标准溶液的有效性，保证量值传递的准确可靠。

在制作校正曲线时，要求工作曲线不可用标准曲线代替，且不少于5个浓度点（不包含零浓度），各浓度点应较均匀地分布在该方法的线性范围内。如果曲线回归方程相关系数小于0.999，而测量信号与浓度确实存在一定的线性关系，可用比例法计算结果。

为了保证分析结果的准确可靠，每批样品应同时做空白试验，并控制空白试验值；对Hg、Cd、Pb、Cr、Zn重金属及As等能够做全程序空白的项目，在分析时应带全程序空白；开展质控样、加标样的分析，并保证至少对10%的样品进行平行双样分析，保证至少做10%加标回收或进行质控样品测定。如果水样基体复杂就必须增加基体加标回收样品，并且用标准加入曲线和标准曲线进行斜率比对。如果使用了萃取或蒸馏等样品前处理方法，就必须使用工作曲线定量。

分析人员接到样品后应在样品的保存期限内尽快进行分析，认真做好原始分析记录，进行正确的数据处理和有效校核。对于未检出的样品必须给出本实验室使用分析方法的检出限浓度。

7.11 污水监测应注意的问题

7.11.1 有关标准问题

（1）《城镇污水处理厂污染物排放标准》（GB 18918—2002）的取样与监测一节中，"采样频次为至少每两小时一次，取24 h混合样"，但实际操作中pH的监测不应采混合样，若取24 h混合样，粪大肠菌群、BOD_5水样也会失效，因此必须单独采样分析。

（2）《污水综合排放标准》（GB 8978—1996）中的磷酸盐应为总磷，即污水中溶解的、颗粒的有机磷和无机磷的总和。

（3）《污水综合排放标准》（GB 8978—1996）中，排水量是指在生产过程中直接用于工艺生产的水的排放量，不包括间接冷却水、厂区锅炉排水、电站排水。排水量的统计则以月均值计。但是部分行业标准的排水量指排放至企业法定边界以外的废水量，包括直接、间接关系的各种外排水量，如《杂环类农药工业水污染物排放标准》（GB 21523—2008）等，这些行业的间接冷却水、锅炉排污水等应按照相关排放标准、环境影响审批决定等要求从严管理。

（4）《炼焦化学工业污染物排放标准》（GB 16171—2012）中规定的焦化废水污染物中氰化物排放浓度限值，是指《水质氰化物的测定容量法和分光光度法》（HJ 484—2009）中规定的易释放氰化物的排放浓度限值。

（5）大容量锂离子电池企业在执行《电池工业污染物排放标准》（GB 30484—2013）时，应以电池容量为单位执行单位产品基准排水量，即现有企业水污染物排放限值、新建企业水污染物排放限值和水污染物特别排放限值的锂离子/锂电池单位产品基准排水量分别按照1.0 m^3/万Ah、0.8 m^3/万Ah、0.6 m^3/万Ah执行。

7.11.2 相关处理设施涉及污水的问题

（1）燃煤电厂的粉煤灰场，若有排水也需监测pH、As、Hg、氟化物等，同时监测灰场地下水时也应注意这些项目。

（2）燃煤电厂脱硫污水治理设施的进口、出口除常规监测项目外，还需监测 pH、Hg、As、Pb、氟化物等。如果 Hg、As、Pb 等进口水质非常高，脱硫污泥和除尘器飞灰也存在相应指标高的可能。

（3）应随时关注新发布的污染物排放标准增加的相关控制项目，在处理设施进口、出口注意监测，如《炼焦化学工业污染物排放标准》（GB 16171—2012）中，除苯并[*a*]芘外，还增加了多环芳烃的排放限值。

7.11.3 需要注意的其他问题

（1）评价标准需要计算的情况：同一排放口排放两种或两种以上不同类别的污水，且每种污水的排放标准又不同时，其混合污水的排放标准按《污水综合排放标准》（GB 8978—1996）中附录 A 进行加权计算。

（2）石化等行业清净下水中，COD 浓度也常较高，因此在制定监测方案和开展监测时，应根据建设项目的实际情况，对清净下水进行监测。对“雨污分流”和“清污分流”系统完整的建设项目，雨水排口可以按照“有流动水则测，无水描述”方式处理。

（3）对某些农药成分、双酚 A 等无对应标准分析方法或不具备其监测能力的有机物，也可测定 TOC，以其测定值参照了解有机污染物排放情况。如某化工项目，排水 COD 约为 20 mg/L，BOD_5 和苯系物都未检出，而 TOC 却高达 286 mg/L，推测该项目污水中有不可生化、且不被 $K_2Cr_2O_7$ 氧化的有机物，可建议建设单位改进污水生化工艺，提高处理效果。

（4）对于 Cr、Hg、六价铬等第一类污染物，除应在车间或生产设施污水排放口，即与其他种类污水混合处理前布点监测外，还应在企业总排口加测第一类污染物，其目的主要是考察企业对含第一类污染物废水的收集是否完全。

（5）测定地表水化学需氧量时，应按照相关标准规定将采集后的水样自然沉降，取上层非沉降部分作为试样；在测定之前，应将上述试样充分摇匀，再按标准要求进行测定。

（6）有时城市污水会出现氨氮大于总氮的数据，此种数据并不合理。分析样品时，可以采取消解前检查气密性、完全冷却以解决总氮消解不完全的问题，同时也避免了 NH_3 挥发损失。

7.12 实例分析

7.12.1 电厂污水

一般电厂在生产过程中所产生的污水主要为酸碱废水，锅炉化学清洗废水、输煤系统冲洗水、含油废水、生活污水、雨水等，污水中的主要污染因子为SS、pH、COD、BOD_5、石油类以及氨氮、Hg、As、总磷、氟化物、挥发酚等。新建工程一般都采用分流制排水系统，即各项生产性污水排入工业废水处理系统，再经酸碱调节、凝聚澄清、沉淀和有机氧化等措施处理至达到排放标准后外排或送至灰浆泵房用作冲灰水；生活污水则进入生活污水处理系统，处理达标后统一排放。至于温排水，要看其水的来源，如果使用长江水做水源，通常直排长江；如果用地下水源，则使用凉水塔降温后循环使用，不外排。这里强调了脱硫污水处理设施进口的监测，必须要测 Hg、As。一般电厂生产的污水产生、处理和排放情况如表 7-3 所示。监测点位布设情况如图 7-4 所示。

表 7-3　电厂污水来源、处理设施、主要污染物及排放情况

序号	分类	来源	处理设施	主要污染因子	去向
1	工业废水	主要是酸碱废水，各类设备冲洗水、煤场排水、输煤码头冲洗水等	工业废水处理系统	pH、SS、COD、氟化物、挥发酚	外排或用于冲灰
2	脱硫废水	石灰石乳液喷淋	沉淀、中和	pH、氟化物、As、Hg	干灰调湿
3	生活污水	浴室、食堂、厂区等	生活污水处理设施	pH、SS、BOD_5、COD、总磷、氨氮	排入外环境
4	含油废水	油库区	含油污水处理设施	pH、石油类	外排或用于冲灰及煤场抑尘
5	灰渣水	水力除灰、渣过程中产生	灰渣场	pH、SS、氟化物、挥发酚	循环使用
6	温排水	设备冷却水		热量	循环使用或外排

7.12.2 造纸厂污水

某造纸厂生产高档涂布白纸板和白卡纸，其生产工艺包括制浆、含氯漂白、造纸、涂料、白水回收、污水处理及浆板、废纸和成品贮存等工序。生产期间污水的主要来源有：①制浆废水包括废纸脱墨、漂白、洗涤废水。废水中含有油墨粒和纤维等不溶性悬浮物及可溶性有机物。②厂区职工食堂、制浆车间和造纸车间的生活污水。③职工倒班宿舍的生活污水和厂区雨水。

脱墨废水经车间内部浓缩压滤系统处理后排入地沟，进全厂污水处理系统；洗涤废水一部分由工艺直接回用，另一部分由排污水沟进全厂污水处理系统。生活污水经厂区污水管网进全厂污水处理系统；其他污水经雨水管网直排入下水道；污水的产生及处理处置情况见表 7-4，监测布点情况见表 7-5 和图 7-5。

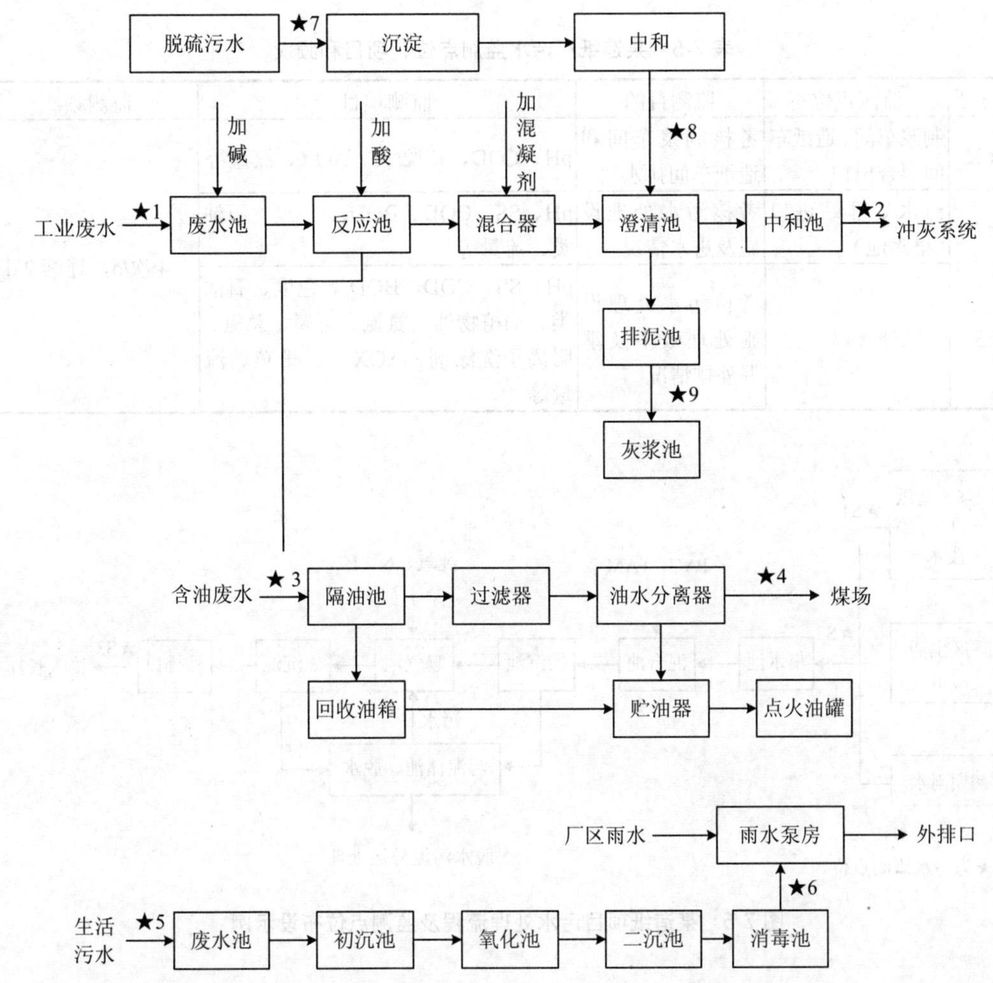

注：（1）★为污水监测点位；（2）要注意地下水监测。

图 7-4　电厂污水处理流程及监测点位布设示例

表 7-4　某造纸厂污水来源、处理设施、主要污染物及排放情况

部　门	环保设施	主要污染因子	去　向
造纸车间和制浆车间	污水处理站	pH、SS、COD、BOD_5、AOX、二噁英等	污水处理站
职工食堂和车间生活污水	污水处理站	pH、SS、COD、BOD_5石油类、氨氮、磷酸盐、阴离子洗涤剂等	污水处理站
污水处理站	12 000 m^3/d	pH、SS、COD、石油类、BOD_5、二噁英、挥发酚、硫化物、Hg、As、氟化物、色度等	外排

注：如果污水处理厂的污泥或浆渣掺入煤中焚烧处理，其污水设施进口、出口都要监测二噁英类，排气也应监测二噁英类。

表 7-5 某造纸厂污水监测点位、项目和频次

标志号	监测点位	监测目的	监测项目	监测频次
★1	制浆车间、造纸车间混合出口	考核制浆车间和造纸车间排水	pH、COD、二噁英、AOX、流量等	4 次/d，连续 2 d
★2	污水处理站进口（集水池）	考核污水处理设施及进水情况	pH、SS、COD、BOD_5、色度、石油类、流量等	
★3	厂区外排口	考核污水处理设施处理效率及掌握外排情况	pH、SS、COD、BOD_5、色度、石油类、动植物油、氨氮、总磷、总氮、阴离子洗涤剂、AOX、二噁英、流量等	

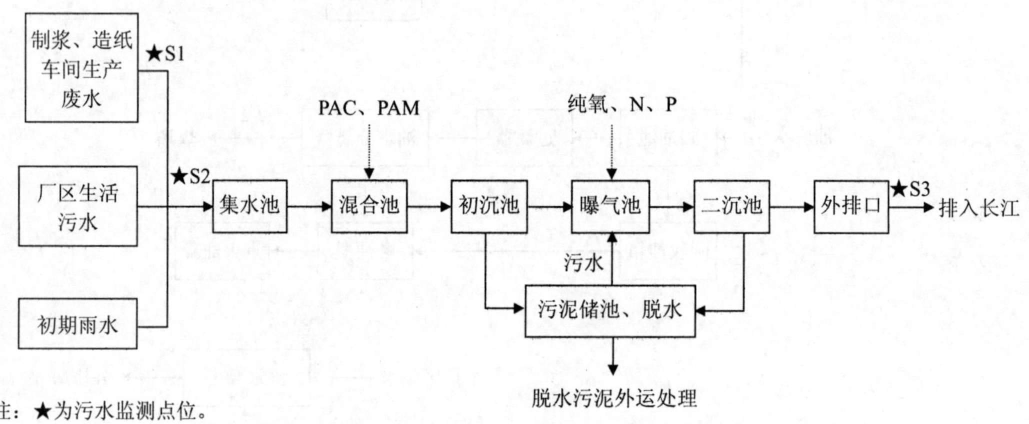

注：★为污水监测点位。

图 7-5 某造纸项目污水处理流程及监测点位布设示例

7.12.3 化肥厂磷铵工程污水

某化肥厂新建设的磷铵工程采用煤、硫铁矿、磷矿以及氢氧化铝为原料，生产磷铵及副产品氟化铝，其生产流程如图 9-6 所示。

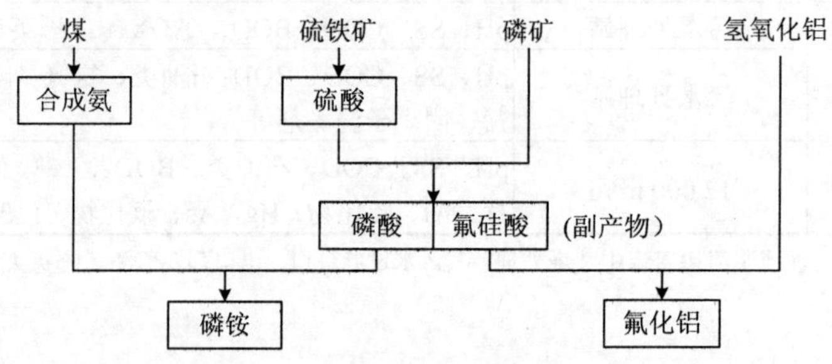

图 7-6 磷铵工程生产流程

在磷铵生产过程中的污水主要来源有：

（1）动力厂：冲渣水经四级沉淀和过滤后循环使用，溢流过剩水经处理合格后排入厂北排沟；脱盐水站酸碱废水经中和处理后排入北排沟。

（2）合成氨厂：造气废水经沉淀处理后循环使用，溢流水经沉淀、冷却、生物氧化二次沉淀三级处理后排放。

（3）硫酸厂：酸性废水经污水处理站中和过滤处理后澄清液循环使用，渣运渣场。

（4）磷氟厂：磷酸车间、氟化铝车间及磷铵厂的废水排往磷石膏渣场，渣场内澄清水与汇集的雨水返回磷酸装置复用，水量大时经污水处理站处理后外排洛清江。

（5）生产净下水、冲洗排水、装置区雨水：分别排入各装置的污水处理站。

（6）雨水：经地下雨水管网分 6 个口排入南、北排沟。

（7）生活污水：经化粪池处理后分别排入南、北排沟。

（8）南、北排沟的污水流入洛清江。

根据生产工艺分析和污水处理处置与排放情况确定的污水监测点位如表 7-6 和图 7-7 所示。

表 7-6 污水监测布点与内容

<table>
<tr><th>点位号</th><th>装置</th><th>环保设施及采样点位</th><th>污水流向</th><th>监测项目</th></tr>
<tr><td>★1#</td><td rowspan="4">动力厂</td><td>灰渣池进口</td><td>—</td><td>SS、流量等</td></tr>
<tr><td>★2#</td><td>过滤器溢流口</td><td>北排沟</td><td>pH、COD、SS、石油类、硫化物、氟化物、流量等</td></tr>
<tr><td>★3#</td><td>脱盐水站中和池进口</td><td>—</td><td>pH、流量等</td></tr>
<tr><td>★4#</td><td>脱盐水站中和池出口</td><td>北排沟</td><td>pH、COD、SS、石油类、硫化物、氟化物、流量等</td></tr>
<tr><td>★5#</td><td rowspan="3">合成氨厂</td><td>废水处理站进口</td><td>—</td><td rowspan="2">pH、COD、SS、石油类、NH_3-N、挥发酚、硫化物、氰化物、氟化物、Cu（或其他作为催化剂的金属类）、流量等</td></tr>
<tr><td>★6#</td><td>废水处理站出口</td><td>北排沟</td></tr>
<tr><td>★7#</td><td>雨排口</td><td>北排沟</td><td>pH、COD、SS、石油类、NH_3-N、挥发酚、氰化物、Cu、流量等</td></tr>
<tr><td>★8#</td><td rowspan="3">硫酸厂</td><td>中和池进口</td><td>—</td><td rowspan="2">pH、COD、SS、硫化物、氟化物、流量等</td></tr>
<tr><td>★9#</td><td>溢流口</td><td>北排沟</td></tr>
<tr><td>★10#</td><td>雨排口</td><td>洛清江</td><td>pH、COD、SS、石油类、硫化物、氟化物、流量等</td></tr>
<tr><td>★11#</td><td rowspan="2">磷石膏渣场</td><td>污水处理站进口</td><td>—</td><td rowspan="2">pH、COD、SS、石油类、NH_3-N、硫化物、磷酸盐、氟化物、流量等</td></tr>
<tr><td>★12#</td><td>污水处理站出口</td><td>洛清江</td></tr>
</table>

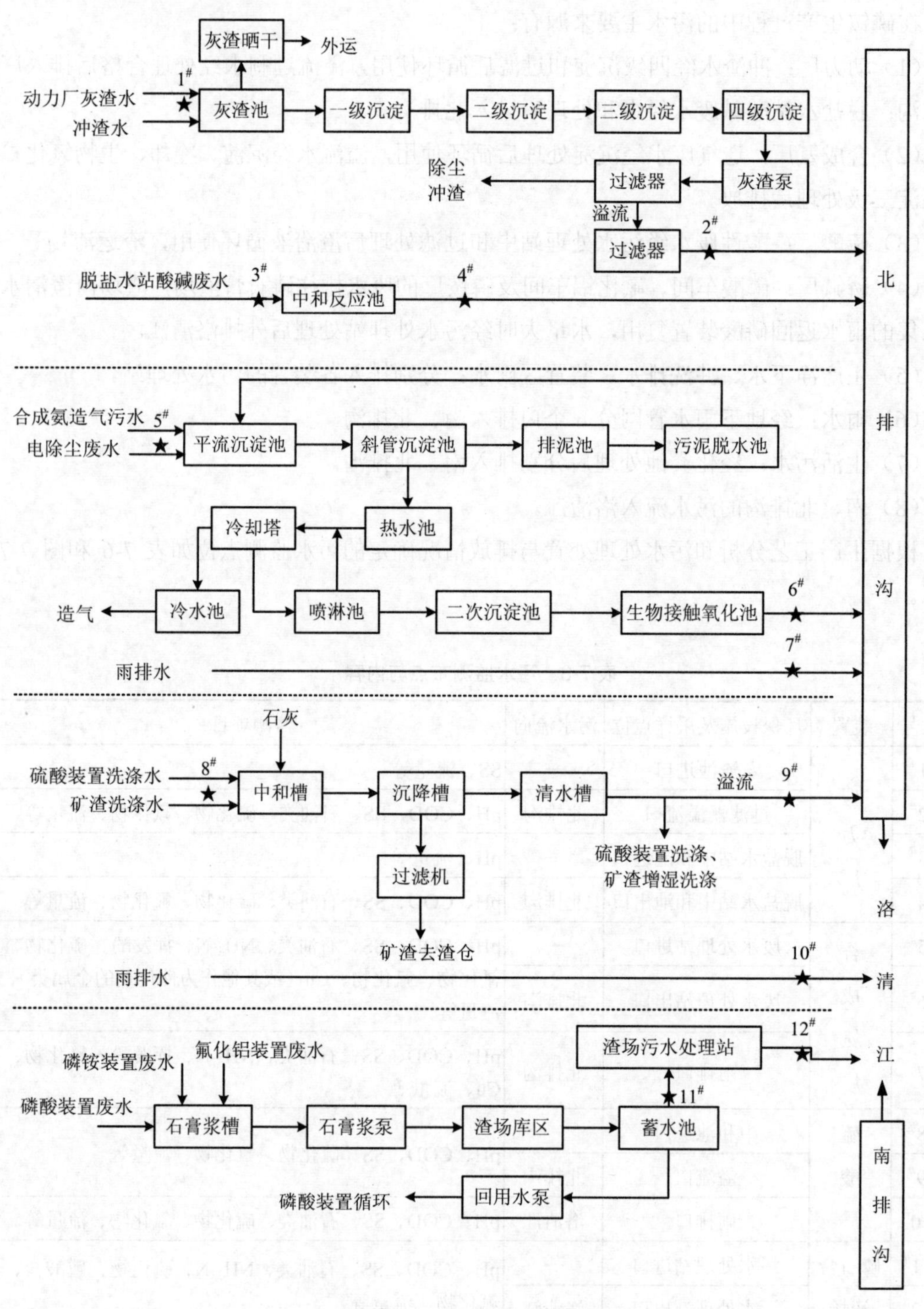

注：★为监测点位。

图 7-7　某化肥厂磷铵工程污水处理流程及监测点位布设示例

7.12.4 城镇污水处理厂污水

城镇污水处理厂主要收纳来自居民生活、机关学校、医院、商业、公共设施以及部分工厂企业等通过下水道集中排放的污水。多采用二级处理或二级强化处理方式。二级处理指常规生物处理，包括常规活性污泥法、氧化沟、SBR、AB 法和生物膜等处理工艺。二级强化处理是在二级处理的基础上，增加脱磷、脱氮等进一步的处理措施，如 A/O 法、A^2/O 法及化学法等脱氮、除磷工艺。由于工艺简单且有成熟的设计、施工和运行管理经验，在一般大、中型污水处理厂被广泛应用，对 COD、BOD_5、SS 的去除效果较好，出水水质稳定。

监测点位主要布设在污水处理厂的进出口以及需要考核处理效果的分级设施的进口、出口。监测因子主要是 pH、色度、COD、BOD_5、SS、动植物油、石油类、阴离子表面活性剂、总氮、氨氮、总磷、粪大肠菌群，以及根据收集工业废水的特征而设置的六价铬、Pb、Cd、硫化物、挥发酚等特征因子。目前城市污水处理厂的汇水来源十分复杂，许多高等院校、科研院所及事业单位的化学实验室污水不经处理直接排入城市污水管网。如果受纳高等院校、科研院所的排放污水，还应根据其排污情况增加监测项目，如 As、Hg、Ni、苯系物、多环芳烃等。要调查污水来源单位可能存在的污染物，适当增加监测项目。

图 7-8 展示的是某市城区污水处理厂提标升级改造工程项目的工艺流程及验收监测布点情况。具体验收监测内容见表 7-7。

表 7-7 某市城区污水处理厂污水及地表水监测布点情况

标志号	监测点位	监测目的	监测项目
★1	细格栅出口	考核进水水质情况	pH、SS、COD、BOD_5、氨氮、总氮、总磷、色度、动植物油、石油类、挥发酚、苯胺类、总镉、总汞、总砷、总铅、总铬、六价铬、阴离子表面活性剂、烷基汞、类大肠菌群、流量等
★2	二沉池	考核生物法处理效率情况	pH、SS、COD、BOD_5、氨氮、总氮、总磷等
★3	反硝化深床后	考核絮凝沉淀、除氮效率情况	pH、SS、COD、BOD_5、氨氮、总氮等
★4	外排口	考核外排情况	pH、COD、BOD_5、氨氮、总氮、总磷、悬浮物、色度、动植物油、石油类、挥发酚、苯胺类、总镉、总汞、总砷、总铅、总铬、六价铬、阴离子表面活性剂、烷基汞、类大肠菌群、流量等
☆1	排污口上游 500 m	考核对受纳水体影响	pH、DO、COD、BOD_5、氨氮、总氮、总磷、悬浮物、石油类
☆2	排污口下游 1 000 m		

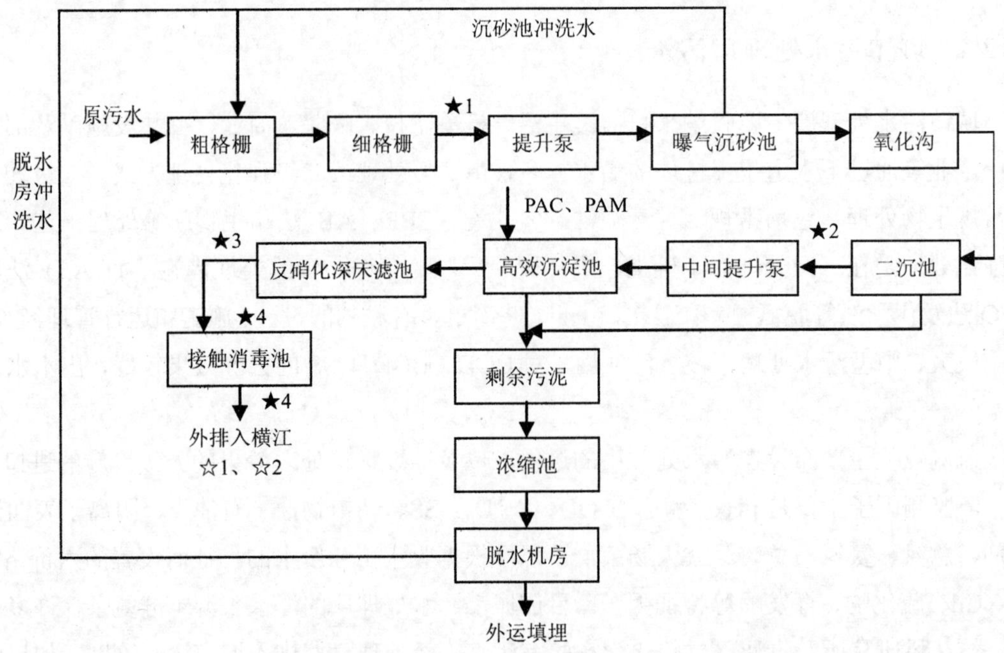

图 7-8　某市城区污水处理厂工艺流程及监测点位布设示例

7.12.5　炼油项目污水

某石化公司炼油项目产生的含油废水、含硫废水、含盐废水等经分质处理后部分回用、部分集中外排，最终经园区排海管线深海排放。具体处理流程及监测布点如图 7-9 所示。全厂污水总排口（★8）部分监测结果如表 7-8 所示。

根据总排口流量和验收监测期间的工况计算，监测期间吨原油排水量分别为 0.72 m^3 和 0.73 m^3，均高于 GB 31570—2015 表 1 中的基准排水量（0.5 m^3/t 原油）。因此，根据标准要求，表 7-8 中的实测浓度需根据标准中的式（1）进行换算后再与排放限值进行比较评价。

由表 7-9 中换算后的基准水量排放浓度可知，全厂总排口 pH 为 8.82～8.92，部分污染物最大日均基准水量排放浓度值分别为：COD 62～65 mg/L，SS 48～58 mg/L，石油类 0.20～0.30 mg/L，BOD_5 21.5 mg/L，氨氮 8.41～11.3 mg/L，硫化物 0.038～0.041 mg/L，氰化物 0.580～0.666 mg/L，挥发酚小于 0.01 mg/L，总氮 31.2～33.8 mg/L，总磷 0.13 mg/L，TOC 12.3～14.8 mg/L，其中 COD、BOD_5、氨氮、总氰化物均超过 GB 31570—2015 表 1 排放限值。

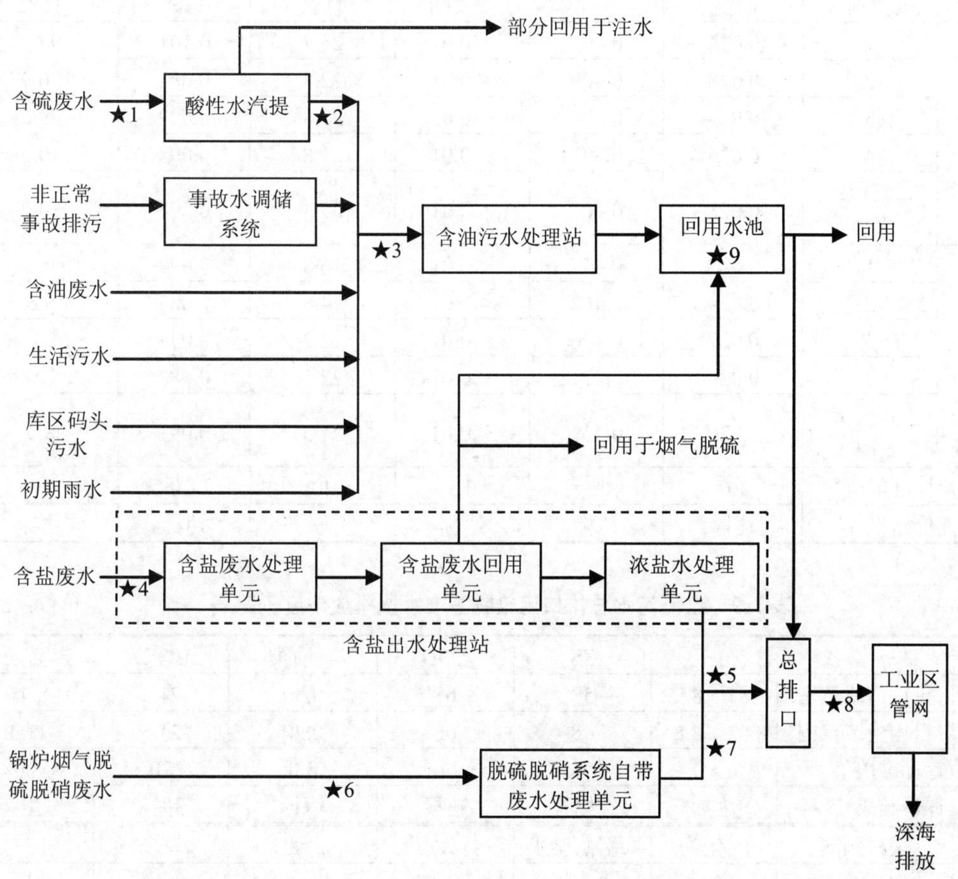

图 7-9 污水处理流程及监测点位示意图

表 7-8 全厂污水总排口污染物实测排放浓度一览表 单位：mg/L

日期	采样频次	pH	SS	COD	石油类	BOD_5	氨氮
5.7	1	8.83	45	35	0.22	13.2	5.50
	2	8.92	40	44	0.20	14.9	5.54
	3	8.89	36	52	0.23	16.1	6.26
	4	8.84	38	49	0.17	14.9	5.90
	日均值或范围	8.83～8.92	40	45	0.21	14.8	5.80
5.8	1	8.82	35	43	0.16	15.0	7.56
	2	8.84	28	46	0.12	15.8	8.06
	3	8.85	33	39	0.13	14.7	7.94
	4	8.83	35	43	0.13	13.7	7.60
	日均值或范围	8.82～8.85	33	43	0.14	14.8	7.79

日期	采样频次	硫化物	总氰化物	挥发酚	总氮	总磷	TOC
5.7	1	0.034	0.402	＜0.01	25.7	0.101	9.60
	2	0.028	0.409	＜0.01	22.8	0.082	10.9
	3	0.024	0.397	＜0.01	22.8	0.092	9.60
	4	0.026	0.393	＜0.01	21.8	0.093	10.6
	日均值或范围	0.028	0.400	＜0.01	23.3	0.092	10.2
5.8	1	0.027	0.447	＜0.01	16.8	0.098	9.1
	2	0.024	0.462	＜0.01	24.8	0.085	8.8
	3	0.027	0.456	＜0.01	22.2	0.094	9.0
	4	0.026	0.471	＜0.01	22.1	0.088	7.0
	日均值或范围	0.026	0.459	＜0.01	21.5	0.091	8.5
执行标准限值		1.0	0.5	0.5	40	1.0	20
评价结果		达标	达标	达标	—	达标	达标

表 7-9 全厂污水总排口污染物基准水量排放浓度一览表 单位：mg/L

日期	采样频次	pH	SS	COD	石油类	BOD_5	氨氮
5.7	日均值或范围	8.83～8.92	58	65	0.30	21.5	8.41
5.8	日均值或范围	8.82～8.85	48	62	0.20	21.5	11.3
执行标准限值		6～9	70	60	5.0	20	8.0
评价结果		达标	达标	超标	达标	超标	超标
日期	采样频次	硫化物	总氰化物	挥发酚	总氮	总磷	TOC
5.7	日均值或范围	0.041	0.580	＜0.01	33.8	0.13	14.8
5.8	日均值或范围	0.038	0.666	＜0.01	31.2	0.13	12.3
执行标准限值		1.0	0.5	0.5	40	1.0	20
评价结果		达标	超标	达标	达标	达标	达标

8 噪声和振动监测

8.1 概论

8.1.1 噪声的含义和分类

（1）噪声的含义

噪声是指人们不需要的声音，即不喜欢、厌烦的声音。对噪声的感受因人的年龄、职业、时间及所在地点不同而有不同的判断。如住楼上的人听音乐是一种享受，而住楼下正在复习功课的人感觉是一种干扰，是一种影响学习效果的噪声。

《中华人民共和国环境噪声污染防治法》中将工业生产、建筑施工、交通运输和社会生活中所产生的干扰周围生活环境的声音统称为环境噪声。

（2）噪声的分类

声音的形成，首先要有产生声波的振动物体，也就是声源；其次要有能够传播声音的媒质；此外，还要有声波的接收系统，如人耳等。这就是说，构成噪声需要有声源、传播介质、受声点这三要素。其中噪声源分类可依据以下几个原则。

①若按产生机理来分，有机械性噪声、空气动力性噪声和电磁性噪声三大类。机械性噪声是因固体振动，通常是通过机械的部件发生撞击、摩擦和变换的机械应力作用而形成的，如火车车轮在铁轨上运行产生的声辐射，球磨机产生的噪声等；空气动力性噪声是由于高速气流和不稳定气流与物体相互作用，或因气体在流动过程中产生的涡流而造成的结果，如锅炉引风机所形成的噪声；电磁性噪声则是由于高频次电磁场的相互作用，产生周期性的力而形成的，如变压器噪声。

②如果把噪声按其随时间的变化来划分，又可分为稳态噪声和非稳态噪声两大类。稳态噪声是指噪声强度不随时间变化或变化幅度很小的噪声，如电机噪声等；非稳态噪声是指噪声强度随时间变化的噪声，如交通和施工噪声等。而非稳态噪声又有瞬态的、周期性起伏的、脉冲的和无规则的噪声之分。一般来说，稳态噪声的测量与评价较为方便，而非稳态噪声的测量与评价较为复杂。

③如果将噪声按产生来源划分，可分为工业生产噪声、交通运输噪声（包括道路、铁路、机场、港口及航道噪声等）、建筑施工噪声、社会生活噪声及自然噪声五大类。

④若按噪声的空间分布形式来分类，在声学研究和测量中常把各种声源简化为点声源、线声源和面声源。当所评价的受声点与声源之间的距离比声源本身尺寸大得多时，则可视为点声源，如单台风机噪声、单辆汽车噪声和单架飞机噪声都可视为点声源；如果许多点声源分布在一条比较长的直线上，则可视为线声源，如在直线道路上行驶的汽车流、铁路列车通过时的噪声等；面声源指面积较大的声源。受声点与声源之间的距离较小时可视为面声源。如一个超大设备的近场噪声。

噪声还可以按其他原则来分类，但习惯上常用的是以上几种。

8.1.2 噪声的来源

噪声验收监测中常见的噪声来源主要为工业生产噪声和交通噪声两大类。

（1）工业生产噪声

工业生产机械与电器设备多，物料运输多，物流与能流转换多，是产生噪声的主要来源。工业各行业中因其性质不同，噪声源种类不同，声级特点不同，声源分布特征也不相同。表 8-1 为工业企业主要噪声源及特征。

表 8-1 工业企业噪声源特征

序号	行业名称	主要设备名称	声级范围/dB（A）	声源分布特征
1	火电	大型鼓风机、锅炉排气放空、泵房、冷却塔、发电机、汽轮机、磨煤机、传送带	80～110	声级高、露天分布多，昼夜连续运行
2	钢铁、冶炼、水泥	大型鼓风机、大型球磨机、泵房、冷却塔、天车、传送带、轧钢	80～110	声级高、室内外均有分布，昼夜连续运行
3	化工、石油	排气放空、火炬、冷却塔、加热炉、风机、泵类、管道阀门、破碎机、空压机	80～100	露天分布面广，呈立体分布特征，昼夜连续运行
4	纺织	织布机、织带机、织机、纬纺机、空压机、织袜机、针织机、风机	80～105	室内分布，声级稳定
5	机械、加工	锻锤、风铲、风铆、大型鼓风机、电锯、球磨机、试车台、振捣台、振动筛	80～110	声级高，室内外均有分布
6	木材、建材加工	电锯、电刨、风机、加压制砖机、破碎机、传送带、上胶机	80～115	声级高，露天分布多
7	粮食、食品加工	传送带、风机、振动筛、泵类、食品加工机械、锅炉房	70～95	室内分布多
8	造纸、印刷	破碎机、纸机、风机、锅炉房、泵类、铅印、凹印、折页机、装订机、轮转印刷机、切纸机、天车、蒸发机	70～95	室内分布多
9	电子	风机、泵类、空压机、电子刻板、真空镀膜、漆包线机、装配线	70～90	室内分布多

（2）交通噪声

交通运输是国民经济的动脉，负责人流与物流的传送，以流动源的特征出现。表 8-2 为交通运输部门主要噪声源及特征。

表 8-2 交通运输部门主要噪声源种类及特征

序号	行业名称	主要设备名称	声级范围/dB（A）	声源特征
1	公路	汽车、拖拉机、摩托车、自行车等	70～100	流动源，机动车车流密度大时呈线声源
2	铁路及城市轨道交通	蒸汽机车、内燃机车、电动机车、客车、货车、地铁及轻轨列车等	80～115	流动源，在固定的轨道上行驶，声级大，鸣笛声高。地面上主要是噪声影响，地下主要是振动影响
3	航道、码头	船舶、起重输送设备等	80～115	船舶行驶噪声、机械噪声
4	航空、机场	飞机起降、发动机试验	100～160	声级高，轰鸣声大

8.1.3 名词解释

8.1.3.1 声压及声压级

声音在介质中是以波动的方式传播的。当有声波存在时，空气就有起伏扰动，使原来的大气压上叠加了一个变化的压强，声压就是指介质中的压强相对于无声波时的压强改变量。声压与基准声压之比的以 10 为底的对数乘以 20，称为声压级，用 L_p 表示，单位为 dB。

$$L_p = 20\lg(P/P_0) \tag{8-1}$$

式中：P——声压；

P_0——基准声压，2×10^{-5} Pa。

8.1.3.2 声强及声强级

声波的传播伴随着能量的传递。声场中，在垂直于声波传播的方向上，单位时间内通过单位面积的声能量称为声强，用 I 表示，单位为 W/m^2。

声强与声压之间的关系如下：

$$I=P^2/\rho c \tag{8-2}$$

式中：P——声压；

ρ——空气密度；

c——声速。

ρc 称声阻抗率。标准大气压，0℃时，ρc=428 瑞利①；20℃时，ρc=415 瑞利。

① 1 瑞利=10 Pa·s/m。

声强级与声压级之间的关系如下：

$$L_I=L_P+10\lg(400/\rho c) \qquad (8\text{-}3)$$

式中：L_I——声强级。

8.1.3.3 A 声级

用 A 计权网络测得的声压级，用 L_A 表示，单位为 dB（A）。

8.1.3.4 等效连续 A 声级

等效声级，指在规定测量时间 T 内声压级的能量平均值，用 $L_{eq,T}$ 表示（简写为 L_{eq}），单位为 dB。

等效连续 A 声级可简称为等效声级，指在规定测量时间 T 内 A 声级的能量平均值，用 $L_{Aeq,T}$ 表示（简写为 L_{eq}），单位为 dB（A）。

按此定义此量为

$$L_{eq}=10\lg[1/T\int_0^T 10^{0.1L_A}\mathrm{d}t] \qquad (8\text{-}4)$$

式中：L_A—— t 时刻的瞬时 A 声级；

T —— 规定的测量时间段。

8.1.3.5 累计百分声级

用于评价测量时间段内噪声强度时间统计分布特征的指标，指在测量时段内 A 声级超过此值的累积时间为测量时间的 N%，用 L_N 表示，单位为 dB（A）。最常用的是 L_{10}、L_{50} 和 L_{90}，其含义如下：

L_{10}——在测量时段内 A 声级超过此值的累积时间为测量时间的 10%；

L_{50}——在测量时段内 A 声级超过此值的累积时间为测量时间的 50%；

L_{90}——在测量时段内 A 声级超过此值的累积时间为测量时间的 90%。

8.1.3.6 昼间与夜间

一般情况下，昼间是指 6：00—22：00 的时段，夜间是指 22：00 至次日 6：00 的时段。县级以上人民政府为环境噪声污染防治的需要（如考虑时差、作息习惯差异等）而对昼间、夜间的划分另有规定的，应按其规定执行。

8.1.3.7 昼间等效声级与夜间等效声级

在昼间时段内测得的等效连续 A 声级称为昼间等效声级，用 L_d 表示，单位为 dB（A）。

在夜间时段内测得的等效连续 A 声级称为夜间等效声级，用 L_n 表示，单位为 dB（A）。

8.1.3.8 计权有效连续感觉噪声级（WECPNL）

计权有效连续感觉噪声级是在有效感觉噪声级的基础上发展起来的，用于评价航空噪声，其特点在于既考虑了在 24 h 的时间内，飞机通过某一固定点所产生的总噪声级，同时也考虑了不同时间内的飞行对周围环境所造成的影响。我国现行的《机场周围飞机噪声环境标准》（GB 9660—88）即规定采用此法进行评价。

8.1.3.9 稳态噪声与非稳态噪声

在测量时间内，被测声源的声级起伏不大于 3 dB 的噪声视为稳态噪声，否则称为非稳态噪声。

8.1.3.10 厂界

由法律文书（如土地使用证、房产证、租赁合同等）中确定的业主所拥有使用权（或所有权）的场所或建筑物边界。各种产生噪声的固定设备的厂界为其实际占地的边界。

8.1.3.11 噪声敏感建筑物

指医院、学校、机关、科研单位、住宅等需要保持安静的建筑物。《建设项目竣工环境保护验收技术规范 公路》（HJ 552—2010）将公路沿线两侧一定范围内的医院、学校、机关、科研单位、住宅、疗养院等需要保持安静的场所称为声环境敏感点。

8.1.3.12 背景噪声

被测量噪声源以外的声源发出的环境噪声的总和，也称为本底噪声。

8.1.3.13 倍频带声压级

采用符合《电声学 倍频程和分数倍频程滤波器》（GB/T 3241—2010）规定的倍频程滤波器所测量的频带声压级，其测量带宽和中心频率成正比。

《工业企业厂界环境噪声排放标准》（GB 12348—2008）和《社会生活环境噪声排放标准》（GB 22337—2008）采用的室内结构噪声频谱分析倍频带中心频率为 31.5 Hz、63 Hz、125 Hz、250 Hz、500 Hz，其覆盖频率范围为 22～707 Hz。

8.1.4 噪声监测常用计算公式

8.1.4.1 声压级的计算

在噪声控制中，需要经常对声压级等进行求和、求差与平均等效声级的计算。

（1）多声级的叠加

如果需叠加的各声压级分别是 L_{P1}，L_{P2}，L_{P3}，…，L_{Pn}。根据声级叠加公式可得合成的总声压级 L_P 为

$$L_P = 10\lg\left(\sum_{i=1}^{n} 10^{0.1L_{P_i}}\right) \tag{8-5}$$

（2）两个声级的差

如果已知两个声源的共同影响总声级为 L，一个声源的声级为 L_1，希望知道另一个声源的声级 L_2 是多少，这就是声级的求差问题。利用声级叠加公式公式可得

$$L_2 = 10\lg[10^{0.1L} - 10^{0.1L_1}] \tag{8-6}$$

声级的求差主要应用于背景噪声的修正。

从实际测量的总声级中减去背景噪声级，即可获得待测声源所产生的声级。

（3）平均等效声级

如果已知各测量时段 t_1，t_2，t_3，…，t_n 的声级分别为 L_1，L_2，L_3，…，L_n，利用等效声级的计算公式可得整个测量时段的等效声级平均值 $\overline{L}$ 为

$$\overline{L}=10\lg\left(1/T\sum_{i=1}^{n}10^{0.1t_iL_i}\right) \tag{8-7}$$

式中：$T=t_1+t_2+t_3+\cdots+t_n$。

8.1.4.2 噪声测量值的背景值修正

噪声测量值的背景值修正可按照《环境噪声监测技术规范 噪声测量值修正》（HJ 706—2014）的规定进行。

噪声测量值包含了被测噪声源排放的噪声和其他环境背景噪声。从噪声测量值中扣除背景噪声的影响，得到被测噪声源的排放值，这一过程称为噪声测量值修正，也称为背景值修正。对于只需判断噪声源排放是否达标的情况，若噪声测量值低于相应噪声源排放标准的限值，可以不进行背景噪声的测量及修正，注明后直接评价为达标。

背景值修正前，首先计算噪声测量值与背景噪声值的差值（ΔL_1=噪声测量值−背景噪声值），修约到个数位，再按照如下方法进行背景值修正：

（1）噪声测量值与背景噪声值的差值（ΔL_1）大于 10 dB 时，噪声测量值不做修正。

（2）噪声测量值与背景噪声值的差值（ΔL_1）在 3～10 dB 时，按表 8-3 进行修正（噪声排放值=噪声测量值+修正值）。

表 8-3 $3\leqslant\Delta L_1\leqslant10$ 时噪声测量值修正 单位：dB（A）

差值（ΔL_1）	3	4～5	6～10
修正值	−3	−2	−1

（3）噪声测量值与背景噪声值相差小于 3 dB（A）时，应采取措施降低背景噪声，以满足背景修正条件。对于仍无法满足修正条件的，计算噪声测量值与被测噪声源排放限值的差值（ΔL_2=噪声测量值−排放限值），修约到个数位。

①噪声测量值与被测噪声源排放限值的差值（ΔL_2）小于或等于 4 dB 时，按照表 8-4 给出定性结果，并评价为达标。

②噪声测量值与被测噪声源排放限值的差值（ΔL_2）大于或等于 5 dB 时，无法对其达标情况进行评价，应创造条件重新测量。

表 8-4 ΔL_2＜3 时噪声测量值修正 单位：dB（A）

差值（ΔL_2）	修正结果	评价
≤4	＜排放限值	达标
≥5	无法评价	

注：进行修正后得到的噪声排放值，应修约到个数位。

8.1.4.3 点、线、面声源的衰减公式

（1）点声源的传播特性

点声源在自由声场中以球面波传播。在半径为 r 的球面上，其声强 I 为

$$I=\frac{W}{4\pi r^2} \tag{8-8}$$

式中：I —— 声强；

W —— 声源声功率，表示单位时间内声源向外辐射的总能量。

不难看出，声强与距离的平方成反比衰减。

对于各种点声源（包括有指向性和无指向性点声源），在同一方向上，距离为 r_1 和 r_2 两点的声压级有如下关系：

$$L_2=L_1-20\lg r_2/r_1 \tag{8-9}$$

式中：L_1—— 距离为 r_1 的声压级，dB；

L_2—— 距离为 r_2 的声压级，dB。

声压级随距离加倍，衰减 6 dB。

（2）线声源的传播特性

在自由声场中，线声源以柱面波形式向外传播。由于组成线声源的各点声源的位相是完全随机的，各点声源之间的相互干涉作用可以忽略。各点声源在某一观测点的声能量，可以采用能量叠加法进行计算。对于无限长的线声源，其单位长度的声功率为 W，则距离线声源为 r 的点的声强为

$$I=\frac{W}{2\pi r^2} \tag{8-10}$$

由式（8-10）可知声强与距离的一次方成反比衰减。换算成声压级和不同距离的声压级有如下关系：

$$L_2=L_1-10\lg r_2/r_1 \tag{8-11}$$

式中：L_1—— 距离为 r_1 的声压级，dB；

L_2—— 距离为 r_2 的声压级，dB。

对于无限长的线状声源，距离加倍，声压级衰减 3 dB。

（3）面声源的传播特性

面声源也是实际生活中经常遇到的一种声源。一个大型机器设备的振动表面，透声的墙壁，均可以认为是面声源。理想的面声源是由无数点声源连续分布组合而成的。如果面声源的单位面积声功率为 W，各面积元噪声的位相是随机的，其合成声级可按能量叠加法求出。

图 8-1 给出了长方形面声源中心轴线上的声衰减曲线。当 $d \leqslant a/\pi$时，几乎不衰减；当 $a/\pi < d < b/\pi$，距离加倍衰减 3 dB，类似线状声源衰减特性；当 $d \geqslant b/\pi$时，距离加倍衰减 6 dB，类似点声源衰减特性。

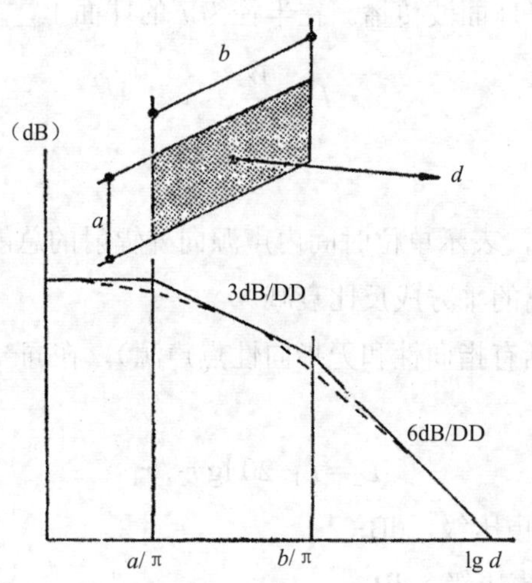

图 8-1 长方形面声源中心轴线上的衰减特性

8.1.5 测量条件

（1）气象条件

测量应在无雨雪、无雷电天气，风速为 5 m/s 以下（高速公路为 5.5 m/s 以下）时进行。不得不在特殊气象条件下测量时，应采取必要措施保证测量准确性，同时注明当时所采取的措施及气象情况。

（2）测量时间

一般分别在昼间、夜间两个时段测量。机场周围噪声监测分别在白天、傍晚、夜间三个时段测量。

（3）测量仪器

①测量仪器为积分平均声级计或环境噪声自动监测仪，其性能应不低于《电声学 声级计》（GB/T 3785.1—2010）和《积分平均声级计》（GB/T 17181—1997）对 2 型仪器的要

求。测量 35 dB 以下的噪声应使用 1 型声级计，且测量范围应满足所测量噪声的需要。校准所用仪器应符合《电声学　声校准器》（GB/T 15173—2010）对 1 级或 2 级声校准器的要求。1 型声级计必须使用 1 级声校准器进行校准。需要进行噪声的频谱分析时，仪器性能应符合《电声学　倍频程和分数倍频程滤波器》（GB/T 3241—2010）中对滤波器的要求。

②测量仪器和校准仪器应定期检定/校准合格，并在有效使用期限内使用；每次测量前后必须在测量现场进行声学校准及校验，其前、后校准示值偏差不得大于 0.5 dB，否则测量结果无效。

③测量时传声器加防风罩。

（4）传声器位置

声级计或传声器单元可手持或固定在测量三脚架上。传声器距水平支承面 1.2 m 以上，并远离其他反射体 1 m 以上。

环境噪声测量时，传声器应水平设置，背向最近反射体或指向声源。

（5）仪器的校准

声级计使用之前必须进行校准。声校准器的耦合腔适用 1 英寸传声器，校正 1/2 英寸传声器应加适配（配合）器。

应先测量声级校准器的校准声级，若有偏差，才进行校准操作。校准操作分自动和人工两种。人工校准调电位器或用按键改变灵敏度级值即可。自动校准直接摁校准键，声级计按照预先设定的校准声级自动调整灵敏度级值。

校准完成后必须再测量校准声级，有偏差必须重新校准。

声级计使用之后必须再进行校准声级的测量，灵敏度偏差大于 0.5 dB 测量结果无效。

8.1.6　背景噪声测量方法

（1）噪声源可关闭

如果噪声测量期间，被测噪声源能够关闭，应在关闭噪声源的情况下测量背景噪声。背景噪声测点与噪声源开启时的噪声测点位置相同。如果被测声源短时间内无法关闭，且噪声源关闭的时间段内周围声环境已发生变化，则应另行选择与测量噪声源时声环境一致的时间测量背景噪声。

（2）噪声源不可关闭

如果被测噪声源不能关闭，背景噪声的测定可选择与测量被测噪声源时测量位置不同，不受被测噪声源影响，且其他声环境条件与测量被测声源处一致的背景噪声测量点（背景噪声对照点）。应详细记录背景噪声对照点的周边声源情况、测点布设及其他影响因素（如绿化带、地形、声屏障等），并与被测声源处相应信息进行比较。此方法仅用在背景噪声与噪声测量值相差 4.0 dB（A）以上时，相差 4.0 dB（A）以内时不得采用。

8.2 噪声验收监测的目的和内容

8.2.1 噪声验收监测的目的

通过建设项目竣工噪声验收监测，检验噪声污染防治设施是否正常运行、是否达到设计的降噪效果，评价厂界、环境敏感建筑物等是否达到国家及地方现行噪声标准，以及是否达到环境影响报告书（表）及审批部门审批决定要求，为企业建设项目竣工环保验收提供技术依据。

8.2.2 噪声验收监测内容

（1）厂界噪声监测

考核建设项目厂界噪声达标与否的监测。厂界噪声是污染影响类建设项目噪声验收监测的主要内容。轨道交通等生态影响类项目涉及的固定源噪声（如风亭、冷却塔等），也应开展厂界噪声监测。

（2）敏感建筑物噪声监测

考核受建设项目影响的周边噪声敏感建筑物的噪声达标与否的监测，是生态影响类建设项目噪声验收监测的主要内容。污染影响类建设项目影响周边敏感建筑物的，也应开展相关监测。

（3）其他

包括交通噪声监测、衰减断面噪声监测、设施降噪效果监测等，可根据需要在噪声验收中开展监测。

8.3 噪声验收监测方法

8.3.1 工业企业噪声验收监测

8.3.1.1 工业企业噪声验收监测内容

（1）建设项目厂界处排放的噪声是否达到所在地区《工业企业厂界环境噪声排放标准》所规定的类别标准，包括昼间标准和夜间标准。

（2）建设项目周边环境受该建设项目排放噪声影响，是否符合该地区《工业企业厂界环境噪声排放标准》所对应的类别标准。包括昼间标准和夜间标准。在噪声监测中切实注意敏感建筑物的空间分布和楼房的垂直分布。

8.3.1.2 工业企业噪声验收监测方法

（1）厂界噪声监测

厂界噪声是指企业事业单位在正常生产或工作过程中其边界线外 1 m、高度 1.2 m 以上处的噪声。厂界噪声验收监测按《工业企业厂界环境噪声排放标准》（GB 12348—2008）执行。

①测点布设：根据工业企业声源、周围噪声敏感建筑物的布局以及毗邻的区域类别，在工业企业厂界布设多个测点，其中包括距噪声敏感建筑物较近以及受被测声源影响大的位置。

②测点位置：一般情况下，测点选在工业企业厂界外 1 m、高度 1.2 m 以上、距任一反射面距离不小于 1 m 的位置。当厂界有围墙且周围有受影响的噪声敏感建筑物时，测点应选在厂界外 1 m、高于围墙 0.5 m 以上的位置。

当厂界无法测量到声源的实际排放状况时（如声源位于高空、厂界设有声屏障等），应按上述规定设置测点，同时在受影响的噪声敏感建筑物户外 1 m 处另设测点。

③测量频次及采样时间：一般情况下，测量 2 d，每天昼、夜各测 1 次，根据工况调查中厂界内声源特征，选取不同的采样时间。对于稳态噪声，采用 1 min 的等效声级，对于非稳态噪声，测量被测声源有代表性时段的等效声级，必要时测量被测声源整个正常工作时段的等效声级。重点测点可适当增加采样频次。

④背景值修正：根据各厂界评价点背景值修正后得出各厂界监测点厂界噪声排放值。

背景噪声的测量方法参照本章 8.1.6，背景值修正方法参照本章 8.1.4.2。当背景值较高，声级差值小于 3 dB 时，应尽量安排在较为安静的环境中重新测量。测量背景值时，应注意排除一些干扰值，如夏季的蝉鸣、夜间的蛙叫、农村环境中的狗叫等影响。

（2）敏感建筑物噪声监测

当厂界外有噪声敏感建筑物时，噪声敏感建筑物处也应布设点位。测量评价点应选在居住或工作建筑物外，离任一建筑物的距离不小于 1 m，传声器距地面的垂直距离不小于 1.2 m 的地点，如窗外 1 m 处。测量时间根据声源特性与厂界噪声测量相同。

环境敏感建筑如为楼房建筑，应进行声环境垂直分布监测并进行评价。测量点可间隔 1～3 层布设一个监测点，也可逐层布点监测。

室内噪声测量时，室内测量点位设在距任一反射面 0.5 m 以上、距地面 1.2 m 高度处，在受噪声影响方向的窗户开启状态下测量。

固定设备结构传声至噪声敏感建筑物室内，在噪声敏感建筑物室内测量时，测点应距任一反射面 0.5 m 以上、距地面 1.2 m、距外窗 1 m 以上，窗户关闭状态下测量。被测房间内的其他可能干扰测量的声源（如电视机、空调机、排气扇，以及镇流器较响的日光灯、运转时出声的时钟等）应关闭。测量分昼间和夜间两个时段分别进行。

8.3.1.3 注意事项

①根据前期的资料收集及现场踏勘情况，了解厂区高噪声源设备使用情况及平面布置，在厂界四周有针对性地布设噪声监测点位。受影响的噪声敏感建筑物及对应的厂界位置必须设点监测。

②根据监测结果，评价监测结果的达标情况。对于超标点位，应根据附近噪声源分布、工况和影响情况，分析可能引起超标的高噪声源，并进行有针对性的整改。

③工业企业厂界环境噪声监测时，应注意夜间频发、偶发噪声的监测，夜间有频发、偶发噪声影响时同时测量最大声级（只适用 GB 12348—2008 的表 1），用 L_{max} 表示。夜间频发、偶发噪声的最大声级超过限制的幅度分别不得高于 10 dB（A）、15 dB（A）。

8.3.2 机场周围飞机噪声监测

8.3.2.1 机场周围飞机噪声监测标准

一般采用《机场周围飞机噪声测量方法》（GB 9661—88）中的简易测量法（A 声级监测）。

8.3.2.2 机场周围飞机噪声监测方法

测量传声器应安装在户外开阔平坦的地方，高于地面 1.2 m，离其他反射壁面 1.0 m 以上，避开高压电线和大型变压器。

监测周期一般为一周 7 d×24 h 连续监测，监测一周内每天 24 h 内的所有航班。每次记录每架飞机的起降状态。

（1）简易测量法（A 声级监测）

记录飞机飞过时的 L_{Amax} 和 L_{Amax} 出现前后上升和下降 10 dB 的持续时间 T_d（s）。

计算一次飞行事件的有效感觉噪声级：

$$L_{EPN}= L_{Amax}+10\lg(T_d/20)+13=L_{Amax}+10\lg T_d \tag{8-12}$$

式中：L_{Amax} ——一次飞行事件的最大 A 声级，dB（A）；

T_d —— 最大值 L_{Amax} 出现前后上升和下降 10 dB 的延续时间，s。

（2）精密测量法

传声器通过声级计将飞机噪声信号送到测量录音机记录在磁带上。然后，在实验室按原速回放录音信号并对信号进行频谱分析。根据录音时记下的声级计衰减器位置，调整分析器的输入衰减器位置，确定飞机噪声级。按 0.5s 的时间间隔采样，进行 1/3 倍频程频谱分析。1/3 倍频程频谱分析的频率范围为 50 Hz～10 kHz。把从 50 Hz～10 kHz 中 24 个频带的声压级 L_{psi}，借助于《机场周围飞机噪声测量方法》（GB 9661—88）中附录 D 换算成相应的噪度 N_i。

总噪度 N 按下式计算：

$$N = N_{max} + 0.15\left(\sum_{i=1}^{24} N_i - N_{max}\right) \text{（noy）} \quad （8-13）$$

式中：N_{max} —— N_i 中的最大值。

感觉噪声级 L_{PN} 按下式计算：

$$L_{PN} = 40 + 10（\lg N / \lg 2）\text{（dB）} \quad （8-14）$$

纯音修正：在频谱中有显著纯音成分可按《机场周围飞机噪声测量方法》（GB 9661—88）中附录 B 计算纯音修正值。

经纯音修正的感觉噪声级 L_{TPN} 按下式计算：

$$L_{TPN} = L_{PN} + C \text{（dB）} \quad （8-15）$$

式中：C——纯音修正值。

计算一次飞行事件的有效感觉噪声级：

$$L_{EPN} = 10\lg\left[(1/T_0)\left(\sum_{i=1}^{n} 0.5\times 10^{0.1L_{TPNi}}\right)\right] \text{（dB）} \quad （8-16）$$

式中：L_{TPNi} ——实际持续时间 T_d 内、0.5 s 间隔的 L_{TPN}；

T_0——10 s，为标准时间；

n——T_d 时间内的采样数。

监测过程中同时监测昼夜时段的背景噪声，气象条件（气温、湿度、风向、风速和天气状况等）和监测时间。

监测时段划分一般为：白天 7：00—19：00；傍晚 19：00—22：00；夜间 22：00 至次日 7：00。

这三段时间的具体划分由当地人民政府决定。

根据现行的《机场周围飞机噪声测量方法》（GB 9661—88）的规定，航班周期为一周的机场，一般监测一周，求出平均一昼夜的 L_{WECPN}；不定期飞行机场，求出飞行期间平均一昼夜的 L_{WECPN}。因此，在一般的机场项目竣工环境保护验收监测中，噪声都进行一周的监测。但是，根据以往机场噪声监测的经验，当一个测点测量的飞机架次超过 100 架以后，有效感觉噪声级 L_{EPN}（dB）的能量平均值 $\overline{L}_{EPN}$（dB）趋于稳定。对于航班密集、每天的航班架次比较稳定的干线机场（日平均起降达 200 架次以上），可以在各监测点选取不少于 2 个代表性昼夜进行监测；但是，小型的支线机场以及不定期机场，每天的航班数量稀少，且日航班数量差别较大，还是进行一周的监测为宜。

计算一系列相继飞行事件的平均有效感觉噪声级 $\overline{L}_{EPN}$ 计算如下：

$$\overline{L}_{EPN} = 10\lg\left[(1/N)\times\left(\sum_{i=1}^{N} 10^{0.1L_{EPNi}}\right)\right] \text{（dB）} \quad （8-17）$$

式中：L_{EPNi} —— 每次飞机飞过时的有效感觉噪声级。

机场周围某点一昼夜的计权等效连续感觉噪声级 L_{WECPN} 同单架飞机一次飞行事件的有效感觉噪声级 L_{EPNi}（dB）的能量平均值 $\overline{L}_{EPN}$（dB）和一昼夜总的飞行架次（$N=N_1+N_2+N_3$）有关，即

$$L_{WECPN}=\overline{L}_{EPN}+10\lg(N_1+3N_2+10N_3)-39.4 \text{（dB）} \tag{8-18}$$

式中：N——昼夜总飞行架次；

N_1——白天的飞行架次；

N_2——傍晚的飞行架次；

N_3——夜间的飞行架次；

$\overline{L}_{EPN}$——L_{EPNi} 的能量平均值。

以一周 7 d 作为一个航班周期进行测试，求出平均一昼夜的 L_{WECPN}，计算公式如下：

$$L_{WECPN}=\overline{L}_{EPN}+10\lg\left[\sum_{i=1}^{7}(N_{1i}+3N_{2i}+10N_{3i})/7\right]-39.4 \text{（dB）} \tag{8-19}$$

式中：$\overline{L}_{EPN}$ —— 一周内所有飞行事件的 L_{EPN} 能量平均值；

N_{1i}、N_{2i}、N_{3i}——从周一到周日每天在三个不同时段内的飞行次数。

机场飞机噪声原始数据记录表见表 8-5。记录表除填写噪声数据外，还应记录每次飞行事件的飞行方式（起飞、降落）、方向、机型等信息。填写方法如下：

表 8-5 机场飞机噪声原始数据记录

测点编号________ 测点位置________ 环境背景噪声______dB

测量日期_____年__月__日 监测人________

气象条件：气温___℃ 湿度___% 风向_____ 风速____m/s

测量仪器： 名称 型号 备注

监测时间 时 分 秒	飞行状态 起 降	飞行方向	飞机型号	L_{Amax}/ dB	持续时间 T_d/s	L_{EPNi}/ dB	备注

飞行状态记录飞机是起飞还是降落，起飞后向右方还是向左方；降落前由左方还是由右方接近机场，或者是直飞，跑道一侧的测点只记录是起飞还是降落。

8.3.2.3 机场周围飞机噪声监测方法标准

《机场周围飞机噪声环境标准》（GB 9660—88）采用“计权等效连续感觉噪声级 L_{WECPN} (dB)” 作为机场周围环境噪声的评价量。表 8-6 为 GB 9660-88 的标准值和适应区域。其中，医院、学校以及疗养区等特别需要安静的区域执行一类区域标准值。

表 8-6 机场周围飞机噪声环境标准值

适应区域	标准值 L_{WECPN}/dB
一类区域	≤70
二类区域	≤75

注：一类区域为特殊住宅区；居住、文教区；二类区域为除一类区域以外的生活区。

8.3.2.4 对机场噪声验收工况的要求

监测期间监控机场项目主体工程运行负荷，确保其处于正常运行状态。需要统计机场所有跑道飞机的起降、机型、架次及时间等。说明实际起降架次与预测年架次比较情况。

8.3.2.5 机场周围飞机噪声监测点设置

（1）布点范围

根据项目环境影响评价文件的预测，噪声等值线 70 dB 的包罗区域应作为噪声敏感目标的布点范围。

如验收监测时实际起降架次超出预测年架次，应适当扩大布点范围。

（2）监测点位选取原则

机场周围敏感目标噪声监测点位的选择主要依据环境影响评价文件中列出的敏感目标，选择现存敏感目标，并结合踏勘情况而确定，明确说明敏感目标变更情况。

①环境影响报告书（表）中的现状监测点位，在验收监测时还存在的敏感目标。编制环境影响报告书（表）时不存在的敏感目标，如果在验收时出现，也应列入监测范围。

②根据评价文件中提供的等值线图，按照计权有效连续感觉噪声级（L_{WECPN}）超过 80 dB、介于 75～80 dB、介于 70～75 dB、小于 70 dB 的等级，选择有代表性的点位，特别是一些噪声超标的点位，尽量能够涵盖。

③医院、学校以及疗养区等特别需要安静的区域，必须布点；住宅、机关、科研单位等可选择性布点。

④相对跑道延长线左右对称的点位，可选一个。

⑤监测点周边应开阔，无其他噪声源影响。

⑥敏感目标之间的直线距离，以大于 500 m 为宜。

⑦对于偏远地区机场，敏感目标距机场距离超出环境影响报告书（表）预测 70 dB 噪声等值线范围的，可选取距机场最近的敏感目标作为监测点位。

8.3.2.6 监测仪器

测量仪器应选用精度不低于 2 型的声级计或机场噪声监测系统及其他适当仪器。声级计的性能要符合《电声学　声级计》（GB/T 3785.1—2010）的规定。

8.3.2.7 机场周围飞机噪声监测的质量保证

监测时使用经计量部门检定、并在有效使用期内的声级计；声级计在测试前后用强检合格的声校准器进行校准，若测量前后仪器的校准值误差大于 0.5 dB，则测试数据无效，须重新测试；24 h 连续监测的点位，每个点位应准备备用机，所有声级计应至少于每日昼间、夜间各校准一次。

8.3.2.8 验收监测中应注意的问题

（1）对不同状态下飞行噪声的记录

监测过程中，需对几种特殊情况进行统一规定：A. 看得见飞机，听不到声音；B. 看不见飞机，听得到声音；C. 看得见飞机，也听得到声音，但声音很轻；D. 高空和低空同时有两架飞机飞过。一般情况下，对 A 工况，不用按噪声监测仪，仅需记录时间、飞行方向及飞行状态等信息；对 B 工况，不作记录；对 C 工况，要按下仪器，记录组号、时间、方向、起降状态、T_d 等相应参数；对 D 工况，处理方式同 C 工况，但要备注说明高空飞行的飞机飞行方向及状态。

（2）有效数据的选择

要保证数据的代表性，才能真实地反映飞机噪声影响，需根据监测规范对其进行整理：剔除原始记录中最大噪声值 L_{Amax} 小于 60 dB 的数据；同时根据被测点位噪声背景值，剔除最大 A 声级 L_{Amax} 与背景值差值小于 20 dB 的数据；对于原始记录中注明有干扰的数据也应予以剔除。飞行事件时间必须与实际航班起降时间符合。

8.3.3 公路项目噪声验收监测

8.3.3.1 验收监测执行标准

公路项目验收监测涉及的区域噪声执行《声环境质量标准》（GB 3096—2008）相关标准。当地政府已划分声功能区的区域，按照划分的区域标准执行。未划分功能区的，交通干线两侧按照以下原则划分：

①若临街建筑以高于三层楼房以上（含三层）时，将临街建筑面向交通干线一侧至交通干线边界线的区域划为 4a 类声环境功能区。

②若临街建筑以低于三层楼房建筑（含开阔地）为主，将交通干线边界外一定距离内的区域划为 4a 类声环境功能区。距离的确定方法如下：

相邻区域为 1 类标准适用区域，距离为 50 m±5 m；

相邻区域为 2 类标准适用区域，距离为 35 m±5 m；

相邻区域为 3 类标准适用区域，距离为 20 m±5 m。

8.3.3.2　公路项目噪声监测内容

公路项目噪声监测按照《建设项目竣工环境保护验收技术规范　公路》（HJ 552—2010）的规定实施。

（1）敏感点交通噪声监测

敏感点交通噪声监测是公路交通噪声对声学敏感点影响的监测，旨在反映对公路两侧声敏感点的影响程度以及达标情况。

敏感点噪声监测点位一般设于噪声敏感建筑物窗外 1 m 处。

敏感点交通噪声监测布点原则如下：

①环境影响报告书（表）要求采取降噪措施的敏感点，其中调试期已采取措施和未采取措施的，监测比率各不少于 50%。

②对于环境影响报告书（表）要求进行跟踪监测的敏感点可选择性布点。

③交通量差别较大的不同路段、位于不同声环境功能区内的代表性居民区敏感点和距离公路中心线 100 m 以内的有代表性的居民集中住宅区和 120 m 以内的学校、医院、疗养院及敬老院等应选择性布点。

④同一敏感点不同距离执行不同功能区标准时应相应布设不同的监测点位。

⑤敏感点为楼房的，宜在 1 层、3 层、5 层、9 层等楼层布设不同的监测点。

⑥国家和地方重点保护野生动物和地方特有野生动物集中的栖息地宜选择性布点。

⑦位于交叉道路、高架桥、互通立交和铁路交叉路口附近的敏感点应选择性布点。

（2）交通噪声 24 h 连续监测

公路交通噪声 24 h 连续监测为了解公路交通噪声的时间分布以及 24 h 车辆类型结构和车流量的变化情况。

交通噪声 24 h 连续监测布点原则：应根据工程特点，选择有代表性的点进行 24 h 交通噪声连续监测，监测点不受当地生产和生活噪声影响。

点位选择：与公路中心线的水平距离在 40 m 内的环境敏感点。

（3）交通噪声衰减断面监测

交通噪声衰减断面监测是为了掌握公路交通噪声随距离增加衰减情况，以便对未被选测的沿线两侧声学敏感点的交通噪声基本状况进行合理的评价，进而为建设单位和环境管理部门对公路沿线声敏感点的噪声防护措施的决策提供依据。

交通噪声衰减断面监测布点原则：

①公路线路平直，与弯段、桥梁距离大于 200 m，纵坡坡度小于 1%，运营车辆能够正

常行驶，公路两侧开阔无屏障，监测点与公路的高差最具代表性的地段。车流量有明显变化的路段，应该分段设置。

②一般情况下设置5个点位。当公路车道数小于等于4时，距离公路中心线20 m、40 m、60 m、80 m和120 m分别设置监测点位；当公路车道数大于时，距离公路中心线40 m、60 m、80 m、120 m和200 m分别设置监测点位。

（4）声屏障降噪效果监测

声屏障降噪效果监测是为了判断、评价声屏障的隔声降噪效果，分析声屏障设施的有效性。

声屏障降噪效果监测布点原则：

①选择距公路声屏障后方中间被保护敏感点窗前1 m，同时选择与声屏障对应的无屏障开阔地带并与声屏障后方监测点等距离的点为对照点，并同步测试。

②声屏障降噪效果可在声屏障后10 m、20 m、30～60 m处各设1个点，另外在无屏障开阔地带距离公路路肩10 m、20 m、30～60 m处各设一个对照点。对照点与声屏障后测点之间距离应大于100 m。

8.3.3.3 监测方法

（1）敏感点噪声监测

监测标准：按照《声环境质量标准》（GB 3096—2008）相关规定执行。

监测频次：连续监测2 d，每天昼间2次，夜间2次（22：00—24：00、次日0：00—6：00各1次），每次监测20 min。昼间可选择上、下午各1次，监测时间以交通特点确定。

监测量及数据分析：评价量为L_{eq}，可同时记录统计声级L_{10}、L_{50}、L_{90}、L_{max}、L_{min}和标准偏差（*SD*），以及监测期间的车流量及相关现场情况。

（2）交通噪声24 h连续监测

监测标准：按照《声环境质量标准》（GB 3096—2008）相关规定执行。

监测频次：监测1 d，24 h连续监测。

监测量及数据分析：分别监测每小时的L_{eq}、L_{10}、L_{50}、L_{90}、L_{max}、L_{min}、L_{d}、L_{n}和标准偏差（SD），并同时记录监测期间的车流量及相关现场情况。

（3）交通噪声断面衰减监测

监测标准：按照《声环境质量标准》（GB 3096—2008）相关规定执行。

监测频次：连续监测2 d，每天昼间2次，夜间2次，监测时间一般同敏感点噪声监测一致，每次监测20 min。

监测量及数据分析：每次分别监测L_{eq}、L_{10}、L_{50}、L_{90}、L_{max}、L_{min}和标准偏差（SD），并同时记录车流量等现场情况。

（4）声屏障降噪效果监测

监测标准：按照《声屏障声学设计和测量规范》（HJ/T 90—2004）中声屏障插入损失的间接测量法的有关规定进行监测。出于安全考虑，有时可只设置等效场所受声点（对照点），不设置参考点。

监测频次：连续监测 2 d，每天昼间 2 次，夜间 2 次，每次监测 20 min。

监测量及数据分析：每次分别监测 L_{eq}，同时记录车流量等现场情况。

《声屏障声学设计和测量规范》（HJ/T 90—2004）中插入损失间接测量方法声屏障插入损失计算公式如下：

$$IL=(L_{ref,a}-L_{ref,b})-(L_{r,a}-L_{r,b}) \tag{8-20}$$

式中：$L_{ref,b}$ —— 在等效场所参考点处测量的声屏障安装前的 A 声级，dB（A）；

$L_{r,b}$ —— 在等效场所受声点处测量的声屏障安装前的 A 声级，dB（A）；

$L_{ref,a}$ —— 声屏障安装后参考点处的 A 声级，dB（A）；

$L_{r,a}$ —— 声屏障安装后受声点的 A 声级，dB（A）。

8.3.3.4 监测数据的处理

根据 24 h 连续监测结果和衰减断面的监测结果，给出公路噪声与车流量随时间的变化规律，以及在当前车流量状况下交通噪声的达标距离和衰减规律。逐一给出未监测敏感点的噪声值，说明声环境现状监测点的代表性。

噪声监测结果的分析处理，可参照本章 8.6.3 的公路验收监测实例。

在公路交通车流量未达到预测交通量的 75%时，应对中期预测交通量进行校核，校核方法参考《建设项目竣工环境保护验收技术规范 公路》（HJ 552—2010）要求。

8.3.3.5 注意事项

公路建设项目噪声验收监测注意事项如下：

①车流量一般按小型、中型、大型车分类统计，其中小型车一般指汽车总质量 2 t 以下（含 2 t）或座位小于 7 座（含 7 座）的汽车，中型车一般指 2～5 t（含 5 t）或座位 8～19 座（含 8 座）的汽车，大型车一般指大于 5 t 或座位大于 19 座（含 19 座）的汽车，包括集装箱车、拖挂车、工程车等。车流量一般双向均统计。

②交通噪声与距离的相关性很强，因此在监测时必须测准实际距离。

③公路交通噪声监测时应注意避开其他噪声源的干扰，如对学校进行监测时应避开学生课间休息的干扰。

④监测应避开节假日和非正常工作日。

⑤应做好监测点位的信息记录，包括监测点名称、桩号、方位、距离、高差、户数、人数，并画出平面、剖面位置图，并拍摄相关照片。

⑥每个交通噪声衰减断面的相关监测点位应同步监测。

8.3.4　铁路及轨道交通噪声验收监测

8.3.4.1　验收监测标准的确定

（1）铁路边界噪声限值

2008 年 7 月，环境保护部对《铁路边界噪声限值及其测量方法》（GB 12525—90）中铁路边界噪声限值进行了修改（环境保护部公告　2008 年　第 38 号）。其中，2010 年 12 月 31 日前已建成运营的铁路或环境影响评价文件已通过审批的铁路建设项目（既有铁路）的执行标准为昼间 70 dB（A），夜间 70 dB（A）；2011 年 1 月 1 日起环境影响评价文件通过审批的铁路建设项目［不包括改（扩）建既有铁路建设项目］执行标准为昼间 70 dB（A），夜间 60 dB（A）。

（2）铁路及城市轨道交通两侧区域声环境质量标准

执行《声环境质量标准》（GB 3096—2008）中有关铁路与城市轨道交通噪声的规定。

（3）铁路及城市轨道交通边界线

铁路（或城市轨道交通）边界线指铁路交通（或城市轨道交通）用地边界线，高架路段的地面投影边界。

（4）铁路及城市轨道交通（地面段）两侧区域的划分及标准

当地政府已划分声功能区的区域，按照划分的区域标准执行。未划分功能区的，按照《声环境功能区划分技术规范》（GB/T 15190—2014）的规定划分。距离的确定不计相邻建筑物的高度。确定方法为：

- 相邻区域为 1 类标准适用区域，距离为 50 m±5 m；
- 相邻区域为 2 类标准适用区域，距离为 35 m±5 m；
- 相邻区域为 3 类标准适用区域，距离为 20 m±5 m。

4 类标准适用区域标准：《声环境质量标准》（GB 3096—2008）中将 4 类声环境功能区分为 4 a 类和 4 b 类两种情况。2011 年 1 月 1 日起环境影响评价文件通过审批的新建铁路（含新开廊道的增建铁路）干线建设项目两侧区域执行 4 b 类，即昼间 70 dB（A），夜间 60 dB（A）。2010 年 12 月 31 日前已建成运营的铁路或环境影响评价文件已通过审批的穿越城区的铁路建设项目及其改建、扩建项目，铁路干线两侧区域不通过列车时的环境背景噪声限值，按昼间 70 dB（A）、夜间 55 dB（A）执行。城市轨道交通（地面段）4 类声环境功能区执行 4 a 类，即昼间 70 dB（A），夜间 55 dB（A）。

4 类区域以外即为当地政府划定的 1 类、2 类、3 类标准适用区域，对非城区的敏感点可按环评确定的标准执行。

（5）车站、车辆段及其他辅助设施

铁路车站、编组站、机务段、折返段等以列车运行噪声为主的站、场、段，应执行《铁路边界噪声限值及其测量方法》（GB 12525—90）及修改单的标准要求。车辆段、集装箱作业站等以维修、货物装卸等生产作业噪声为主的站、场、段等应执行《工业企业厂界环境噪声排放标准》（GB 12348—2008）。地铁风亭、冷却塔周边环境敏感点应执行《声环境质量标准》（GB 3096—2008）。

8.3.4.2 验收监测内容

（1）铁路边界噪声监测

铁路边界噪声监测的主要对象为机车车辆运行中所产生的噪声，包括上、下行机车及客、货列车等各种情况。铁路边界噪声测点一般选择在铁路边界高于地面 1.2 m，距离反射物不小于 1 m 处。

（2）敏感点噪声监测

敏感点噪声监测是铁路及轨道交通对两侧一定范围内的声学敏感点的噪声影响监测，包括地铁风亭、冷却塔等固定源噪声对周边敏感点的噪声影响监测。

敏感点噪声监测点位一般设于噪声敏感建筑物窗外 1 m 处。不得不在噪声敏感建筑物室内监测时，应在门窗全打开状况下进行室内噪声测量，并采取较该噪声敏感建筑物所在声环境功能区对应环境噪声限值低 10 dB（A）的值作为评价依据，并在报告中进行说明。

敏感点交通噪声监测可根据下列布点原则，选择性布点：

①环境影响报告书（表）要求采取降噪措施的敏感点，且调试期已采取相关措施的敏感点。

②环境影响报告书（表）要求进行跟踪监测的敏感点。

③不同路基形式、不同声环境功能区的代表性敏感点。

④ 同一敏感点不同距离执行不同功能区标准时应相应布设不同的监测点位。

⑤ 监测点位具有一定的代表性，能反映其他相似区域未监测点位声环境质量情况。

⑥ 敏感点为楼房的，分别在底层、中间层、顶层设置监测点位。

（3）交通噪声 24 h 连续监测

交通噪声 24 h 连续监测为了解铁路及轨道交通（地面段）噪声的时间分布情况。

点位选择：受铁路及轨道交通（地面段）噪声影响的典型周边环境敏感点。

（4）声屏障降噪效果监测

声屏障降噪效果监测是为了判断、评价铁路及轨道交通（地面段）声屏障的隔声降噪效果，分析声屏障措施的有效性。声屏障降噪效果监测可选择在声屏障后方中间敏感点窗外 1 m 处，与声屏障对应的无屏障开阔地带并与声屏障后方监测点等距离的点为对照点（等效场所受声点），应同步测试。对照点与声屏障后测点之间距离应大于 100 m。可选择有代表性的线路形式、高差的点位进行测试。

8.3.4.3 监测方法

（1）铁路边界噪声监测

监测标准：按照《铁路边界噪声限值及其测量方法》（GB 12525—90）相关规定执行。

监测频次：连续监测 2 d，每天昼间、夜间各测 1 次，每次 1 h，监测时间选在代表其机车车辆运行平均密度的某一小时。必要时，昼间或夜间分别进行全时段测量，同时测量背景噪声值。

（2）敏感点噪声监测

监测标准：按照《声环境质量标准》（GB 3096—2008）相关规定执行。

监测频次：连续监测 2 d，每天昼间、夜间各测 1 次。铁路噪声每次 1 h，监测不低于平均运行密度的 1 h 等效连续 L_{eq}。城市轨道交通（地面段）的运行车次密集，测量时间可缩短为 20 min。

监测量及数据分析：评价量为 L_{eq}，可同时记录统计声级 L_{10}、L_{50}、L_{90}、L_{max}、L_{min} 和标准偏差（SD），以及监测期间的列车流量及相关现场情况。

（3）交通噪声 24 h 连续监测

监测标准：按照《声环境质量标准》（GB 3096—2008）相关规定执行。

监测频次：监测 1 d，24 h 连续监测。

监测量及数据分析：分别监测每小时的 L_{eq}、L_{10}、L_{50}、L_{90}、L_{max}、L_{min}、L_{d}、L_{n} 和标准偏差（SD），并同时记录监测期间的列车流量及相关现场情况。

（4）声屏障降噪效果监测

监测标准：按照《声屏障声学设计和测量规范》（HJ/T 90—2004）中声屏障插入损失的间接测量法的有关规定进行监测，计算方法参照 8.3.3.3（4）。出于安全考虑，有时可只设置等效场所受声点（对照点），不设置参考点。

监测频次：连续监测 2 d，每天昼间、夜间各测 1 次，监测时间一般同敏感点噪声监测一致。铁路噪声每次监测 1 h，城市轨道交通（地面段）运行车次密集情况下，测量时间可缩短为 20 min。

监测量及数据分析：每次分别监测 L_{eq}，同时记录列车流量等现场情况。

8.3.4.4 注意事项

铁路及轨道交通建设项目噪声监测注意事项如下：

①铁路边界噪声监测时，应同时测定背景噪声。背景噪声应比铁路噪声低 10 dB（A）以上，若两者声级差值小于 10 dB（A），应根据本章 8.1.4.2 进行背景值的修正。

②铁路噪声验收测量时段内通过的列车一般不应小于 6 列车。当线路运行车流量密度不满足上述条件时，可参考《铁路沿线环境噪声测量技术规定》（TB/T 3050—2002）等相关规定，进行测量和计算。

③监测应避开节假日和非正常工作日。

④监测点位现场信息记录，包括监测点名称、列车类型（普通客车、货车、动车等）、所在路段、行驶方向、是否鸣笛、路基形式等，涉及敏感点监测的，还应记录敏感建筑物名称、与外轨中心线的距离、层数、与路基高差等，并画出平面、剖面位置图。

⑤以生产作业噪声为主且执行《工业企业厂界环境噪声排放标准》（GB 12348—2008）的配套设施噪声验收，可参照本章 8.3.1 的相关内容，开展监测和评价。

⑥铁路及轨道交通存在结构噪声影响的，应在涉及的敏感点开展相关监测。

8.4 建设项目噪声验收监测质量保证

8.4.1 工况保证

建设项目噪声验收监测应当在确保主体工程工况稳定、环保设施运行正常的情况下进行，并如实记录监测时的主要噪声源开启情况，确保监测数据具有代表性。国家和地方有关污染物排放标准或者行业验收技术规范对工况和生产负荷另有规定的，应按照规定执行。

污染影响类建设项目噪声验收运行工况包括建设项目正常工作时总设备开机台数及运行状况如开几台、备用几台等。机场、公路、轨道交通等的工况要求，分别见 8.3.2.5 节、8.3.3.4 节、8.3.4.5 节。

8.4.2 监测仪器保证

采用符合监测规范要求的监测仪器，每次测量前、测量后必须在测量现场进行声学校准及校验，其前、后校准示值偏差不得大于 0.5 dB，测量仪器和标准仪器应检定合格，并在有效使用期限内使用。

8.4.3 监测点位、传声器位置保证

根据不同的监测对象按监测规范布点，传声器位置高度要符合不同监测项目的要求。

8.4.4 监测采样周期与频次保证

不同声源特征和不同工况应采用不同的采样周期与频次，必须确保监测时段与频次能全面反映验收监测对象。

8.4.5 监测现场条件保证

测量过程中应避免其他无关声源的干扰。

8.4.6 监测原始记录

注意监测原始数据和现场情况的记录，为数据处理和评价积累必要的资料。

8.4.7 监测人员保证

承担噪声监测工作的人员应经专业培训。

每次现场监测至少有 2 人。

8.4.8 审核制度

应严格贯彻三级审核制度，确保数据的正确性。

8.5 监测数据的处理和噪声验收监测评价

8.5.1 监测数据的处理

（1）数据计算

基本评价量如等效声级，统计声级，昼、夜等效声级，计权等效连续感觉噪声级等的计算应严格按计算公式进行。

（2）有效数字修约

一般情况下，声级的计算结果保留到小数点后一位，对于《环境噪声监测技术规范 噪声测量值修正》(HJ 706—2014) 中规定的情形（如厂界噪声测量值修正等)，需修约至个位数。

根据《数值修约规则与极限数值的表示和判定》（GB/T 8170—2008）的规定，数值进舍规则为：

①拟舍弃数字的最左一位数字小于 5，则舍去，保留其余各位数字不变。

②拟舍弃数字的最左一位数字大于 5，则进一，即保留数字的末位数字加一。

③拟舍弃数字的最左一位数字是 5，且其后有非 0 数字时进一，即保留数字的末位数字加一。

④拟舍弃数字的最左一位数字是 5，且其后无数字或皆为 0 时，若所保留的末位数字为奇数则进一，若所保留的末位数字为偶数，则舍去。

例如，70.24 → 70.2、70.26 → 70.3、70.25 → 70.2、70.15 → 70.2 等。

8.5.2 噪声验收监测评价

以文字、表格和图件等形式对噪声监测结果进行叙述和表示，并对照验收评价标准评价噪声排放达标情况，环境保护敏感目标受影响情况等。出现超标、不符合设计指标要求或异常情况时，应进行必要的原因分析，可以从噪声源的数量、分布、强度、开启时段及隔声降噪措施的采取情况等方面给出合理的整改建议。

8.5.3 异常数据处理

（1）从点位布设、外界干扰、声源运行情况等方面判断噪声监测数据的合理性，对于夜间数据明显高于昼间的数据，或昼、夜数据相差较大等非正常情况需作原因分析。

（2）发现数据异常问题，可从以下方面查找原因：监测仪器是否有问题；被测噪声源的运行是否正常；监测布点、数据统计或计算是否合理等。

8.6 实例分析

8.6.1 工业企业实例

8.6.1.1 项目基本情况

某新建企业建设项目噪声验收监测。该企业周围环境如下：北面为村庄，东面及西面为空地，南面为道路。该企业位于该市划定的声环境质量 2 类功能区，项目主要声源为中心楼楼顶的电动机，距离地面大概 40 m 高。北面村庄距离厂界最近约 60 m，为平房。该企业生产规律：仅在昼间间歇生产。图 8-2 为企业主要声源分布图及噪声监测点位。

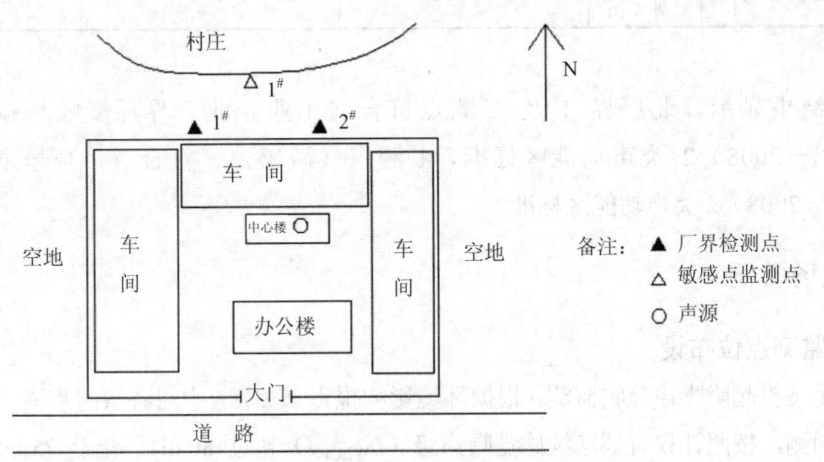

图 8-2 某新建企业主要声源分布图及噪声监测点位

8.6.1.2 监测依据

厂界测点依据《工业企业厂界环境噪声排放标准》（GB 12348—2008）以及《环境噪声监测技术规范 噪声测量值修正》（HJ 706—2014）开展监测及评价，北面敏感点依据《声环境质量标准》（GB 3096—2008）开展监测及评价。

8.6.1.3 监测点位布设

该项目北面有村庄，受本项目噪声影响，厂界其他方向无敏感点。故本次验收重点在北厂界及北面村庄最近敏感点布点监测。

表 8-7 噪声监测方案

监测点位置	测点类型	测点编号	监测项目	监测周期频次
北厂界外 1 m	厂界测点	▲1#	等效声级（A 声级）	监测周期：2 d；监测时段：昼间时段，测 1 次
北厂界外 1 m	厂界测点	▲2#		
××村××卧室外 1 m	环境敏感点	△1#		

8.6.1.4 监测结果

现场监测期间，注意记录主要噪声源及现场相关情况。现场监测时，在企业正常生产状态下测量厂界和敏感点噪声，在企业停产时测量厂界和敏感点背景噪声（表 8-8）。

表 8-8 噪声监测结果（第一天） 单位：dB（A）

测点编号	测点类型	监测点位置	监测日期	监测时段	L_{eq}			评价标准	达标情况
					实测值	背景值	修正值		
▲1#	厂界测点	北厂界外 1 m	××年××月××日	昼间	58.3	52.1	57	60	达标
▲2#	厂界测点	北厂界外 1 m	××年××月××日	昼间	57.4	52.3	55	60	达标
△1#	环境敏感点	××村××卧室外 1 m	××年××月××日	昼间	59.1	—	—	60	达标

监测结果显示，北厂界 1#及 2#测点符合《工业企业厂界环境噪声排放标准》（GB 12348—2008）2 类声功能区标准，1#测点（敏感点）符合《声环境质量标准》（GB 3096—2008）2 类声功能区标准。

8.6.2 机场实例

8.6.2.1 监测点位布设

某机场飞机起降噪声验收监测，根据环境影响报告书（表）中对各敏感点受飞机噪声影响情况的预测，按照计权有效连续感觉噪声级（L_{WECPN}）超过 80 dB、介于 75～80 dB、介于 70～75 dB、接近 70 dB 的等级，经过实地踏勘后，选择各噪声区间中的点位进行监测。

监测具体点位见表 8-9。

表 8-9 某机场周围噪声监测点位情况

敏感点编号	点位名称	与跑道方位	与跑道端点的距离（X 轴方向）/m	与跑道延长线的垂直距离（Y 轴方向）/m
△1	敏感点 3	南	3 830	160
△2	敏感点 4	南	3 440	250
△3	敏感点 5	东南	3 820	720
△4	敏感点 7	东南	1 990	1 010
△5	敏感点 8	南	2 250	300
△6	敏感点 9	南	2 680	580
△7	敏感点 10	南	4 090	420
△8	敏感点 11	东南	3 220	1 000
△9	敏感点 12	西南	3 250	1 680
△10	敏感点 14	南	4 500	240
△11	敏感点 15	西南	4 310	1 480
△12	敏感点 32	北	2 870	0
△13	敏感点 33	北	3 380	380
△14	敏感点 34	西北	3 850	910
△15	敏感点 36	北	4 730	560
△16	敏感点 38、39 交界处东侧约 50 m 处	西北	5 360	1 090
△17	敏感点 42	西北	6 180	1 830

注：机场跑道为南北向，以跑道中轴线作为 X 轴，以与跑道中轴线垂直的方向为 Y 轴，在跑道南北两个端点建立两个坐标系。跑道北端敏感点位（△12～△17）X、Y 信息是指离北端坐标系坐标轴原点的距离；跑道南端敏感点位（△1～△11）X、Y 信息是指离南端坐标系坐标轴原点的距离。

8.6.2.2 监测方法

（1）监测方法

采用《机场周围飞机噪声测量方法》（GB 9961—88）中的简易法：测定每一飞行事件最大 A 声级 L_{Amax} 和持续时间 T_d，计算出每一飞行事件的有效感觉噪声级 L_{EPN}，再根据每一天的有效感觉噪声级的能量平均值 $\overline{L}_{EPN}$，计算出计权等效连续感觉声级 L_{WECPN}。

（2）监测频次

对 17 个点位同步连续监测 7 d，监测时间为该周内每天从早晨第一架飞机开始，至夜间最后一架飞机结束。若由于天气等原因无法及时捕捉飞机噪声，则应在下一个飞行周期进行补测。

8.6.2.3 监测结果分析及评价

监测期间气象条件、监测期间机场进出港航班架次及监测结果见表 8-10～表 8-12。

表 8-10 监测期间环境气象因子

监测日期	天气状况	大气压/kPa	主导风向	气温/℃	风速/（m/s）	湿度/%
××年××月××日（周一）	多云	101.7～102.1	凌晨东风 白天南风	19.0～20.2	1.5～1.7	58～71
××年××月××日（周二）	晴	101.2～101.7	南	19.3～25.3	1.2～2.5	37～75
××年××月××日（周三）	雨	—	—	—	—	—
××年××月××日（周四）	阴转多云	101.5～101.7	北	17.4～21.1	2.3～4.7	60～69
××年××月××日（周五）	多云	101.4～101.9	凌晨北风 白天东风、东南风	15.7～24.3	2.3～4.9	50～78
××年××月××日（周六）	阴转多云	101.4～101.8	凌晨东风 白天东北风	14.8～20.3	0.6～2.1	59～87
××年××月××日（周日）	多云	101.4～101.7	凌晨西南风 白天东北风	15.3～27.8	1.0～1.6	49～86
××年××月××日（周三）	晴	101.5～102.4	北	17.4～22.0	1.4～2.0	47～67

注：因周三下雨，故在下一个飞行周期进行了补测。

表 8-11 监测期间不同时段飞行架次统计

起降状态	进港				离港				总架次	占当年预测飞行架次比例/%
飞行时段	07：00—19：00	19：00—22：00	22：00—次日7：00	当日架次	07：00—19：00	19：00—22：00	22：00—次日7：00	当日架次		
××年××月××日（周一）	235	65	69	369	258	64	37	359	728	69.1
××年××月××日（周二）	225	71	79	375	269	50	49	368	743	70.5
××年××月××日（周三）	234	62	87	383	272	58	59	389	772	73.2
××年××月××日（周四）	228	75	84	387	270	56	59	385	772	73.2
××年××月××日（周五）	250	68	96	414	289	61	68	418	832	78.9
××年××月××日（周六）	243	69	93	405	287	55	60	402	807	76.6
××年××月××日（周日）	249	59	81	389	278	60	54	392	781	74.1
第二个飞行周期补测										
××年××月××日（周三）	238	64	89	391	275	65	59	399	790	75.0

注：表中数据为根据机场提供资料统计的航班架次，参与飞机噪声计权有效连续感觉噪声级 L_{EPN} 计算的有效架次低于实际航班架次。

表 8-12　监测期间机场周围敏感点位噪声监测结果

测点编号	测点描述	监测周期内有效飞机架次			合计	L_{WECPN}	标准值	达标情况
		07：00—19：00	19：00—22：00	22：00—次日 7：00	架次/周	dB	dB	
△1	敏感点 3	779	235	251	1 265	80.3	75	超标
△2	敏感点 4	850	207	211	1 268	79.8	75	超标
△3	敏感点 5	777	206	202	1 185	76.7	75	超标
△4	敏感点 7	833	191	198	1 222	76.7	75	超标
△5	敏感点 8	894	223	209	1 326	78.9	75	超标
△6	敏感点 9	781	206	175	1 162	76.2	75	超标
△7	敏感点 10	868	226	206	1 300	75.2	75	达标
△8	敏感点 11	806	243	127	1 176	72.8	75	达标
△9	敏感点 12	59	7	26	92	62.4	75	达标
△10	敏感点 14	883	222	194	1 299	78.1	75	超标
△11	敏感点 15	279	43	65	387	68.4	75	达标
△12	敏感点 32	877	162	140	1 179	79.8	75	超标
△13	敏感点 33	893	173	116	1 182	74.8	75	达标
△14	敏感点 34	646	115	65	826	68.3	75	达标
△15	敏感点 36	793	158	95	1 046	73.0	75	达标
△16	敏感点 38、39 交界处东侧约 50 m 处	204	39	49	292	65.8	75	达标
△17	敏感点 42	53	10	17	80	59.0	75	达标

注：表中有效飞机架次根据实测情况进行统计，且为删除无效数据后参与 L_{WECPN} 计算的飞行架次。

8.6.3　公路实例

8.6.3.1　敏感点交通噪声监测

敏感点交通噪声监测结果见表 8-13。

表 8-13　某居民敏感点交通噪声监测结果（第一天）

监测点位	距路中心线/m	高差/m	日期	时段	L_{eq}/dB	标准值/dB	达标情况	车流量/（辆/20 min）		
								大型	中型	小型
××村 1 楼	30	7	××月××日	昼间	68.3	70	达标	64	10	219
				昼间	67.7	70	达标	65	11	227
				夜间	53.7	55	达标	33	20	113
				夜间	54.0	55	达标	37	19	148

8.6.3.2 交通噪声 24 h 连续监测

交通噪声 24 h 连续监测结果见表 8-14。

表 8-14 某高速公路 24 h 交通噪声监测结果

监测点位	××月××日	L_{eq}/dB	车流量/（辆/h）		
	监测时间		大型	中型	小型
××路段，距离公路路肩 10 m 处，测点与路面同高	13：00—14：00	63.2	168	36	540
	14：00—15：00	64.4	210	42	603
	15：00—16：00	64.1	198	33	684
	16：00—17：00	64.0	219	45	579
	17：00—18：00	63.7	207	42	630
	18：00—19：00	63.8	201	24	615
	19：00—20：00	63.5	210	27	588
	20：00—21：00	61.2	225	42	594
	21：00—22：00	58.8	168	24	537
	22：00—23：00	58.1	132	24	498
	23：00—24：00	57.3	99	36	462
	0：00—1：00	57.0	114	36	366
	1：00—2：00	57.9	147	24	288
	2：00—3：00	57.1	102	24	306
	3：00—4：00	58.0	132	33	276
	4：00—5：00	58.4	150	45	372
	5：00—6：00	57.3	99	27	351
	6：00—7：00	56.8	99	33	492
	7：00—8：00	57.2	108	24	570
	8：00—9：00	60.2	150	45	597
	9：00—10：00	61.3	174	27	627
	10：00—11：00	63.0	135	42	606
	11：00—12：00	62.9	126	45	552
	12：00—13：00	63.3	138	24	621

8.6.3.3 交通噪声断面衰减监测

交通噪声断面衰减监测结果见表 8-15。

表 8-15 交通噪声衰减断面监测结果（第一天）

监测断面	监测日期	监测时段	监测频次	L_{eq}/dB					车流量/（辆/20 min）		
				40 m	60 m	80 m	120 m	200 m	大型	中型	小型
××	××月××日	昼间	第 1 次	60.3	57.6	55.2	53.4	51.8	66	20	231
			第 2 次	61.2	58.1	56.1	54.7	50.9	73	17	207
		夜间	第 1 次	54.5	53.8	52.1	49.6	46.8	47	13	151
			第 2 次	52.6	50.3	48.6	46.8	44.3	42	15	125

8.6.3.4 声屏障降噪效果监测

声屏障降噪效果监测结果见表 8-16。

表 8-16 声屏障降噪效果监测结果（第一天）

声屏障位置	监测时间	监测时段	距路肩距离/m	L_{eq}/dB		插入损失/dB	车流量/（辆/20 min）		
				声屏障处	对照点		大型	中型	小型
××路段	××月××日	昼间第 1 次	参考点	77.5	77.7	—	64	9	221
			10	67.2	75.6	8.2			
			20	64.7	71.2	6.3			
			30	61.6	67.6	5.8			
		昼间第 2 次	参考点	76.9	77.1	—	52	13	201
			10	67.7	71.6	7.7			
			20	65.0	71.3	6.1			
			30	60.8	66.4	5.4			
		夜间第 1 次	参考点	69.3	69.2	—	48	4	129
			10	56.8	62.4	5.7			
			20	53.6	58.3	4.8			
			30	51.2	55.6	4.5			
		夜间第 2 次	参考点	68.0	68.4	—	43	9	119
			10	56.1	63.8	7.3			
			20	54.0	61.1	6.7			
			30	50.3	56.9	6.2			

8.7 建设项目振动验收监测

8.7.1 振动的含义和分类

振动是指物体在其平衡位置附近所做的一种周期性的往复运动，泛指各种机械设备、地面运输工具产生的振动沿地表及建筑结构传至非生产区域及其房屋，引起对人民生活和工作的干扰。这种振动属于整体暴露。

振动验收监测测量量为铅垂向 Z 振级，以 V_{Lz} 表示，单位为 dB。

振动对环境的影响可分为稳态振动、冲击振动和无规振动等。

8.7.2 振动的来源

环境振动主要来自以下几个方面：

（1）工业生产

如锻压车间的锻锤，机加工车间的冲压机、剪板机和钻机，各类工厂的球磨机、振动筛、蜂煤机和洗衣机，建筑施工中的强夯、钻机和空压机，热力系统中的各类风机、电机和水泵，食品加工的和面机和压面机等。

这类振动源的特点是振级能量大、地点相对固定。

（2）建筑施工

主要指建筑施工过程中所用的施工设施如打桩机等产生的对周围环境的振动影响。

（3）交通运输

铁路机车及城市轨道机车运行过程中产生的振动对线路两侧较近环境产生的振动污染。近年来由于城市的快速发展，城际高速铁路及城市轨道交通的大量建设，该类环境振动影响越来越多。

（4）社会生活

包括居民小区高层建筑地下室的水泵系统对居民的振动影响等。

8.7.3 名词术语

（1）等效连续 Z 振级

等效连续 Z 振级是指在规定测量时间内 Z 振级的能量平均值，记为 VL_{Zeq}，单位为分贝（dB）。

$$L_{Zeq}=10\lg\left(1/T\int_0^T 10^{0.1VL_Z}\,dt\right) \tag{8-21}$$

式中：VL_Z—— t 时刻的瞬时 Z 振级，dB；

T —— 规定的测量时段，s。

（2）累计百分 Z 振级 VL_{Zn}

在规定的测量时间 T 内，有 N%时间的 Z 振级超过某一 VL_Z 值，这个 VL_Z 值叫作累计百分 Z 振级，记为 VL_{Zn}，单位为分贝（dB）。

常用的累积百分 Z 振级有 VL_{Z10}、VL_{Z50}、VL_{Z90}，分别代表有 10%、50%、90%时间 Z 振级超过的值。

（3）最大 Z 振级 VL_{Zmax}

在规定的测量时间 T 内或对某一独立振动时间，测得的 Z 振级最大值，记为 VL_{Zmax}，单位为分贝（dB）。

（4）稳态振动

观测时间内振级变化不大的环境振动称为稳态振动。稳态振动一般包括旋转机械类（通风机、发电机、电动机、水泵等）和往复运动机械类（柴油机、空压机、纺织机等）

等所引起的环境振动，测量量取等效连续 Z 振级 VL_{Zeq}。

（5）冲击振动

具有突发性振级变化的环境振动称为冲击振动。冲击振动一般包括锻压机械类（锻锤、冲床等）和建筑施工机械类（打桩机等）及爆破等所引起的环境振动，测量量取最大 Z 振级 VL_{Zmax}。

（6）无规振动

未来任何时刻不能预先确定振级的环境振动称为无规振动。无规振动一般包括道路交通、工业企业、建筑施工、社会生活中产生的振动（冲击振动除外），测量量取累积百分 Z 振级 VL_{Z10}。

8.7.4 测量条件

（1）监测仪器

①应采用符合《人体对振动的响应 测量仪器》（GB/T 23716—2009）性能要求的环境振动计或其他满足相同功能的振动测量仪器。

②拾振器电压灵敏度应大于 400 mV/g。

③仪器的测量下限应不高于 50 dB，测量上限不低于 100 dB。

（2）测量时间

在昼间和夜间分别选择能反映建筑物受环境振动影响最大的时段进行测量。昼间和夜间的定义参见本章 8.1.3.4。

（3）测量环境

①测量过程中，振源应处于正常工作状态。

②测量应在无雨雪、无雷电、无强风的天气环境下进行。

③测量过程中，应当避免足以影响测量值的其他环境因素，如剧烈的温度梯度变化、强电磁场等引起的干扰。必要时可考虑适当的遮挡（如加防护罩等）。

④ 测量过程中，应当避免其他干扰因素，如高噪声、走动等引起的干扰。

（4）测点布设

振动测点置于各类区域建筑物室外 0.5 m 以内振动敏感处。必要时，测点置于建筑物室内地面中央。

（5）拾振器的安装

①拾振器的灵敏度主轴方向应保持铅垂方向，测试过程中不得产生倾斜和附加振动。

②拾振器应平稳地放在平坦、坚实的地面上（如坚硬的土、混凝土、沥青铺面等），不得直接置于如草地、沙地、雪地、地毯、木地板等松软的地面上。

③拾振器的三个接触点或底部应全部接触地面。当拾振器不能与地面紧密接触时，应

采用磁座吸附、快干粉黏结等刚性连接方式将拾振器固定在地面上，禁止采用橡皮泥等软连接方式固定拾振器。

④测量地点如为草地、沙地、雪地、地毯等松软的地面，应按照《环境振动监测技术规范》（HJ 918—2017）的要求使用辅助测量装置，并在监测记录里说明。

8.7.5 振动验收监测目的和内容

（1）振动验收监测目的

通过建设项目竣工振动验收监测，检验振动污染防治设施是否正常运行，评价是否达到国家及地方现行标准，以及是否达到环境影响报告书（表）及审批部门审批决定要求，为企业建设项目竣工环保验收提供技术依据。

（2）建设项目振动验收监测内容

根据验收对象不同，建设项目振动验收主要包括工业企业振动验收监测、铁路及城市轨道交通振动验收监测以及其他振动验收监测等。

8.7.6 振动验收监测方法

参照《城市区域环境振动测量方法》（GB 10071—88）及《环境振动监测技术规范》（HJ 918—2017）进行。

（1）工业企业振动验收监测

工业企业振动验收监测一般测试 2 d，每天昼间、夜间各 1 次。对于不同的振源采取以下不同的测量方法：

①稳态振动：以 5s 的等效连续 Z 振级 VL_{Zeq} 作为评价量。

②冲击振动：取每次冲击过程中的最大示数为评价量，一般用最大 Z 振级 VL_{Zmax} 表示。对于重复出现的冲击振动，以 10 次读数的算术平均值为评价量。

③无规振动：每个测点等间隔地读取瞬时示数，采样间隔不大于 5 s，连续测量时间不少于 1 000 s，以测量数据的 VL_{Z10} 值为评价量。

（2）铁路及城市轨道交通振动验收监测

铁路及城市轨道交通振动验收监测一般测试 2 d，每天昼间、夜间各 1 次。

监测点位一般选择地面线路和地下线路沿线环境敏感建筑，监测范围为 30 m 内的高层建筑，50 m 内的多层建筑（2～6 层），100 m 内的学校、幼儿园、医院。

城市轨道交通地面线及地下线振动验收的敏感点一般选取距线路中心线两侧 50 m 范围内的敏感建筑，同时综合考虑轨道埋深、敏感建筑与外轨中心线的水平距离、采取的减振措施等因素。

铁路振动验收监测时，测量取每次列车通过时段的最大 Z 振级 VL_{Zmax}，每个测点连续测量 20 趟列车，以 20 个读值的算术平均值为评价量。

城市轨道交通振动验收监测时，每次测试不少于 5 对列车通过，测量每列列车通过时段的最大 Z 振级 VL_{Zmax}。以每列列车通过时段的最大 Z 振级读值的算术平均值为评价量。

（3）其他

视情况参照工业企业验收监测方法进行。

8.7.7 振动验收监测的质量保证

（1）仪器保证

测量仪器（含拾振器）应经国家认可的计量单位检定合格，每年至少检定一次，并在有效期内使用。

应根据环境温度和湿度选择测量仪器，环境温度和湿度超过仪器的允许使用温度和湿度范围时，测量结果无效。

（2）监测人员保证

承担环境振动监测工作的人员应经专业培训。

每次现场监测至少有 2 人。

（3）监测原始记录

振动监测原始记录应包括以下内容：

基本信息：包括测量时间、地点、人员、环境状况等。

振源信息：振源的种类、运行规律等。

测量信息：测量依据、测量结果、测量条件、拾振器安装方式以及必要的点位图等。

（4）数据审核

应严格贯彻三级审核制度，确保数据的正确性。

8.7.8 监测数据的处理和验收监测评价

应根据标准规范的要求进行振动监测数据的统计计算，如对工业企业产生的冲击振动，应以 10 次读数的算术平均值作为评价量。

振动验收监测的评价依据为现行振动标准以及环境影响报告书（表）及审批部门审批决定要求等，根据标准规定的评价量，按次进行评价。由于现行标准对昼间、夜间的振动标准不同，应分别进行评价。

对于振动验收监测超标的情况，应全面系统分析超标的原因。

9 固体废物监测

9.1 概述

9.1.1 固体废物的定义及分类

《中华人民共和国固体废物污染环境防治法》（以下简称《固废法》）规定，固体废物是指在生产、生活和其他活动中产生的丧失原有利用价值或者虽未丧失利用价值但被抛弃或者放弃的固态、半固态和置于容器中的气态的物品、物质以及法律、行政法规规定纳入固体废物管理的物品、物质。液态废物和置于容器中的气态废物的污染防治，也属于该法的管辖范围，但是，排入水体的废水和排入大气的废气污染防治除外，固体废物污染海洋环境的防治和放射性固体废物污染环境的防治也不适用该法。

固体废物来源广泛，种类繁多，性质各异。按其污染特性可分为危险废物和一般废物，按其来源可分为城市固体废物、工业固体废物和农业固体废物。

目前验收监测中，涉及的固体废物有两个来源和两种处理方式。对生产型建设项目，本身产生的固体废物，需要按要求自行或委托处理；对专业的固体废物处理厂，固体废物有收集范围和处理的种类，需要按照标准和要求进行处理，同时处理后的残渣仍然是固体废物，且大多属于危险废物。

9.1.1.1 城市固体废物

城市固体废物是指居民生活、商业活动、市政建设与维护、机关办公等过程产生的固体废物，一般分为以下几类。

（1）生活垃圾：《固废法》规定“生活垃圾，是指在日常生活中或者为日常生活提供服务的活动中产生的固体废物以及法律、行政法规规定视为生活垃圾的固体废物。”其主要成分包括厨余物、庭院废物、废纸、废塑料、废织物、废金属、废玻璃陶瓷碎片、砖瓦渣土以及废家用什具、废旧电器等。

（2）建筑垃圾：建筑、施工单位或个人对各类建筑物、构筑物等进行建设、拆除、修缮及居民装饰房屋过程中所产生的余泥、余渣、泥浆及其他固体废物，包括废砖瓦、碎石、渣土、混凝土碎块（板）等。

（3）商业固体废物：包括废纸、各种废旧的包装材料及丢弃的主、副食品等。

9.1.1.2 工业固体废物

《固废法》规定工业固体废物，是指在工业生产活动中产生的固体废物，按其来源和物理性状主要可分为以下几类。

（1）冶金工业固体废物：主要包括各种金属冶炼或加工过程中所产生的各种废渣，如高炉炼铁产生的高炉渣、平炉转炉电炉炼钢产生的钢渣、轧钢过程产生的氧化铁渣、切头切尾切边等废钢材或边角料、铜镍铅锌等有色金属冶炼过程产生的有色金属渣、铁合金渣及提炼氧化铝时产生的赤泥、处理废气产生的粉煤灰和脱硫渣/石膏、处理废水产生的含铁污泥、乳化油泥、废酸废液等。

（2）能源工业固体废物：主要包括燃煤电厂产生的粉煤灰、炉渣、烟道灰，采煤及洗煤过程中产生的煤矸石等。

（3）石油化学工业固体废物：主要包括石油及加工工业产生的油泥、焦油页岩渣、废催化剂、废有机溶剂等，化学工业生产过程中产生的硫铁矿渣、酸渣、碱渣、盐泥、釜底泥、精（蒸）馏残渣以及医药和农药生产过程中产生的医药废物、废药品、废农药等。

（4）矿业固体废物：主要包括采矿废石和尾矿。废石是指各种金属、非金属矿山开采过程中从主矿上剥离下来的各种围岩，尾矿是指在选矿过程中提取精矿以后剩下的尾渣。

（5）轻工业固体废物：主要包括食品工业、造纸印刷工业、纺织印染工业、皮革工业等工业加工过程中产生的污泥、动物残物、废酸、废碱以及其他废物。

（6）电子工业固体废物：主要包括报废产品（半导体、线路板、元器件）、裁切边料、含金属废物、蚀刻废液、废显影液、有机溶剂废液/废渣、电镀废液、染料/涂料废物、感光材料废物、废化学试剂包装材料、脱水污泥、废电池、废电线电缆等。

（7）其他工业固体废物：主要包括机加工过程产生的金属碎屑、电镀污泥、建筑废料，以及其他工业加工过程产生的废渣等。

表 9-1 中列举了若干工业固体废物的来源和产生的废物种类。由此可见不同工业类型所产生的固体废物种类和性质是迥然不同的。

表 9-1 工业固体废物来源和种类

工业类型	产废工艺	废物种类
军工产品	生产、装配	金属、塑料、橡胶、纸、木材、织物、化学残渣等
食品类产品	加工、包装、运送	肉、油脂、油、骨头、下水、蔬菜、水果、果壳、谷类等
织物产品	编织、加工、染色、运送	织物及过滤残渣

工业类型	产废工艺	废物种类
服装	裁剪、缝制	织物、纤维、金属、塑料、橡胶
木材及木制品	锯床、木制容器、各类木制产品生产	碎木头、刨花、锯屑。有时还有：金属、塑料、纤维、胶、封蜡、涂料、溶剂等
木制家具	家庭及办公家具的生产、隔板、办公室和商店附属装置、床垫	同上，织物及衬垫残余物等
金属家具	家庭及办公家具的生产、锁、弹簧、框架	金属、塑料、树脂、玻璃、木头、橡胶、胶黏剂、织物、纸等
纸类产品	造纸、纸和纸板制品、纸板箱及纸容器的生产	纸和纤维残余物、化学试剂、包装纸及填料、墨、胶、扣钉等
印刷及出版	报纸出版、印刷、平版印刷、雕版印刷、装订	纸、白报纸、卡片、金属、化学试剂、织物、墨、胶、扣钉等
化学试剂及其产品	无机化学制品的生产和制备（从药品和脂肪酸盐变成涂料、清漆和炸药）	有机和无机化学制品、金属、塑料、橡胶、玻璃油、涂料、溶剂、颜料、下水污泥等
石油精炼及其工业	生产铺路和盖屋顶的材料	沥青和焦油、毡、石棉、纸、织物、纤维、下水污泥等
橡胶及各种塑料制品	橡胶和塑料制品加工业	橡胶和塑料碎料、被加工的化合物染料、下水污泥等
皮革及皮革制品	鞣革和抛光、皮革和衬垫材料加工业	皮革碎料、线、染料、油、处理及加工的化合物、下水污泥等
石头、黏土及玻璃制品	平板玻璃生产，玻璃加工制作，混凝土、石膏及塑料的生产，石头和石头产品、研磨料、石棉及各种矿物质的生产及加工	玻璃、水泥、黏土、陶瓷、石膏、石棉、石头、纸、研磨料
金属工业	冶炼、铸造、锻造、冲压、滚轧、成型、挤压	黑色及有色金属碎料、炉渣、尾矿、铁芯、模子、黏合剂、下水污泥等
金属加工产品	金属容器、手工工具、非电加热器、管件附件加工产品、农用机械设备、金属丝和金属的涂层与电镀	金属、陶瓷制品、尾矿、炉渣、铁屑、涂料、溶剂、润滑剂、酸洗剂、下水污泥等
机械（不包括电动）	建筑、采矿设备、电梯、移动楼梯、输送机、工业卡车、拖车、升降机、机床等的生产	炉渣、尾矿、铁芯、金属碎料、木材、塑料、树脂、橡胶、涂料、溶剂、石油产品、织物
电动机械	电动设备、装置及交换器的生产，机床加工、冲压成型焊接用印模冲压、弯曲、涂料、电镀、烘焙工艺	金属碎料、炭、玻璃、橡胶、塑料、树脂、纤维、织物、残余物
运输设备	摩托车、卡车及汽车车体的生产，摩托车零件及附件、飞机及零件、船及零件生产	金属碎料、玻璃、橡胶、塑料、纤维、织物、木料、涂料、溶剂、石油产品
专用控制设备	生产工程、实验室和研究仪器及有关的设备	金属、玻璃、橡胶、塑料、树脂、木料、纤维、研磨料
电力生产	燃煤发电工艺	粉煤灰（包括飞灰和炉渣）
采选工业	煤炭、铁矿、石英石等的开采	煤矸石、各种尾矿、下水污泥等
其他生产	珠宝、银器、电镀制品、玩具、娱乐、运动物品、服饰、广告	金属、玻璃、橡胶、塑料、树脂、皮革、混合物、骨状物织物、胶黏剂、涂料、溶剂、下水污泥等

9.1.1.3 农业固体废物

随着农业产业化发展和农村生活水平的提高，农业和农村固体废物产生量日益增多，受到的重视程度越来越高，已纳入《固废法》管理体系。

农业固体废物是指在农业活动过程中产生的固体废物，主要包括农业种植生产、农副产品加工、畜禽养殖业所产生的废物，如农作物秸秆、农用薄膜、畜禽尸体、排泄物及毛羽等。

9.1.2 固体废物的处理与处置

即将修订完成的《固废法》坚持防治结合，立足污染防治法定位，以防止固体废物污染环境为目标，“防”与“治”结合，强化《固废法》减量化和资源化的制度约束和法律约束，注重与循环经济促进法、清洁生产促进法的衔接。即将修订的《固废法》统筹把握减量化、资源化和无害化的关系，突出固体废物污染防治的无害化底线要求以及强化减量化和资源化的约束性规定。

9.1.2.1 固体废物的综合利用和资源化

Ⅰ. 一般工业固体废物的再利用

由矿物开采、火力发电以及金属冶炼产生的大量的一般工业固体废物，积存量大，处置占地多。主要固体废物有煤矸石、锅炉渣、粉煤灰、高炉渣、钢渣、尘泥等，这些废物多以 SiO_2、Al_2O_3、CaO、MgO、Fe_2O_3 为主要成分，只要适当进行调配，经加工即可生产水泥、砖块等多种建筑材料，这不仅实现了资源再利用，而且由于其产生量大，可以大大减少处置的费用和难度。表 9-2 列出了可做建筑材料的工业废渣。

表 9-2 可做建筑材料的工业废渣

工业废渣	用 途
高炉渣、粉煤灰、煤渣、煤矸石、钢渣、电石渣、尾矿粉、赤泥、钢渣、镍渣、铅渣、硫铁矿渣、铬渣、废石膏、水泥、窑灰等	①制造水泥原料或混凝土材料 ②制造墙体材料 ③道路材料、制造地基垫层填料
高炉渣（气冷渣、粒化渣、膨胀矿渣、膨珠）、粉煤灰（陶料）、煤矸石（膨胀煤矸石）、煤渣、赤泥（陶粒）、钢渣和镍渣（烧胀钢渣和镍渣等）	作为混凝土骨料和轻质骨料
高炉渣、钢渣、镍渣、铬渣、粉煤灰、煤矸石等	制造热铸制品
高炉渣（渣棉、水渣）、粉煤灰、煤渣等	制造保温材料

Ⅱ. 有机固体废物堆肥技术

固体废物生物转换技术是对固体废物进行稳定化、无害化处理的重要方式之一，也是实现固体废物资源化、能源化的系统技术之一，主要包括堆肥化、沼气化和其他生物转化技术。依靠自然界广泛分布的细菌、放线菌、真菌等微生物，人为地促进可生物降解的有机物向稳定的腐殖质生化转化的微生物学过程叫作堆肥化。堆肥化的产物称作堆肥。

9.1.2.2 固体废物焚烧处置技术

Ⅰ. 焚烧处置技术特点

焚烧法是一种高温热处理技术，即以一定的过剩空气量与被处理的有机废物在焚烧炉内进行氧化燃烧反应，废物中的有毒有害物质在高温下氧化、热解而被破坏。焚烧处置的特点是它可以实现废物无害化、减量化、资源化。焚烧的主要目的是尽可能焚毁废物，使被焚烧的物质变为无害和最大限度地减容，并尽量减少新的污染物质产生，避免造成二次污染。对于大中型的废物焚烧厂都有条件能同时实现使废物减量、彻底焚毁废物中的毒性物质，以及回收利用焚烧产生的废热这三个目的。焚烧法不但可以处置固体废物，还可以处置液体废物和气体废物；不但可以处置城市生活垃圾和一般工业废物，而且可以用于处置危险废物。危险废物中的有机固态、液态和气态废物，常常采用焚烧来处置。在焚烧处置城市生活垃圾时，也常常将垃圾焚烧处置前暂时贮存过程中产生的渗滤液和臭气引入焚烧炉焚烧处置。

焚烧适宜处置有机成分多、热值高的废物。当处置可燃有机物组分很少的废物时，需补加大量的燃料，这会使运行费用增高。如果有条件辅以适当的废热回收装置，则可弥补上述缺点，降低废物焚烧成本，从而使焚烧法获得较好的经济效益。

Ⅱ. 焚烧技术的废气污染

焚烧烟气中常见的空气污染物包括：粒状污染物、酸性气体、氮氧化物、重金属、一氧化碳与有机氯化物等。

（1）在焚烧过程中所产生的粒状污染物大致有三类：

①废物中的不可燃物，在焚烧过程中（较大残留物）成为底灰排出，而部分的粒状物则随废气排出炉外成为飞灰。飞灰所占的比例随焚烧炉操作条件（送风量、炉温……），粒状物粒径分布、形状与密度而定。所产生的粒状物粒径一般大于 10 μm。

②部分无机盐类在高温下氧化而排出，在炉外凝结成粒状物，或二氧化硫在低温下遇水滴而形成硫酸盐雾状微粒等。

③未燃烧完全而产生的碳颗粒与煤烟，粒径在 0.1～10 μm。由于颗粒微细，难以去除，最好的控制方法是在高温下使其氧化分解。

（2）焚烧产生的酸性气体，主要包括 SO_2、HCl 与 HF 等，这些污染物都是直接由废物中的 S、Cl、F 等元素经过焚烧反应而形成。诸如含 Cl 的 PVC 塑料会形成 HCl，含 F 的塑料会形成 HF，而含 S 的煤焦油会产生 SO_2。据国外研究，一般城市垃圾中硫含量为 0.12%，其中 30%～60%转化为 SO_2，其余则残留于底灰或被飞灰吸收。

（3）焚烧所产生的氮氧化物主要来源有两个：一是高温下，N_2 与 O_2 反应形成热氮氧化物；二是废物中的氮组分转化成的 NO_x，称为燃料氮转化氮氧化物。

（4）废物中所含重金属物质，高温焚烧后除部分残留于灰渣中之外，部分则会在高温下汽化挥发进入烟气；部分金属物在炉中参与反应生成的氧化物或氯化物，比原金属元素更易汽化挥发。这些氧化物及氯化物，因挥发、热解、还原及氧化等作用，可能进一步发生复杂的化学反应，最终产物包括元素态重金属、重金属氧化物及重金属氯化物等。

（5）废物焚烧过程中产生的毒性有机氯化物主要为二噁英类，包括多氯代二苯并-对-二噁英（PCDDs）和多氯代二苯并呋喃（PCDFs）。废物焚烧时的 PCDDs/PCDFs 来自三条途径：废物本身、炉内形成及炉外低温再合成。由于二噁英类物质属于持久性有机污染物，难降解，毒性极强，因此最为人们所关注。

9.1.2.3 固体废物固化/稳定化和填埋处置技术

Ⅰ. 固化/稳定化

固化指的是在固体废物中添加固化剂，使其转变为非流动型的固态物或形成紧密固体物的过程。稳定化是指将有毒有害污染物转变为低溶解性、低迁移性及低毒性物质的过程。固化/稳定化的目的是使固体废物中的有毒有害污染物呈现化学惰性或被包容覆盖起来，降低固体废物的毒性和污染组分可迁移性，同时改善被处理对象的形态或工程性质，以便暂存、运输、利用和处置。常见的固化/稳定化方法包括有水泥固化/稳定化、石灰固化、塑性材料固化（热固性塑料固化、热塑性材料固化）、自胶结固化、玻璃/水玻璃固化、药剂稳定化等。固化/稳定化技术常用于处理危险废物，处理后废物达到相关填埋场入场标准，则采用填埋作为最终处置方式。

Ⅱ. 填埋处置

（1）填埋处置技术特点

填埋指的是按照工程理论和土工标准将固体废物掩埋覆盖，并使其稳定化的最终处置方法。根据填埋的类型可以分成卫生填埋、安全填埋、好氧填埋、厌氧填埋、准好氧填埋等几种类型。

使用填埋处置生活垃圾是应用最早、最广泛的，也是当今世界各国普遍使用的一项技术。将垃圾埋入地下会大大减少因垃圾敞开堆放带来的环境问题，如散发恶臭、滋生蚊蝇等。但垃圾填埋处理不当，也会引发新的环境污染，如由于降雨的淋洗及地下水的浸泡，垃圾中的有害物质会溶出并污染地表水和地下水；垃圾中的有机物在厌氧微生物的作用下产生以 CH_4 为主的可燃性气体，从而引发填埋场火灾或爆炸，因此规范化的填埋必须设置排气管网。

填埋处置对环境的影响包括多个方面，通常主要考虑占用土地、植被破坏所造成的生态环境影响，以及填埋场释放物包括渗滤液和填埋气体对周围环境的影响。

随着人们对填埋场所带来的各种环境影响的认识，填埋技术也不断得到发展，由最初的简易堆填，发展到具有防渗系统、集排水系统、导气系统和覆盖系统的卫生填埋。填埋场的设计和施工要求则是最有效地控制和利用释放气体；最有效地减少渗滤液的产生量；有效地收集渗滤液并加以处理，防止渗滤液对地下水的污染，因此规范化填埋场的防渗层内、外都应设置排水管网，并将收集斗的水进行处置。

（2）填埋场选址要求

填埋场选址总原则是应以合理的技术、经济方案，尽量少的投资，达到最理想的经济效益，实现保护环境的目的。在规划新的填埋场时，首先应对适宜处置废物的填埋场场址进行现场踏勘调查，并根据所能收集到的当地地理、地质、水文和气象资料，筛选出若干可供建设城市垃圾卫生填埋场的地区。再根据选址基本准则，对这些可供选择的场址进行比较和评价。在评价一个用于长期处置固体废物的填埋场场址的适宜性时，必须加以考虑的因素主要有：运输距离、场址限制条件、可以使用土地面积、入场道路、地形和土壤条件、气候、地表水文条件、水文地质条件、当地环境条件以及填埋场封场后场地是否可被利用。

根据《生活垃圾填埋污染控制标准》（GB 16889）的规定，生活垃圾填埋场选址环境保护要求是：生活垃圾填埋场选址应符合当地城乡建设总体规划要求，应与当地的大气污染防治、水资源保护、自然保护相一致；生活垃圾填埋场应设在当地夏季主导风向的下风向，在畜禽居栖点 500 m 以外。生活垃圾填埋场不得建在下列地区：国务院和国务院有关主管部门及省、自治区、直辖市人民政府划定的自然保护区、风景名胜区、生活饮用水水源地和其他需要特别保护的区域内；居民密集居住区；直接与航道相通的地区；活动的坍塌地带、断裂带、地下蕴矿带、石灰坑及溶岩洞地区。

（3）填埋场大气污染物排放控制要求

生活垃圾填埋场大气污染主要是颗粒物以及氨、硫化氢、甲硫醇等臭气。《生活垃圾填埋污染控制标准》（GB 16889）规定的大气污染物排放限值是对无组织排放源的控制。颗粒物场界排放限值小于等于 0.1 mg/m^3，氨、硫化氢、甲硫醇、臭气浓度场界排放限值，根据生活垃圾填埋场所在区域，分别按照《恶臭污染物排放标准》（GB 14554）表 1 相应级别的指标值执行。

（4）填埋场渗滤液产生量及控制要求

渗滤液的产生量受垃圾含水量、填埋场区降雨情况以及填埋作业区大小的影响很大；同时也受到场区蒸发量、风力的影响和场地地面情况、种植情况等因素的影响。最简单的估算方法是假设整个填埋场的剖面含水率在所考虑的周期内等于或超过其相应田间持水率，用水量平衡法进行计算：

$$Q=(W_{\rm p}-R-E)A_{\rm a}+Q' \tag{9-1}$$

式中：Q —— 渗滤液的年产生量，m^3/a；

W_p —— 年降水量；

R —— 年地表径流量，$R=C\times W_p$；

C —— 地表径流系数；

E —— 年蒸发量；

A_a —— 填埋场地表面积；

Q'—— 垃圾产水量。

降雨的地表径流系数 C 与土壤条件、地表植被条件和地形条件等因素有关。Sahato 等（1971）给出的用于计算填埋场渗滤液产生量的地表径流系数如表 9-3 所示。

表 9-3 降雨地表径流系数

地表条件	坡度/%	地表径流系数 C		
		亚砂土	亚黏土	黏土
草地（表面有植被覆盖）	0～5（平坦）	0.10	0.30	0.40
	5～10（起伏）	0.16	0.36	0.55
	10～30（陡坡）	0.22	0.42	0.60
裸露土层（表面无植被覆盖）	0～5（平坦）	0.30	0.50	0.60
	5～10（起伏）	0.40	0.60	0.70
	10～30（陡坡）	0.52	0.72	0.82

填埋场的渗滤液在填埋场整个运营期，其水质 BOD_5、COD_{Cr} 由 $n\times10^3$～$n\times10^6$ mg/L，pH 在 4～9 与排放限值的要求相差数百倍，因此必须在排放前进行处理，对处理厂（站）处理能力的要求，则可根据式（9-1）大体可做出估计。按照 GB 16889—2008 的要求，渗滤液排放控制项目有色度、悬浮物（SS）、化学需氧量（COD）、生物需氧量（BOD_5）、氨氮、总氮、总磷、粪大肠菌群和重金属等。

9.1.3 危险废物的定义与鉴别

9.1.3.1 危险废物的定义

所谓危险废物是指列入国家危险废物名录或者根据国家规定的危险废物鉴别标准和鉴别方法认定的具有危险特性的固体废物，是具有腐蚀性、毒性、易燃性、反应性和感染性等一种及一种以上危害特性，以及不排除具有以上危险特性的固体废物。

医疗废物属于危险废物的一种，指的是医疗卫生机构在医疗、预防、保健以及其他相关活动中产生的具有直接或间接传染性、毒性以及其他危害性的废物。

9.1.3.2 国家危险废物名录

根据《中华人民共和国固体废物污染环境防治法》，1998 年 1 月，由国家环境保护局、国家经济贸易委员会、对外贸易经济合作部和公安部联合颁布了《国家危险废物名录》（环发〔1998〕89 号）（以下简称《名录》）。《名录》中共列出了 47 类危险废物的编号、废物类别、废物来源和常见危险废物组分和废物名称，共 600 多种。

2008 年，根据经济和科学发展，国家修订并颁布了新的《国家危险废物名录》（中华人民共和国环境保护部　中华人民共和国国家发展和改革委员会令　第 1 号），2008 年 8 月 1 日起实施，共分 49 类，498 种。

2016 年，随着国家危险废物管理的深入，以及《最高人民法院、最高人民检察院关于办理环境污染刑事案件适用法律若干问题的解释》（法释〔2016〕29 号）的实施，环境保护部、国家发展和改革委员会、公安部联合修订发布了新的《国家危险废物名录》（2016 版）（中华人民共和国环境保护部令 第 39 号），2016 年 8 月 1 日起实施。此次修订坚持问题导向，遵循连续性、实用性、动态性等原则，不仅调整了危险废物名录（共 46 大类，479 种），还增加了《危险废物豁免管理清单》。

应当说明的是：①随着经济和科学技术的发展，将根据需要，继续对该《名录》进行不定期修订。②列入《危险废物豁免管理清单》中的危险废物，在所列的豁免环节，且满足相应的豁免条件时，可以按照豁免内容的规定实行豁免管理。③列入国家《危险化学品目录》的化学品废弃后属于危险废物。

9.1.4 危险废物的处置方法

9.1.4.1 物理化学方法

工业生产产生的某些含油、含酸、含碱或含重金属的废液均不宜直接焚烧或填埋，要通过物理、化学处理。经处理后的有机溶剂可以用作燃料或做焚烧炉的辅助燃料，浓缩物或沉淀物则可送去填埋或焚烧。因此，物理、化学方法也是综合利用或预处理的过程。其主要方法简述如下。

含油废液中的矿物油有两种形式存在：游离油和乳化油。游离油与水的结合松散，容易分离，可以使用重力油分离器将油水分离。含乳化油的废液中油和水以油包水或水包油的形式结合成液滴而形成乳浊液，其中的油和水较难分离。一般采取两步工艺分离。第一步，破乳。向乳化液中添加化学药剂使油滴聚集在化学药品形成的絮凝物上。第二步，撇油。将聚结油滴的絮凝物从水中撇出，从而达到油水分离的目的。

含可溶性重金属离子的废液可采用沉淀法去除重金属离子。加入的沉淀药剂除石灰外，还往往加入羟基氯化铁、羟基氯化铝等絮凝沉淀剂。这是因为金属氢氧化物只是在一个狭窄的 pH 范围内才是稳定的（pH 过低不沉淀，过高形成金属络合物又溶解）。因此，多金属离子的共同沉淀，很难发现一个合适的 pH 范围。而金属硫化物的溶度积很小，沉淀的 pH 范围较宽，易于将重金属离子沉淀分离。

脱水也是一种物理化学处理法，主要是用来处置污水处理过程中产生的含水量大的含有毒成分的污泥，以减小体积，利于进一步处理。一般的脱水方法包括污泥浓缩、真空过滤脱水、带滤机脱水、离心脱水等。

9.1.4.2 焚烧方法

我们这里所讲的焚烧是指焚化燃烧危险废物使之分解并无害化的过程。

焚烧适用于处理不能再循环、再利用或直接安全填埋的危险废物。焚烧既可以处理含有热值的有机物并回收其热能，也可以通过残渣熔融使重金属元素稳定化，是同时实现减量化、无害化和资源化的一种重要处置手段。焚烧装置技术指标如下：

（1）处置指标

①燃烧效率（CE）

$$CE = \frac{[CO_2]}{[CO_2]+[CO]} \times 100\% \qquad (9\text{-}2)$$

式中：$[CO_2]$和$[CO]$——分别为燃烧后排气中 CO_2 和 CO 的浓度。

②焚毁去除率（DRE）

$$DRE = \frac{W_i - W_0}{W_i} \times 100\% \qquad (9\text{-}3)$$

式中：W_i —— 焚烧物中某有机物质的重量；

W_0 —— 烟道排放气和焚烧残余物中与 W_i 相应的有机物质的重量之和。

③热灼减率（P）

$$P = \frac{A - B}{A} \times 100\% \qquad (9\text{-}4)$$

式中：P—— 热灼减率，%；

A—— 干燥后原始焚烧残渣在室温下的质量，g；

B—— 焚烧残渣经 600℃（±25℃）3 h 灼热后冷却至室温的质量，g。

（2）标准要求的技术指标（表 9-4）

表 9-4 焚烧装置控制指标

指标 / 废物类型	二燃室温度/℃	烟气停留时间/s	燃烧效率/%	焚毁去除率/%	热灼减率/%	出口烟气氧含量/%
危险废物	≥1 100	≥2.0	≥99.9	≥99.99	<5	6～10（干气）
多氯联苯	≥1 200	≥2.0	≥99.9	≥99.999 9	<5	6～10（干气）
医疗废物	≥850	≥1.0	≥99.9	≥99.99	<5	6～10（干气）

9.2 固体废物检查与监测

9.2.1 固体废物检查与监测的目的

固体废物检查与监测的目的：检查项目建设、生产过程中产生的固体废物或固体废物处理中，建设单位是否按国家相关的法律、法规、标准、环境影响报告书（表）及其审批部门审批决定的要求处理处置；产生量、处理量是否与环境影响报告书（表）及初设预测量相符；检查配套建设的固体废物污染环境防治设施建设情况，并对固体废物处理设备的处理效率和综合利用率进行监测；生产过程中使用的固体废物或固体废物处理中，是否符合国家相关控制标准，同时监测项目可能造成的二次污染，为项目竣工环保验收及验收后的监督管理提供依据。

9.2.2 固体废物检查与监测的内容

按相关技术规范、标准、技术文件及管理文件的要求检查和监测如下内容：

（1）调查项目建设及生产过程中产生的固体废物的来源和种类，统计分析产生量，检查处理处置方式。

（2）若项目建设及生产过程中产生的固体废物委托处理（含运输过程），应核查被委托方的资质和委托合同，并核查合同中处理的固体废物的种类、产生量和处理处置方式是否与其资质相符。必要时对固体废物的去向做相应的追踪调查。

（3）核查建设项目生产过程中使用的固体废物是否符合相关控制标准要求。

（4）检查固体废物的储存场所是否符合相关控制标准要求。

（5）对专门从事固体废物处理的建设项目，还应检查和监测固体废物处理、固废传输和暂存过程中，是否符合相关控制标准要求。如具备监测条件，应对固体废物处理设施的处理效率和综合利用率等进行监测。

（6）监测固体废物可能造成的大气环境、地下（地表）水环境、土壤等的二次污染。

9.2.3 固体废物检查与监测的依据

验收中固体废物的检查与监测主要依据《固废法》、法规（表 9-5）及目前有效的文件标准（表 9-6）。

表 9-5 主要的固体废物管理性法规

法规名称	实施年度
《防止多氯联苯有毒有害物质污染问题的通知》	1979
《关于重申利用各种工业废渣不得收费的通知》	1981
《关于加强再生资源回收利用管理工作的通知》	1991
《防止含多氯联苯电力装置及其废物污染环境的规定》	1991
《关于严格控制境外危险废物转移到我国的通知》	1991
《城市市容和环境卫生管理条例》	1992
《化学危险品安全管理条例实施细则》	1992
《防治尾矿污染环境管理规定》	1992
《城市生活垃圾管理办法》	1993
《关于防治铬化合物生产建设中环境污染的若干规定》	1994
《关于严格控制从欧共体国家进口废物的暂行规定》	1994
《废物进口环境保护管理暂行规定》	1996
《废物进口环境保护管理暂行规定的补充规定》	1996
《秸秆禁烧和综合利用管理办法》	1999
《危险废物转移联单管理办法》	1999
《城市生活垃圾处理及污染防治技术政策》	2000
《尾矿库安全管理规定》	2000
《限制进口类可用作原料的废物目录》	2001
《危险废物污染防治技术政策》	2001
《关于调整废物进口环境保护管理有关问题的通知》	2002
《长江三峡水库库底固体废物清理技术规范（试行）》	2002
《排污费征收使用管理条例》	2002
《废电池污染防治技术政策》	2003
《医疗废物集中焚烧处置工程建设技术要求（试行）》	2003
《医疗废物专用包装物、容器标准和警示标识规定》	2003
《关于加强含铬危险废物污染防治的通知》	2003
《废弃危险化学品污染环境防治办法》	2005
《电子废物污染环境防治管理办法》	2007
《关于废物经营单位编制应急预案指南》	2007
《再生资源回收管理办法》	2007
《危险废物出口核准管理办法》	2008
《危险废物经营单位记录和报告经营情况指南》	2009
《废弃电器电子产品回收处理管理条例》	2009
《医疗废物管理条例》	2011 年修订
《危险化学品安全管理条例》	2011
《固体废物进口管理办法》	2011
《废弃电器电子产品处理资格许可管理办法》	2011
《危险化学品登记管理办法》	2012

法规名称	实施年度
《危险废物规范化管理指标体系》	2015
《国家危险废物名录》（2016 版）	2016 年修订
《危险废物经营许可证管理办法》	2016 年修订
《关于印发〈“十三五”全国危险废物规范化管理督察考核工作方案〉的通知》	2017
《关于进一步规范医疗废物管理工作的通知》	2017
《限制进口类可用作原料的固体废物环境保护管理规定》	2017
《国务院办公厅关于印发禁止洋垃圾入境推进固体废物进口管理制度改革实施方案的通知》	2017
《关于发布限定固体废物进口口岸的公告》	2018

表 9-6 固体废物检查及监测的标准依据汇总

分类	标准名称	标准编号	发布日期	实施日期
固体废物污染控制标准	《固体废物鉴别标准 通则》	GB 34330—2017	2017-08-31	2017-10-01
	《含多氯联苯废物污染控制标准》	GB 13015—2017	2017-08-31	2017-10-01
	《进口可用作原料的固体废物环境保护控制标准 骨废料》	GB 16487.1—2005	2005-12-14	2006-02-01
	《进口可用作原料的固体废物环境保护控制标准 冶炼渣》	GB 16487.2—2017	2017-12-29	2018-03-01
	《进口可用作原料的固体废物环境保护控制标准 木、木制品废料》	GB 16487.3—2017	2017-12-29	2018-03-01
	《进口可用作原料的固体废物环境保护控制标准 废纸或纸板》	GB 16487.4—2017	2017-12-29	2018-03-01
	《进口可用作原料的固体废物环境保护控制标准 废纤维》	GB 16487.5—2005	2005-12-14	2006-02-01
	《进口可用作原料的固体废物环境保护控制标准 废钢铁》	GB 16487.6—2017	2017-12-29	2018-03-01
	《进口可用作原料的固体废物环境保护控制标准 废有色金属》	GB 16487.7—2017	2017-12-29	2018-03-01
	《进口可用作原料的固体废物环境保护控制标准 废电机》	GB 16487.8—2017	2017-12-29	2018-03-01
	《进口可用作原料的固体废物环境保护控制标准 废电线电缆》	GB 16487.9—2017	2017-12-29	2018-03-01
	《进口可用作原料的固体废物环境保护控制标准 废五金电器》	GB 16487.10—2017	2017-12-29	2018-03-01
	《进口可用作原料的固体废物环境保护控制标准 供拆卸的船舶及其他浮动结构体》	GB 16487.11—2017	2017-12-29	2018-03-01
	《进口可用作原料的固体废物环境保护控制标准 废塑料》	GB 16487.12—2017	2017-12-29	2018-03-01
	《进口可用作原料的固体废物环境保护控制标准 废汽车压件》	GB 16487.13—2017	2017-12-29	2018-03-01
	《进口废纸环境保护管理规定》	国环规土壤〔2017〕5 号	2017-12-14	2014-12-14

分类	标准名称	标准编号	发布日期	实施日期
固体废物污染控制标准	《生活垃圾焚烧污染控制标准》	GB 18485—2014	2014-05-16	2014-07-01
	《水泥窑协同处置固体废物污染控制标准》	GB 30485—2013	2013-12-27	2014-03-01
	《生活垃圾填埋场污染控制标准》	GB 16889—2008	2008-04-02	2008-07-01
	《医疗废物集中处置技术规范（试行）》	环发〔2003〕206 号	2003-12-26	2003-12-26
	《医疗废物转运车技术要求（试行）》	GB 19217—2003	2003-06-30	2003-06-30
	《医疗废物焚烧炉技术要求（试行）》	GB 19218—2003	2003-06-30	2003-06-30
	《畜禽养殖业污染物排放标准》	GB 18596—2001	2001-12-28	2003-01-01
	《危险废物焚烧污染控制标准》	GB 18484—2001	2001-11-12	2002-01-01
	《危险废物贮存污染控制标准》	GB 18597—2001	2001-12-18	2002-07-01
	《危险废物填埋污染控制标准》	GB 18598—2001	2001-12-18	2002-07-01
	《一般工业固体废物贮存、处置场污染控制标准》	GB 18599—2001	2001-12-18	2002-07-01
	《城镇垃圾农用控制标准》	GB 8172—1987	1987-08-25	1988-02-01
	《农用粉煤灰中污染物控制标准》	GB 8173—1987	1987-08-25	1988-02-01
	《农用污泥污染物控制标准》	GB 4284—2018	2018-05-14	2019-06-01
危险废物鉴别标准	《危险废物鉴别标准　腐蚀性鉴别》	GB 5085.1—2007	2007-04-25	2007-10-01
	《危险废物鉴别标准　急性毒性初筛》	GB 5085.2—2007	2007-04-25	2007-10-01
	《危险废物鉴别标准　浸出毒性鉴别》	GB 5085.3—2007	2007-04-25	2007-10-01
	《危险废物鉴别标准　易燃性鉴别》	GB 5085.4—2007	2007-04-25	2007-10-01
	《危险废物鉴别标准　反应性鉴别》	GB 5085.5—2007	2007-04-25	2007-10-01
	《危险废物鉴别标准　毒性物质含量鉴别》	GB 5085.6—2007	2007-04-25	2007-10-01
	《危险废物鉴别标准　通则》	GB 5085.7—2007	2007-04-25	2007-10-01
	《危险废物鉴别技术规范》	HJ/T 298—2007	2007-05-21	2007-07-01
监测方法标准	《固体废物　氨基甲酸酯类农药的测定　高效液相色谱-三重四极杆质谱法》	HJ 1026—2019	2019-05-18	2019-09-01
	《固体废物　氨基甲酸酯类农药的测定　柱后衍生-高效液相色谱法》	HJ 1025—2019	2019-05-18	2019-09-01
	《固体废物　热灼减率的测定　重量法》	HJ 1024—2019	2019-05-18	2019-09-01
	《固体废物　氟的测定　碱熔-离子选择电极法》	HJ 999—2018	2018-12-26	2019-06-01
	《固体废物　苯系物的测定　顶空/气相色谱-质谱法》	HJ 976—2018	2018-11-13	2019-03-01
	《固体废物　苯系物的测定　顶空-气相色谱法》	HJ 975—2018	2018-11-13	2019-03-01
	《固体废物　有机磷类和拟除虫菊酯类等 47 种农药的测定　气相色谱-质谱法》	HJ 963—2018	2018-07-29	2019-01-01
	《固体废物　半挥发性有机物的测定　气相色谱-质谱法》	HJ 951—2018	2018-07-29	2018-12-01
	《固体废物　多环芳烃的测定　气相色谱-质谱法》	HJ 950—2018	2018-07-29	2018-12-01
	《固体废物　有机氯农药的测定　气相色谱-质谱法》	HJ 912—2017	2017-12-29	2018-04-01
	《固体废物　多环芳烃的测定　高效液相色谱法》	HJ 892—2017	2017-12-17	2018-02-01
	《固体废物　多氯联苯的测定　气相色谱-质谱法》	HJ 891—2017	2017-12-17	2018-02-01

分类	标准名称	标准编号	发布日期	实施日期
监测方法标准	《固体废物　丙烯醛、丙烯腈和乙腈的测定　顶空-气相色谱法》	HJ 874—2017	2017-11-28	2018-01-01
	《固体废物　铅和镉的测定　石墨炉原子吸收分光光度法》	HJ 787—2016	2016-03-29	2016-05-01
	《固体废物　铅、锌和镉的测定　火焰原子吸收分光光度法》	HJ 786—2016	2016-03-29	2016-05-01
	《固体废物　有机物的提取　加压流体萃取法》	HJ 782—2016	2016-02-01	2016-03-01
	《固体废物　22 种金属元素的测定　电感耦合等离子体发射光谱法》	HJ 781—2016	2016-02-01	2016-03-01
	《固体废物　有机磷农药的测定　气相色谱法》	HJ 768—2015	2015-11-20	2015-12-15
	《固体废物　钡的测定　石墨炉原子吸收分光光度法》	HJ 767—2015	2015-11-20	2015-12-15
	《固体废物　金属元素的测定　电感耦合等离子体质谱法》	HJ 766—2015	2015-11-20	2015-12-15
	《固体废物　有机物的提取　微波萃取法》	HJ 765—2015	2015-11-20	2015-12-15
	《固体废物　有机质的测定　灼烧减量法》	HJ 761—2015	2015-10-22	2015-12-01
	《固体废物　挥发性有机物的测定　顶空-气相色谱法》	HJ 760—2015	2015-10-22	2015-12-01
	《固体废物　铍　镍　铜和钼的测定　石墨炉原子吸收分光光度法》	HJ 752—2015	2015-08-21	2015-10-01
	《固体废物　镍和铜的测定　火焰原子吸收分光光度法》	HJ 751—2015	2015-08-21	2015-10-01
	《固体废物　总铬的测定　石墨炉原子吸收分光光度法》	HJ 750—2015	2015-08-21	2015-10-01
	《固体废物　总铬的测定　火焰原子吸收分光光度法》	HJ 749—2015	2015-08-21	2015-10-01
	《固体废物　挥发性卤代烃的测定　顶空/气相色谱-质谱法》	HJ 714—2014	2014-11-27	2015-01-01
	《固体废物　挥发性卤代烃的测定　吹扫捕集/气相色谱-质谱法》	HJ 713—2014	2014-11-27	2015-01-01
	《固体废物　总磷的测定　偏钼酸铵分光光度法》	HJ 712—2014	2014-11-27	2015-01-01
	《固体废物　酚类化合物的测定　气相色谱法》	HJ 711—2014	2014-11-27	2015-01-01
	《固体废物　汞、砷、硒、铋、锑的测定　微波消解/原子荧光法》	HJ 702—2014	2014-09-03	2014-11-01
	《固体废物　六价铬的测定　碱消解/火焰原子吸收分光光度法》	HJ 687—2014	2014-01-13	2014-04-01
	《固体废物　挥发性有机物的测定　顶空/气相色谱-质谱法》	HJ 643—2013	2013-01-21	2013-07-01
	《固体废物　浸出毒性浸出方法　水平振荡法》	HJ 557—2010	2010-02-02	2010-05-01

分类	标准名称	标准编号	发布日期	实施日期
监测方法标准	《固体废物 二噁英类的测定 同位素稀释高分辨气相色谱-高分辨质谱法》	HJ 77.3—2008	2008-12-31	2009-04-01
	《固体废物 浸出毒性浸出方法 硫酸硝酸法》	HJ/T 299—2007	2007-04-13	2007-05-01
	《固体废物 浸出毒性浸出方法 醋酸缓冲溶液法》	HJ/T 300—2007	2007-04-13	2007-05-01
	《危险废物（含医疗废物）焚烧处置设施二噁英排放监测技术规范》	HJ/T 365—2007	2007-11-01	2008-01-01
	《固体废物 浸出毒性浸出方法 翻转法》	GB 5086.1—1997	1997-12-22	1998-07-01
	城市生活垃圾采样和物理分析方法》	CJ/T 3039-95	1995-05-31	1995-12-01
	《固体废物 总汞的测定 冷原子吸收分光光度法》	GB/T 15555.1—1995	1995-03-28	1996-01-01
	《固体废物 铜、锌、铅、镉的测定 原子吸收分光光度法》	GB/T 15555.2—1995	1995-03-28	1996-01-01
	《固体废物 砷的测定 二乙基二硫代氨基甲酸银分光光度法》	GB/T 15555.3—1995	1995-03-28	1996-01-01
	《固体废物 六价铬的测定 二苯碳酰二肼分光光度法》	GB/T 15555.4—1995	1995-03-28	1996-01-01
	《固体废物 总铬的测定 二苯碳酰二肼分光光度法》	GB/T 15555.5—1995	1995-03-28	1996-01-01
	《固体废物 六价铬的测定 硫酸亚铁铵滴定法》	GB/T 15555.7—1995	1995-03-28	1996-01-01
	《固体废物 总铬的测定 硫酸亚铁铵滴定法》	GB/T 15555.8—1995	1995-03-28	1996-01-01
	《固体废物 镍的测定 直接吸入火焰原子吸收分光光度法》	GB/T 15555.9—1995	1995-03-28	1996-01-01
	《固体废物 镍的测定 丁二酮肟分光光度法》	GB/T 15555.10—1995	1995-03-28	1996-01-01
	《固体废物 氟化物的测定 离子选择性电极法》	GB/T 15555.11—1995	1995-03-28	1996-01-01
	《固体废物 腐蚀性测定 玻璃电极法》	GB/T 15555.12—1995	1995-03-28	1996-01-01
其他相关标准	《农业固体废物污染控制技术导则》	HJ 588—2010	2010-10-18	2011-01-01
	《危险废物（含医疗废物）焚烧处置设施性能测试技术规范》	HJ 561—2010	2010-02-22	2010-06-01
	《地震灾区活动板房拆解处置环境保护技术指南》	公告 2009 年 第 52 号	2009-10-12	2009-10-12
	《新化学物质申报类名编制导则》	HJ/T 420—2008	2008-01-15	2008-04-01
	《医疗废物专用包装袋、容器和警示标志标准》	HJ 421—2008	2008-02-27	2008-04-01
	《铬渣污染治理环境保护技术规范（暂行）》	HJ/T 301—2007	2007-04-13	2007-05-01
	《报废机动车拆解环境保护技术规范》	HJ 348—2007	2007-04-09	2007-04-09
	《废塑料回收与再生利用污染控制技术规范（试行）》	HJ/T 364—2007	2007-09-30	2007-12-01
	《废弃家用电器与电子产品污染防治技术政策》	环发〔2006〕115 号		2006-04-27
	《矿山生态环境保护与污染防治技术政策》	环发〔2005〕109 号		2005-09-07

分类	标准名称	标准编号	发布日期	实施日期
其他相关标准	《长江三峡水库库底固体废物清理技术规范》	HJ/T 85—2005	2005-06-13	2005-06-13
	《危险废物集中焚烧处置工程建设技术规范》	HJ/T 176—2005	2005-05-24	2005-05-24
	《医疗废物集中焚烧处置工程建设技术规范》	HJ/T 177—2005	2005-05-24	2005-05-24
	《废弃机电产品集中拆解利用处置区环境保护技术规范（试行）》	HJ/T 181—2005	2005-08-15	2005-09-01
	《化学品测试导则》	HJ/T 153—2004	2004-04-13	2004-06-01
	《新化学物质危害评估导则》	HJ/T 154—2004	2004-04-13	2004-06-01
	《化学品测试合格实验室导则》	HJ/T 155—2004	2004-04-13	2004-06-01
	《废电子污染防治技术政策》	环发〔2003〕163 号		2003-10-09
	《危险废物污染防治技术政策》	环发〔2001〕199 号		2001-12-17
	《城市生活垃圾处理及污染防治技术政策》	建成〔2000〕120 号		2000-05-29
	《煤矸石综合利用技术政策要点》	国经贸资源〔1999〕1005 号		1999-10-20
	《环境镉污染健康危害区判定标准》	GB/T 17221—1998	1998-01-21	1998-10-01
	《工业固体废物采样制样技术规范》	HJ/T 20—1998	1998-01-08	1998-07-01
	《船舶散装运输液体化学品危害性评价规范　水生生物急性毒性试验方法》	GB/T 16310.1—1996	1996-05-16	1996-12-01
	《船舶散装运输液体化学品危害性评价规范　水生生物积累性试验方法》	GB/T 16310.2—1996	1996-05-16	1996-12-01
	《船舶散装运输液体化学品危害性评价规范　水生生物沾染试验方法》	GB/T 16310.3—1996	1996-05-16	1996-12-01
	《船舶散装运输液体化学品危害性评价规范　哺乳动物毒性试验方法》	GB/T 16310.4—1996	1996-05-16	1996-12-01
	《船舶散装运输液体化学品危害性评价规范　危害性评价程序与污染分类方法》	GB/T 16310.5—1996	1996-05-16	1996-12-01
	《环境保护图形标志　固体废物堆放（填埋）场》	GB 15562.2—1995	1995-05-10	1996-08-01
	《放射性废物的分类》	GB 9133—1995	1995-12-21	1996-08-01
	《农药安全使用标准》	GB 4285—1989	1989-07-10	1990-02-01

9.2.4 固体废物检查与监测

固体废物的检查与监测的划分原则如下述。

（1）对于明确为危险废物的，或可以按《国家危险废物名录》判定为危险废物的，应从收集、贮存、运输、转移处置几个方面检查是否符合国家对危险废物污染环境防治的特别规定，检查是否符合环境影响报告书（表）及其审批部门审批决定的其他要求的情况。建有相应堆场、处理设施，或委托有相应资质单位按国家管理规定、技术规定处理处置的固体废物，一般以检查为主。检查内容主要是根据相关法律法规、标准对固体废物来源、种类、产生量、综合利用率、处理量、临时或永久性填埋、贮存场及其处理设施和委托处理的情况进行检查。

（2）对于未明确属性的，且无法按《国家危险废物名录》判定其种类的固体废物，建设单位应按照环境影响报告书（表）及其审批部门审批决定的要求进行自查。需要进行属性鉴别的，应委托有资质单位按照 GB 5085.7、HJ/T 20、HJ/T 298 等危险废物鉴别标准和规范认定其属性及危险废物的类别代码，然后根据鉴别结果按上述要求进行管理和检查。

（3）核查建设项目生产过程中使用的固体废物是否符合相关控制标准要求。

（4）建设单位自建固体废物处理、处置设施，处理后对外环境排放污染物的，或者项目中固体废物处理处置过程中可能造成环境二次污染的，应在监测方案中制定测试工作内容，对外排的污染物或可能造成的二次污染进行监测。

（5）对固体废物处理建设项目，根据环境影响报告书（表）及其审批部门审批决定要求、其他相关要求，对收集的固体废物和处理后产生的残渣、处理过程产生的废水和废气进行必要的监测。

9.2.5 固体废物检查

固体废物检查主要依据环境影响报告书（表）及其审批部门审批决定的要求、国家有关技术规范，核实建设项目固体废物污染防治措施的落实情况，包括固（液）体废物来源、类别、产生量及妥善处理处置（包括填埋、焚烧、回收、综合利用及委托处理等）的实施情况，也包括建设项目生产过程中使用的固体废物是否符合相关控制标准要求的检查。

总体上讲，检查工作内容主要有以下三个方面：一是核实固体废物的产生种类和数量；二是核实配套工程落实情况；三是检查固体废物利用处置方案和管理制度落实情况。根据生态环境部 2018 年第 9 号公告附件《建设项目竣工环境保护验收技术指南 污染影响类》有关内容，对污染影响类建设项目的验收中，涉及固（液）体废物治理及其环保设施检查具体包括以下内容：简述或列表说明固（液）体废物名称、来源、性质、类别代码（属危险废物的需列明）、产生量、处理处置量、贮存量、处理处置方式、暂存场所，委托处理处置合同、委托单位资质，危险废物转移联单情况等；涉及固（液）体废物储存场［如灰场、赤泥库、危废填埋场、尾矿（渣）库等］的，还应简述储存场地理位置、与厂区的距离、类型（山谷型或平原型）、储存方式、设计规模与使用年限、输送方式、输送距离、场区集水及排水系统、场区防渗系统、污染物及污染防治设施、场区周边环境敏感点情况等；并附相关生产设施、环保设施及敏感点图片。

9.2.5.1 固体废物来源分析

要进行固体废物来源的分析，必须首先了解企业生产的主要原辅材料、主要产品及生产工艺流程。由于行业不同，使用的原料、技术、工艺过程以及管理水平差异很大，不同行业的固体废物排放情况千差万别。部分较为复杂的行业固体废物的来源和主要污染物参见表 9-1。

9.2.5.2 固体废物种类的判别

在验收监测中，污染影响类建设项目通常按污染特性将固体废物分为一般工业固体废物和危险废物。判定固体废物种类的目的在于根据国家相关的贮存、填埋、处置、焚烧控制标准，以及环境影响报告书中提出的要求检查固体废物的处理、综合利用及处置情况。

固体废物种类的判别属于企业自查内容，对于明确为危险废物属性的，或可以按《国家危险废物名录》判定的固体废物属于危险废物；对于未明确属性的，且无法按《国家危险废物名录》判定其种类的固体废物，建设单位应按照环境影响报告书（表）及其审批部门审批决定的要求进行自查。需要进行属性鉴别的，应委托有资质单位按照 GB 5085.7、HJ/T 20、HJ/T 298 等危险废物鉴别标准和规范认定其属性及危险废物的类别代码。

对于危险废物，目前的鉴别标准为 GB 5085，包括《危险废物鉴别标准　腐蚀性鉴别》（GB 5085.1）、《危险废物鉴别标准　急性毒性初筛》（GB 5085.2）、《危险废物鉴别标准　浸出毒性鉴别》（GB 5085.3）、《危险废物鉴别标准　易燃性鉴别》（GB 5085.4）、《危险废物鉴别标准　反应性鉴别》（GB 5085.5）、《危险废物鉴别标准　毒性物质含量鉴别》（GB 5085.6）和《危险废物鉴别标准　通则》（GB 5085.7）。上述标准规定了鉴别的程序和规则，适用于生产、生活和其他活动中产生的固体废物的危险特性鉴别；适用于液态废物的鉴别。但标准不适于排入水体的废水的鉴别。样品的采集和检测，以及检测结果的判定等技术要求按照《危险废物鉴别技术规范》（HJ/T 298）相关规定进行。

需要说明的是，①具有毒性（包括浸出毒性、急性毒性及其他毒性）和感染性等一种或一种以上危险特性的危险废物与其他固体废物混合，混合后的废物属于危险废物。仅具有腐蚀性、易燃性或反应性的危险废物与其他固体废物混合，混合后的废物经 GB 5058.1、GB 5058.4 和 GB 5058.5 鉴别不再具有危险特性的，不属于危险废物。危险废物与放射性废物混合，混合后的废物应按照放射性废物管理；②具有毒性（包括浸出毒性、急性毒性及其他毒性）和感染性等一种或一种以上危险特性的危险废物处理后的废物仍属于危险废物，国家有关法规、标准另有规定的除外。仅具有腐蚀性、易燃性或反应性的危险废物处理后，经 GB 5058.1、GB 5058.4 和 GB 5058.5 鉴别不再具有危险特性的，不属于危险废物。

9.2.5.3 固体废物的处理处置方式

（1）固体废物的处理

固体废物的处理是指通过各种物理、化学、生物的方法将固体废物转变为适于运输、利用、贮存或最终处置的形态的过程，主要有以下几种方法。

①物理处理：通过采用各种物理的方法来改变固体废物的结构，使之成为便于运输、贮存、利用或处置的形态。物理处理包括压实、破碎、分选和脱水干燥等。

②化学处理：利用化学反应使固体废物中的有害成分受到破坏，使其转化为无害或低毒物质，或使其转变为适于进一步处理、处置形态的方法。化学处理只适宜处理成分单一

或只含几种化学特性相近组分的固体废物。化学处理法有氧化还原、中和及化学浸出等。

③生物处理：利用微生物来分解固体废物中的有机物及少量无机物，使之达到无害化或加以综合利用的方法。生物处理包括耗氧处理、厌氧处理和兼性厌氧处理等。

④热处理：通过高温改变固体废物的化学、物理、生物特性或组成的处理方法。采用热处理方法可以达到减容、消毒、减轻污染、回收能量和有用化学物质的目的。常用的热处理方法有焚烧、热解、焙烧和烧结等。

⑤固化处理：采用固化基材料（如水泥、沥青、塑料、石膏等）将废物封闭在固化体中或包覆起来，不使有害物浸出的一种方法。该法适用于有毒废物和放射性废物的处理。

应结合国家有关规定和标准检查固体废物的处理是否符合要求。

（2）固体废物的综合利用

固体废物的综合利用是指通过各种物理、化学、生物的处理方法将固体废物转变成为新的产品或者得到新的用途的过程。固体废物的综合利用的方法各不相同，归纳起来可以分为两大类型，即提取回收法（提取化学产品、金属等）和作原料利用法（如生产农业化肥、造田、生产建筑材料等）。对固体废物的综合利用既可以产生新的价值，又减轻污染，取得较好的环境经济效益，是固体废物处理的最佳途径。检查时按照固体废物综合利用的途径，结合相关的标准，如《农用污泥中污染物控制标准》和《农用粉煤灰中污染物控制标准》等核查综合利用的可行性及合理性，利用固体废物的产品要防止可能对环境的二次污染。

（3）固体废物的处置

固体废物在经过各种方法处理及综合利用后，总会有部分残渣存在，必须对其进行最后处理，使其最大限度地与生物圈隔离，以防止其造成危害。处置方法有陆地处置和海洋处置两种。陆地处置是在陆地上选择合适的天然场所或人工改造出合适的场所，把固体废物用土层覆盖起来的技术，包括土地填埋、耕作、贮留池贮存和深井灌注等；海洋处置是利用海洋巨大的环境容量和自净能力，将固体废物消散在汪洋大海之中的一种处置方法，包括海洋倾倒和海洋焚烧。

涉及固体废物处置项目的，应按照《一般工业固体废物贮存、处置场污染控制标准》《危险废物填埋污染控制标准》等相关规定和标准对处置场、填埋场从选址、设计、施工、运行、封场等方面是否符合要求进行核查，并检查其常规监测数据。

9.2.5.4 固体废物产生量、处理量及综合利用率的计算

Ⅰ. 固体废物产生量的计算

环境保护的监督管理主要是针对污染物的排放管理，在计算固体废物排放量时，必须先知道各种固体废物的产生量。由于固体废物的种类繁多，计算固体废物的方法亦很多，即使同一种固体废物，其产生量的算法也有多种，这里介绍以下几种典型的计算公式（参考资料《环境监理实用手册》）。

（1）物料平衡计算法

这种计算方法的基本点是物料平衡，即按照物质不灭定律的原则，投入的量必须等于产出的量。现举例如下：

①采矿废石量计算公式：

$$G_{采}=M_{总}-M_{矿} \tag{9-5}$$

式中：$M_{总}$——采剥（掘）总量，t/a；

$M_{矿}$——原矿产量，t/a；

$G_{采}$——采矿废石产生量，t/a。

②水中悬浮物的沉淀量计算公式：

$$M_{渣}=Q（C_1-C_2）/1\,000 \tag{9-6}$$

式中：Q —— 废水处理量，m^3/d；

C_1 —— 废水中悬浮物的初始浓度，mg/L；

C_2 —— 沉淀处理后的悬浮物浓度，mg/L；

$M_{渣}$ —— 水中悬浮物的沉淀量，为干渣，可由含水率计算湿重，kg/d。

③灰渣平衡法计算：

灰渣平衡法，即由燃料带入锅炉的总灰分量必须等于炉渣、烟尘量之和（灰渣量）减去炉渣、烟尘中可燃物量之和。通过推算可得计算如下公式：

$$G_{IZ}=d_{IZ}\times B\times A_g/（1-C_{IZ}） \tag{9-7}$$

$$G_{fh}=d_{fh}\times B\times A_g/（1-C_{fh}） \tag{9-8}$$

式中：B —— 燃煤量，t/a；

A_g —— 煤的灰分，%；

G_{IZ} —— 炉渣产生量，t/a；

G_{fh} —— 飞灰产生量，t/a；

d_{IZ}，d_{fh} —— 分别表示炉渣中的灰、飞灰中灰占燃煤总灰分的百分比。二者关系为：$d_{IZ}=1-d_{fh}$；

C_{IZ}，C_{fh} —— 炉渣、飞灰中可燃物百分比含量，%。一般取 C_{IZ}=10%～25%，煤粉炉一般取 0～5%；飞灰中可燃物一般取 C_{fh}=15%～45%，电厂粉煤灰可取 4%～8%；C_{IZ}、C_{fh} 也可从热工测试资料中查取。

（2）化学反应方程式计算法

在工业生产过程中（尤其是化工生产行业），可能产生一些难溶或不溶的化学物质，对于那些不属于产品生产过程中需要的沉淀物即形成固体废物。这种通过化学反应过程产生的固体废物往往采用化学反应方程式计算法来进行产生量的计算。如电石渣量的计算和铁水法处理含铬废水的铬渣产生量的计算就是典型的例子。

（3）排放系数计算法

排放系数计算法是一种通过利用经过长期生产得到的经验系数即排放系数来进行固体废物产生量计算的方法，用这种方法计算渣量比较简单实用，现举例说明：

①钢渣产生量的计算：

$$G_{钢}=K_{钢}\times M_{钢} \tag{9-9}$$

式中：$G_{钢}$——钢渣产生量，t/a；

$K_{钢}$——钢产量，t/a；

$M_{钢}$——渣钢比，用生产数据或设计参考数据，t/t。

②铁合金渣产生量的计算：

$$G_{合}=K_{合}\times M_{合} \tag{9-10}$$

式中：$G_{合}$—— 铁合金渣产生量，t/a；

$K_{合}$—— 某种铁合金产量，t/a；

$M_{合}$—— 某种铁合金的渣铁比，t/t。

③化工渣产生量的计算

化工渣是化学工业和石油化学工业生产过程中排出的添加剂渣、废催化剂渣、盐泥、碱泥、酸渣、硼泥、磷渣等，其产生量的计算通式为

$$G_i= K_i\times M_i \tag{9-11}$$

式中：G_i—— 某化工渣的产生量，t/a；

K_i—— 某化工产品的产量，t/a；

M_i—— 某化工产品的废渣排放系数。

（4）渣量的综合计算

渣量的综合计算就是将上述三种基本方法综合起来加以应用。因为有些固体废物的产生并非简单过程，而是通过复杂的（包括物理的、化学的和生物的）工艺过程，如酸性废水中和后的沉渣计算。酸碱中和产生的沉渣包括化学药剂中和产生的盐量、废水中悬浮物含量。药剂杂质含量根据药剂纯度而定，一般为药剂总量的 5%～30%。沉渣量可按下式计算：

$$G_{沉}=G_Z（B+e）+Q（K-c-d） \tag{9-12}$$

式中：$G_{沉}$—— 沉渣量（干渣），kg/h；

G_Z—— 药剂总耗量，kg/h；

B —— 消耗单位药剂产生的盐量，可通过查表获得相关数据；

e —— 单位药剂中杂质含量；

Q —— 废水量，m^3/h；

K —— 中和前酸碱废水中悬浮物含量，kg/m^3；

c —— 中和后溶解在废水中单位盐量，kg/m^3，可查盐类在水中的溶解度表获得；

d —— 中和后被水带走的悬浮物含量，kg/m^3。

Ⅱ. 固体废物综合利用量及处理量的计算

（1）综合利用量及综合利用率

前面已说过废渣的综合利用主要分为提取法和作原料利用法两大类，综合利用量的计算也分为两种方法。

①提取法的固体废物综合利用量的计算：

$$G_y=\sum[M_i（1-f_i）+M_i\times f_i\times K_i] \tag{9-13}$$

式中：G_y——固体废物的综合利用量，t/a；

M_i——提取的某种产品量，t/a；

f_i——提取产品的纯度，%；

K_i——提取单位产品消耗废渣中物质的量，t/t。

（对于用化学方程式提取的 K_i 值按化学反应式计算；对于用物理方法提取时，K_i 值取为 1，式（9-13）可简化为：$G_y=\sum M_i$）

②作原料（或掺合料）利用法的固体废物综合利用量的计算：

$$G_y=\sum M_i\times K_i \tag{9-14}$$

式中：G_y —— 固体废物的综合利用量，t/a；

M_i —— 某固体废物综合利用时某产品的产量，t/a；

K_i —— 单位综合利用某产品的某固体废物耗用量，t/t。

③综合利用率的计算：

$$R=（G_y / G_c）\times 100\% \tag{9-15}$$

式中：R —— 固体废物的综合利用率，%；

G_y —— 固体废物的综合利用量，t/a；

G_c —— 固体废物的产生量，t/a。

（2）处理量及处理率

固体废物的处理方法有焚烧处理、热解、湿式氧化与化学处理、填埋造田及投海处理等，处理量可按式（9-16）计算：

$$G_h=\sum G_{hi}=\sum p_{hi}V_{hi} \tag{9-16}$$

式中：G_h——固体废物处理总量，t；

G_{hi}——某固体废物处理量，t；

p_{hi}——某固体废物渣堆密度，t/m^3；

V_{hi}——某固体废物处理掉的体积，m^3。

那么，固体废物处理率（Z）为已处理固体废物量（G_h）与固体废物产生量（G_c）

之比，即

$$Z=(G_h / G_c)\times 100\% \tag{9-17}$$

（3）固体废物排放量的计算

固体废物排放量是指生产（试验）过程中直接排放到环境中的固体废物的总量。通过以上计算后，我们就很容易计算出固体废物的排放量，通常用式（9-18）计算：

$$G_{排放}=G_{产生}-G_{处置}-G_{处理}-G_{综合} \tag{9-18}$$

式中：$G_{排放}$——固体废物排放总量；

$G_{产生}$——固体废物产生总量；

$G_{处置}$——固体废物已处置量；

$G_{处理}$——固体废物已处理量；

$G_{综合}$——固体废物已综合利用量。

9.2.5.5 委托处理处置固体废物的检查

核查被委托方的资质、委托合同（含运输单位资质和合同，豁免的除外），并核查合同中处理的固体废物的种类、产生量、贮存量、外委处理量是否与环境影响报告书（表）预测情况一致，外委处理量和处理处置方式是否与被委托方资质相符，若涉及危险废物还需核查转运联单记录情况。必要时对固体废物的去向做相应的追踪调查。

9.2.5.6 二次污染调查

工业固体废物一般需要通过水、气或土壤的环境链对生态环境造成影响。如果固体废物处理不当，往往造成对土壤、地下水或空气的污染，因此在有固体废物存在的情况下，必须要考虑固体废物可能带来的二次污染，并应对此进行详细的调查。

（1）对土壤的污染

土壤污染是指由于固体废物中污染物通过气、水扩散后，被土壤吸附积累，改变了土壤土质而造成土壤质量的恶化。其危害大致表现为两种情况：一是直接危害农作物生长，造成减产（如酸碱性、硼、三氯乙醛等）；二是被农作物吸收和积累，从而通过食物链影响人体健康（如汞、镉、六六六、滴滴涕等）。

土壤污染是固体废物造成二次污染的典型且较普遍现象，尤其是尾矿或粉煤灰堆积造成大量的土地被占用，导致周边环境土壤污染，地貌和植被受到破坏。

（2）对地表水和地下水的污染

固体废物对水体的污染主要是固体废物直排水体或通过雨水的冲刷及地表渗漏而将固体废物中可溶性污染物带进地表水、地下水体。如铬渣是一种有代表性的有毒工业废渣，是铬盐厂或相关铁合金厂的废弃物，其中Cr（Ⅵ）能引起一系列的严重病患，特别是能致癌、致畸和致突变。辽宁锦州铁合金厂的铬渣山就曾经发生一起严重的污染事件，导致该厂铬渣山下游60 km以内的地下水和1 800多口井水受到污染。

（3）对大气的污染

固体废物中原有的粉尘及其他颗粒物，或在堆放过程中产生的颗粒物，受日晒、风吹而进入大气，造成大气污染。另外，固体废物在堆存过程中因微生物分解而释放出的有害气体，以及在处理过程中排放的有害气体和臭味等，都将对大气造成不同程度的污染。对大气污染最突出的例子就是矿山煤矸石的自燃，排放大量 SO_2、NH_3 和 CO_2 等气体污染物。

9.2.5.7 生产使用固体废物的检查

按国家相关污染控制标准，核查建设项目生产过程中使用的固体废物是否符合要求。

9.2.5.8 固体废物堆场、储存场的检查

对于建设固体废物厂内暂存场所、厂外储存场的建设项目，对照国家相关规定、环境影响报告书（表）及其审批部门审批决定和初步设计要求，检查堆场/储存场的建设情况、工程使用材料和工程监理情况，说明固体废物暂存场所设置情况，对于厂外储存场（如灰场、危险废物填埋场等）还应说明地理位置、与厂区的距离、类型（如山谷型或平原型）、储存方式、设计规模与使用年限、输送方式、输送距离、场区集水及排水系统、场区防渗系统、污染物及污染防治设施、场区周边环境敏感点情况等。检查一般固体废物贮存或处置设施符合《一般工业固体废物贮存、处置场污染控制标准》（GB 18599）相关要求的情况、危险废物贮存设施符合《危险废物贮存污染控制标准》（GB 18597）相关要求的情况。检查结果应附上相关照片。

9.2.6 固体废物监测

固体废物的监测主要包括：根据环境影响报告书（表）及其审批部门审批决定的要求，需综合利用/最终处置的固体废物对其所含成分进行测定，对具体用途固体废物进行监测，判断其是否符合相关污染控制标准，如是否符合《农用污泥中污染物控制标准》（GB 4284）、《农用粉煤灰中污染物控制标准》（GB 8173）、《铬渣污染治理环境保护技术规范（暂行）》（HJ/T 301）等，是否符合《生活垃圾填埋场污染控制标准》（GB 16889）或《危险废物填埋污染控制标准》（GB 18598）填埋场入场标准等。根据上述内容，明确本次验收对固体废物监测的主要目的。若是需对综合利用的固体废物所含成分进行测定，应按《工业固体废物采样制样技术规范》（HJ/T 20）有关规定进行采样和分析，相关采样要求见9.2.6.1 小节。

如果涉及协同处理固体废物的，涉及可能增加原有处理设施外排污染物的，应开展相关要素监测，如掺烧污水站污泥/轻渣/木屑的燃煤锅炉、协同处理生活垃圾的水泥窑等。

9.2.6.1 固体废物监测采样和布点

（1）布点采样的基本原则与要求

布点、采样是固体废物监测中的一个重要环节，布点是否合理、采集样本的代表性如

何，都直接关系到分析结果的可靠性，在某种情况下，它甚至起着决定性作用。即数据的代表性取决于样品的代表性。因此，为了使采集的样品具有代表性，在采集之前要调查研究生产工艺过程、废物类型、排放数量、废物堆积历史、危害程度和综合利用等情况。采集有害废物时应根据其有害特性采取相应安全措施。

采样时，要注意工具和容器的清洁，以及所用材料是否会影响测定的结果，防止工具、容器和样品以及样品之间的互相污染。含水量多的泥状样品应装聚乙烯瓶内，而坚硬块状样品应装布口袋内，若测定有机物指标的样品则应装入棕色广口玻璃瓶或带密封垫的螺口玻璃瓶中。

（2）采样方法的选择

与环境中水样、气样的采集相比，固体废物的采集有其更加复杂和困难的一面。固体废物的来源极广，排放的方式各异，在环境中或堆存，或填埋，或焚烧；盛放的容器有桶、袋、罐等，从而对样品采集方法的选择尤为重要，尽可能地采集到组分比例与总体相同的样本。根据《工业固体废物采样制样技术规范》（HJ/T 20）中的采样技术，其采样方法有简单随机采样法、系统采样法、分层采样法、两段采样法和权威采样法五种，可根据规范要求选择适当的采样方法。

①简单随机采样法：一批废物，当对其了解很少，且采取的份样比较分散也不影响分析结果时，对这一批废物不做任何处理，不进行分类也不进行排队，而是按照其原来的状况从批废物中随机采取份样。简单随机采样法可以采取抽签法或随机数表法来进行。抽签法是指先对所有采份样的部位进行编号，同时把号码写在纸片上（纸片上号码代表采份样的部位），掺和均匀后，从中随机抽取份样数的纸片，抽中号码的部位，就是采份样的部位，此法只宜在采份样的点不多时使用。

②系统采样法：一批按一定顺序排列的废物，按照规定的采样间隔，每个一个间隔采取一个份样，组成小样或大样。在一批废物以运送带、管道等形式连续排出的移动过程中，按一定的质量或时间间隔采份样，份样间的间隔可根据表 9-7 规定的份样数和实际批量按式（9-19）计算：

$$T \leqslant Q/n \quad 或 \quad T' \leqslant 60Q/(G \cdot n) \tag{9-19}$$

式中：T——采样质量间隔，t；

Q——批量，t；

n——按下文切乔特公式计算出的份样数或表 9-7 中规定的份样数；

G——每小时排出量，t/h；

T'——采样时间间隔，min。

采第一个份样时，不可在第一间隔的起点开始，可在第一间隔内随机确定。在运送带上或落口处采份样，须截取废物流的全截面。所采份样的粒度比例应符合采样间隔或采样部位的粒度比例，所得大样的粒度比例应与整批废物流的粒度分布大致相符。

③分层采样法：根据对一批废物已有的认识，将其按照有关标志分若干层，然后在每层中随机采集份样。一批废物分次排出或某生产工艺过程的废物间歇排出过程中，可分 n 层采样，根据每层的质量，按比例采取份样。同时，必须注意粒度比例，使每层所采份样的粒度比例与该层废物粒度分布大致相符。

第 i 层采样份数 n_i 按下式计算：

$$n_i = n \cdot Q_L / Q \tag{9-20}$$

式中：n_i——第 i 层应采份样数；

n——按下文切乔特公式计算出的份样数或表 9-7 中规定的份样数；

Q_L——第 i 层废物质量，t；

Q——批量，t。

④两段采样法：简单随机采样、系统采样、分层采样都是一次就直接从批废物中采取份样，称为单阶段采样。当一批废物由许多车、桶、箱、袋等容器盛装时，由于各容器件比较分散，所以要分阶段采样。首先从批废物总容器件数 N_0 中随机抽取 n_1 件容器，然后再从 n_1 件的每一件容器中采 n_2 个份样。

推荐当 $N_0 \leqslant 6$ 时，取 $n_1=N_0$；当 $N_0>6$ 时，n 按下式计算：

$$N_1 \geqslant 3 \cdot N_0^{1/3}\text{（小数进整数）} \tag{9-21}$$

推荐第二阶段的采样数 $n_2 \geqslant 3$，即 n_1 件容器中的每个容器均随机采上、中、下最少 3 个份样。

⑤权威采样法：由对被采批工业固体废物非常熟悉的个人来采取样品而置随机性于不顾。这种采样法，其有效性完全取决于采样者的知识。尽管权威采样有时也能获得有效的数据，但对大多数采样情况，建议不采用这种采样方式。

（3）采样位置的确定

固体废物无论从宏观或是微观而言，都极不均匀，要想获得具有代表性的样品，根据 HJ/T 20，有以下四种布点方法。

①对于堆存、运输中的固态工业废物和大池（坑、塘）中的液体工业固体废物，可按对角线型、梅花型、棋盘型、蛇型等点分布确定采样点（采样位置）。

②对于粉末状、小颗粒的工业固体废物，可按垂直方向、一定深度的部位确定采样点（采样位置）。

③对于容器内的工业固体废物，可按上部（表面下相当于总体积的 1/6 深处）、中部（表面下相当于总体积的 1/2 深处）、下部（表面下相当于总体积的 5/6 深处）确定采样点（采样位置）。

④根据采样方式（简单随机采样法、系统采样法、分层采样法、两段采样法等）确定

采样点（采样位置）。

（4）样品采集份样数及份样量的确定

样品采集份样数及份样量的确定按照《工业固体废物采样制样技术规范》（HJ/T 20）要求确定。一般地说，样品量多一些，才有代表性。因此，份样量不能少于某一限度；但份样量达到一定限度之后，再增加重量也不能显著提高采样的准确度。份样量取决于废物的粒度上限，废物的粒度越大，均匀性越差，份样量就应越多，它大致与废物的最大粒度直径某次方成正比，与废物不均匀性程度成正比。

①份样量的确定：对于固态批废物可按切乔特公式计算：

$$Q \geqslant K \times d^{a} \tag{9-22}$$

式中：Q —— 份样量应采的最低重量，kg；

d —— 废物中最大粒度的直径，mm；

K —— 缩分系数，代表废物的不均匀程度，废物越不均匀，K 值越大，对于一般情况，K 值取 0.06；

a —— 经验常数，随废物的均匀程度和易破碎程度而定，对于一般情况，a 值取 1。

对于液态批废物的份样量以不小于 100 mL 的采样瓶（或采样器）所盛量为准。

②份样数的确定：分为公式法和查表法。

公式法：当已知份样间的标准偏差和允许误差时，可按 $n \geqslant (t \times s/\Delta)^2$ 计算份样数。式中 n 为必要份样数；t 为选定置信水平下的概率度；s 为份样间的标准偏差；Δ 为采样允许误差。取 $n \to \infty$ 时的 t 值作为最初 t 值，以此算出 n 的初值。用对应于 n 初值的 t 值代入，不断迭代，直至算得的 n 值不变，此 n 值即为必要份样数。

查表法：当份样间标准偏差或允许误差未知时，可按表 9-7 经验确定份样数。

表 9-7 固体废物采集份样数量及份样量确定表　　单位：固体：t；液体：1 000 L

批量大小	最少份样数	批量大小	最少份样数
＜1	5	≥100	30
≥1	10	≥500	40
≥5	15	≥1 000	50
≥30	20	≥5 000	60
≥50	25	≥10 000	80

（5）监测频次

根据《建设项目竣工环境保护验收技术指南　污染影响类》有关内容，固体废物（液）采样一般不少于 2 d，每天不少于 3 个样品，分析每天的混合样。

当需要进行设施处理效率的监测，可选择主要因子并适当减少监测频次，但应考虑处理周期并合理选择处理前、后的采样时间，对于不稳定排放的，应关注最高浓度排放时段。

（6）制样、样品的保存和预处理。

采集的固体废物应按照 HJ/T 20 中的要求进行制样和样品的保存。

9.2.6.2 固体废物主要污染物及其分析方法和评价方式的确定

不同建设项目产生的固体废物所含污染物各不相同，污染因子的选择应根据固体废物产生的主要来源、固体废物的性质成分进行确定，如矿山、冶炼等行业产生的固体废物污染因子主要为重金属；化工、医药、造纸等行业产生的固体废物污染因子主要为有机物和酸碱浸出液等。

（1）水浸出毒性分析

固体废物受到水的冲淋及浸泡，其中的有害成分将会转移到水相而导致二次污染。水浸出毒性分析的目的在于通过浸出实验制备浸出液，用于了解固体废物的浸出毒性，获得各污染物的浸出浓度，是验收监测中对固体废物常做的分析，判断是否存在环境污染风险或符合最终处置准入要求的手段之一。在进行浸出毒性分析时，浸出剂的选择、浸出条件、所用容器、浸出温度、振动方式、振动及静止时间等的选择，均极大地影响着分析结果的高低。具体的监测分析方法按照《固体废物　浸出毒性浸出方法》《固体废物　浸出毒性测定方法》《危险废物鉴别标准　浸出毒性鉴别》及相关的环境保护标准方法进行。

目前，固体废物浸出毒性浸出方法有多种，不同的浸出毒性浸出方法适用范围不同。GB 5086.1 翻转法适用于固体废物中无机污染物（氰化物、硫化物等不稳定污染物除外）的浸出毒性鉴别。HJ/T 299 硫酸硝酸法和 HJ/T 300 醋酸缓冲溶液法则适用于固体废物及其再利用产物，以及土壤样品中有机物和无机物的浸出毒性鉴别（不适于含有非水溶性液体的样品）。其中硫酸硝酸法以硝酸/硫酸混合溶液作为浸提剂，模拟废物在不规范填埋处置、堆存或经无害化处理后废物的土地利用时，其中的有害组分在酸性降水的影响下，从废物中浸出而进入环境的过程；而醋酸缓冲溶液法以醋酸缓冲溶液为浸提剂，模拟工业废物在进入卫生填埋场后，其中的有害组分在填埋场渗滤液的影响下，从废物中浸出的过程。HJ 557 水平振荡法适用于评估在受到地表水地下水浸沥时，固体废物及其他固态物质中无机污染物（氰化物、硫化物等不稳定污染物除外）的浸出风险（不适于含有非水溶性液体的样品）。

《危险废物鉴别标准　浸出毒性鉴别》（GB 5085.3）规定了按照 HJ/T 299 方法（硫酸硝酸法）制备浸出液，提出了 50 种危害成分项目的前处理方法和分析方法（表 9-8）。

表 9-8 浸出毒性分析结果判断方案

序号	危害成分项目	分析方法
无机元素及化合物		
1	铜（以总铜计）	GB 5085.3—2007 附录 A、B、C、D
2	锌（以总锌计）	GB 5085.3—2007 附录 A、B、C、D
3	镉（以总镉计）	GB 5085.3—2007 附录 A、B、C、D
4	铅（以总铅计）	GB 5085.3—2007 附录 A、B、C、D
5	总铬	GB 5085.3—2007 附录 A、B、C、D
6	铬（六价）	GB/T 15555.4—1995
7	烷基汞	GB/T 14204—93
8	汞（以总汞计）	GB 5085.3—2007 附录 B
9	铍（以总铍计）	GB 5085.3—2007 附录 A、B、C、D
10	钡（以总钡计）	GB 5085.3—2007 附录 A、B、C、D
11	镍（以总镍计）	GB 5085.3—2007 附录 A、B、C、D
12	总银	GB 5085.3—2007 附录 A、B、C、D
13	砷（以总砷计）	GB 5085.3—2007 附录 C、E
14	硒（以总硒计）	GB 5085.3—2007 附录 B、C、E
15	无机氟化物（不包括氟化钙）	GB 5085.3—2007 附录 F
16	氰化物（以 CN^- 计）	GB 5085.3—2007 附录 G
有机农药类		
17	滴滴涕	GB 5085.3—2007 附录 H
18	六六六	GB 5085.3—2007 附录 H
19	乐果	GB 5085.3—2007 附录 I
20	对硫磷	GB 5085.3—2007 附录 I
21	甲基对硫磷	GB 5085.3—2007 附录 I
22	马拉硫磷	GB 5085.3—2007 附录 I
23	氯丹	GB 5085.3—2007 附录 H
24	六氯苯	GB 5085.3—2007 附录 H
25	毒杀芬	GB 5085.3—2007 附录 H
26	灭蚁灵	GB 5085.3—2007 附录 H
非挥发性有机化合物		
27	硝基苯	GB 5085.3—2007 附录 J
28	二硝基苯	GB 5085.3—2007 附录 K
29	对硝基氯苯	GB 5085.3—2007 附录 L
30	2,4-二硝基氯苯	GB 5085.3—2007 附录 L
31	五氯酚及五氯酚钠（以五氯酚计）	GB 5085.3—2007 附录 L
32	苯酚	GB 5085.3—2007 附录 K
33	2,4-二氯苯酚	GB 5085.3—2007 附录 K
34	2,4,6-三氯苯酚	GB 5085.3—2007 附录 K
35	苯并[a]芘	GB 5085.3—2007 附录 K、M

序号	危害成分项目	分析方法
36	邻苯二甲酸二丁酯	GB 5085.3—2007 附录 K
37	邻苯二甲酸二辛酯	GB 5085.3—2007 附录 L
38	多氯联苯	GB 5085.3—2007 附录 N
挥发性有机化合物		
39	苯	GB 5085.3—2007 附录 O、P、Q
40	甲苯	
41	乙苯	GB 5085.3—2007 附录 P
42	二甲苯	GB 5085.3—2007 附录 O、P
43	氯苯	
44	1,2-二氯苯	GB 5085.3—2007 附录 K、O、P、R
45	1,4-二氯苯	
46	丙烯腈	GB 5085.3—2007 附录 O
47	三氯甲烷	GB 5085.3—2007 附录 Q
48	四氯化碳	
49	三氯乙烯	
50	四氯乙烯	

（2）总量分析

水浸出毒性分析只能判断固体废物通过水浸出后的污染物浓度，并不能判断固体废物中有毒成分的总量，也无法知道固体废物毒性的浸出率。那么，在废弃物堆积如山的环境条件下，受各种环境因素的影响，毒物浸出率又将会发生什么变化呢？因此，进行固体废物中有害成分总量分析在环境管理上有着重要意义，不仅能够对固体废物中有害成分有全面的了解，而且还是确定固体废物有没有资源化价值的手段之一。我国对固体废物中的有害成分总量还没有标准，但许多国家都已经有了规定，如《巴塞尔公约》对固体废物中的As、Hg、Cu、Pb、Cd、Zn、Cr^{6+}、Se、Te、Sb、Bi 等重金属及其化合物的总量限制都做了详细规定。

在进行固体废物的总量分析时，各种溶解方式以及不同的操作方法等，都将极大地影响着分析结果的高低。因此，在选择固体废物的全溶解分析方法时，要慎重考虑。2013 年以来，我国陆续出版了固体废物总量的监测分析方法标准，如《固体废物　挥发性有机物的测定　顶空/气相色谱-质谱法》（HJ 643—2013）、《固体废物　汞、砷、硒、铋、锑的测定　微波消解/原子荧光法》（HJ 702—2014）、《固体废物　铍 镍 铜和钼的测定　石墨炉原子吸收分光光度法》（HJ 752—2015）、《固体废物　22 种金属元素的测定　电感耦合等离子体发射光谱法》（HJ 781—2016）、《固体废物　有机氯农药的测定　气相色谱-质谱法》（HJ 912—2017）等（详见表 9-6 中的监测分析方法），用以分析固体废物及固体废物浸出液中的污染物含量。

（3）农用用途检测

《农用污泥污染物控制标准》（GB 4284—2018）规定了城镇污水处理厂污泥农用时的污染物控制指标。城镇污水处理厂污泥指的是城镇污水处理厂在污水净化处理过程中产生的含水率不同的半固态和固态物质，不包括栅渣、浮渣和沉砂池砂砾。对于城镇污水处理厂污泥，经无害化处理达标后，可用于耕地、园地和牧草地。

污泥产物农用时，根据其污染物的浓度将其分为 A 级和 B 级污泥产物，其监测因子和浓度限值应满足表 9-9 的要求。

表 9-9 污泥产物的污染物浓度限值 单位：mg/kg

序号	控制项目	污染物限值	
		A 级污泥产物	B 级污泥产物
1	总镉（以干基计）	＜3	＜15
2	总汞（以干基计）	＜3	＜15
3	总铅（以干基计）	＜300	＜1 000
4	总铬（以干基计）	＜500	＜1 000
5	总砷（以干基计）	＜30	＜75
6	总镍（以干基计）	＜100	＜200
7	总锌（以干基计）	＜1200	＜3 000
8	总铜（以干基计）	＜500	＜1 500
9	矿物油（以干基计）	＜500	＜3 000
10	苯并[*a*]芘（以干基计）	＜2	＜3
11	多环芳烃（PAHs）（以干基计）	＜5	＜6

注：A 级污泥产物允许使用的农用地类型是耕地、园地、牧草地，B 级污泥产物允许使用的农用地类型是园地、牧草地、不种植使用农作物的耕地。

此外，污泥产物农用时，其卫生学指标及限值还应满足蛔虫卵死亡率大于等于 95%、粪大肠菌群菌值大于等于 0.01，理化指标及其限值应满足含水量小于等于 60%、pH 在 5.5～8.5、粒径小于等于 10 mm、有机质（以干基计）大于等于 20%。

上述污染因子的监测分析方法主要是参考土壤监测分析方法，如《土壤质量 总汞的测定 冷原子吸收分光光度法》（GB/T 17136）、《土壤和沉积物 铜、锌、铅、镍、铬的测定 火焰原子吸收分光光度法》（HJ 491—2019）、《土壤质量 铅、镉的测定 石墨炉原子吸收分光光度法》（GB/T 17141），还有《城市供水 多环芳烃的测定 液相色谱法》（CJ/T 147）、《城市污水处理厂污泥检验方法》（CJ/T 221）等。

《农用粉煤灰中污染物控制标准》（GB 8173—87）是为了防止农用粉煤灰对土壤、农作物、地下水、地面水的污染，保障农牧渔业生产和人体健康而制定的，适用范围是火力发电厂湿法排出的、经过一年以上风化的、用于改良土壤的粉煤灰。

粉煤灰农用时，其监测因子和控制标准限值应满足表 9-10 的要求。

表 9-10 农用粉煤灰中污染物控制标准值　　单位：mg/kg 干粉煤灰

序号	控制项目		最高允许含量	
			在酸性土壤上（pH＜6.5）	在中性和碱性土壤上（pH≥6.5）
1	总镉（以 Cd 计）		5	10
2	总砷（以 As 计）		75	75
3	总钼（以 Mo 计）		10	10
4	总硒（以 Se 计）		15	15
5	总硼（以水溶性 B 计）	敏感作物	5	5
		抗性较强作物	25	25
		抗性强作物	50	50
6	总镍（以 Ni 计）		200	300
7	总铬（以 Cr 计）		250	500
8	总铜（以 Cu 计）		250	500
9	总铅（以 Pb 计）		250	500
10	全盐量与氯化物		非盐碱土	盐碱土
			3 000（其中氯化物 1 000）	2 000（其中氯化物 600）
11	pH		10.0	8.7

（4）填埋处置入场要求检测

《生活垃圾填埋场污染控制标准》（GB 16889）和《危险废物填埋污染控制标准》（GB 18598）规定了填埋废物的入场要求。建设项目产生的或经处理的固体废物满足相关要求，可入场填埋。

《生活垃圾填埋场污染控制标准》（GB 16889—2008）规定了可直接进入生活垃圾填埋场填埋处置的固体废物主要有以下几类：①由环境卫生机构收集或自行收集的混合生活垃圾，以及企事业单位产生的办公废物；②生活垃圾焚烧炉渣（不包括焚烧飞灰）；③生活垃圾堆肥处理产生的固态残余物；④服装加工、食品加工以及其他城市生活服务行业产生的性质与生活垃圾相近的一般工业固体废物。

生活垃圾焚烧飞灰和医疗废物焚烧残渣（包括飞灰、底渣）经处理后满足下列条件，可以进入生活垃圾填埋场填埋处置：①含水率小于 30%；②二噁英含量（或等效毒性量）低于 3 μg/kg；③按照《固体废物　浸出毒性浸出方法　醋酸缓冲溶液法》（HJ/T 300）制备的浸出液中危害成分质量浓度低于表 9-11 规定的限值。

表 9-11 进入生活垃圾填埋场的固体废物浸出液污染物质量浓度限值

序号	污染物项目	质量浓度限值/（mg/L）
1	汞	0.05
2	铜	40
3	锌	100
4	铅	0.25
5	镉	0.15
6	铍	0.02
7	钡	25
8	镍	0.5
9	砷	0.3
10	总铬	4.5
11	六价铬	1.5
12	硒	0.1

一般工业固体废物经处理后，按照 HJ/T 300 制备的浸出液中危害成分质量浓度低于表 9-11 规定的限值，亦可进入生活垃圾填埋场填埋处置。

《危险废物填埋污染控制标准》（GB 18598—2001）规定了可直接进入危险废物填埋场填埋处置的危险废物主要有以下两类：①根据 GB 5086、GB/T 15555.1～GB/T 15555.5、GB/T 15555.7～GB/T 15555.11 以及新颁布的固体废物分析方法测得的废物浸出液中有一种或一种以上有害成分浓度超过《危险废物鉴别标准 浸出毒性鉴别》（GB 5085.3）中的标准值（表 9-8）并低于表 9-12 中的允许进入填埋区控制限值的废物；②根据 GB 5086、GB/T 15555.12 测得的废物浸出液 pH 在 7.0～12.0 的废物。

表 9-12 危险废物允许进入填埋区的控制限值

序号	污染物项目	稳定化控制限值/（mg/L）
1	有机汞	0.001
2	汞及其化合物（以总汞计）	0.25
3	铅（以总铅计）	5
4	镉（以总镉计）	0.50
5	总铬	12
6	六价铬	2.50
7	铜及其化合物（以总铜计）	75
8	锌及其化合物（以总锌计）	75
9	铍及其化合物（以总铍计）	0.20
10	钡及其化合物（以总钡计）	150
11	镍及其化合物（以总镍计）	15
12	砷及其化合物（以总砷计）	2.5
13	无机氟化物（不包括氟化钙）	100
14	氰化物（以 CN 计）	5

另外，下列危险废物经过预处理也可进入危险废物填埋场填埋处置。①根据 GB 5086、GB/T 15555.1～GB/T 15555.5、GB/T 15555.7～GB/T 15555.11 以及新颁布的固体废物分析方法测得的废物浸出液中任何一种有害成分浓度超过表 9-12 中允许进入填埋区的控制限值的废物；②根据 GB 5086、GB/T 15555.12 测得的废物浸出液 pH 小于 7.0 和大于 12.0 的废物；③本身具有反应性、易燃性的废物；④含水率高于 85%的废物；⑤液体废物。

浸出液中污染物质量浓度的监测分析方法参照表 9-6 中的监测分析方法。

9.3 固体废物的二次污染监测

固体废物就其较惰性的本质而言，其对环境的污染较小，但它通过大气、水体和土壤等介质转移，可能发生二次污染。那么，在进行验收监测时，基本原则是对固体废物可能产生的二次污染要进行充分调查（现场踏勘、社会访问），并在调查的基础上确定监测范围、监测类型（大气、地表水、地下水、土壤等）和监测因子，同时选择适当背景参数，评价污染状况及污染程度。

9.3.1 土壤污染监测

9.3.1.1 土壤污染监测概述

土壤是由矿物质、有机物、水、空气及生物有机体组成的连续覆被于地球陆地表面具有肥力的疏松物质，是随着气候、生物、母质、地形和时间因素变化而变化的历史自然体。土壤污染是指人类活动产生的污染物进入土壤并积累到一定程度，引起土壤质量恶化并导致生态或人体健康危害的现象。

造成土壤污染的原因有很多方面。工矿企业生产经营活动中排放的废气、废水、废渣是造成其周边土壤污染的主要原因，如尾矿渣、危险废物等各类固体废物堆放等，导致其周边土壤污染，汽车尾气排放导致交通干线两侧土壤铅、锌等重金属和多环芳烃污染；农业生产活动是造成耕地土壤污染的重要原因，如污水灌溉，化肥、农药、农膜等农业投入品的不合理使用和畜禽养殖等，导致耕地土壤污染；办公生活垃圾、废旧家用电器或生产设备、废旧电池、废旧灯管等固体废物随意丢弃，也是造成堆放场所周边土壤污染的原因；此外，自然背景值高是一切区域和流域土壤重金属超标的原因。土壤背景指的是区域内很少受人类活动影响和不受或未明显受现代工业污染与破坏的情况下，土壤原来固有的化学组成和元素含量水平。目前已经很难找到不受人类活动和污染影响的土壤，只能去找污染尽可能少的土壤。前文也提及了，土壤是随着气候、生物、母质、地形和时间因素变化而变化的，故不同历史条件下发育的不同土类或同一种土类发育于不同的母质母岩区，其土壤环境背景值也有明显差异的；就是同一地点采集的样品，分析结果也不可能完全相同，因此土壤环境背景值是统计性的。

土壤是固、气、液三项组成的分散体系，污染物进入土壤后流动、迁移、混合较难，采集样品往往具有局限性。因此，在进行土壤污染监测时，需进行污染源、自然条件和农作物生产情况的调查研究，使采集样品具有代表性。土壤污染监测包括样品的采集、样品的制备和土壤污染测定三个过程，其中样品的采集是保证监测结果能表征土壤的实际情况的关键所在。土壤采样遵循“随机”和“等量”原则：为了达到采集的监测样品具有好的代表性，必须避免一切主观因素，使组成总体的个体有同样的机会被选入样品，即组成样品的个体应当是随机地取自总体。另外，在一组需要相互之间进行比较的样品应当有同样的个体组成，否则样本大的个体所组成的样品，其代表性会大于样本少的个体组成的样品。所以“随机”和“等量”是决定样品具有同等代表性的重要条件。

9.3.1.2 土壤监测类型与布点采样

根据土壤监测目的，土壤环境监测有以下几种类型：区域土壤环境背景监测、农田土壤环境质量监测、建设项目土壤环境评价监测、城市土壤监测、土壤污染调查监测和土壤污染事故监测。验收监测中常见的主要是土壤污染调查监测，也有部分内容属于农田土壤环境质量监测和建设项目土壤环境评价监测。

土壤样品采集一般按三个阶段进行：①前期采样：根据背景资料与现场考察结果，采集一定数量的样品分析测定，用于初步验证污染物空间分异性和判断土壤污染程度，为制订监测方案（选择布点方式和确定监测项目及样品数量）提供依据，前期采样可与现场调查同时进行；②正式采样：按照监测方案，实施现场采样；③补充采样：正式采样测试后，发现布设的样点没有满足总体设计需要，则要进行增设采样点补充采样。通常验收监测调查中，面积较小的土壤污染调查可直接采样。

土壤污染调查监测主要考虑建设项目的行业特征、污染物产生与排放特征、厂内暂存情况等因素，结合气象条件、地形参数进行点位布设的。监测重点区域包括国家重点关注的污染企业、工业园区、工业企业遗留遗弃场地、饮用水水源地、油田区及周边和固体废物集中处理处置场地，同时兼顾果蔬菜种植基地、规模化畜禽养殖场地和大型交通干线两侧等区域。

根据污染类型，布点方法可选择放射状布点法、随机布点法和带状布点法。不同的方法适用范围不同。生产或者将要生产导致的污染物以工艺烟雾（尘）、污水、固体废物等形式污染周边土壤环境，采样点以污染源为中心放射状布设为主，在主导风向和地表水的径流方向适当增加采样点（离污染源的距离远于其他点）；以水污染型为主的土壤按水流方向带状布点，采样点自纳污口起由密渐疏；综合污染型土壤监测布点采用综合放射状、均匀、带状布点法。

如果建设工程或生产没有翻动土层，表层土受污染的可能性最大，但不排除对中下层土壤的影响。表层土样采集深度 0～20 cm；如果要调查对中下层土壤的影响，则在采样点采集柱状样，每个柱状样取样深度都为 100 cm，分取三个土样：表层样（0～20 cm）、中层样（20～60 cm）、深层样（60～100 cm）。

如果建设工程或生产中，土层受到翻动影响，污染物在土壤纵向分布不同于上者，可能呈现不规律性。应采集柱状样，采样深度由实际情况而定，一般同剖面样的采样深度，确定采样深度主要有随机深度采样、分层随机深度采样和规定深度采样三种方法。随机深度采样法适合土壤污染物水平方向变化不大的土壤监测单位；分层随机深度采样法适合绝大多数的土壤采样，土壤纵向（深度）分成三层，每层采一样品；规定深度采样适合预采样（为初步了解土壤污染随深度的变化，制订土壤采样方案）和挥发性有机物的监测采样，表层多采，中下层等间距采样。

（1）污染行业企业周边（含工业园区）土壤监测布点

根据当地行业特点、企业规模、污染物排放量以及对土壤环境的影响程度等因素综合确定点位：

- 废气污染型企业，在主导风向的下风向 75 m、200 m、400 m 处布设土壤监测点。
- 废水污染型企业，沿废水排放去向，距离企业 75 m、200 m、400 m 处布设土壤监测点。
- 在污染企业（工业园区）厂界 2 000 m 以外（主导上风向或地下水流向上游）布设 1 个土壤对照监测点。

土壤对照监测点位应尽量选择在一定时间内未经外界扰动的裸露土壤，应采集表层土壤样品，采样深度尽可能与污染调查的土壤监测点采样深度相同，如有必要也应采集深层土壤样品（下文涉及土壤对照监测点的，均按此要求进行）（图 9-1～图 9-3）。

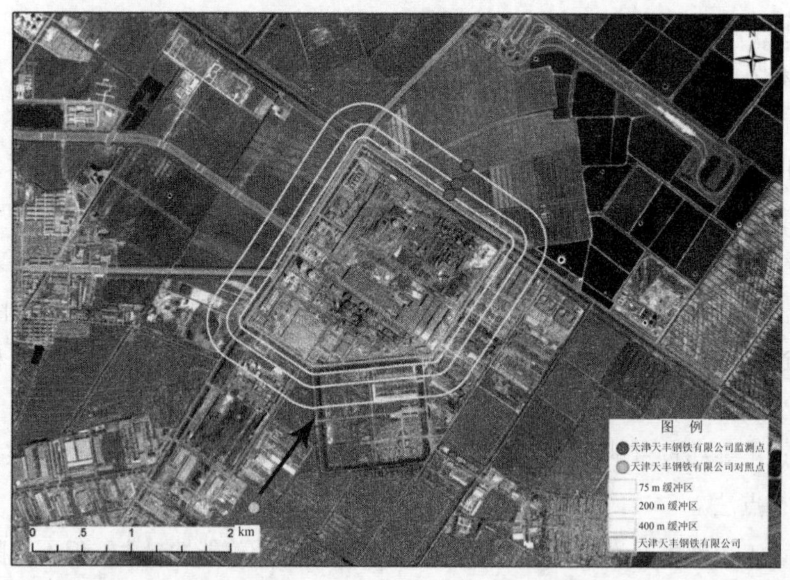

图 9-1 废气污染型企业周边土壤污染调查监测布点示意图

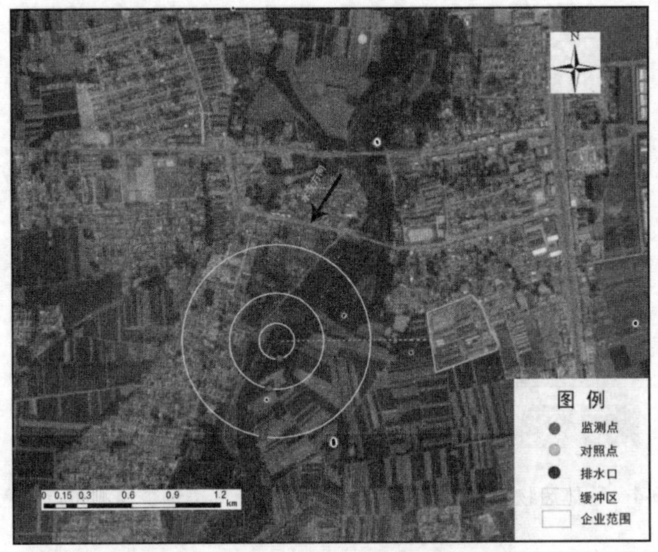

图 9-2 废水污染型企业周边土壤污染调查监测布点示意图

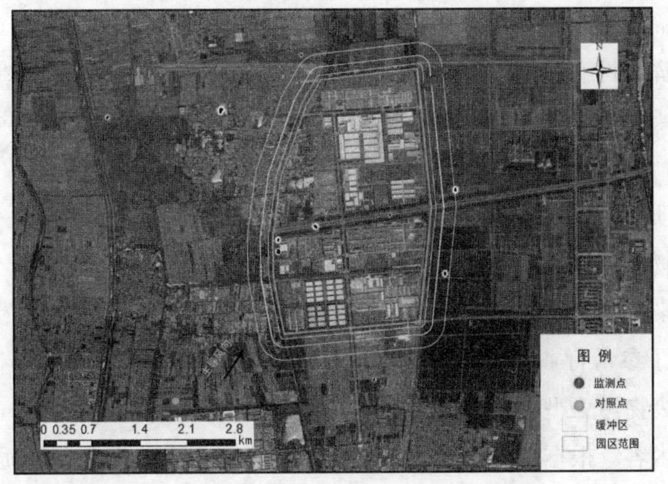

图 9-3 工业园区周边土壤污染调查监测布点示意图

（2）固体废物集中处理处置场所周边土壤监测布点

应加强使用时间在 3 年以上的填埋、堆放、焚烧处理处置场地周边土壤的监测。在固体废物处置场废水排放主方向上于 75 m、200 m、400 m 处各设置一个土壤监测点，在其他三个方向上 200 m 处各设置 1 个土壤监测点，在企业厂界 2 000 m 以外（主导上风向或地下水流向上游）布设 1 个土壤对照监测点（图 9-4）。

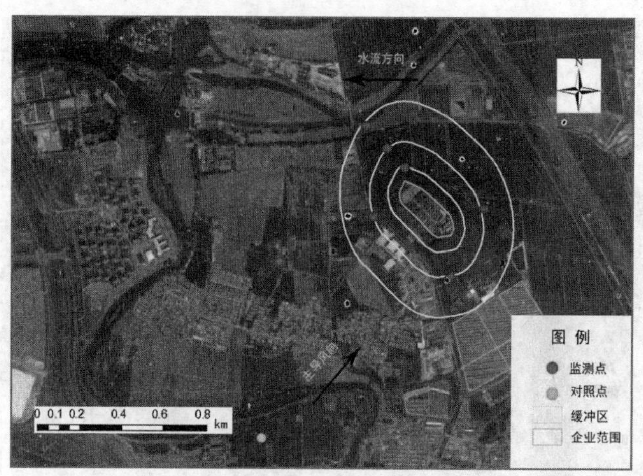

图 9-4 固体废物集中处理处置场所周边土壤污染调查监测布点示意图

9.3.1.3 土壤监测因子和频次、监测分析方法和评价标准

土壤中的污染物来源广泛、种类繁多，按其特性可以分成以下几类：

①重金属：镉、汞、铅、镍、铬、砷、铜、锌等；

②有机物：挥发性有机污染物如苯、甲苯、二甲苯、乙苯、二氯甲烷、二氯乙烯等，半挥发性有机污染物如滴滴涕、氯丹、多氯联苯、二噁英等，还有含油类的污染物等；

③化学肥料：氮、磷、微量营养元素等；

④放射性物质：铀-235、铯-137、锶-90 等；

⑤致病微生物：肠细菌、肠寄生虫、结核杆菌等。

验收中（污染影响类）土壤监测因子的确定主要与建设项目产生的污染物和其防治设施/措施有关，除了参考行业污染物排放标准，还应参考现行国家的土壤环境质量标准。废气、废水、固体废物污染型行业特征因子的选取可以分别参考本教材废气、废水、固体废物监测章节相关内容。根据调查监测的土壤类型，选择相应的土壤环境质量标准来评价监测结果；无评价标准的特征污染因子，可以对比土壤监测点与对照土壤监测点的监测结果，来说明土壤受项目影响情况；若建设项目环境影响评价阶段对所在地土壤进行了监测，也可比较项目建成前后土壤中污染物的浓度分布情况。

2018 年国家修订了土壤环境质量标准，颁布了《土壤环境质量 农用地土壤污染风险管控标准（试行）》（GB 15618—2018）和《土壤环境质量 建设用地土壤污染风险管控标准（试行）》（GB 36600—2018）。建设项目周边土壤污染调查涉及农用地的，土壤污染风险筛选值必测项目包括镉、汞、砷、铅、铬、铜、镍、锌，选测项目包括六六六、滴滴涕和苯并[*a*]芘，土壤中污染物浓度含量等于或者低于农用地土壤污染风险筛选值（表 9-13 和表 9-14）的，对农产品质量安全、农作物生长或土壤生态环境的风险低，一般情况下可以忽略，超过该值的，对农产品质量安全、农作物生长或土壤生态环境可能存在风险，应当加强土壤环境监测和农产品协同监测；如果污染物含量超过农用地土壤污染风险管制值（表 9-15）的，食用农产品不符合质量安全标准等农用地土壤污染风险高，原则上应当采取严格管控措施。建设项目周边土壤污染调查涉及建设用地的，必测项目和选测项目分别见表 9-16 和表 9-17，其中建设用地土壤风险筛选值指在特定土地利用方式下，建设用地土壤中污染物含量等于或者低于该值的，对人体健康的风险可以忽略；超过该值的，对人体健康可能存在风险，应当开展进一步的详细调查和风险评估，确定具体污染范围和风险水平，而土壤风险管制值指在特定土地利用方式下，建设用地土壤中污染物含量超过该值的，对人体健康通常存在不可接受风险，应当采取风险管控或修复措施。

表 9-13 农用地土壤污染风险筛选值（基本项目） 单位：mg/kg

序号	污染物项目①②		风险筛选值			
			pH≤5.5	5.5＜pH≤6.5	6.5＜pH≤7.5	pH＞7.5
1	镉	水田	0.3	0.4	0.6	0.8
		其他	0.3	0.3	0.3	0.6
2	汞	水田	0.5	0.5	0.6	1.0
		其他	1.3	1.8	2.4	3.4
3	砷	水田	30	30	25	20
		其他	40	40	30	25
4	铅	水田	80	100	140	240
		其他	70	90	120	170
5	铬	水田	250	250	300	350
		其他	150	150	200	250
6	铜	水田	150	150	200	200
		其他	50	50	100	100
7	镍		60	70	100	190
8	锌		200	200	250	300

注：①重金属和类金属砷均按元素总量计；

②对于水旱轮作地，采用其中较严格的风险筛选值。

表 9-14 农用地土壤污染风险筛选值（其他项目） 单位：mg/kg

序号	污染物项目	风险筛选值
1	六六六总量①	0.10
2	滴滴涕总量②	0.10
3	苯并[a]芘	0.55

注：①六六六总量为α-六六六、β-六六六、γ-六六六、δ-六六六四种异构体的含量总和。

②滴滴涕总量为 *p,p′*-滴滴伊、*p,p′*-滴滴滴、*o,p′*-滴滴涕、*p, p′*-滴滴涕四种衍生物的含量总和。

表 9-15 农用地土壤污染风险管制值 单位：mg/kg

序号	污染物项目	风险管制值			
		pH≤5.5	5.5＜pH≤6.5	6.5＜pH≤7.5	pH＞7.5
1	镉	1.5	2.0	3.0	4.0
2	汞	2.0	2.5	4.0	6.0
3	砷	200	150	120	100
4	铅	400	500	700	1 000
5	铬	800	850	1 000	1 300

表 9-16 建设用地土壤污染风险筛选值和管制值（必测项目） 单位：mg/kg

序号	污染物项目	筛选值		管制值	
		第一类用地	第二类用地	第一类用地	第二类用地
重金属和无机物					
1	砷	20①	60①	120	140
2	镉	20	65	47	172
3	铬（六价）	3.0	5.7	30	78
4	铜	2 000	18 000	8 000	36 000
5	铅	400	800	800	2 500
6	汞	8	38	33	82
7	镍	150	900	600	2 000
挥发性有机物					
8	四氯化碳	0.9	2.8	9	36
9	氯仿	0.3	0.9	5	10
10	氯甲烷	12	37	21	120
11	1,1-二氯乙烷	3	9	20	100
12	1,2-二氯乙烷	0.52	5	6	21
13	1,1-二氯乙烯	12	66	40	200
14	顺-1,2-二氯乙烯	66	596	200	2 000
15	反-1,2-二氯乙烯	10	54	31	163
16	二氯甲烷	94	616	300	2 000
17	1,2-二氯丙烷	1	5	5	47
18	1,1,1,2-四氯乙烷	2.6	10	26	100
19	1,1,2,2-四氯乙烷	1.6	6.8	14	50
20	四氯乙烯	11	53	34	183
21	1,1,1-三氯乙烷	701	840	840	840
22	1,1,2-三氯乙烷	0.6	2.8	5	15
23	三氯乙烯	0.7	2.8	5	15
24	1,2,3-三氯丙烷	0.05	0.5	0.5	5
25	氯乙烯	0.12	0.43	1.2	4.3
26	苯	1	4	10	40
27	氯苯	68	270	200	1 000

序号	污染物项目	筛选值		管制值	
		第一类用地	第二类用地	第一类用地	第二类用地
28	1,2-二氯苯	560	560	560	560
29	1,4-二氯苯	5.6	20	56	200
30	乙苯	7.2	28	72	280
31	苯乙烯	1 290	1 290	1 290	1 290
32	甲苯	1 200	1 200	1 200	1 200
33	间二甲苯+对二甲苯	163	570	500	570
34	邻二甲苯	222	640	640	640
半挥发性有机物					
35	硝基苯	34	76	190	760
36	苯胺	92	260	211	663
37	2-氯酚	250	2 256	500	4 500
38	苯并[*a*]蒽	5.5	15	55	151
39	苯并[*a*]芘	0.55	1.5	5.5	15
40	苯并[*b*]荧蒽	5.5	15	55	151
41	苯并[*k*]荧蒽	55	151	550	1 500
42	䓛	490	1 293	4 900	12 900
43	二苯并[*a,h*]蒽	0.55	1.5	5.5	15
44	茚并[1,2,3-*cd*]芘	5.5	15	55	151
45	萘	25	70	255	700

注：①具体地块土壤中污染物检测含量超过筛选值，但等于或者低于土壤环境背景值（见 GB 36600—2018 附录 A）水平的，不纳入污染地块管理。

表 9-17　建设用地土壤污染风险筛选值和管制值（选测项目）　　单位：mg/kg

序号	污染物项目	筛选值		管制值	
		第一类用地	第二类用地	第一类用地	第二类用地
重金属和无机物					
1	锑	20	180	40	360
2	铍	15	29	98	290
3	钴	20	70	190	350
4	甲基汞	5.0	45	10	120
5	钒	165	752	330	1 500
6	氰化物	22	135	44	270
挥发性有机物					
7	一溴二氯甲烷	0.29	1.2	2.9	12
8	溴仿	32	103	320	1 030
9	二溴氯甲烷	9.3	33	93	330
10	1,2-二溴乙烷	0.07	0.24	0.7	2.4
半挥发性有机物					
11	六氯环戊二烯	1.1	5.2	2.3	10

序号	污染物项目	筛选值		管制值	
		第一类用地	第二类用地	第一类用地	第二类用地
12	2,4-二硝基甲苯	1.8	5.2	18	52
13	2,4-二氯酚	117	843	234	1 690
14	2,4,6-三氯酚	39	137	78	560
15	2,4-二硝基酚	78	562	156	1 130
16	五氯酚	1.1	2.7	12	27
17	邻苯二甲酸二（2-乙基己基）酯	42	121	420	1 210
18	邻苯二甲酸丁基苄酯	312	900	3 120	9 000
19	邻苯二甲酸二正辛酯	390	2 812	800	5 700
20	3,3′-二氯联苯胺	1.3	3.6	13	36
有机农药类					
21	阿特拉津	2.6	7.4	26	74
22	氯丹②	2.0	6.2	20	62
23	*p,p′*-滴滴滴	2.5	7.1	25	71
24	*p,p′*-滴滴伊	2.0	7.0	20	70
25	滴滴涕③	2.0	6.7	21	67
26	敌敌畏	1.8	5.0	18	50
27	乐果	86	619	170	1 240
28	硫丹④	234	1 687	470	3 400
29	七氯	0.13	0.37	1.3	3.7
30	α-六六六	0.09	0.3	0.9	3
31	β-六六六	0.32	0.92	3.2	9.2
32	γ-六六六	0.62	1.9	6.2	19
33	六氯苯	0.33	1	3.3	10
34	灭蚁灵	0.03	0.09	0.3	0.9
多氯联苯、多溴联苯和二噁英类					
35	多氯联苯（总量）⑤	0.14	0.38	1.4	3.8
36	3,3′,4,4′,5-五氯联苯（PCB 126）	4×10^{-5}	1×10^{-4}	4×10^{-4}	1×10^{-3}
37	3,3′,4,4′,5,5′-六氯联苯（PCB 169）	1×10^{-4}	4×10^{-4}	1×10^{-3}	4×10^{-3}
38	二噁英类（总毒性当量）	1×10^{-5}	4×10^{-5}	1×10^{-4}	4×10^{-4}
39	多溴联苯（总量）	0.02	0.06	0.2	0.6
石油烃类					
40	石油烃（C_{10}-C_{40}）	826	450	5 000	9 000

注：①具体地块土壤中污染物检测含量超过筛选值，但等于或者低于土壤环境背景值（见 GB 36600—2018 附录 A）水平的，不纳入污染地块管理；

②氯丹为α-氯丹、γ-氯丹两种物质含量总和；

③滴滴涕为 *o,p′*-滴滴涕、*p,p′*-滴滴涕两种物质含量总和；

④硫丹为 α-硫丹、β-硫丹两种物质含量总和；

⑤多氯联苯（总量）为 PCB 77、PCB 81、PCB105、PCB114、PCB118、PCB123、PCB 126、PCB156、PCB157、PCB167、PCB169、PCB189 12 种物质含量总和。

根据《建设项目竣工环境保护验收技术指南 污染影响类》有关内容，土壤环境质量监测至少布设三个采样点，每个采样点至少采集 1 个样品，样品采集方法可按 9.3.1.2 小节和《土壤环境监测技术规范》（HJ/T 166）相关要求进行。

验收中土壤污染调查与监测主要依据《中华人民共和国土壤污染防治法》，以及相关土壤环境质量标准、监测技术规范和方法等（表 9-18）。

表 9-18 土壤污染调查与监测的标准依据汇总

分类	标准名称	标准编号	发布日期	实施日期
土壤环境质量标准	《土壤环境质量 建设用地土壤污染风险管控标准（试行）》	GB 36600—2018	2018-06-22	2018-08-01
	《土壤环境质量 农用地土壤污染风险管控标准（试行）》	GB 15618—2018	2018-06-22	2018-08-01
	《温室蔬菜产地环境质量评价标准》	HJ 333—2006	2006-11-17	2007-02-01
	《食用农产品产地环境质量评价标准》	HJ 332—2006	2006-11-17	2007-02-01
	《拟开放场址土壤中剩余放射性可接受水平规定（暂行）》	HJ 53—2000	2000-05-22	2000-12-01
监测方法标准	《土壤和沉积物 有机磷类和拟除虫菊酯类等 47 种农药的测定 气相色谱-质谱法》	HJ 1023—2019	2019-05-12	2019-09-01
	《土壤和沉积物 苯氧羧酸类农药的测定 高效液相色谱法》	HJ 1022—2019	2019-05-12	2019-09-01
	《土壤和沉积物 石油烃（C_{10}-C_{40}）的测定 气相色谱法》	HJ 1021—2019	2019-05-12	2019-09-01
	《土壤和沉积物 石油烃（C_6-C_9）的测定 吹扫捕集 气相色谱法》	HJ 1020—2019	2019-05-12	2019-09-01
	《土壤和沉积物 铜、锌、铅、镍、铬的测定 火焰原子吸收分光光度法》	HJ 491—2019	2019-05-12	2019-09-01
	《土壤和沉积物 挥发酚的测定 4-氨基安替比林分光光度法》	HJ 998—2018	2018-12-26	2019-06-01
	《土壤和沉积物 醛、酮类化合物的测定 高效液相色谱法》	HJ 997—2018	2018-12-26	2019-06-01
	《土壤和沉积物 11 种元素的测定 碱熔-电感耦合等离子体发射光谱法》	HJ 974—2018	2018-11-13	2019-03-01
	《土壤 pH 值的测定 电位法》	HJ 962—2018	2018-07-29	2019-01-01
	《土壤和沉积物 氨基甲酸酯类农药的测定 高效液相色谱-三重四极杆质谱法》	HJ 961—2018	2018-07-29	2019-01-01
	《土壤和沉积物 氨基甲酸酯类农药的测定 柱后衍生-高效液相色谱法》	HJ 960—2018	2018-07-29	2019-01-01
	《土壤和沉积物 多溴二苯醚的测定 气相色谱-质谱法》	HJ 952—2018	2018-07-29	2018-12-01
	《土壤和沉积物 总汞的测定 催化热解-冷原子吸收分光光度法》	HJ 923—2017	2017-12-28	2018-04-01

分类	标准名称	标准编号	发布日期	实施日期
监测方法标准	《土壤和沉积物　多氯联苯的测定　气相色谱法》	HJ 922—2017	2017-12-28	2018-04-01
	《土壤和沉积物　有机氯农药的测定　气相色谱法》	HJ 921—2017	2017-12-28	2018-04-01
	《土壤和沉积物　有机物的提取　超声波萃取法》	HJ 911—2017	2017-12-29	2018-04-01
	《土壤和沉积物　多氯联苯混合物的测定　气相色谱法》	HJ 890—2017	2017-12-17	2018-02-01
	《土壤　阳离子交换量的测定　三氯化六氨合钴浸提-分光光度法》	HJ 889—2017	2017-12-17	2018-02-01
	《土壤　水溶性氟化物和总氟化物的测定　离子选择电极法》	HJ 873—2017	2017-11-28	2018-01-01
	《土壤和沉积物　有机氯农药的测定　气相色谱-质谱法》	HJ 835—2017	2017-07-18	2017-09-01
	《土壤和沉积物　半挥发性有机物的测定　气相色谱-质谱法》	HJ 834—2017	2017-07-18	2017-09-01
	《土壤和沉积物　硫化物的测定　亚甲基蓝分光光度法》	HJ 833—2017	2017-07-18	2017-09-01
	《土壤和沉积物　金属元素总量的消解　微波消解法》	HJ 832—2017	2017-07-18	2017-09-01
	《土壤和沉积物　多环芳烃的测定　气相色谱-质谱法》	HJ 805—2016	2016-06-24	2016-08-01
	《土壤　8 种有效态元素的测定　二乙烯三胺五乙酸浸提-电感耦合等离子体发射光谱法》	HJ 804—2016	2016-06-24	2016-08-01
	《土壤和沉积物　12 种金属元素的测定　王水提取-电感耦合等离子体质谱法》	HJ 803—2016	2016-06-24	2016-08-01
	《土壤　电导率的测定　电极法》	HJ 802—2016	2016-06-24	2016-08-01
	《土壤和沉积物　多环芳烃的测定　高效液相色谱法》	HJ 784—2016	2016-02-01	2016-03-01
	《土壤和沉积物　有机物的提取　加压流体萃取法》	HJ 783—2016	2016-02-01	2016-03-01
	《土壤和沉积物　无机元素的测定　波长色散 X 射线荧光光谱法》	HJ 780—2015	2015-12-14	2016-02-01
	《土壤　氧化还原电位的测定　电位法》	HJ 746—2015	2015-06-04	2015-07-01
	《土壤　氰化物和总氰化物的测定　分光光度法》	HJ 745—2015	2015-06-04	2015-07-01
	《土壤和沉积物　多氯联苯的测定　气相色谱-质谱法》	HJ 743—2015	2015-05-04	2015-07-01
	《土壤和沉积物　挥发性芳香烃的测定　顶空/气相色谱法》	HJ 742—2015	2015-05-04	2015-07-01
	《土壤和沉积物　挥发性有机物的测定　顶空/气相色谱法》	HJ 741—2015	2015-05-04	2015-07-01
	《土壤和沉积物　铍的测定　石墨炉原子吸收分光光度法》	HJ 737—2015	2015-02-07	2015-04-01
	《土壤和沉积物　挥发性卤代烃的测定　顶空/气相色谱-质谱法》	HJ 736—2015	2015-02-07	2015-04-01
	《土壤和沉积物　挥发性卤代烃的测定　吹扫捕集/气相色谱-质谱法》	HJ 735—2015	2015-02-07	2015-04-01

分类	标准名称	标准编号	发布日期	实施日期
监测方法标准	《土壤质量 全氮的测定 凯氏法》	HJ 717—2014	2014-11-27	2015-01-01
	《土壤 有效磷的测定 碳酸氢钠浸提-钼锑抗分光光度法》	HJ 704—2014	2014-09-15	2014-12-01
	《土壤和沉积物 酚类化合物的测定 气相色谱法》	HJ 703—2014	2014-09-15	2014-12-01
	《土壤 有机碳的测定 燃烧氧化-非分散红外法》	HJ 695—2014	2014-03-13	2014-07-01
	《土壤和沉积物 汞、砷、硒、铋、锑的测定 微波消解/原子荧光法》	HJ 680—2013	2013-11-21	2014-02-01
	《土壤和沉积物 丙烯醛、丙烯腈、乙腈的测定 顶空-气相色谱法》	HJ 679—2013	2013-11-21	2014-02-01
	《土壤 有机碳的测定 燃烧氧化-滴定法》	HJ 658—2013	2013-08-16	2013-09-01
	《土壤、沉积物 二噁英类的测定 同位素稀释/高分辨气相色谱-低分辨质谱法》	HJ 650—2013	2013-06-03	2013-09-01
	《土壤 可交换酸度的测定 氯化钾提取-滴定法》	HJ 649—2013	2013-06-03	2013-09-01
	《土壤和沉积物 挥发性有机物的测定 顶空/气相色谱-质谱法》	HJ 642—2013	2013-01-21	2013-07-01
	《土壤 水溶性和酸溶性硫酸盐的测定 重量法》	HJ 635—2012	2012-02-29	2012-06-01
	《土壤 氨氮、亚硝酸盐氮、硝酸盐氮的测定 氯化钾溶液提取-分光光度法》	HJ 634—2012	2012-02-29	2012-06-01
	《土壤 总磷的测定 碱熔-钼锑抗分光光度法》	HJ 632—2011	2011-12-06	2012-03-01
	《土壤 可交换酸度的测定 氯化钡提取-滴定法》	HJ 631—2011	2011-12-06	2012-03-01
	《土壤 有机碳的测定 重铬酸钾氧化-分光光度法》	HJ 615—2011	2011-04-15	2011-10-01
	《土壤 毒鼠强的测定 气相色谱法》	HJ 614—2011	2011-04-15	2011-10-01
	《土壤 干物质和水分的测定 重量法》	HJ 613—2011	2011-04-15	2011-10-01
	《土壤和沉积物 挥发性有机物的测定 吹扫捕集/气相色谱-质谱法》	HJ 605—2011	2011-02-10	2011-06-01
	《土壤和沉积物 二噁英类的测定 同位素稀释高分辨气相色谱-高分辨质谱法》	HJ 77.4—2008	2008-12-31	2009-04-01
	《土壤质量 铅、镉的测定 石墨炉原子吸收分光光度法》	GB/T 17141—1997	1997-12-08	1998-05-01
	《土壤质量 铅、镉的测定 KI-MIBK 萃取火焰原子吸收分光光度法》	GB/T 17140—1997	1997-12-08	1998-05-01
	《土壤质量 总汞的测定 冷原子吸收分光光度法》	GB/T 17136—1997	1997-12-08	1998-05-01
	《土壤质量 总砷的测定 硼氢化钾-硝酸银分光光度法》	GB/T 17135—1997	1997-12-08	1998-05-01
	《土壤质量 总砷的测定 二乙基二硫代氨基甲酸银分光光度法》	GB/T 17134—1997	1997-12-08	1998-05-01
	《土壤质量 六六六和滴滴涕的测定 气相色谱法》	GB/T 14550-93	1993-08-06	1994-01-15

分类	标准名称	标准编号	发布日期	实施日期
其他相关标准	《关于印发全国土壤污染状况详样品分析测试方法系列技术规定的通知》	环办土壤函〔2017〕1625号	2017-10-23	2017-10-23
	《农用地土壤样品采集流转制备和保存技术规定》		2017年	2017年
	《污染场地术语》	HJ 682—2014	2014-02-19	2014-07-01
	《污染场地土壤修复技术导则》	HJ 25.4—2014	2014-02-19	2014-07-01
	《污染场地风险评估技术导则》	HJ 25.3—2014	2014-02-19	2014-07-01
	《场地环境监测技术导则》	HJ 25.2—2014	2014-02-19	2014-07-01
	《场地环境调查技术导则》	HJ 25.1—2014	2014-02-19	2014-07-01
	《全国土壤污染状况调查土壤样品采集（保存）技术规定》	环发〔2006〕129号	2006年	2006年
	《土壤环境监测技术规范》	HJ/T 166—2004	2004-12-09	2004-12-09
	《土壤质量词汇》	GB/T 18834—2002	2002-09-11	2003-02-01

9.3.2　地下水和地表水监测

地下水和地表水污染主要是受固体废物填埋场或堆存场渗漏的溶出性有害元素和化合物的影响，因此是否进行地下水和地表水监测，首先要对渣场所处环境位置进行调查，是否存在与地下水及通过地下水与地表水的相互联系。如果污染源离地表水较近，由于地表水有时接受地下水的补给，污染源就会沿着地下水的流向方向扩散，在一定范围内可能对地表水体形成污染，这时地下水和地表水的监测都要考虑；如果离地表水体远，地表水一年四季又总是接受地下水体的补给，则不会对地表水构成大的危害，这时只需要进行地下水的监测。如果固体废物直接排入水体，应该对其进行监测。

我国已形成一系列地表水和地下水标准规范的监测布点采样、样品分析方法，监测点位布设原则根据地表水和地下水的流向，在其下游设置采样点，并在上游设置对照点。样品个数视影响范围来确定。样品的实验室分析按照《水和废水监测分析方法》进行。具体监测内容可参考本书废水监测中地表水、地下水监测相关内容。

9.3.3　大气监测

固体废物带来的大气污染监测主要是渣场周边环境的扬尘和固体废物在处理过程中散发的有害气体或臭味的检测，最为典型的实例是焚烧。扬尘监测方法见《空气和废气监测分析方法》，焚烧炉废气监测见《固定污染源排气中颗粒物测定与气态污染物采样方法》（GB/T 16157）、《空气和废气监测分析方法》（第四版）、《环境空气和废气　二噁英类的测定　同位素稀释高分辨气相色谱-高分辨质谱法》（HJ 77.2—2008）和《危险废物（含医疗废物）焚烧处置设施二噁英排放监测技术规范》（HJ/T 365—2007）。具体监测内容可参考本书废气监测中环境空气监测相关内容。

9.4 固体废物监测质量保证和质量控制

固体废物监测质量保证的内容包括现场采样、制样、样品的浸提或溶解（或有机溶剂萃取）、分析测试数据处理等全过程，其原则和目的是使数据具有代表性、准确性、精密性、完整性与可比性，使数据能最大限度地代表监测对象的客观状况。在“八五”期间，我国已研制了25种有机污染物标液（苯系物10种、卤代苯类3种、酞酸酯类3种、多环芳烃类4种、酚类3种、苯胺类2种）和2种固体废物标样（ISS-1铬渣、ISS-2锌渣），并且开展了固体废物环境监测分析过程中的QA/QC评价方法的研究。

固体废物采样可采取的质控措施主要有以下几种：

（1）为了获得具有代表性的样品，采样全过程质量控制。

（2）采样前，应设计详细的监测方案/采样计划，认真按方案/计划操作。

（3）对采样人员进行培训，现场应由2名监测人员进行操作。

（4）采样工具材质不能和待采固体废物有任何反应，采样工具应干燥、清洁。

（5）采样过程中要防治待采固体废物受到污染和发生变质。

（6）与水、酸、碱有反应的固体废物应在隔绝水、酸、碱的条件下采样。

（7）组成随温度变化的应在其正常组成所要求的温度下采样。

（8）盛样容器材质与样品物质不起作用，没有渗透性，具有符合要求的盖、塞或者阀门，使用前应洗净、干燥。

（9）样品运输过程中应防止不同工业固体废物样品之间的交叉污染，盛样容器不可倒置、倒放，应防止破损、浸湿和污染。

（10）采样过程中应采集不少于10%的平行样；实验室分析过程一般应加不少于10%的平行样；对可以得到标准样品或质量控制样品的项目，应同时做不少于10%的标准样品或质控样品；对不可以得到标准样品或质量控制样品，但可以做加标回收样品的项目，应同时做不少于10%的加标回收样品。

总之，固体废物监测的QA/QC主要是通过空白、平行样和加标样来对整个过程进行质量控制。应严格按照标准操作程序进行采样，并保证样品从采样到报告测定数据的全过程中，都受到严格监控。在此期间，样品是随时有记录，可追踪的，并保存准确与完整的记录，以备查询。

9.5 固体废物验收检查与监测结论

在验收监测中，通过对固体废物进行的检查与监测，应给出以下几个方面的结论：

（1）固体废物来源、种类及性质是否属于危险废物。

（2）固体废物排放量、厂内暂存量、处理处置量、综合利用量及最终去向。

（3）固体废物处理、综合利用、处置情况是否符合相关技术规范、标准的检查结果。

（4）固体废物委托处理处置单位相应资质的核查结果以及合同中处理的固体废物的种类、产生量、处理处置方式是否与其资质相符的核查结果。必要时对固体废物的去向做相应的追踪调查，并附建设单位与被委托方签订的固体废物处理处置合同、转移联单等。

（5）固体废物的临时存放场所、存放方式是否符合要求。

（6）危废运输的车辆是否符合要求。

（7）固体废物污染物含量达标综合评价。

（8）固体废物产生二次污染的调查及监测结果。

（9）生产过程中使用的固体废物是否符合相关控制标准要求的检查结果。

9.6 实例剖析

9.6.1 燃煤电厂固体废物监测

燃煤电厂固体废物产生源分为锅炉排渣和除尘器排灰两大类，按照环境管理“三同时”要求，电厂建有灰渣贮存场用于灰渣集中堆存。灰渣的综合利用渠道一般为制砖、生产水泥和道路筑建。进行电厂固体废物监测，从以下几个方面考虑设计监测方案。

第一，灰渣基本堆存并且已堆存大量灰渣，综合利用率低。

这种情况下，了解周边社会环境、生态环境对环境质量要求，确定是否进行环境空气质量监测，监测点位设在常年主导风向的下风向，上风向设置对照点；对有放射性可能的渣场应进行放射性外照射监测。

第二，渣场处在地下水分布区，周边分散存在民用生活水井。

这种情况下，首先对渣场周围人群进行调查，了解人们对渣场建设后关注程度的反映以及对饮用井水有无不适，然后根据其他调查资料进行综合分析，确定监测井的位置和个数，进行二次污染监测。如果渣场离地表水域较近，考虑地表水监测。同时，可考虑对灰渣进行全量和浸出毒性分析。

第三，渣场堆存量少，综合利用率达到 90%以上。

这种情况下，除了解固体废物排放的基本情况外，不必进行实质性监测，但要了解固体废物的去向是否建立了供求合同，保证固体废物综合利用的长期稳定性。

9.6.2 汽车制造厂固体废物监测

汽车制造行业的固体废物主要由冲压车间、油漆车间、动力车间、含油废水处理站及厂区生活等部门产生，污染物分别为钢板废料、油漆渣、磷化渣、废铁屑、污泥和生活垃圾。

某汽车公司为合资企业，主要生产轿车、发动机和变速箱。设计能力为双班达到整车年产 10 万辆、发动机 18 万台和变速箱 10 万台，实际年产能力 5 万辆左右。2000 年该公司固体废物排放情况如表 9-19 所示。

表 9-19 某公司固体废物排放情况汇总

固体废物产生部门	固体废物	分类属性	排放量/（t/a）	处置方式	落实情况
冲压车间	钢板废料		490	送某钢厂回用	已落实
油漆车间	油漆渣	危险废物	132.5	送某环保公司	定期检查
	磷化渣	危险废物	10.86	送某环保公司	定期检查
动力总成车间	金属铁屑滤芯		98.26	送某钢回用	已落实
含油废水处理站	污泥		450.66	送某环保公司	定期检查
各车间	过滤袋、废溶剂等	危险废物	134.74	送某环保公司	定期检查
公司生活垃圾	生活垃圾		389	送当地环卫部门处置	已落实

从表 9-19 中可知，通过固体废物的排放调查（看现场、查记录），该厂的固体废物都得到了安全处置，国外投资公司定期进行检查和考核。对该厂实施固体废物监测的项目为油漆车间预处理站污泥和含油废水处理站污泥，污泥中主要为金属污染，因此分别进行浸出毒性实验。根据工艺过程中污染物的来源，监测因子为 Pb、Zn、Ni。监测频次为连续两天，每天采样一次，每次采取一个混合样，实验室分析。

9.6.3 飞灰稳定化处理项目固体废物监测

某垃圾焚烧飞灰稳定化处理中心采用“螯合剂+水泥”固化稳定化技术对某市范围内的生活垃圾焚烧飞灰进行预处理后送至生活垃圾填埋场进行填埋处置。设计的飞灰处理规模为 100 t/d，飞灰稳定化产物的最大产量为 163 t/d。项目处理工艺流程如下：垃圾焚烧发电厂产生的焚烧飞灰由专门车辆经指定道路运送至项目厂区内，运至厂内的飞灰通过气泵泵入飞灰仓罐；袋包装药剂通过斗提机进入药剂仓罐；水泥通过气泵泵入水泥仓罐。启动设备后，飞灰、水泥将通过各自的输送设备送至计量设备中，在自动控制系统的控制下，定量的飞灰、药剂、水泥和水通过成品螺旋输送机将三种物料输送至搅拌车中。各物料和水进入搅拌车后，持续搅拌混合，待搅拌车装满后，运送至填埋场在飞灰处置专区进行填埋，运输过程中搅拌车也将持续搅拌，以使物料充分混合。

根据项目环境影响报告书的审批部门审批意见要求，飞灰稳定化产物需满足《生活垃圾填埋场污染控制标准》（GB 16889—2008）第 6.3 条的要求。因此根据上述标准要求，对飞灰稳定化产物进行检测，监测内容见表 9-20。

表 9-20　飞灰稳定化产物监测内容

监测点位	监测项目	监测频次	备注
搅拌车卸料槽	汞、铜、锌、铅、镉、铍、钡、镍、砷、总铬、六价铬、硒	每天 3 次，连续 2 d，分析每天的混合样	浸出液体浓度
	二噁英		毒性当量浓度
	含水率		含量

飞灰稳定化产物前处理按《固体废物　浸出毒性浸出方法　醋酸缓冲溶液法》（HJ/T 300）进行浸出液制备，分析方法可参照表 9-6。

除此之外，还应对飞灰收运的各个环节风险防范设施/措施加以检查，防止飞灰在运输和存储过程中泄漏污染外环境。

9.6.4　危险废物焚烧处理项目固体废物监测

为推行危险废物集中无害化处置，某市新建危险废物焚烧处置项目。项目新建 1 套焚烧能力为 50 t/d 的回转窑，主要建设内容为危险废物处置相关的收运系统、储存系统、预处理（配伍）系统、回转窑焚烧系统、余热回收系统、烟气净化系统、炉渣及飞灰收集系统和配套公用辅助工程及环保工程。

项目生产过程中产生的固体废物主要包括捞渣机出渣、余热锅炉/急冷塔底部出灰、布袋除尘器底部出灰等，这些固体废物通过灰渣转运装置直接送至该市危险废物安全填埋场进行填埋处置。根据《国家危险废物管理名录》，危险废物焚烧过程产生的底渣、飞灰属于危险废物（HW18）。

根据项目环境影响报告书的审批部门审批意见要求，底渣、飞灰送危险废物填埋场处置前需满足《危险废物填埋污染控制标准》（GB 18598—2001）相关要求，因此对该项目焚烧产生的底渣和飞灰进行检测，监测内容见表 9-21。

前处理按《固体废物　浸出毒性浸出方法　醋酸缓冲溶液法》（HJ/T 300）进行浸出液制备，分析方法可参照表 9-6。监测结果以三次评价值进行评价。炉渣热灼减率评价执行《危险废物焚烧污染控制标准》（GB 18484—2001），其他监测因子评价执行《危险废物填埋污染控制标准》（GB 18598—2001）相关要求。

除此之外，还应对危险废物收运的各个环节风险防范设施/措施加以检查，核实危险废物转运联单制度和突发环境事故应急预案的落实情况，判断危险废物暂存场所是否符合

《危险废物贮存污染控制标准》（GB 18597—2001）及其修改单要求。

表 9-21 危险废物焚烧残渣和飞灰监测内容

<table>
<tr><th>监测点位</th><th>监测项目</th><th>监测频次</th><th>备注</th></tr>
<tr><td rowspan="4">焚烧炉炉渣堆放场，飞灰暂存罐出口</td><td>有机汞、汞及其化合物（以总汞计）、铅（以总铅计）、镉（以总镉计）、总铬、六价铬、铜及其化合物（以总铜计）、锌及其化合物（以总锌计）、铍及其化合物（以总铍计）、钡及其化合物（以总钡计）、镍及其化合物（以总镍计）、砷及其化合物（以总砷计）、无机氟化物（不包括氟化钙）、氰化物（以 CN 计）</td><td rowspan="4">每天 3 次，连续 2 d</td><td>浸出液含量浓度</td></tr>
<tr><td>pH</td><td>浸出液 pH</td></tr>
<tr><td>热灼减率</td><td>仅炉渣</td></tr>
<tr><td>含水率</td><td>含量</td></tr>
</table>

9.7 固体废物监测中应注意的问题

9.7.1 固体废物检查应注意的问题

（1）要了解各种行业所产生的固体废物的情况（表 9-22），并在现场勘察前制订勘察方案或做好有目的勘察的准备。

表 9-22 工业固体废物来源及主要污染物

<table>
<tr><th>行业</th><th>生产类型及产品</th><th>主要来源</th><th>主要固体废物</th></tr>
<tr><td rowspan="16">化学工业</td><td colspan="3">无机盐行业</td></tr>
<tr><td>重铬酸钠</td><td>氧化焙烧法</td><td>铬渣</td></tr>
<tr><td>氰化钠</td><td>氨钠法</td><td>氰渣</td></tr>
<tr><td>黄磷</td><td>电炉法</td><td>电炉渣、富磷泥</td></tr>
<tr><td colspan="3">氯碱行业</td></tr>
<tr><td>烧碱</td><td>水银法、隔膜法</td><td>含汞盐泥、盐泥、汞膏、废石棉隔膜、电石渣泥、废汞催化剂</td></tr>
<tr><td>聚氯乙烯</td><td>电石乙炔法</td><td>电石渣</td></tr>
<tr><td colspan="3">磷肥行业</td></tr>
<tr><td>黄磷</td><td>电炉法</td><td>电炉炉渣、磷泥</td></tr>
<tr><td>磷酸</td><td>湿法</td><td>磷石膏</td></tr>
<tr><td colspan="3">氮肥行业</td></tr>
<tr><td>合成氨</td><td>煤造气</td><td>炉渣、废催化剂、铜泥、氧化炉渣</td></tr>
<tr><td colspan="3">纯碱行业</td></tr>
<tr><td>纯碱</td><td>氨碱法</td><td>蒸馏废液、岩泥、苛化泥</td></tr>
</table>

行业	生产类型及产品	主要来源	主要固体废物
化学工业	硫酸行业		
	硫酸	硫铁矿制酸	硫铁矿烧渣、水洗净化污泥、废催化剂
	有机原料及合成材料		
	季戊四醇	低温缩合法	高浓度废母液
	环氧乙烷	乙烯氯化法（钙法）	皂化废渣
	聚甲醛	聚合法	烯醛液
	聚四氟乙烯	高温裂解法	蒸馏高沸残渣
	氯丁橡胶	电石乙炔法	电石渣
	钛白粉	硫酸法	废硫酸亚铁
	染料行业		
	还原艳绿 FFB	苯绕蒽酮缩合法	废硫酸
	双倍硫化氢	二硝基氯苯法	氧化滤液
	化学矿山		
	硫铁矿	选矿	尾矿
钢铁工业	炼铁	高炉	高炉渣、净化系统尘泥
	炼钢	转炉、平炉、电炉	钢渣、化铁炉渣、净化系统尘泥、残渣
	轧钢	冷轧、表面处理	氧化表皮、废酸
	铁合金	电炉、高炉、转炉、湿法冶炼	炉渣、铬浸出渣、钒浸出渣
	选矿	选矿	尾矿
	焦化	煤准备、炼焦炉、焦炭整粒	煤尘、焦尘、焦油渣、硫氨酸焦油、黑萘、精苯酸焦油、吹苯残渣和废泥、废渣、污泥、脱硫废渣
	烧结	烧结机	烧结尘泥
有色金属工业	矿山	采矿 选矿	各类采矿废石 重金属和稀有金属的尾矿
	重有色金属冶炼	火法冶炼 湿法冶炼	各种炉渣、浮渣、烟尘和粉尘 浸出渣、净化渣
	轻有色金属冶炼	氧化铝生产 电解铝生产	赤泥 残极、熔炼炉浮渣、电解槽废内衬
	稀有色金属冶炼	火法冶炼 湿法冶炼	还原渣、氧化熔炼渣、氧化挥发渣、浮渣、废熔盐、烟尘 酸浸渣、碱浸渣、中和渣、铜钒渣、硅渣、铝铁渣
石油化学工业	石油炼制	电化学精制、酸洗涤、二次加工汽、煤和柴油的酸洗、酯化工段、磺化工段、烷基化车间、聚合工段	废酸液
		电化学精制、二次加工、常减压蒸馏、催化裂化等各种碱洗涤、精制轻质润滑油	废碱液
		精制润滑油的白土补充精制，石蜡和地蜡的白土脱色工段	废白土
		各种油品贮罐和生产装置各类容器清洗	罐底泥

行业	生产类型及产品	主要来源	主要固体废物
石油化学工业	石油炼制	污水处理厂隔油池和浮选池	污水处理厂“三泥”
		催化裂化、催化重整、加氢裂化	废催化剂
		生产聚异丁烯硫磷化钡盐、二烷基二硫化磷酸锌、对甲酚	添加剂渣（钡、锌、酚渣）
	石油化工	碱洗塔、烷化、加氢	废碱液、废黄油、废催化剂
		白土塔、溶剂再生塔、压滤机、回收蒸馏釜	废白土、环丁烷、滤饼、残渣
		石油消化器、吸滤器、离心机	废石灰渣、废活性炭
		丝油锅	多异丙苯、酚、苯乙酮
		烃化反应、吸附分离、异构化、精馏塔	磷酸及烃、$Al(OH)_3$渣、焦油
		循环烷烃、氧化铝处理器、中和池、沉降罐	氟化铝、氟化钙、泥脚
	石油化纤	涤纶纤维生产	废催化剂、钴锰残渣、B 酯、聚酯残渣、聚酯废块、废丝
		锦纶生产	废镍催化剂、二元酸废液、醇酯及乙二胺废液、锦纶单体废块、废丝
		腈纶生产	硫胺废液、硫氰酸钠废液、废丝废块
		维纶生产	炭黑废渣、过滤机滤液、废丝
		丙纶生产	无规聚丙烯

（2）注意对堆场进行实地勘察，了解对固体废物的处置和管理是否符合环境影响报告书（表）及其审批部门审批决定的要求。

（3）注意对处理设施的检查，了解处理方法或方式是否符合环境影响报告书（表）及其审批部门审批决定的要求。

（4）对委托处理的情况，要了解是否与委托单位签订了相应合同或协议，确认受委托单位是否经过环境行政主管部门批准，受委托单位的工作范围是否可以受理需要处理的固体废物。

（5）检查固体废物综合利用时，除检查实施情况外，还应对综合利用率进行统计。

（6）由于一些建设项目原料来源不稳定，而原料（如矿石）中伴生矿物等含量不同，在相同的工艺处理下，固体废物中的伴生矿等污染物含量不同。由于这种不同，可能造成一些固体废物虽未列在危险废物名录中，但实际按照标准检验是危险废物。对此，在制订监测方案和实际监测时，要考虑判别固体废物是否为危险废物。如果判别结果表明为危险废物，报告结论和建议部分，应根据实际情况提出相应的建议。

9.7.2 固体废物检查后的建议

经过检查后，对发现的问题应做到以下几点。

（1）对检查过程中发现的问题，应向项目责任主体建设单位及时指出欠缺的内容，建议按环境影响报告书（表）和初步设计整改。

（2）如存在固体废物暂存场所设置不规范的情况，应根据实际情况提出相应的管理或整改建议。

（3）如存在固体废物管理制度缺失或不完善的情况，应督促建设单位完善管理制度，推进落实切实有效的管理手段。

（4）对环境影响报告书（表）中未列为危险废物，而实际鉴别判定为危险废物的情况，报告结论和建议部分，应根据实际情况提出相应的管理或整改建议。

9.7.3 固体废物监测

验收中固体废物应以检查为主，监测为辅。确有需要进行固体废物监测时，不仅要考虑毒性监测，还应考虑保存、处置等措施实施后产生的废液和废气对土壤、地表水、地下水和空气等方面的影响的监测。

10 验收监测方案、报告和验收意见编制

10.1 验收监测方案和报告的作用

10.1.1 验收监测方案的作用

验收监测方案是根据自查结果，对建设项目环境影响报告书（表）及其审批部门审批决定要求配套建设的环境保护设施进行监测的计划，是进行验收监测和编制验收监测报告的主要依据。

验收监测方案应充分反映环保设施应建设和实际完成情况，依据有关环境保护验收监测规范，合理安排验收监测内容，为编制验收监测报告奠定基础。

10.1.2 验收监测报告的作用

验收监测报告是在依据验收监测方案对配套建设的环境保护设施全面检查和监测的基础上，按照相关管理规定和技术要求，对监测数据和检查结果进行分析、评价得出结论的技术文件，是建设项目环境保护验收的最重要依据。

验收监测报告应充分反映建设项目环保设施的建设情况、环保设施的运行效果、各项污染物达标排放及其对环境的影响等。验收监测报告应以一定的形式，客观、公正、完整地表述建设项目环境保护设施的建设及调试情况。

10.2 验收监测方案

10.2.1 验收监测方案的编制

编制验收监测方案之前，先要进行自查，充分了解建设项目的地理位置和建设单位等基本情况、环境影响报告书（表）的意见及审批部门审批决定、应建设与实际建设情况、污水管网、污染源及主要排放污染物等。

验收监测方案的内容应围绕验收所要达到的目标进行编制，一般应包括以下内容。

（1）建设项目概况：主要简述项目名称、性质、建设单位、建设地点，环境影响报告书（表）编制单位与完成时间、审批部门、审批时间与文号，开工、竣工、调试时间，申领排污许可证情况，验收工作由来、验收工作的组织与启动时间，验收范围与内容、验收监测方案形成过程。

（2）验收依据：建设项目环境保护相关法律、法规和规章制度；建设项目竣工环境保护验收技术规范；建设项目环境影响报告书（表）及其审批部门审批决定：其他相关文件等。

（3）项目建设情况：应以简练文字并配图表叙述。

①地理位置及平面布置：项目所处地理位置，所在省市、县（区），周边易于辨识的交通要道及其他环境情况，重点突出项目所处地理区域内有无环境敏感目标，附项目地理位置图。项目生产经营场所地理度坐标，工程布局，附厂区总平面布置图。

②建设内容：项目产品、设计规模、工程组成及建设内容、实际总投资，附环境影响报告书（表）及其审批部门审批决定建设内容与实际建设内容对比表［与环境影响报告书（表）及审批部门批决定不一致的内容需要备注说明］。

对于改、扩建项目应简单介绍原有工程及公辅设施情况，以及本项目与原有工程的依托关系等。

③主要原辅材料及燃料：列表说明主要原料、辅料、燃料的名称、来源、设计消耗量、调试期间消耗量，给出燃料设计与实际成分。

④水源及水平衡：建设项目生产用水和生活用水来源、用水量、循环水量、废水回用量和排放量，附实际运行的水量平衡图。

⑤生产工艺：主要生产工艺原理、流程，附生产工艺流程与产污排污环节示意图。

⑥项目变动情况：简述或列表说明项目发生的主要变动情况，包括环境影响报告书（表）及其审批部门审批决定要求、实际建设情况、变动原因、是否属于重大变动，属于重大变动的有无重新报批环境影响报告书（表）、不属于重大变动的有无相关变动说明。

（4）环境保护设施

①污染物治理/处置设施。

a. 废水：废水类别、来源、污染物种类、排放规律（连续，间断）、排放量、治理设施、工艺与处理能力、设计指标、废水回用量、排放去向（不外排，排至厂内综合污水处理站，直接进入海域、直接进入江、湖、库等水环境，进入城市下水道再入江河、湖、库、沿海海域，进入城市污水处理厂，进入其他单位，进入工业废水集中处理厂，其他（包括回喷、回填、回灌、回用等）。附主要废水治理工艺流程图、全厂废水（含初期雨水）流向示意图、废水治理设施图片。

b. 废气：废气名称、来源、污染物种类、排放方式、治理设施、工艺与规模、设计指标、排气筒高度与内径尺寸、排放去向、治理设施监测点设置或开孔情况等，附主要废气治理工艺流程图、废气治理设施图片。

c. 噪声：噪声源设备名称、源强、台数、位置、运行方式及治理设施（如隔声、消声、减振、设备选型、设置防护距离、平面布置等）。附噪声治理设施图片。

d. 固（液）体废物：固（液）体废物名称、来源、性质、产生量、处理处置量、处理处置方式，暂存场所，委托处理处置合同、委托单位资质，危险废物转移联单情况等。涉及固（液）体废物储存场［如灰场、赤泥库、危险废物填埋场、尾矿（渣）库等］的，还应简述储存场地理位置、与厂区的距离、类型（山谷型或平原型）、储存方式、设计规模与使用年限、输送方式、输送距离、场区集水及排水系统、场区防渗系统、污染物及污染防治设施、场区周边环境敏感点情况等。附相关生产设施、环保设施及敏感点图片。

②其他环境保护设施。

a. 环境风险防范设施：危险化学品贮罐区、生产装置区围堰尺寸，防渗工程、地下水监测（控）井设置数量及位置，事故池数量、有效容积及位置，初期雨水收集系统及雨水切换阀位置与数量、切换方式及状态，危险气体报警器数量、安装位置、常设报警限值，事故报警系统，应急处置物资储备等。

b. 规范化排污口、监测设施及在线监测装置：废水、废气排放口规范化及监测设施建设情况，如废气监测平台建设、通往监测平台通道、监测孔等；在线监测装置的安装位置、数量、型号、监测因子、监测数据是否联网等。

c. 其他设施：环境影响报告书（表）及其审批部门审批决定中要求采取的"以新带老"改造工程、关停或拆除现有工程（旧机组或装置）、淘汰落后生产装置，生态恢复工程、绿化工程、边坡防护工程等其他环境保护设施。

③环保设施投资及"三同时"落实情况：项目实际总投资额、环保投资额及环保投资占总投资额的百分比，按废水、废气、噪声、固体废物、绿化、其他等列表说明各项环保设施实际投资情况，施工合同中环保设施建设进度和资金使用情况。项目环保设施设计单位、施工单位及环保设施"三同时"落实情况。

（5）环境影响报告书（表）主要结论与建议及其审批部门审批决定，以及地方生态环境护部门的特别要求。

（6）验收执行标准。列出环境影响报告书（表）批复时的国家或地方排放标准和环境质量标准的名称、标准号、初步设计（环保篇）的设计指标和总量控制指标。同时以现行国家或地方排放标准和环境质量标准作为执行标准。

（7）验收监测内容。废水、废气排放源及其相应的环保设施、厂界噪声、工业固（液）体废物和无组织排放源的监测内容，主要包括以下几个方面。

①监测断面或监测点位的布设方案，应附有废气排向和废水流向以及废气和废水监测点位示意图，厂区平面及噪声监测点位示意图等。

②列表反映各项监测点的验收监测因子和频次。

③厂区附近的环境质量监测。环境质量监测是指地表水、地下水、环境空气、土壤或海水等，主要包括以下几个方面：环境敏感点环境质量状况和可能受到影响的简要描述；简述监测断面或监测点位的布设情况，必要时附示意图；验收监测因子和频次的确定。

④验收监测的工况。

（8）质量保证和质量控制。采样和监测分析方法、仪器、验收监测的质量控制措施等。

（9）验收监测中应注意的事项。验收监测中需要注意的事项主要是以下几方面。

①现场监测保障：如水、电正常供给等；

②现场监测人员安全保障措施：安全帽、监测平台；

③其他要求：如环保设施运行正常稳定，采样孔、采样平台的设置要规范，以及后续需企业配合的其他工作等。

监测方案封页推荐式样（图 10-1）。

建设项目竣工环境保护

验收监测方案

项目名称:

建设单位:

编制单位:

年　月

（a）验收监测方案封面式样

建设单位法人代表:　　　（签字）

编制单位法人代表:　　　（签字）

项 目 负　责　 人:

方　案　编　写　 人:

建设单位 ___（盖章）　编制单位 ___（盖章）

电话:　　　　电话:

传真:　　　　传真:

邮编:　　　　邮编:

地址:　　　　地址:

（b）验收监测方案封二式样

图 10-1　验收监测方案封页推荐式样

10.2.2 编制验收监测方案应注意的问题

建设项目的行业是多样性的，建设项目竣工环境保护验收中验收监测方案的形式也是多样的。不同行业的建设项目的验收监测方案及验收报告应注意的问题也应有所不同，才能客观、公正、全面地反映建设项目建成后各项污染物达标排放及对环境所造成的影响。

编制验收监测方案时，应注意以下问题。

（1）环境影响报告书（表）是否是上报批复稿。

（2）建设项目实际建成与环境影响报告书（表）及其批复和初步设计是否一致，有任何差异都应在验收监测方案中列表对照说明，并明确是否属于重大变动，属于重大变动的有无履行环保手续，非重大变动的有无变动说明文件。

（3）验收范围确定要合理。

（4）验收监测的执行标准要选择正确。

（5）验收监测因子和频次选择合理。

（6）明确工况记录参数及方法。

（7）对存在疑问的内容，如对于环境影响报告书（表）未明确属性的固体废物，应按照环境影响报告书（表）及其审批部门审批决定的要求进行自查，需要进行属性鉴别的，按照《危险废物鉴别标准　通则》（GB 5085）、《工业固体废物采样制样技术规范》（HJ/T 20）、《危险废物鉴别技术规范》（HJ/T 298）等危险废物鉴别标准和规范认定其属性及危险废物的类别代码，然后根据认定结果进行合理处置。

（8）监测方法选择要合理，质量保证和质量控制内容要有效。

（9）根据自查结果，了解有关建设单位安全要求，对采样位置的安全制定相关要求，并与建设单位和现场监测负责人明确安全责任和落实相关防护措施。

10.2.3 验收监测方案审定

验收监测方案是否需要审查由建设单位自行决定，一般对环境或周边影响大的建设项目，建议对其验收监测方案进行审定，主要审查监测方案的全面性、合理性和完整性，内容包括以下几方面。

（1）验收范围的核查：对照原环境影响报告书及设计文件检查核实项目应包括的建设内容、规模及产品、生产能力等对比实际完成情况，以及变动情况。

（2）工程环境保护设施及其他设施的核查：对照原环境影响报告书及设计文件和其审批决定要求，逐项核实项目应实施的环境保护设施，对比实际完成情况。

（3）验收监测执行标准的审定。

（4）设计指标及污染物排放总量控制指标的核定。

（5）反映记录工况的参数是否科学合理。

（6）监测内容的审定：主要是合理确定验收监测点位、因子和频次，监测方法及质量保证和质量控制内容等。

10.3 验收监测报告

10.3.1 验收监测报告的编制

验收监测报告是在验收监测方案实施之后根据验收监测结果进行编制。验收监测报告是全面反映建设项目建设中落实环境要求的技术文件，也是建设项目竣工环境保护验收主要的技术文件依据。

验收监测报告的建设项目概况、验收监测依据、项目建设情况、环境保护设施、环境影响报告书（表）意见及其审批部门审批决定、验收执行标准、验收监测内容、质量保证和质量控制的编写应在验收监测方案的基础上，加入需要补充的内容。除此之外，验收监测报告还应包括以下内容。

（1）监测期间工况分析

根据能反映生产设备和环保设施运行负荷的数据，计算出其验收监测期间实际运行负荷。

（2）质量控制和质量保证结果分析

根据监测方案，介绍监测分析质量控制和质量保证的安排；根据验收监测实际执行情况，说明落实质量控制和质量保证情况和结果。

（3）验收监测结果及分析评价

验收监测结果及分析应充分反映验收监测中现场监测的实际情况，根据验收监测的评价标准和指标进行分析评价。主要内容包括以下几方面。

①验收监测方案确定的验收监测因子、频次、监测断面或监测点位、分析方法及监测结果。

②数据处理（数据统计、分析及修约）。

③用相应的国家和地方的标准值和设施的设计值进行分析评价。

④出现超标或不符合设计指标要求时的原因分析等。

（4）厂区附近的环境质量监测主要内容

①环境敏感点环境质量状况和可能受到影响的简要描述。

②进行环境质量监测的区域情况和监测情况。

③验收监测方案要求和规定的验收监测因子、频次、监测断面或监测点位、分析方法

及监测结果。

④用相应的国家和地方的标准值和设施的设计值进行分析评价。

⑤出现超标或不符合设计指标要求时的原因分析等。

（5）验收监测点位示意图符号

➢ 废水监测点用“★”表示，地表水或地下水监测点用“☆”表示。

➢ 废气监测点用“◎”表示，无组织排放监测点用“○”表示。

➢ 噪声厂界监测点用“▲”表示，噪声敏感点监测点用“△”表示。

➢ 固体废物监测点用“■”表示。

监测点位图各点应编号并与监测结果表里的序号相一致。

（6）国家规定的总量控制污染物的排放情况

目前，国家实施总量减排控制的污染物包括：污水中 COD_{Cr} 和氨氮，废气中 SO_2 和氮氧化物。国家建设项目竣工环境保护验收统计的总量控制污染物为废水排放量和污水中 COD_{Cr}、石油类及氨氮，废气排放量和废气中 SO_2、烟尘、粉尘和氮氧化物，固体废物排放量，以及针对建设项目环评批复中要求总量控制的指标。总量根据各排污口的流量、监测的浓度和年生产小时数或天数，计算出污染物年产生量、年排放量，以及环境保护主管部门批准的污染物排放总量。对改（扩）建项目还应根据环境影响报告书（表）列出原有排放量和根据监测结果计算出实际污染物产生量、排放量。分期验收的工程项目应分期核算污染物排放总量，并做出评价。

（7）验收监测结论

根据验收监测的现场检查和测试结果进行分析评价，给出建设项目“三同时”制度执行情况，按废水、废气、厂界噪声、工业固（液）体废物及相应的污染治理设施和对周边环境质量影响的监测，给出各项污染治理设施运行效果、污染物排放、主要污染物排放总量及环境质量验收监测的综合性结论。

（8）监测报告附件

①建设项目竣工环境保护“三同时”验收登记表。形式见附录 10-2。

②其他附件：验收监测报告内容所涉及的主要证明或支撑材料，如审批部门对环境影响报告书（表）的审批决定、固体废物委托处置协议、危险废物处置单位资质证明、验收监测数据报告和质控分析报告等。

（9）监测报告封面推荐格式见图 10-2，监测报告的编制框架见附录 10-4

××项目竣工环境保护 验收监测报告 建设单位: 编制单位: 年 月	建设单位法人代表: （签字） 编制单位法人代表: （签字） 项 目 负 责 人: 报 告 编 写 人: 建设单位 ___（盖章） 编制单位 ___（盖章） 电话: 电话: 传真: 传真: 邮编: 邮编: 地址: 地址:
（a）验收监测报告封面式样	（b）验收监测报告封二式样

图 10-2 验收监测报告封页推荐式样

10.3.2 编制验收监测报告应注意的问题

（1）建设项目实际建成与初步设计、环境影响报告书（表）及其审批部门审批决定是否一致，有任何差异都应在验收监测报告中说明。

（2）验收监测的执行标准及其应用要合理。

（3）监测方法和监测结果要进行合理性分析，监测数据要进行相关性分析。

（4）验收监测结果的评价准确。

（5）污染物总量控制核算完整。

（6）特别敏感或对环境和周边影响大的项目，结合实际监测与调查，针对敏感问题，确认监测结果和结论的合理性。

10.3.3 验收监测报告审定

验收监测报告是否需要审查由建设单位自行决定。验收监测报告的审查由建设单位组织相关专家进行。一般对周边环境影响大的建设项目，建议对其验收监测报告进行审定。审定主要考虑以下内容。

（1）验收范围与方案审定内容相同，主要是审定工程范围和环境保护设施确定的范围。

（2）监测工作是否按监测方案确定的内容完成。

（3）监测报告是否按规范要求编写。包括：

工程情况：产品、副产品及中间体生产情况，原料和物料消耗情况，工艺流程，污染物流程和水平衡，厂区平面布置图，监测点位图等。

监测内容：监测点位图与监测内容表是否一致，工况条件是否满足要求；数据是否按规范要求进行整理及正确表达。

（4）验收执行标准、设计指标、考核指标、总量控制指标及环境质量评价等是否按照验收监测方案执行。

（5）监测方法是否合适，监测数据之间是否存在矛盾。

（6）质量保证和质量控制是否按照要求和监测方案的安排执行。

（7）验收监测报告的结论是否合适。

10.4 验收监测报告表编制内容

根据建设项目的性质和规模，部分建设项目在环境保护分类中编制验收监测报告表。验收监测报告表的推荐格式参见附录 10-1，验收监测报告表的填写应言简意赅，并附有必要的简图，同时在最后一页附《建设项目竣工环境保护“三同时”验收登记表》。

10.5 建设项目竣工环境保护“三同时”验收登记表

《建设项目竣工环境保护“三同时”验收登记表》是作为建设项目竣工环境保护验收时环境管理的台账和信息统计的基础表格（附录 10-2），填写的主要内容如下所述。

（1）原有排放量：是对改（扩）建、技改项目而言，指项目改（扩）建、技改前的污染物排放量。

（2）新建部分产生量：指新产生的污染源强量。

（3）新建部分处理削减量：是对新产生量而言，经处理后，污染物削减的量。

（4）“以新代老”削减量：指相对原有排放量，“以新代老”上处理设施后，污染物的减少量。

（5）排放增减量：是指新建部分产生量-“以新代老”削减量-新建部分处理削减量。

（6）排放总量：指原有排放量-“以新代老”削减量+新建部分产生量-新建部分处理削减量。

（7）区域削减量：若排放削减量为正值，即本项目排放量增加，为保证区域污染物总量不增加，应核算区域削减的量，如电厂“上大压小”削减量等。

有关行业类别的填写和有关控制区的选择按相关管理规定执行。注意各量之间计算关系是非常重要的，在填写过程中应准确地搞清关系，并计算出正确的结果。关于建设项目竣工环境保护“三同时”验收登记表说明见附录 10-3。

10.5.1 废水及其污染物排放总量计算

（1）单一排放口废水总量计算

对于只有单个废水总排口的建设项目，废水排放总量为：总排口小时平均排放量与年生产工作时的乘积，也可以用平均排放量与年生产日的乘积，即

$$Q_{水t} = Q_{水h} \times T_a \tag{10-1}$$

式中：$Q_{水t}$—— 废水排放总量；

$Q_{水h}$—— 总排口小时平均排放量；

T_a—— 年生产工作时。对于可以确定实际年生产工作时的项目，按实际年生产工作时计；对于不能确定实际年生产工作时的项目，按设计年生产工作时计。

（2）多个排放口废水总量计算

对于有两个或两个以上废水排口的建设项目，废水排放总量为：每个分排口小时平均排放量与年生产工作时乘积的和，即

$$Q_{水t} = \sum Q_{水ti} = \sum Q_{水hi} \cdot T_a \tag{10-2}$$

式中：$Q_{水ti}$—— 第 i 个废水排口排放总量；

$Q_{水hi}$—— 第 i 个废水排口小时平均排放量；

T_a—— 年生产工作时。对于可以确定实际年生产工作时的项目，按实际年生产工作时计；对于不能确定实际年生产工作时的项目，按设计年生产工作时计。

（3）单一排放口废水中污染物排放总量的计算

对于只有单个废水总排口的建设项目，废水中某污染物排放总量为排口年排放总量与排放浓度的乘积，即

$$Q_w = Q_{水t} \cdot C_{水} = Q_{水h} \cdot T_a \cdot C_{水} \tag{10-3}$$

式中：$Q_{水t}$—— 废水排放总量；

$Q_{水h}$—— 总排口小时平均排放量；

T_a—— 年生产工作时。对于可以确定实际年生产工作时的项目，按实际年生产工作时计；对于不能确定实际年生产工作时的项目，按设计年生产工作时计；

$C_{水}$—— 某污染物排放浓度。

（4）多个排放口废水中污染物排放总量的计算

对于有两个或两个以上废水排口的建设项目，废水排放总量为每个分排口废水量与污染物排放浓度乘积的和，即

$$Q_{\mathrm{w}} = \sum Q_{水\mathrm{t}i} \cdot C_{水i} = \sum Q_{水\mathrm{h}i} \cdot T_{\mathrm{a}} \cdot C_{水i} \qquad (10\text{-}4)$$

式中：$Q_{水\mathrm{t}i}$—— 第 i 个废水排口排放总量；

$Q_{水\mathrm{h}i}$—— 第 i 个废水排口小时平均排放量；

T_{a}—— 年生产工作时。对于可以确定实际年生产工作时的项目，按实际年生产工作时计；对于不能确定实际年生产工作时的项目，按设计年生产工作时计；

$C_{水i}$——第 i 个废水排口某污染物排放浓度。

10.5.2 废气及其污染物排放总量的计算

（1）单一排气筒废气总量计算

对于只有单个废气排气筒的建设项目，废气排放总量为：排气筒小时平均排放量与年生产工作时的乘积，即

$$Q_{气\mathrm{t}} = Q_{气\mathrm{h}} \cdot T_{\mathrm{a}} \qquad (10\text{-}5)$$

式中：$Q_{气\mathrm{t}}$—— 排气筒排放总量；

$Q_{气\mathrm{h}}$—— 小时平均排放量；

T_{a}—— 年生产工作时。对于可以确定实际年生产工作时的项目，按实际年生产工作时计；对于不能确定实际年生产工作时的项目，按设计年生产工作时计，但在表达中应注明。

（2）多个排气筒废气总量计算

对于有两个或两个以上排气筒的建设项目，废气排放总量为每个排气筒小时平均排放量与年生产工作时乘积的和，即

$$Q_{气\mathrm{t}} = \sum Q_{气\mathrm{t}i} = \sum Q_{气\mathrm{h}i} \cdot T_{\mathrm{a}} \qquad (10\text{-}6)$$

式中：$Q_{气\mathrm{t}i}$——第 i 个排气筒排放总量；

$Q_{气\mathrm{h}i}$——第 i 个排气筒小时平均排放量；

T_{a}—— 年生产工作时。对于可以确定实际年生产工作时的项目，按实际年生产工作时计；对于不能确定实际年生产工作时的项目，按设计年生产工作时计；对于生产不足的，应分别给出实际污染物排放总量和按设计计算污染物排放总量。

（3）单一排气筒废气中污染物排放总量的计算

对于只有单个排气筒的建设项目，废气中某污染物排放总量为排气筒年废气排放总量与排放浓度的乘积，即

$$Q_{\mathrm{w}} = Q_{气\mathrm{t}} \cdot C_{气} = Q_{气\mathrm{h}} \cdot T_{\mathrm{a}} \cdot C_{气} \tag{10-7}$$

式中：$Q_{气\mathrm{t}}$ —— 废气排放总量；

$Q_{气\mathrm{h}}$ —— 排气筒废气小时平均排放量；

T_{a} —— 年生产工作时。对于可以确定实际年生产工作时的项目，按实际年生产工作时计；对于不能确定实际年生产工作时的项目，按设计年生产工作时计；

$C_{气}$ —— 废气中某污染物排放浓度。

（4）多个排气筒废气中污染物排放总量的计算

对于有两个或两个以上排气筒的建设项目，废气中某污染物排放总量为每个排气筒废气排放量与污染物排放浓度乘积的和，即

$$Q_{\mathrm{w}} = \sum Q_{气\mathrm{t}i} \cdot C_{气i} = \sum Q_{气\mathrm{h}i} \cdot T_{\mathrm{a}} \cdot C_{气i} \tag{10-8}$$

式中：$Q_{气\mathrm{t}i}$ —— 第 i 个排气筒废气排放总量；

$Q_{气\mathrm{h}i}$ —— 第 i 个排气筒废气小时平均排放量；

T_{a} —— 年生产工作时。对于可以确定实际年生产工作时的项目，按实际年生产工作时计；对于不能确定实际年生产工作时的项目，按设计年生产工作时计；

$C_{气i}$ —— 第 i 个排气筒废气中某污染物排放浓度。

10.5.3 污染物排放量、处理量及削减量关系

污染物排放量为该建设项目污染物的产生量减去采取环保措施后污染物的处理量；对改（扩）建、技术改造项目还应减去排放削减量。

10.5.4 区域削减或增加量的计算

区域削减（增加）量 = 新建项目产生量−区域“以新代老”削减量

10.6 验收意见编写

10.6.1 验收意见编写要求

验收意见是建设项目竣工环境保护验收报告主要内容，必不可少。《暂行办法》第七

条规定：验收监测（调查）报告编制完成后，建设单位应当根据验收监测（调查）报告结论，逐一检查是否存在本办法第八条所列验收不合格的情形，提出验收意见，存在问题的，建设单位应当进行整改，整改完成后方可提出验收意见。建设项目配套建设的环境保护设施经验收合格后，其主体工程方可投入生产或者使用；未经验收或者验收不合格的，不投入生产或者使用。

10.6.2 验收意见形成方式

（1）成立验收工作组

为提高验收的有效性，在提出验收意见的过程中，建设单位可以组织成立验收工作组，采取现场检查、资料查阅、如开验收会议等方式，协助开展验收工作。

建设单位组织成立的验收工作组可包括项目的环保设施设计单位、环保设施施工单位、环境监理单位（如有）、环境影响报告书（表）编制单位、验收监测报告（表）编制单位等技术支持单位和环境保护验收、行业、监测、质控等领域的技术专家。技术支持单位和技术专家的专业技术能力应足够支撑验收组对项目能否通过验收做出科学准确的结论。

（2）现场核查

验收工作组现场核查目的是核查验收监测报告（表）内容的真实性和准确性，补充了解验收监测报告（表）中反映不全面或不详尽的内容，进一步了解项目特点和区域环境特征等。现场核查是得出验收意见的一种有效手段。现场核查要点可参照环境保护部《关于印发建设项目竣工环境保护验收现场检查及审查要点的通知》（环办〔2015〕113 号）。

（3）形成验收意见

验收工作组可以召开验收会议的方式，在现场核查和对验收监测报告内容核查的基础上，严格依照国家有关法律法规、建设项目竣工环境保护验收技术规范、建设项目环境影响报告书（表）及其审批部门审批决定等要求对建设项目配套建设的环境保护设施进行验收，形成科学合理的验收意见。验收意见应当包括工程建设基本情况，工程变动情况，环境保护设施落实情况，环境保护设施调试运行效果，工程建设对环境的影响，项目存在的主要问题，验收结论和后续要求，验收结论应当明确该建设项目环境保护设施是否验收合格。对验收不合格的项目，验收意见中还应明确详细、具体可操作的整改要求。

验收意见格式参见附录 10-5。

附录 10-1 验收监测表格式

××项目竣工环境保护
验收监测报告表

建设单位：

编制单位：

××年××月

建设单位法人代表：　　　　　　（签字）

编制单位法人代表：　　　　　　（签字）

项 目 负 责 人：

填　　表　　人：

建设单位______（盖章）　　　　　编制单位　　　　　　（盖章）

电话：　　　　　　　　　　　　　电话：

传真：　　　　　　　　　　　　　传真：

邮编：　　　　　　　　　　　　　邮编：

地址：　　　　　　　　　　　　　地址：

表一

<table>
<tr><td>建设项目名称</td><td colspan="5"></td></tr>
<tr><td>建设单位名称</td><td colspan="5"></td></tr>
<tr><td>建设项目性质</td><td colspan="5">新建　改（扩）建　技改　迁建</td></tr>
<tr><td>建设地点</td><td colspan="5"></td></tr>
<tr><td>主要产品名称</td><td colspan="5"></td></tr>
<tr><td>设计生产能力</td><td colspan="5"></td></tr>
<tr><td>实际生产能力</td><td colspan="5"></td></tr>
<tr><td>建设项目环评时间</td><td></td><td>开工建设时间</td><td colspan="3"></td></tr>
<tr><td>调试时间</td><td></td><td>验收现场监测时间</td><td colspan="3"></td></tr>
<tr><td>环评报告表审批部门</td><td></td><td>环评报告表编制单位</td><td colspan="3"></td></tr>
<tr><td>环保设施设计单位</td><td></td><td>环保设施施工单位</td><td colspan="3"></td></tr>
<tr><td>投资总概算</td><td></td><td>环保投资总概算</td><td></td><td>比例</td><td>%</td></tr>
<tr><td>实际总概算</td><td></td><td>环保投资</td><td></td><td>比例</td><td>%</td></tr>
<tr><td>验收监测依据</td><td colspan="5"></td></tr>
<tr><td>验收监测评价标准、标号、级别、限值</td><td colspan="5"></td></tr>
</table>

表二

工程建设内容：
原辅材料消耗及水平衡：
主要工艺流程及产物环节（附处理工艺流程图，标出产污节点）：

表三

主要污染源、污染物处理和排放（附处理流程示意图，标出废水、废气、厂界噪声监测点位）：

表四

建设项目环境影响报告表主要结论及审批部门审批决定：

表五

验收监测质量保证及质量控制：

表六

验收监测内容：

表七

验收监测期间生产工况记录：
验收监测结果：

表八

验收监测结论：

附录 10-2

建设项目竣工环境保护“三同时”验收登记表

填表单位（盖章）：　　　　填表人（签字）：　　　　项目经办人（签字）：

建设项目	项目名称						项目代码		建设地点			
	类别（分类管理名录）						建设性质	□新建　□改（扩）建　□技术改造		项目厂区中心经度/纬度		
	设计生产能力						实际生产能力		环评单位			
	环评文件审批机关						审批文号		环评文件类型			
	开工日期						竣工日期		排污许可证申领时间			
	环保设施设计单位						环保设施施工单位		本工程排污许可证编号			
	验收单位						环保设施监测单位		验收监测时工况			
	投资总概算（万元）						环保投资总概算（万元）		所占比例（%）			
	实际总投资						实际环保投资（万元）		所占比例（%）			
	废水治理（万元）		废气治理（万元）		噪声治理（万元）		固体废物治理（万元）		绿化及生态（万元）		其他（万元）	
	新增废水处理设施能力						新增废气处理设施能力		年平均工作时间			

运营单位						运营单位社会统一信用代码（或组织机构代码）				验收时间			
污染物排放达标与总量控制（工业建设项目详填）	污染物	原有排放量（1）	本期工程实际排放浓度（2）	本期工程允许排放浓度（3）	本期工程产生量（4）	本期工程自身削减量（5）	本期工程实际排放量（6）	本期工程核定排放总量（7）	本期工程“以新带老”削减量（8）	全厂实际排放总量（9）	全厂核定排放总量（10）	区域平衡替代削减量（11）	排放增减量（12）
	废水												
	化学需氧量												
	氨氮												
	石油类												
	废气												
	二氧化硫												
	烟尘												
	工业粉尘												
	氮氧化物												
	工业固体废物												
	项目有关的其他特征污染物												

注：1. 排放增减量：（+）表示增加，（-）表示减少；

2. （12）=（6）-（8）-（11），（9）=（4）-（5）-（8）-（11）+（1）；

3. 计量单位：废水排放量——万 t/a；废气排放量——万标 m^3/a；工业固体废物排放量——万 t/a；水污染物排放浓度—— mg/L；大气污染物排放浓度—— mg/m^3；水污染物排放量—— t/a；大气污染物排放量—— t/a。

附录 10-3

关于建设项目竣工环境保护“三同时”验收登记表说明

1. 建设项目环境保护“三同时”竣工验收登记表——是在建设项目环境保护设施竣工验收时，由监测单位、调查单位或建设单位填写。

2. 表格样式不允许修改，不能添加、合并、拆分、删除单元格或行、列，但可以修改行高、列宽。

3. 表格项顺序不允许修改，表格内容不允许手动按回车（Enter）键。

4. 表格中带有“*”的对应部分为必填项，其他内容请根据实际情况填写。

5. 隶书字对应表格内容必须输入数字值，不填写单位，不允许使用科学计数法及大于、小于号，只能填写如 125、0.255、981.155、+1.51，不能填写＞100、3.15×10^{-2}。

6. 仿宋字对应表格内容必须输入日期，格式为“年-月-日”，例如：2019-05-01，不能填写 2019 年 5 月 30 日或 2019/05/30。

7. 楷体字对应表格内容必须从以下内容中选择：

a）行业类别，只填写一级行业类别名称，不填写行业代码。

b）建设性质请填写：新建、改（扩）建、技术改造、退役。

8. 建设项目名称——使用此项目立项时的名称，若名称多于 30 个字，则酌情缩写成 30 字以内（两个英文字母可看成是一个汉字）。

9. 建设地点——必须填写到建设项目所在街道（便于代码识别），若是在一个地区内多个县建设的项目，则填写到地区名；同理，若是在一个省内多个地区建设的项目，则填写省名，不再设立“多地区”选择项。

10. 建设单位——使用建设单位注册时的名称。

11. 环保设施施工单位、环保设施设计单位，环保验收监测或调查单位等，若名称多于 25 个字，则酌情缩写成 25 个字以内。

12. 投资总概算——采用可研审批或初步设计审批中的工程总投资。

13. 设计生产能力——指原设计的生产能力或建设规模。

14. 实际生产能力——指验收时，达到的实际生产能力。

15. 此表为 A3 格式，如需打印成 A4 格式，请在打印选项中将“纸张大小缩放”选择为 A4，将会在保留现有样式的情况下打印成 A4 稿。

16. 本填报说明提交或打印时可以删除，并用黑白打印机或改成黑白文字打印。

附录 10-4

验收监测方案和报告的编制框架

验收监测方案编制框架：

1. 验收项目概况
2. 验收监测依据
3. 工程建设情况
4. 环境保护设施
5. 建设项目环境影响报告书（表）的主要结论、建议及审批部门审批决定
6. 验收执行标准
7. 验收监测内容
8. 质量保证和质量控制
9. 现场监测注意事项

验收监测报告编制框架：

1. 验收项目概况
2. 验收监测依据
3. 工程建设情况
4. 环境保护设施
5. 建设项目环境影响报告书（表）的主要结论、建议及审批部门审批决定
6. 验收执行标准
7. 验收监测内容
8. 质量保证和质量控制
9. 验收监测结果
10. 验收监测结论
11. 建设项目环境保护“三同时”竣工验收登记表
12. 附件：验收监测报告所涉及的主要证明文件或支撑材料

附录 10-5

验收意见格式

××项目竣工环境保护验收意见

××年××月××日，××单位根据××项目竣工环境保护验收监测报告（表）并对照《建设项目竣工环境保护验收暂行办法》，严格依照国家有关法律法规、建设项目竣工环境保护验收技术规范/指南、本项目环境影响评价报告书（表）和审批部门审批决定等要求对本项目进行验收，提出意见如下：

一、工程建设基本情况

1．建设地点、规模、主要建设内容

项目建设地点、性质、产品、规模，工程组成与建设内容，包括厂外配套工程和依托工程等情况，依托工程与本工程的同步性等。

2．建设过程及环保审批情况

项目环境影响报告书（表）编制与审批情况、开工与竣工时间、调试运行时间、排污许可证申领情况及执行排污许可相关规定情况、项目从立项至调试过程中有无环境投诉、违法或处罚记录等。

3．投资情况

项目实际总投资与环保投资情况。

4．验收范围

明确本次验收的范围，不属于本次验收的内容予以说明。

二、工程变动情况

简述或列表说明项目发生的主要变动内容，包括环境影响报告书（表）及其审批部门审批决定要求、实际建设情况、变动原因、是否属于重大变动，属于重大变动的有无重新报批环境影响报告书（表）文件、不属于重大变动的有无相关变动说明。

三、环境保护设施建设情况

1．废水

废水种类、主要污染物、治理设施与工艺及主要技术参数、设计处理能力与主要污染物去除率、废水回用情况、废水排放去向等。

2．废气

有组织排放废气和无组织排放废气种类、主要污染物、污染治理设施与工艺及主要技术参数、主要污染物去除率、废气排放去向等。

3. 噪声

主要噪声源和所采取的降噪措施及主要技术参数，项目周边噪声敏感目标情况。

4. 固体废物

固体废物的种类、性质、产生量与处理处置量、处理处置方式、一般固体废物暂存与委托处置情况（合同、最终去向）、危险废物暂存与委托处置情况（转移联单、合同、处置单位资质）等。

固体废物储存场所与处理设施建设情况（若有固体废物储存场）及主要技术参数。

5. 辐射

主要辐射源项及安全和防护设施、措施建设和落实情况。

6. 其他环境保护设施

（1）环境风险防范设施

简述危险化学品贮罐区、生产装置区围堰尺寸，防渗工程、地下水监测（控）井设置数量及位置，事故池数量、有效容积及位置，初期雨水收集系统及雨水切换阀位置及数量、切换方式及状态，危险气体报警器数量、安装位置、常设报警限值，事故报警系统，应急处置物资储备等。

（2）在线监测装置

简述废水、废气排放口规范化建设情况，如废气监测平台建设、通往监测平台通道、监测孔等；在线监测装置的安装位置、数量、型号、监测因子、监测数据是否联网等。

（3）其他设施

简述环境影响评价报告书（表）及审批部门审批决定中要求采取的“以新带老”改造工程、关停或拆除现有工程（旧机组或装置）、淘汰落后生产装置，生态恢复工程、绿化工程、边坡防护工程等其他环境保护设施的落实情况。

四、环境保护设施调试效果

1. 环保设施处理效率

（1）废水治理设施

各类废水治理设施主要污染物去除率，是否满足环境影响报告书（表）及其审批部门审批决定或设计指标。

（2）废气治理设施

各类废气治理设施主要污染物去除率，是否满足环境影响报告书（表）及其审批部门审批决定或设计指标。

（3）厂界噪声治理设施

根据监测结果说明噪声治理设施的降噪效果。

（4）固体废物治理设施

根据监测结果说明固体废物治理设施的处理效果。

（5）辐射防护设施

根据监测结果评价辐射防护设施的防护能力是否满足环境影响报告书（表）及其审批部门审批决定或设计指标。

2．污染物排放情况

（1）废水

各类废水污染物排放监测结果及达标情况，若有超标现象应对超标原因进行分析。

（2）废气

有组织排放：各类废气污染物排放监测结果及达标情况，若有超标现象应对超标原因进行分析。

无组织排放：厂界/车间无组织排放监测结果及达标情况，若有超标现象应对超标原因进行分析。

（3）厂界噪声

厂界噪声监测结果及达标情况，若有超标现象应对超标原因进行分析。

（4）固体废物

固体废物监测结果及达标情况，若有超标现象应对超标原因进行分析。

（5）辐射

辐射监测结果及达标情况，若有超标现象应对超标原因进行分析。

（6）污染物排放总量

本项目主要污染排放总量核算结果、是否满足环境影响报告书（表）及其审批部门审批决定、排污许可证规定的总量控制指标。

五、工程建设对环境的影响

根据监测结果，按环境要素简述项目周边地表水、地下水、海水、环境空气、辐射环境、土壤环境质量及敏感点环境噪声是否达到验收执行标准。

六、验收结论

按《建设项目竣工环境保护验收暂行办法》中所规定的验收不合格情形对项目逐一对照核查，提出验收是否合格的意见。若不合格，应明确项目存在的主要问题，并针对存在的主要问题，如监测结果存在超标、环境保护设施未按要求完全落实、发生重大变动未履行相关手续、建设过程中造成的重大污染未完全治理、验收监测报告存在重大质量缺陷、各级生态环境主管部门的整改要求未完全落实等，提出内容具体、要求明确、技术可行、可操作性强的后续整改事项。

七、后续要求

验收合格的项目，针对投入运行后需重点关注的内容提出工作要求。

八、验收人员信息

给出参加验收的单位及人员名单、验收负责人（建设单位），验收人员信息包括人员的姓名、单位、电话、身份证号码等。

××单位

××年××月××日

参考文献

[1] 国务院令　第344号.《危险化学品安全管理条例》. 2002年1月26日发布. 2002年3月15日实施.

[2] 国家环境保护总局. 《污水排放污染物总量监测技术规范》（HJ/T 92—2002）.

[3] 国家环境保护总局. 《地表水和污水监测技术规范》（HJ/T 91—2002）.

[4] 国家环境保护总局.《建设项目环境保护设施竣工验收监测技术要求（试行）》. 2000年2月24日实施.

[5] 国家环境保护总局科技标准司. 最新中国环境标准汇编（1979—2000年）水环境分册[M]. 北京：中国环境科学出版社，2001.

[6] 国家环境保护总局科技标准司. 最新中国环境标准汇编（1979—2000年）大气环境分册[M]. 北京：中国环境科学出版社，2001.

[7] 国家环境保护总局科技标准司. 2001—2002年中国环境保护标准汇编[M]. 北京：中国环境科学出版社，2003.

[8] 国家环境保护总局科技标准司. 2003—2004年中国环境保护标准汇编[M]. 北京：中国环境科学出版社，2004.

[9] 国家环境保护总局科技标准司. 中国环境保护标准全书（2004—2006年）[M]. 北京：中国环境科学出版社，2006.

[10] 环境保护部科技标准司. 中国环境保护标准全书（2007—2008年）[M]. 北京：中国环境科学出版社，2008.

[11] 环境保护部科技标准司. 中国环境保护标准全书（2008—2009年）[M]. 北京：中国环境科学出版社，2009.

[12] 环境保护部科技标准司. 中国环境保护标准全书（2009—2010年）[M]. 北京：中国环境科学出版社，2010.

[13] 环境保护部科技标准司. 中国环境保护标准全书（2010—2011年）[M]. 北京：中国环境科学出版社，2011.

[14] 环境保护部科技标准司. 环境标准应用工作手册[M]. 北京：中国环境科学出版社，2007.

[15] 环境保护部环境影响评价司. 环境影响评价管理手册[M]. 北京：中国环境科学出版社，2010.

[16] 环境保护部环境影响评价司，中国环境监测总站. 建设项目竣工环境保护验收监测使用手册[M]. 北京：中国环境科学出版社，2010.

[17] 环保部环境应急指挥小组. 突发环境事件典型案例选编[M]. 北京：中国环境科学出版社，2011.

[18] 环境保护部. 危险化学品从业单位安全标准化通用规范[M]. 北京：煤炭工业出版社，2009.

[19] 郜风涛. 建设项目环境保护管理条例释义[M]. 北京：中国法制出版社，1999.

[20] 李怡庭，齐文启，等. 水环境监测实用技术问答与岗位技术考核试题集[M]. 北京：中国水利水电出版社，2013.

[21] 齐文启. 环境监测实用技术[M]. 北京：中国环境科学出版社，2006.

[22] 齐文启，孙宗光，汪志国. 环境污染事故应急预案与处理处置案例[M]. 北京：中国环境科学出版社，2007.

[23] 《水和废水监测分析方法指南》编委会. 水和废水监测分析方法指南[M]. 北京：中国环境科学出版社，1990.

[24] 中国环境监测总站《环境水质监测质量保证手册》编写组. 环境水质监测质量保证手册[M]. 2 版. 北京：化学工业出版社，1994.

[25] 中国环境监测总站《空气和废气监测分析方法》编写组. 空气和废气监测分析方法[M]. 4 版. 北京：中国环境科学出版社，2003.

[26] 中国环境监测总站《水和废水监测分析方法》编写组. 水和废水监测分析方法[M]. 4 版. 北京：中国环境科学出版社，2002.

[27] 国家环境保护总局. 空气和废气监测分析方法（第四版增补版）[M]. 北京：中国环境科学出版社，2007.

[28] 国家环境保护总局《水和废水监测分析方法》编写组. 水和废水监测分析方法[M]. 4 版（增补版）. 北京：中国环境科学出版社，2002.

[29] 中国环境监测总站《环境水质监测质量保证手册》编写组. 环境水质监测质量保证手册[M]. 2 版. 北京：化学工业出版社，1994.

[30] 潘涛，李安峰，杜兵. 废水污染控制技术手册[M]. 北京：化学工业出版社，2012.

[31] 生态环境部规划财务司. 排污许可管理手册（2018 年版）[M]. 北京：中国环境出版集团，2018.

[32] 生态环境部公告 2018 年第 9 号. 《建设项目竣工环境保护验收技术指南　污染影响类》.